普通高等学校
电类规划教材
电子信息与通信工程

U0734318

通信网
技术基础

◎韩毅刚 编著

人民邮电出版社
北　京

图书在版编目（CIP）数据

通信网技术基础 / 韩毅刚编著. -- 北京 : 人民邮
电出版社，2017.6
普通高等学校电类规划教材. 电子信息与通信工程
ISBN 978-7-115-44810-1

Ⅰ．①通… Ⅱ．①韩… Ⅲ．①通信网－高等学校－教
材 Ⅳ．①TN915

中国版本图书馆CIP数据核字(2017)第042110号

内 容 提 要

    本书从通信网的结构、运营、组网、安全和管理等方面介绍了通信网的基础知识和运行原理，涵盖了从芯片到深空范围内的各种通信网络，重点介绍了计算机网络、电信网、广播电视网、物联网，从计算机行业和通信行业的不同角度，讲述了通信网融合发展的技术演进路线和不同的实现思路。计算机网络重点介绍了局域网和互联网，电信网重点介绍了传输网和移动通信网，广播电视网重点介绍了有线电视网和接入网，物联网重点介绍了关键技术和无线传感器网络，也介绍了各种通信网络共有的安全管理技术和后 IP 的未来网络。

    本书可作为高等院校理工科各专业通信网课程的入门教材，重点面向通信工程、计算机、物联网工程、电子信息专业的本科生和相关专业技术人员，也可作为其他专业了解通信网整体概况及其关键技术的参考书。

◆ 编　　著　韩毅刚
　　责任编辑　张孟玮
　　执行编辑　李　召
　　责任印制　杨林杰

◆ 人民邮电出版社出版发行　　北京市丰台区成寿寺路 11 号
　　邮编　100164　　电子邮件　315@ptpress.com.cn
　　网址　https://www.ptpress.com.cn
　　北京盛通印刷股份有限公司印刷

◆ 开本：787×1092　1/16
　　印张：17　　　　　　　　　2017 年 6 月第 1 版
　　字数：426 千字　　　　　　2025 年 1 月北京第 9 次印刷

定价：49.80 元
读者服务热线：(010)81055256　印装质量热线：(010)81055316
反盗版热线：(010)81055315
广告经营许可证：京东市监广登字 20170147 号

通信网的研究领域非常广泛，覆盖距离已经从局域网、城域网和广域网延伸到片上网络和星际互联网。各种通信网络在保持各自的技术特点和应用场合的同时，逐步走向互联互通的无缝组网阶段。

计算机网络、电信网、广播电视网和物联网是目前运营规模最大的四种通信网络，这四种网络在体系结构、通信协议、组网技术、业务提供和运营思路上都有所不同。

电信网的演变发展经历过较大的弯路，典型的例子是国际标准化组织的开放系统互连七层参考模型（ISO OSI RM）和虚电路分组交换网络。七层模型的提出完全参考了当时计算机巨头 IBM 对计算机网络的功能层次划分，然而对于计算机通信的认知不足，过于注重计算机数据传输的可靠性，导致参考模型功能和协议过于庞大复杂，难以实现。虚电路分组交换网络的建设则体现了通信行业的思维惯性，在分组交换网络中没有彻底摆脱电路交换技术的特点，不适应计算机通信突发性特征，导致通信行业所建的虚电路分组交换网络缺乏计算机应用软件的广泛支持，败于拥有大量应用支持的互联网体系结构，整个电信网最终不得不全面转向 IP 技术，建设从终端、接入到传输的全 IP 网络。术语"电信网"早已无法涵盖目前通信行业的研究和运营范围，逐渐有被"通信网"一词取代的趋势，"电信网"一词的弃用迹象已露端倪。

计算机网络的发展相对比较顺利，其发展方向有两个方面：一方面是建设私有的计算机局域网；一方面是利用电信网建设公共的计算机广域网。与电信网技术相比，互联网发展到现在的规模，与其开发的特性是分不开的。另外，计算机行业一直在坚持简单易用的原则，这可以从互联网的 TCP/IP 参考模型看出，计算机行业把自己不熟悉的承载网络技术全部交给通信行业，只关注网络之间的互连和应用的开发。网络的价值取决于用户规模这一定律，在互联网的发展中得以充分体现。

广播电视网的发展错失了一些良机，在 20 世纪 90 年代，人们利用拨号调制解调器通过电话线上网的速率最高只有 56kbit/s，而同时期利用电缆调制解调器通过有线电视网上网的速率已经可以达到 10Mbit/s 了。目前，如果不是政策的原因，IPTV 机顶盒、OTT 机顶盒会使人们完全弃用数字电视机顶盒。

物联网刚刚兴起，从最初的射频识别（RFID）、无线传感器网络发展到目前的互联互通阶段，把互联网技术延伸到了物—物通信领域，实现了互联网的虚拟世界与物联网真实世界之间的融合交互。智能电网和车联网是对人们生活影响比较大的两个物联网应用实例。智能电网是从行业划分的第四个大规模通信网络，而车联网则是对整个 ICT 行业的重大技术挑战。

通信网关注的是信息通信，随着嵌入式系统性能的提高，信息技术将越来越多被应用在网络的中间节点和端点，网络本身也会产生大量的数据。目前，网络的瓶颈已不仅仅限于"最后一公里"，从接入层、汇聚层、核心层到数据中心，带宽都成了稀缺的资源，对现有网络体系结构的改进已迫在眉睫。

本书重点讲述了计算机网络、电信网、广播电视网和物联网技术的基础知识。计算机网绎分为第 2 章局域网和第 3 章互联网两章；第 4 章电信网主要介绍核心网和接入网技术；第 5 章广播电视网主要介绍有线电视网及其向 NGB 的演变；第 6 章物联网介绍了物联网的关键技术；鉴于移动通信的重要性和复杂性，第 7 章移动通信网单独分为一章；第 8 章网络安全技术是所有通信网络的共有技术，网络管理技术则主要在互联网和电信网中讲述；第 9 章未来网络介绍了目前实际部署的新型网络技术和未来网络的体系结构。

本书习题不注重书中知识的识记，考察的是对所学知识点的深入理解和各知识点之间的相互联系。此外，本书还提供了习题的参考答案和 PPT 课件，可登陆人邮教育社区 www.ryjiaoyu.com 进行下载。

通信网技术发展很快，已经从 CT 走向 ICT，而 ICT 并不是简单的 IT 和 CT 的合并。限于作者的水平和时间，对通信网技术的理解难免存在偏差，疏漏之处敬请读者不吝指正。

韩毅刚

2017 年 4 月于南开大学

目 录

通信网通过连接各种传输媒介，为任意两个地方之间的信息交换提供一条传输通道。各种通信网具有不同的组成结构和功能，但都遵循分层体系结构的思想，位于同一层次的功能实体进行数据交换时必须使用相同的协议标准。

互联网、电信网和广播电视网是目前运营规模最大的 3 个通信网，所谓的"三网融合"就是三大通信网首先能够提供相同的业务和应用，最终采用相同的技术实现三大网络的基础设施统一。

通信网的发展目标是达到普遍服务的目的，即任何人在任何地点都能以承担得起的价格享受通信业务，而且业务质量和资费标准一视同仁。通信网的最终目标是实现任何人在任何时间、任何地点都能与任何人进行任何方式的通信，而物联网的出现使得通信网从人一人通信迈向物一物通信和人一物通信领域。

1.1　通信网的组成和功能

通信网是通信网络的简称。通信在港澳台地区称为通信，网络也称为网路。从词语结构上讲，通信网首先是一种网络，其次，它关注的是信息传输。

通信是网络的基础，网络使通信变得经济有效。通信考虑的是发送方如何通过信号把信息传送给接收方。通信网考虑的是如何把众多的通信方组织起来，当任意两个通信方需要通信时，为通信双方建立一条信号传输通路，把信息以消息的形式传送给对方。信息是通信网传输和处理的对象，或者说信息是通信网要传的任何内容。消息是信息的表现形式，使用一定的数据格式来表示。信号是消息的物理载体，使用电、光、声等手段传输消息。

1.1.1　通信网的定义和概念

通信网就是在一定范围内把通信设备和传输媒介按一定顺序相互连接而形成的有机组合系统，用于完成两个用户终端之间或多个用户终端之间的通信。

从用户观点来看，用户不清楚也不关心通信网是如何把信息传输给对方的，通信网对用户来说就像云一样，用户看不到其运作机制，因此，常使用云状图来表示通信网，如图 1-1 所示。所谓的云电视、云盘、云计算等的"云"指的就是网络。

用户使用通信网时最为关心的是网络的数据传输速率，也称为网络带宽。数据传输速率就是每秒传输的数据位数，单位是 bit/s（比特/秒或位/秒），在很多资料上也常用 bps 来表示。数据传输速率衡量的是信息量传输的快慢，也称为传信率。另一个与传输速率相关的概念是符号速率，用于衡量信号传输的快慢，单位是波特，表示每秒传输的码元个数。

图 1-1　通信网的云状图表示

严格来讲，术语"带宽"指的是信号频谱的宽度或者是信号传输系统允许通过的信号频率范围，单位是 Hz（赫兹）。当传输系统的带宽、信噪比等参数确定后，该传输系统能够达到的最大数据传输速率也就相应确定了，这就是常把数据传输速率称为网络带宽的缘由。

网络带宽与平常所说的网络下载速率或上传速率稍有不同。网络带宽指的是传输线路或网络设备能够达到的最大数据传输速率，下载速率一般指的是用户数据的实际接收速率。与网络带宽相比，下载速率的单位一般用 B/s（字节/秒）表示。例如，当用户开通带宽为 100Mbit/s 的上网业务时，理论上，下载速率最大为 100/8=12.5MB/s。由于网络在传输用户数据时，还需要传输一些控制信息，更主要的是还要考虑网络拥塞、出错重传等所消耗的时间，因此，实际下载速率通常要小于 12.5MB/s。值得注意的是，在表示数据传输速率时，Gbit/s、Mbit/s、kbit/s 和 bit/s 之间是 1000 倍数的关系，并不是 2^{10} 的进制关系。

在网络中传输数据信号时，用户到网络方向的信道称为上行信道，网络到用户方向的信道称为下行信道。如果上、下行信道的数据传输速率一致，则称为对称通信；如果上、下行两个方向的数据传输速率不相同，则称为非对称通信。

按照信道中信号的传输方向和同时性，通信方式又分为单工通信、半双工通信和全双工通信等几种类型。

单工通信只允许数据向一个方向传输，适用于广播通信，其典型例子是广播电视网络。单工通信中的信号只能固定向一个方向传送，不能反方向传送，因此，利用广播电视网络访问互联网时，最重要的一个环节就是进行信道双向改造。

半双工通信具有双向传输信号的能力，但同一时间里，双方不能同时发送信号，只能轮流发送，其典型例子是对讲机通信。半双工通信只有一条传输信道，当数据传输方向改变时，需要进行信道的切换或争用，会消耗一定的时间。

全双工通信指双方可同时发送信号，同时接收信号。全双工通信的传输效率高，但需要两条信道。主干通信网络基本上都采用全双工通信方式。

1.1.2　通信网的组成

通信网由通信设备、传输媒介和用户终端组成。根据通信网用途的不同，这些组成元素也各有不同。

1. 通信设备

网络中的通信设备利用各种通信技术传输信息，达到互联互通的目的。最为常见的通信设备是路由器和交换机。

路由器的基本功能是路由选择。路由器根据所传输数据的目的地址，选择一条合适的数据传输路径，然后把数据转发到路径中的下一个节点。除此之外，目前大多数路由器中还集成了很多其他的附加功能，如防火墙、网络地址转换（Network Address Translation，NAT，用于把内网地址转换成外网地址）、动态主机配置协议（Dynamic Host Configuration Protocol，DHCP，用于分配网络地址等）、虚拟专用网（Virtual Private Network，VPN，用于在公共网络中建立私有网络）等。这些功能在网络中十分重要，又全部使用软件来实现，因此将这些功能集成在路由器中是较为常见的做法。路由器用于连接两个或两个以上的网络，这些网络可以是同一个网络中的各个子网，也可以是不同类型的网络。

交换机的基本功能是把数据直接转发给交换机端口所连接的设备。交换机能够识别从输入端口传送过来的数据，并发送到相应的输出线路上。输入端口到输出端口之间的数据转发是由硬件实现的，用于连接同一个网络中的各种设备。

另外，中继器、放大器、集线器、调制解调器、光端机、多路复用器、配线架、数字交叉连接设备、分插复用器、媒体网关等也是某些通信网的重要组成设备。在网络管理中，这些网络设备又统称网络单元，简称网元。

2. 传输媒介

传输媒介是信号传输的物理通路，可分为有线媒介和无线媒介两大类。

有线媒介也称为导向媒介，电磁波被引导沿某一固体媒介行进，如双绞线、同轴电缆、光纤、电力线等。对于有线媒介，信号传输的限制主要取决于媒介自身的特性。

双绞线由两根对等对称的绝缘芯线按照规则的螺旋状绞合在一起而成。芯线大都为软铜线，线径尺寸从 0.4mm 至 1.4mm 不等。扭绞一周形成的芯线长度称为绞距，一般为零点几厘米到十几厘米之间。扭在一起的线对可以减少电磁干扰。当电流在一条导线中流通时，会产生一定的电磁场，干扰相邻导线上的信号，频率越高这种影响就越大。双绞线就是利用两条导线绞合在一起后，由于相位相差 180 度，从而抵消相互间的干扰。绞距越小，抵消效果越佳，也就越能支持较高的数据传输速率。

双绞线分为屏蔽双绞线（Shielded Twisted Pair，STP）和无屏蔽双绞线（Unshielded Twisted Pair，UTP）两种。屏蔽双绞线的金属屏蔽层一般为铝箔或铜网。俗称的"网线"指的是无屏蔽双绞线，它由 4 对双绞线组成，总共 8 根线。目前市场上也有 4 芯（2 对双绞线）的网线。

根据传输能力，双绞线分为 1～7 类。3 类双绞线的绞距一般为 7.5 cm 到 10 cm，传输速率为 10 Mbit/s。5 类双绞线的绞距从 0.6 cm 到 0.85 cm，传输速率为 100 Mbit/s。双绞线除了用于组建计算机局域网外，固定电话机到电话局之间（确切地讲是分线盒到电话交换机之间）的线路也使用双绞线。

同轴电缆由一个金属圆管（外导体）和一根位于金属圆管中心的导线（内导体）组成。内导体采用半硬铜线，外导体采用铜带或铝带纵包而成，内外导体间用聚乙烯等塑料制成的垫片绝缘。在外部有密闭的护套，护套保护缆芯免遭外界机械、电磁或化学损坏，常用的有铅护套、铝护套、钢护套、塑料护套等。目前，同轴电缆主要用于有线电视网络（Common Antenna TV，CATV），阻抗为 93Ω（欧姆）。

光纤是光导纤维的简称，是通过全反射传输光信号的一种传输媒介。光纤由纤芯和包层组成，通常外面会包上塑料套管用于保护纤芯。纤芯材料通常是二氧化硅掺以锗和磷，包层材料是纯二氧化硅，这样，纤芯的折射率就比包层的折射率高 1%左右，从而使光以全反射的形式局限在纤芯内向前传播，形成光波导。

光纤通信系统使用的光源有两种类型：发光二极管（Light Emitting Diode，LED）和注入式激光二极管（Injection Laser Diode，ILD）。发光二极管比较便宜，注入式激光二极管支持的数据速率比较高。

光纤可分为单模光纤和多模光纤两类。如果纤芯的直径在 8μm 以下，则光在波导管中的传播只有一种模式，即光以轴向射线通过光纤，这样的光纤称为单模光纤；如果光纤的直径较粗，则光波导中可能有多重传输路径存在，这样的光纤称为多模光纤。多模光纤又分为阶跃型光纤和渐变型光纤两种。如果纤芯和包层是由两种折射率截然不同的材料构成，则光线在纤芯中的传播是按折线行进，这种光纤称为阶跃型光纤；如果折射率从纤芯到包层是逐渐降低的，则光线在光纤中的传播是按曲线行进的，这种光纤称为渐变型多模光纤。

光纤已成为当前通信网主要的传输媒介，主要用于通信网的长途干线。随着"光纤到户"战略的推进，以前使用双绞线和同轴电缆的场合，目前都已逐渐被光纤所取代。

电力线通信技术（Power Line Communication，PLC）是指利用电线传输数据信号的一种通信方式。只要具备 PLC 调制解调器，就可以通过房间里任意一个电源插座上网。PLC 的好处是不用额外布线就能实现上网、打电话、有线电视等多种应用。电力线上网的速率一般为 14Mbit/s，某些电力线上网设备可提供高达 200Mbit/s 的速率。

无线媒介也称为非导向媒介，也就是在大气层、外太空或水中行进的电磁波、光波、声波传输，如微波、卫星、短波、激光、可见光、红外线和水声通信等所用的无线线路。

对于电磁波无线媒介，信号的传输特性主要取决于天线的类型和电磁波的工作频率。无线电信号的传播一般有 3 种形式：地波传播、天波传播和视距传播。地波传播沿着地球表面轮廓传播，能够到达很远的地方，如调幅收音机中的中波无线电广播，工作频率大约在 2 MHz 以下。天波传播依靠高层大气电离层的多次反射，把信号传播到几千千米远的地方，如调幅收音机中短波无线电广播，工作频率在 2 MHz 到 30 MHz 之间。视距传播只能在视觉距离内进行通信。当然，由于折射的缘故，无线电视距要比光学视距远一些。当工作频率高于 30 MHz 时，就只能使用视距传播。

微波通信是利用无线电波在对流层的视距范围内进行传输的一种通信方式。微波的频率范围为 300MHz 至 300GHz，传播距离一般只有 50km 左右。微波损耗的主要来源是衰减和干扰，受天气和地形的影响较大。以前，通信网也会使用微波接力通信的方式建设长途干线，目前只有在不便部署光纤的地理环境中，才考虑部署微波线路。

通信卫星实际上是一个微波中继站，它利用卫星上面的通信转发器，接收地面站发射的信号，将信号放大、变频后，再向下转发到别的地面站，从而完成两个地面站之间的信号传输。卫星通信有两个特殊性质：一是长时延性，从一个地面站发射到另一个地面站接收，大约有 0.26 秒的传播延迟，一些差错控制方式必须考虑这种长时延的影响；二是广播性，在卫星的整个覆盖区域内均可收到卫星发射的信号。

激光通信分为空间通信（无线）和光波导通信（光纤，有线）两种。无线激光通信以激光为载波，在外太空、大气和水中传输数据。2012 年中国"海洋二号"卫星与地面之间采用无线激光通信的速率达到 500Mbit/s。无线激光通信也可用于两座楼之间的通信。无线激光通信容易受到天气、阳光等环境因素的影响。

可见光通信（Visible Light Communication，VLC）是通过灯光的快速闪烁来传输数据。所谓的 Li-Fi 技术就是在普通的 LED 灯泡上加装一个芯片，使灯泡以极快的速率闪烁，人眼无法察觉闪烁，却能通过闪烁来传递数据信号。灯泡相当于 Wi-Fi 网络中的"热点"，其传输速率目前可达 1Gbit/s。

红外线通信利用红外线作为传递数据的媒介。红外线波长范围为 0.70μm～1mm，其特点是受气候影响较大，无法穿越障碍等。家用电器的遥控器通常使用的就是红外线通信方式。

水声通信是利用声波作为载波在水中传输数据的通信方式。由于电磁波在水中的衰减程度很大，无线电波在水中传播必须使用频率极低的波段，传输速率较低，传输距离也很短。利用声波可以在水中长距离传播的特性，水声通信通过水声调制解调器把电信号转换成声波来传输数据。水声调制解调器在发送数据时，通过水声换能器的电致伸缩效应将电信号转换成声信号发送出去。接收数据时，利用水声换能器的压电效应进行声电转换，将接收到的信号还原成数据。

3. 终端设备

根据通信网的用途，终端设备大小不一，种类繁多。最常见的终端设备有电话机（手机和座机）、计算机和电视机。另外，自动柜员机、自动售票机、传真机、车载终端、智能冰箱和传感器节点等也都是通信网的终端设备。

终端设备可分为非智能终端和智能终端两种。两者最大的区别在于是否具备数据处理功能。

非智能终端不具备数据处理能力，只具备简单的通信功能。例如，普通电话机只具备声波与音频电信号的转换功能。所谓的"哑终端"只具备键盘和显示器，键盘按键都需要先送到中央计算机处理后，再发送回显示器进行显示。

智能终端中嵌入了处理器芯片甚至操作系统，可以对数据进行必要的处理，并具备先进的复杂通信功能。智能终端的典型例子是智能手机。智能手机常见的操作系统主要有 Android、iOS、Windows 等。目前很多手机厂商都推出了自己的操作系统，这些操作系统基本上都是基于 Android 系统的，Android 系统的内核是 Linux 操作系统。很多其他类型的智能终端会直接采用 Linux 系统进行开发。

计算机无疑是一种智能终端，只不过它使用的是通用操作系统。随着嵌入式系统的发展，通用操作系统和嵌入式操作系统逐渐走向统一，智能终端与计算机之间的数据处理能力差异也越来越小，例如，智能手机实际上就是一台手持计算机。

根据计算能力和通信能力的强弱，计算机可分为客户机和服务器两种类型。客户机有台式机、笔记本计算机、平板电脑等；服务器是一种处理性能相对较高的计算机，可以是个人计算机、专用服务器或者超级计算机。

在互联网中，服务器通常放在电信大楼的数据机房中，也可以集中起来，组成服务器集群，放在专门建造的数据中心大楼里。按应用分类，网络服务器可分为邮件服务器、文件服务器、Web 服务器、视频点播（Video On Demand，VOD）服务器、数据库服务器、域名服务器（Domain Name System，DNS）、网络传真服务器、打印服务器等。

1.1.3 通信网的拓扑结构

在通信网中，通信设备称为节点，用户终端称为端点或站点，节点和端点在图论中统称为点，传输媒介相当于线，因此，通信网可看作是由点和线组成的连接图，网络拓扑就是指通信网中各个点相互连接的方法和形式。使用网络拓扑可以简化通信网的分析，例如，选择最佳路径、定位故障点、避开瓶颈链路等。

网络拓扑结构反映了组网的一种几何形式。网络拓扑结构与网络的传输媒介、可靠性、组网费用、维护管理和性能等密切相关，因此，网络拓扑的选择是组建通信网的第一步，也是关键的一步。通信网有总线型、星型、环型、树型、网状型以及混合型等多种拓扑结构，如图 1-2 所示。

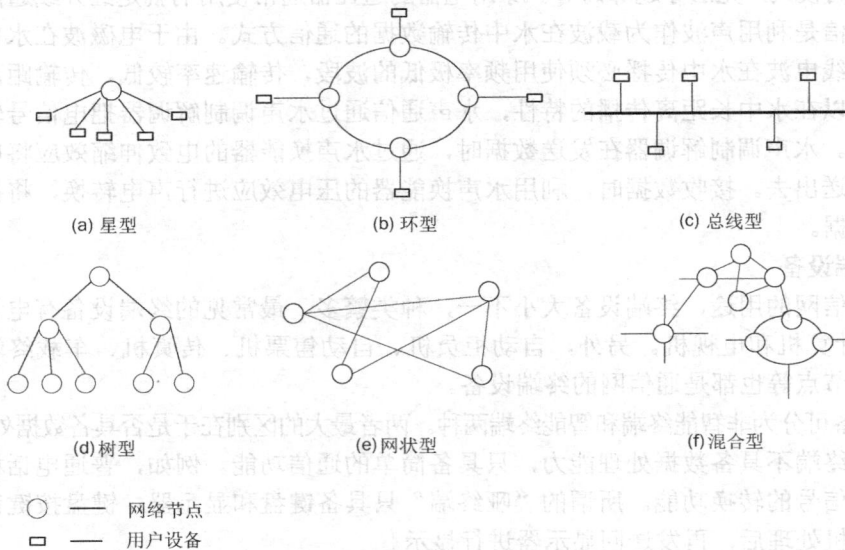

(a) 星型 (b) 环型 (c) 总线型

(d) 树型 (e) 网状型 (f) 混合型

○ —— 网络节点
□ —— 用户设备

图 1-2 通信网络拓扑结构

1. 星型拓扑结构

星型拓扑有一个中心节点，通常为交换机或集线器，网络中的每一个节点都通过一条单独的连接线与中心节点相连。在星型网中任何两个节点要进行通信都必须经过中央节点，中央节点把一个节点发送来的数据送往目的节点或广播到所有节点。

星型拓扑的优点是网络结构简单、容易实现、便于维护。每个节点直接连到中央节点，故障容易检测和隔离，单个连接的故障只影响一个设备，可以很方便地将有故障的节点从系统中隔离开，不会影响全网。

星型拓扑的缺点是中央节点负荷太重，布线不方便。中心节点是全网络的通信瓶颈，中心节点出现故障会导致网络的瘫痪，所以对中央节点的可靠性和冗余度要求很高。星型拓扑中每个节点直接和中央节点相连，需要大量电缆，不容易布线，费用也较高。

星型拓扑是目前组建计算机局域网常用的拓扑结构，组网时中心节点一般为交换机，计算机通过双绞线连接到交换机上，联网计算机的数量取决于交换机的端口数。

2．总线型拓扑结构

总线型拓扑是一种共享媒介的结构，它有一条公共的传输线（称为总线），网络中的所有设备通过相应的硬件接口直接连接到这条总线上。站点之间按广播方式通信，一个站点发出的数据，总线型上的其他站点均可接收到。

总线型拓扑结构的优点是结构简单、布线容易，组建规模较小的网络时容易实现。缺点是所有数据都需经过总线传送，总线成为整个网络的通信瓶颈，长度也受限制，故障诊断较为困难，传输媒介或中间任一接口点出现故障，整个网络就会瘫痪。早期由同轴电缆组建的计算机以太网采用的就是总线型拓扑结构。目前在组建有线传感器网络时也常采用总线型拓扑结构。

由于所有的站点共享一条公用的传输媒介，两个或两个以上的站点同时发送时，信号就会发生冲突，所以一次只能有一个站点发送，也就是说，总线型网络是半双工通信方式。这样就需要某种形式的媒介访问控制策略，以决定哪一个站点可以发送。

3．环型拓扑结构

环型拓扑结构有一条首尾相连的闭合环型通信线路，各站点通过转发器、交换机、分插复用器等连接到环路上，环路中各站点地位相同。环型网络可以是广播网络，也可以是交换网络；可以是单环网络，也可以是双环网络，当采用双环时，数据可以双向同时传输。

环型拓扑的优点是线缆数量少，路由选择简单，适合使用光纤，传输距离远，可靠性高。早期的环型网络通常为共享媒介的局域网，目前常用于城域网和广域网。数据在环型网中沿固定方向流动，两个站点间只有唯一的一条通路，简化了路径选择的控制。环型网络易于组建自愈网络，当双环网络中的一条环路出现故障时，可以自动转换成单环网络继续运行。

环型拓扑的缺点是站点只能沿着环路部署，如果是共享媒介组网，则媒介访问控制比较复杂。目前环型拓扑常用于组建城域网或广域网的主干网，成为混合拓扑结构的一部分。

城域网中使用的弹性分组环（Resilient Packet Ring，RPR）网络采用的就是环型拓扑结构，而且是互逆双环拓扑结构，即两个环的传输方向相反。RPR 采用光纤作为传输媒介，使用三层交换机连接各站点，速率一般在 1Gbit/s 以上。

4．树型拓扑结构

树型拓扑结构是一种层次结构，形状像一颗倒置的树，根节点称为头端，从头端开始伸出一条或多条线路，每条线路都可以有分支。数据在上下节点之间传输，相邻节点或同层节点之间不能进行数据交换。

树型拓扑的优点是连接简单、成本低、扩充方便、适用于汇集信息的应用要求。网络中任意两个节点之间不产生回路，每个链路都支持双向传输，故障隔离容易。

树型拓扑的缺点是资源共享能力较低、可靠性不高。网络对根节点的依赖性太大，如果根节点发生故障，则全网瘫痪。一般一个分支节点的故障会影响它下面的子节点，但不影响另一分支节点的工作。

树型网络可以是广播网络，如有线电视网，也可以是小规模的交换网络，如小型的园区网络。

5．网状型拓扑结构

网状型拓扑结构的站点之间连接是任意的，没有规律。广域网基本上采用网状型拓扑结构。特殊情况下，网络中任意两个站点都直接相连，具有这种网状拓扑的网络称为全连接网络。全连接网络只能在小范围内实现。

网状型拓扑的优点是系统可靠性高、扩展容易。任意两个节点交换机之间一般存在一条以上的通信路径，这样，当一条路径发生故障时，还可以选择另一条路径。网状型拓扑可组建成各种形状，采用多种通信信道和多种传输速率。网状型拓扑可选择最佳路径，改善线路的信息流量分配，减少传输时延。

网状型拓扑的缺点是结构复杂、控制复杂、网络协议复杂、建设成本高。由于每一个节点都与多个节点连接，因此必须采用路由选择算法和流量控制方法。

6. 混合型拓扑结构

混合型拓扑结构是将多种网络拓扑结构混合起来构成的一种网络拓扑结构。组建混合型拓扑结构的网络有利于发挥各种网络拓扑结构的优点，克服相应的局限。例如，星环拓扑结构就是将星型拓扑和环型拓扑混合起来的一种拓扑，它试图取这两种拓扑的优点于一个系统。

混合型拓扑的优点是取长补短、故障诊断和隔离方便、易于扩展、安装方便。缺点是需要各种互联设备进行协议转换。

1.1.4　通信网的功能

通信的目的是为了实现信息交换，通信网的目的除了实现信息交换外，还应该考虑网络上的资源共享，以及为用户提供一个便利的分布式处理环境。为了实现这些目标，并且更加可靠、有效地传输信息，通信网应该具备如下功能。

（1）网络接口。网络接口是实现互联互通的基本条件。网络接口包括用户设备与网络设备之间的接口、网络设备之间的接口、不同网络之间的接口等。接口可能是无线的，也可能是有线的；可能是光接口，也可能是电接口；传输的可能是模拟信号，也可能是数字信号。可以说，网络接口的不同直接影响网络本身的发展。通过尽可能少的接口标准，使用户连接到不同的网络，一直是信息通信技术（Information Communication Technology，ICT）行业努力的目标。

（2）同步。广义上讲，同步是指通信实体按预先指定的次序协同工作。狭义上讲，同步是指设备按照统一的时钟信号收发数据。通信网中的时钟同步涉及三个层次：位同步、帧同步和网同步。位同步能够使收发器之间知道每一个信号元素的长度和间隔，正确判定所传输的 0、1 比特流。帧同步可以从连续的比特流中界定出所传输的数据块。网同步能够为全网设备提供统一的基准时钟信号，网络中的所有设备都按照该基准时钟收发数据。

（3）差错控制。由于噪声、时钟偏差、设备故障等原因，数据在传输过程中不可避免地会出现差错。通信网应该能够对所传输的数据进行差错检测和纠正。差错控制技术采用的方法取决于在多大程度上可以容忍所出现的差错。差错控制方法通常分为三种：重发纠错、前向纠错和混合纠错。重发纠错就是当发现传输的数据出错时，发送方会重新发送该数据。前向纠错采用纠错编码的方式发送数据，接收方检测到数据出错时，可以根据纠错编码算法把出错的比特纠正过来。混合纠错就是把重发纠错和前向纠错结合起来，平时采用前向纠错，当出错位数较多，超出纠错编码的纠错范围时，再采用重发纠错方法纠正错误。

（4）寻址和路由。寻址技术解决每台设备的标识问题，使数据能够提交给指定的接收方。一台设备可能使用多个不同类型的地址来标识，如主机名、域名、网络地址、物理地址、频段、信道号等。通信网除了设备寻址外，还需要解决各种地址之间的映射关系。在通信网中，通信双方之间可能存在多条传输路径，路由技术可以在不同的传输路径中选择一条适当的路径。

（5）拥塞控制。由于网络设备的处理能力和带宽资源的不足，网络经常出现拥挤和堵塞的现象。当数据堆积在设备的缓冲区来不及处理时，一旦缓冲区溢出，数据就被丢弃了，这时用户就会感到上网出现卡顿现象。网络拥塞可以通过网络规划、资源预留、带宽管理和流量控制等手段来解决，其中，流量控制也是通信网的基本功能。流量控制用来解决宿端过载问题，即当发送方发送的数据超过接收方能够处理和接纳的能力时，双方通过某种措施使发送方暂停发送数据，等接收方不忙时，发送方再继续发送数据。

（6）安全和管理。网络安全包含加密和认证两个方面。加密使得第三方无法破解所传输的信息，认证使得数据不被篡改以及通信方不被冒充。网络管理能够对网络运行状态进行监控，对网络设备的失效和超载做出反应，当网络崩溃时能够采用恢复技术尽量减少损失，能够通过适当的配置提高系统的利用率，并且能够灵活地为未来发展进行规划。

1.2　通信网的运营和业务

世界上运营规模最大的通信网络是所谓的"三大网络"：计算机网络、电信网和电视网。2010 年，中国政府提出分阶段实现"三网融合"的战略。第一阶段是三大网络都能提供语音、数据、图像等多媒体通信业务，第二阶段是三大网络经过相互渗透和兼容，网络功能趋于一致，网络业务趋于相同，最终整合为统一的信息通信网络。

随着网络融合的发展，已经很难从技术上和业务上对三大网络进行明确界定，例如三大网络都会提供互联网服务。

目前，物联网正在蓬勃发展。如果不把物联网看作是互联网的延伸，而是单独看作一种行业网络，则通信网的运营可按行业分为计算机网络、电信网、广播电视网和物联网四大网络。

1.2.1　通信网的运营

计算机网络、电信网、广播电视网和物联网四大网络由不同的行业建设和运营。计算机网络由计算机行业研发和组建，通常由单位或公司自己管理。电信网在中国目前只能由中国电信、中国移动和中国联通三家网络运营商进行建设和运营。2014 年成立的中国铁塔公司专门负责移动通信网信号塔和基站的建设。另外，广播电视网由国家新闻出版广播电影电视总局管理和运营。物联网由其他各行业自己组建和管理，单纯的物联网行业目前还未形成规模。

1. 计算机网络

计算机网络就是把地理上分散的独立计算机通过通信设备和线路连接起来，利用网络软件实现资源共享和数据通信的系统。

从计算机网络的逻辑结构和功能上看，计算机网络由资源子网和通信子网两部分组成，如图 1-3 所示。资源子网与通信子网通过通信接口和协议有机地结合在一起，共同完成计算机网络的各种功能。

资源子网也称为用户子网，负责数据处理，向网络用户提供各种网络资源和网络服务，包括计算机行业所用的设备和组建的局域网，由联网的服务器、工作站、共享的打印机和其他设备及其相关软件组成。通过运行在网络操作系统之上的用户应用程序，这些设备向网络用户提供可共享的软硬件资源和信息资源。

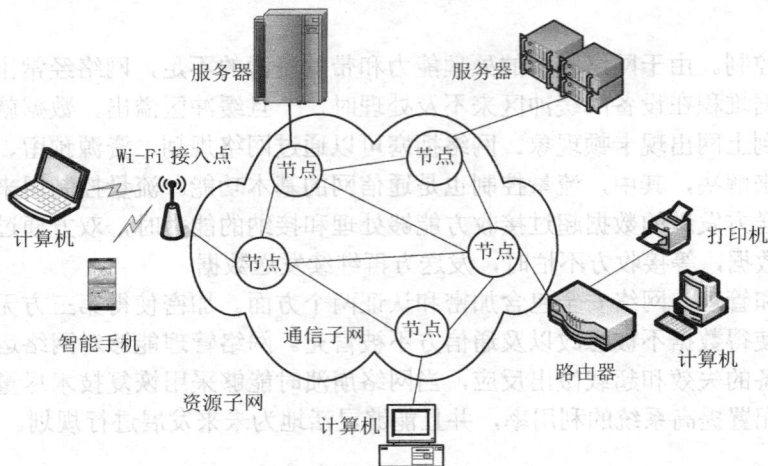

图 1-3　计算机网络的组成结构

通信子网负责数据传输，为通信双方提供接续的通信路径，使处于不同地理位置的计算机可以互相通信。对于两端的计算机来说，通信子网就相当于一条信号传输线路。

实际上，通信子网主要是指通信行业所建设的各种公用网络，如公共数据网、公用分组交换网、分组无线电数据网、局部区域网等。

由于计算机行业和通信行业的融合与发展，资源子网和通信子网之间的界线已很难确定，现在常按照用户-网络接口（User Networks Interface，UNI）来划分用户和网络运营商之间的设备和网络。

2．电信网

世界上普及最广的电信网是电话网，包括固定电话网和移动电话网。除了电话网外，电信公司还会运营传真网、图像通信网、互联网等各种业务的通信网络。

电信网（Telecommunications Network）从其英文名称可以看出，它是一种用于远程通信的网络。电信网具有两个显著的特点：广域和公用。

电信网把用户设备和网络运营商的设备分为两个部分，分别称为用户端设备和局端设备，或者用户侧设备和网络侧设备。电信网的组成如图 1-4 所示，其中，终端设备和用户驻地网属于用户侧，接入网、本地网和长途网属于网络侧。

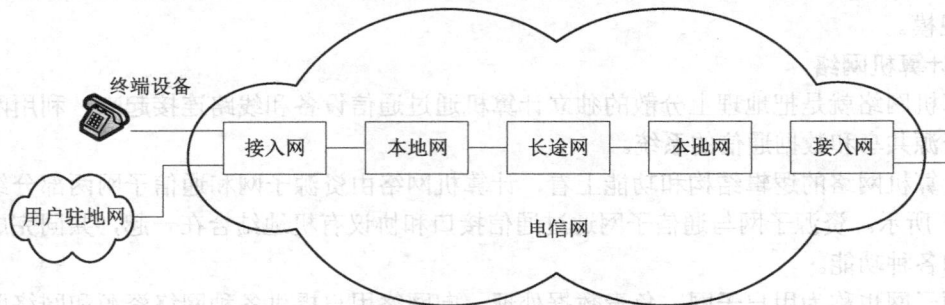

图 1-4　电信网的组成结构

典型的终端设备是电话机（手机、座机等）和计算机，典型的用户驻地网是各单位自己组建的计算机局域网。电信网通过各种接入网技术把用户设备连接到本地网中。本地网由城市范围内的电信局（实质上是电信局中的交换传输设备）构成，长途网由各地的长途局互联而成。

传统的电信网有公共交换电话网络（Public Switched Telephone Network，PSTN）、数字数据网（Digital Data Network，DDN）、帧中继网络、异步传输模式（Asynchronous Transfer Mode，ATM）网络和综合业务数字网络（Integrated Services Digital Network，ISDN）等。从通信行业来看，这些具体的公共数据网或公用分组交换网都属于电信网；从计算机行业来看，这些则属于计算机网络中的通信子网。

随着电信网运营范围的扩展和各种通信网络的融合发展，电信网的主要业务已经从话音业务转向数据业务，电信网的内涵、定义和技术也发生了很大的变化，现在常使用术语"通信网"来指代电信网。

3. 广播电视网

广播电视网是由中国国家新闻出版广电总局运营管理的通信网络。一个完整的广播电视网络由前端系统、传输网络系统和用户终端系统三部分组成，如图 1-5 所示。来自现场的信号源被送往各省市广播电视网络公司的电视台机房，再通过光纤或卫星送往本地电视网络公司，最后通过光纤和同轴电缆送往用户电视接收机。

```
信号源 → 电视台 ┆→ 干线传输 → 分配网 ┆→ 机顶盒 → 电视机
└──── 前端系统 ────┘└──── 传输网络系统 ────┘└── 用户终端系统 ──┘
```

图 1-5　广播电视网络的基本构成

前端系统负责电视节目的采编和制播，包括信号源处理单元和信息处理单元两部分。前端原指进行电视信号处理的机房，有时候也单指信息处理单元部分。前端设备完成电视信号的频道处理，从各种信号源（天线、地面卫星接收站、录像机、摄像机等）解调出视频和音频信号，然后将音视频信号调制在某个特定的载波上。我国采用 PAL 制式，被调制的载波占用 8MHz 的带宽。

传输网络系统负责电视信号的传输和分配。干线传输部分的功能是将前端系统输出的高频电视信号不失真地、稳定地送到分配网的输入端口，且其信号电平需满足分配网的要求。电视信号的传输主要包括地面微波无线广播、有线电视网传输和广播卫星传输三种途径。分配网通过电缆将由前端提供、干线传输过来的高频电视信号分配到每个用户终端，而且要保证每个用户终端得到的电平值符合系统要求。

用户终端系统负责电视信号的接收、解码和显示，主要设备包括电视机、数字电视机顶盒和 IPTV 机顶盒等。随着广播电视信息网数据业务的开展，计算机、智能设备等也可以通过电视网络访问互联网。

电视广播网目前正处于从模拟向数字化双向互动全面过渡的阶段。广播电视数字化是指从拍摄、编辑、制作、处理、发射、传输、接收到显示等全部过程都采用数字化技术。

4. 物联网

物联网（The Internet of Things，IOT）就是将所有物品通过自动识别、传感器等信息采集技术与互联网连接起来，实现物品的智能化管理。物联网提供了一个全球性的自动反映真实世界信息的通信网络，让人们可以无意识地享受真实世界提供的一切服务。

在物联网时代，除了常见的人与人之间的数据流动，物与物之间也存在着数据流动，而且数据量更大，更为频繁，这些数据由物品通过对周围环境的感知自动产生，通过互联网传递给相应的应用程序进行处理。

物联网的组成可分为传感系统、传输系统和监控管理系统 3 部分，如图 1-6 所示。物联网利用各种传输系统作为信息传输的承载网络。互联网是目前常用的传输系统，也是物联网传输系统的发展趋势。从互联网的角度来看，物联网是互联网从人到物的自然延伸，此时的互联网终端除了人之外，还有大量的传感设备和智能设备。

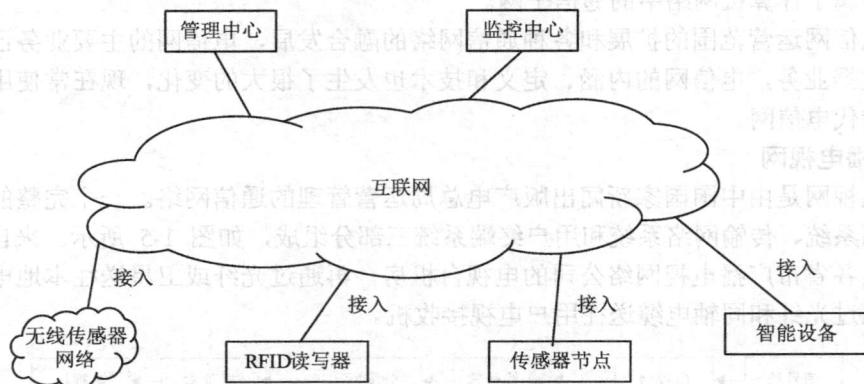

图 1-6　物联网的组成结构

传感系统包括传感设备和自动识别设备，这些设备可以直接接入到传输系统，也可以利用短距离无线传输网络或有线网络把感知设备组成局部网络，再接入到传输系统。传感系统由公司、单位自己建设，实现特定的目标，区域特征或行业特征明显。

传输系统就是各种公用网络、专用网络和互联网等，这些网络提供远程的数据传输。传输系统一般使用现有的基础设施。感知系统通过各种接入技术连接到传输系统上。

监控管理系统用于远程监控传感系统中的各种设备，通过对传感系统数据的智能处理，为管理和操作人员提供决策依据，侧重于人机界面。

1.2.2　通信网的业务

通信网的用途是向用户提供各种通信业务，如基本话音、数据、多媒体、租用线、虚拟专网等。按照通信业务的信息特征，通信业务可分为话音业务和非话业务；按接入方式分为有线接入业务和无线接入业务；按照通信区域分为本地通信业务和长途通信业务；按计费结算方式分为预付费业务和后付费业务等。

通信网提供的业务与具体的通信网有关，例如，互联网提供的典型业务有 WWW 服务、文件传输服务、电子邮件服务等。

有线电视网络的业务可分为三大类：基本业务、扩展业务和增值业务。有线电视网络的基本业务是其传统的广播电视业务，包括公共广播电视频道节目的信号传输、新用户的安装服务和卫星节目落地服务等；扩展业务是在电视节目服务方面进一步开发而带来的业务，包括专业频道、数据广播、视频点播等；有线电视网增值业务是其开发的多功能业务，包括互联网接入、IP 电话、电视会议、带宽出租、电视商务等。

　　根据中国工业与信息产业部发布的《电信业务分类目录（2015 年版）》，电信业务分为基础电信业务和增值电信业务两大类，为网络运营商市场准入提供业务界定。

　　基础电信业务又分为两个子类，第一类基础电信业务和第二类基础电信业务；增值电信业务也分为两个子类，第一类增值电信业务和第二类增值电信业务。

　　第一类基础电信业务包括固定通信业务（主要是本地和长途固定电话网）、蜂窝移动通信业务（2G、3G、4G 移动通信网）、第一类卫星通信业务（包括卫星移动通信业务、卫星国际专线业务）、第一类数据通信业务（主要是互联网数据传输）和 IP 电话业务。目前我国只有三大网络运营商可以经营第一类基础电信业务。

　　第二类基础电信业务包括集群通信业务、第二类卫星通信业务（包括卫星转发器出租出售业务和国内甚小口径终端地球站通信业务）、第二类数据通信业务（主要包括固定网国内数据传送业务、局端接入、国内通信设施服务、用户驻地网和网络托管等）。

　　第一类增值电信业务包括互联网数据中心业务、内容分发网络业务、国内互联网虚拟专用网业务和互联网接入服务业务。

　　第二类增值电信业务包括在线数据处理与交易处理业务、国内多方通信服务业务、存储转发类业务（如语音信箱、电子邮件等）、呼叫中心业务、信息服务业务（如社交平台、即时通信等）以及编码和规程转换业务（如域名解析服务）。

1.3　通信网的分类

　　通信网的分类方法比较多，最常见的是按行业划分的互联网、电信网和广播电视网，以及按覆盖范围划分为从芯片到深空的不同大小的区域网。另外，按传送技术通信网分为交换网络和广播网络；按所采用的传输媒介分为双绞线网、同轴电缆网、光纤网、无线网；按网络拓扑结构可分为星型网络、树型网络、总线型网络、环型网络、网状网络和复合网络；按照传输速率分为窄带网和宽带网；按不同用途分为科研、教育、商业、企业网等；按组建和管理性质分为公用网和专用网；按功能分为接入网、传输网、交换网、支撑网等。

1.3.1　按覆盖范围划分

　　通信网按地理覆盖范围可划分为片上网络、体域网、个域网、局域网、城域网、广域网和星际互联网。

　　片上网络（Network on Chip，NoC）是一种把单个芯片中的多个处理部件和存储部件连接起来的通信网络。片上网络取代了传统的芯片总线结构，利用交换技术实现部件之间的消息通信。片上网络把计算机体系结构中的并行处理机所用的互联网络（Interconnection Network，ICN）应用在片上系统（System on a Chip，SoC）中，因此，它是一种片上多处理机结构或片上多核系统，是计算机体系结构研究和集成电路片上系统研究的融汇点。

　　体域网（Body Area Network，BAN）是一种分布在人体体内或者体表的短距离无线通信网络，因此也叫作无线体域网（Wireless Body Area Network，WBAN）。体域网由分布在人体各个部位的便携式传感器节点、植入体内的生物传感器节点以及协调器组成，主要集中在人体附近，最大通信距离不超过 2 米。传感器节点主要负责采集身体重要的生理信号、人体活动或动作信号以及人体所在环境信息，并将这些信息汇聚给协调器；而协调器是网络的管理器，也是 BAN 和外部网络之间的网关，使数据能够安全地传送和交换。体域网除了在医学方面的应用，还可以用于消费电子、体感游戏和模拟训练等领域。

个域网（Personal Area Network，PAN）是一种短距离无线自组网络，也称为无线个域网（Wireless Personal Area Network，WPAN）。个域网的覆盖范围一般不超过10m，通常用于组建传感器网络或提供计算机与便携式设备之间的数据通道。根据不同的应用场合，个域网又分为高速个域网（HR-WPAN）和低速个域网（LR-WPAN）两种。高速个域网支持各种高速率的多媒体应用，包括高质量声像配送、多兆字节音乐和图像文档传送等，用于连接便携式消费电器和通信设备；低速个域网用于自动化控制、安全监视和环境监视等领域。常见的个域网组网技术有 ZigBee、蓝牙、红外和超宽带（Ultra Wide Band，UWB）等。

局域网是指在有限的地理范围内构成的规模相对较小的计算机网络。局域网的覆盖范围通常在2km之内，一般不超过几十千米，其分布范围局限在一个办公室、一幢大楼或一个校园内，通常由某个单位或部门自己组建、维护。局域网的特点是分布距离近，传输速率高，连接费用低，数据传输可靠，误码率低。目前常见的局域网是以太网和Wi-Fi网络。

城域网是在一个城市范围内组建的计算机网络，提供全市的信息服务和通信主干线路。城域网的覆盖范围可达数百千米，通常是将一个地区或一座城市内的局域网连接起来构成一个主干通信网。城域网的数据传输距离相对局域网要长，信号容易受到干扰，组网比较复杂，成本较高。目前计算机行业一般使用以太网技术组建城域网，电信行业组建的城域网种类比较多，一般采用 SDH（同步数字层次）、RPR（弹性分组环）或 WiMAX 等技术。因此，城域网中各种技术的融合成为关键问题。

广域网的联网设备分布范围很广，可以从几十千米到几千千米，一般覆盖一个地区或一个国家。广域网是通过卫星、微波、无线电、电缆、光纤等传输媒介连接的国家网络和国际网络，它是全球计算机网络的主干网络。例如，中国公用计算机互联网 ChinaNet、中国教育和科研计算机网 CERNET 等都属于广域网。广域网一般具有以下几个特点：地理范围没有限制，传输媒介多样，技术复杂，通常是一个公共网络。

星际互联网也称为宇宙互联网或太空互联网，它利用深空通信技术在人造卫星、行星探测器或太空站之间传递信息。星际互联网是一种改进型的超大型互联网，与普通互联网相比，星际互联网必须经得起太空数据传输时频繁的延迟、中断和掉线，例如，当探测器飞行到某颗行星背后或发生太阳风暴时，通信网络就会发生故障。星际互联网由骨干网、外部网、行星网三部分组成。骨干网由一组高容量、高可用、稳固的中继节点组成，对遥测遥控、导航定位信息进行存储和转发；外部网主要是为深空飞行器等节点建立的临时性通信网络，它们在视距内就近接入骨干网；行星网由行星人造卫星网络和行星表面网络组成，提供卫星和行星表面之间的互联与协同工作。

1.3.2　按交换技术划分

交换网络也称为点到点网络，是一种通过逐点传递进行数据交换的通信网络。在交换网络中，从源节点到目的节点的数据传送需要经过一系列的网络中间节点，中间节点的功能就是进行路由选择，把数据转发到相邻的下一个节点，相邻节点之间有专用的物理线路。中间节点一般是交换机或路由器。

根据具体的交换技术，交换网络又分为电路交换网和分组交换网两大类。

在电路交换网络中，通信双方在传输信息之前，通过控制信息（称为信令），在一系列的中间节点之间建立起一条专用的通信信道。电路交换网络的典型例子是电话网。

在分组交换网络中，发送方把需要发送的数据分成较小的数据块，称为分组或包，每个分组单独传送，到达目的地后再重新组装成完整的数据。

通信网络目前已全面从电路交换技术转向分组交换技术，但专用信道能够提供更好的服务质量，这种电路交换技术的设计思路也体现在分组交换网络为保证多媒体通信的服务质量所做的改进措施中。

1.3.3　按功能划分

通信网络按功能可分为接入网、传输网、交换网和支撑网等。

接入网用于把用户终端、局域网等连接到局端的交换机上。接入网把电信网中传统的模拟用户环路（即电话机到电话交换机之间的线路）升级成数字化线路，从而将用户设备或局域网直接连接到以电信网为承载网的互联网中。

目前接入网主要考虑的是互联网的接入。接入网除了把计算机、手机、智能终端等通过各种线路连接到互联网外，还包括链路的接入协议、用户的登录认证、费用管理等。互联网的接入技术分为有线接入技术和无线接入技术两大类。有线接入技术主要有铜线接入、光纤接入和光纤同轴电缆混合（Hybrid Fiber-Coaxial，HFC）接入；无线接入技术主要有 Wi-Fi 接入、GPRS 接入、3G 接入、4G 接入等。

传输网是整个通信网的基础，按用途划分的各种网络，如互联网、电话网等，都可以看作是传输网的业务网。传输网在交换机之间提供一条信号传输通道，通过交叉连接、复用等功能，为业务网的数据比特传输提供有保护的连接通道。

传输网技术主要有准同步数字系列（Plesiochronous Digital Hierarchy，PDH）、同步数字体系（Synchronous Digital Hierarchy，SDH）和光传送网（Optical Transport Network，OTN）等几种。PDH 目前已不在长途骨干传输网中使用。传输网经常与密集波分复用（Dense Wavelength Division Multiplexing，DWDM）系统结合在一起，以提高光纤的利用率。

交换网由交换机组成，完成路由选择、数据转发功能，分为分组交换网和电路交换网两种。各种交换网络都具有自己独特的交换机，如程控交换机、ATM 交换机、IP 交换机、光交换机等。

支撑网为通信网络提供各种辅助支持，主要有同步网、信令网和管理网三种。同步网为整个通信网的设备提供统一的时钟信号；信令网用于交换机等网络设备控制信息的传输，通过信令的传输，使网络节点设备为通信双方建立一条信息传输通路；管理网用于传递网络管理信息，如获取网络设备的工作状态，对网络设备进行配置等。

1.3.4　各种网络之间的关系

由于从事通信网络建设和研究的行业较多，因此，各行业对通信网络的划分范围或多或少都带有本行业的观点。从数据传输的连接关系来看，不同网络之间的关系如图1-7所示。

从通信网络的地理区域范围来看，局域网、城域网和广域网是从计算机网络的角度来划分的；用户驻地网、接入网、本地网和长途网是从电信网的角度划分的。实际上，局域网是用户驻地网的一种，城域网和本地网基本上是同义的，广域网和电信网从计算机行业来看是同义的。

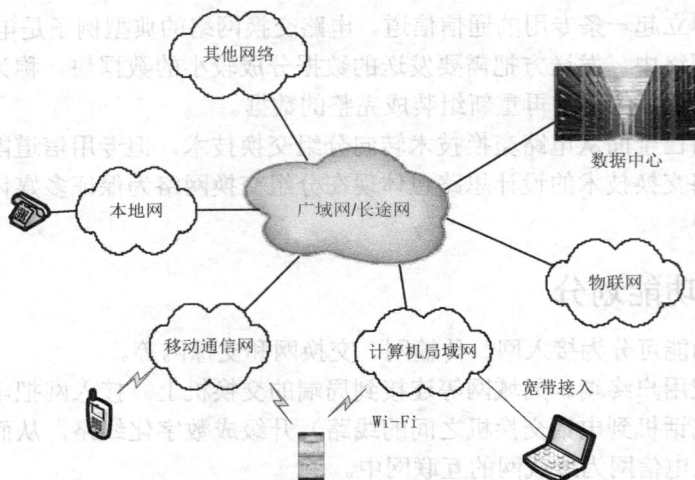

图 1-7 不同网络之间的连接关系

从通信网络的分层结构来看，传输网和交换网提供基本的承载服务，其他网络都可以看作是传输网络的业务网络，例如，电话网、传真网、广播电视网、数据通信网、多媒体通信网、互联网等都是传输网的业务网，如图 1-8 所示。

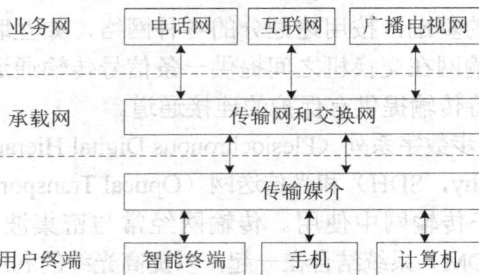

图 1-8 不同网络之间的层次关系

从历史演进来说，不同的网络名称可能只是不同行业对同一种网络的不同称呼。例如计算机网络、数据通信网、计算机通信网实际上属于同一种通信网络，它们是通信网络不同发展阶段的产物。从通信行业来看，计算机通信技术的研究和应用是从单机的远程联机系统开始的，最初还只称为"数据通信"系统，但在出现分组交换网之后，则开始使用"计算机通信网"的概念。凡将地理位置不同、具备独立功能的多台计算机、终端及其附属设备，用通信设备和线路连接起来，且配以相应的网络软件实现通信网资源共享的系统，称为计算机通信网。第一个计算机网络 ARPANET 就是一种分组交换网络，这个阶段的通信子网也就从数据通信系统发展到计算机通信网。从计算机行业来看，运行网络操作系统的计算机通信网就是计算机网络，实际上，目前的计算机操作系统基本上都是网络操作系统，计算机通信网与计算机网络已无区别。

1.4 通信网的体系结构

通信网体系结构也称为通信网架构，它是网络参考模型和协议栈的集合。目前的通信网络都采用分层体系结构，每一层的通信协议由专门的标准化组织来制定。

1.4.1　通信协议

通信网的信息传输是通过一系列的通信协议来完成的。协议是管理两实体之间数据交换的一组规则，用于控制不同系统实体间的通信过程。

实体是指具有发送或接收信息能力的客观事物，如用户应用程序、文件传输软件包、数据库管理系统、电子邮件业务、协议栈软件、网卡、转接器、机顶盒等软件或硬件。

系统指计算机、交换机、终端设备、远程传感器和控制器等组成的一个整体，用于完成一个完整的特定功能，由一个或多个实体组成。

一个协议必须包括下面 3 个要素：语法、语义和定时。

语法是指用户数据与控制信息的结构与格式，如数据格式、编码和信号电平等。语法描述的是做什么。

语义是指需要发出何种控制信息以及完成的动作和做出的响应，如用于协调同步和差错处理的控制信息等。语义描述的是怎么做。

定时是指事件实现顺序的详细说明，如速度的匹配和数据包的排序等。定时描述的是何时做。

通信网络的体系结构是指网络的功能组织结构和通信协议的集合。通信网体系结构用于指导通信网络的整体设计，为通信网络的硬件、软件、协议、接入控制和网络拓扑提供标准。

通信网络通常按层次结构划分网络功能，称为网络参考模型。每一层的功能通过该层的通信协议来实现，各层协议的总和称为协议栈。

网络参考模型为通信网络的设计划分了功能模块，给出了通用的设计规范，但参考模型并不提供具体的实现规范，也不提供详细精确的协议描述，参考模型的主要用途是帮助人们更清晰地理解通信网络所涉及的功能和过程。

每一种通信网络都有自己的网络参考模型。最有名的计算机网络参考模型有两个：一个是国际标准组织（International Organization for Standardization，ISO）在 1978 年提出的开放系统互联参考模型（The Reference Model of Open Systems Interconnection，OSI RM）；另一个是互联网采用的 TCP/IP 参考模型。

OSI 参考模型是第一个正式的计算机网络体系结构国际标准，并得到国际电信联盟电信分部（International Telecommunication Union-Telecommunication Sector，ITU-T）的支持。TCP/IP 参考模型是目前计算机网络体系结构事实上的标准。

除 ISO 和 ITU-T 之外，互联网工程任务组（The Internet Engineering Task Force，IETF）、电气和电子工程师协会（Institute of Electrical and Electronics Engineers，IEEE）、第三代合作伙伴计划（3rd Generation Partnership Project，3GPP）也是最常见的通信网标准化组织。ITU-T 的标准化重点是电信网，IETF 是互联网，IEEE 是个域网和局域网，3GPP 是移动通信网。

1.4.2　通信网体系结构的分层思想

目前通信网基本上都采用分层体系结构，它把通信网的整体功能划分成独立的功能模块，根据各个功能模块之间的调用关系分为不同的层次。

在通信网层次体系结构中，相邻两层为用户与服务的关系，上层为用户，下层为服务提供者，上下两层之间的关系用服务原语来定义。服务原语是一种描述形式，用来指出上层用户如何调用下层提供的服务，调用时需要传递哪些参数等。

两个互相通信的系统应该具有相同的层次，每一层都存在一个实体，用于发送、接收、解释该层的协议。同一层次称为对等层，处于同一层次的实体称为对等实体。

对等层之间传递的数据单位称为协议数据单元（Protocol Data Unit，PDU）。PDU 都有自己特定的数据格式，通常由数据字段和控制字段两部分组成。数据字段存放上层送来的数据，也就是上层的 PDU；控制字段用于填写本层协议进行通信时所需的控制信息，如地址、序号、校验码等。控制字段一般位于数据字段的前面，所以也称为首部、头部、报头、包头等。

协议实际上是定义同层对等实体之间交换的帧、分组或报文的格式及意义的一组规则。两个系统不同层次的实体之间不存在协议，也不能直接进行通信。同一系统不同层次的实体除了相邻层次之间存在调用关系外，不能进行跨层调用。某些系统会采用跨层通信的方法，实际上是破坏了网络层次体系结构的原则，会影响与其他系统的互联。

通信网体系结构采取分层结构的思想在于把复杂的工作简单化、模块化。一个层次完成一项相对独立的功能，在层次之间设置通信接口，这样设置的优点是每层协议只要搞好自己的工作就行，根本不用管其他层次的功能是如何实现的。例如，设计聊天软件时，无需考虑具体的通信线路和通信硬件接口。

在层次体系结构中，上层协议通过调用下层协议提供的服务来实现自己的功能。当上层调用下层时，通过层间接口把 PDU 和参数送给下层，下层协议把上层的 PDU 封装到自己的 PDU 的数据字段中，然后填写自己的控制字段。逐层进行封装，直到把数据变成信号发送出去。接收方的每个层次只分析自己层次的控制字段，根据控制字段的要求完成本层的功能后，把数据字段交付给相邻的上层协议。

数据封装过程非常类似邮局的信件传递过程。例如，发信人把信件装进信封、信封装进邮袋、邮袋装进邮车的过程就是数据封装过程。写/收信人、邮递员、邮车司机可以看作是不同层次的实体，写/收信人关心的信件内容，邮递员只查看信封上的地址，邮车司机查看的是邮袋上的地址。

网络各层次的划分必须遵循下列的分层原则：根据功能进行抽象分层，每个层次所要实现的功能或服务均有明确的规定；每层功能的选择应有利于标准化；不同的系统分成相同的层次，对等层次具有相同功能；高层使用下层提供的服务时，下层服务的实现是不可见的；层的数目要适当，层数太少则功能不明确，层次太多则过于繁杂。

1.4.3 ISO OSI 参考模型

OSI 参考模型从低到高分为物理层、数据链路层、网络层、传输层、会话层、表示层和应用层共 7 层，如图 1-9 所示。最低层的物理层为第 1 层，最高层的应用层为第 7 层。

物理层考虑的是非结构化的比特流在信道上的传输问题，即保证一方发送的二进制"0""1"信号能被另一方正确接收。物理层主要规定物理传输媒介和接口的机械特性与电气特性等。

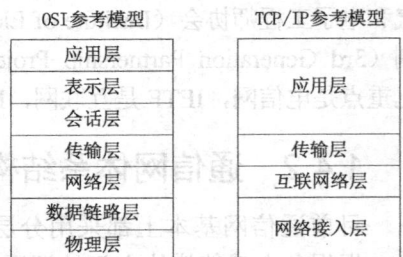

图 1-9 OSI 参考模型和 TCP/IP
参考模型及其对应关系

数据链路层解决的是两个相邻节点之间数据块的传输问题，主要功能是数据块的定界，即帧同步。对于广播网络，还需要处理计算机对共享媒介访问权的控制问题。

网络层的任务是控制通信子网的工作，通过路由选择，把 PDU 从发送方送到接收方。网络层也需要解决流量过大造成的拥塞问题。

传输层提供端对端的差错控制、流量控制等功能，传输层的作用就是使上层协议感受不到网络的存在，就像两台计算机之间是直接连接的一样，根本不用管数据是经由何种网络传输的。为了体现传输层端到端通信的特点以及英文"transmission"与"transport"之间的差异，传输（transport）层有时也特意译为运输层。

会话层允许不同计算机上的用户建立会话关系，对会话进行管理、同步、终止等。如登录过程的建立和终止、文件的断点续传等。

表示层关心的是所传输信息的语法和语义，解释数据的意义。例如，字符所用的代码集、屏幕显示、协议转换、数据库管理服务、加密/解密、压缩/解压缩等。

应用层向终端用户提供直接服务，它提供与应用及系统管理有关的分布式信息服务，如文件传输、电子邮件、域名服务、网络管理等各种通用和专用的功能。

1.4.4　TCP/IP 参考模型

TCP/IP 参考模型无官方的层次划分标准，通常分为应用层、传输层、互联网络层和网络接入层 4 层。TCP/IP 参考模型与 ISO OSI 参考模型的对应关系如图 1-9 所示。TCP/IP 的应用层包含了 OSI 参考模型中应用层、表示层和会话层三层的所有功能。网络接入层包含了 OSI 的数据链路层和物理层的功能。

这两种参考模型反映了计算机行业和通信行业在建设计算机网络方面的思维差异。由于计算机技术的迅猛发展，计算机行业对通信行业造成了很大冲击。为了不让当时的计算机巨头 IBM 公司主导计算机网络的发展，通信行业制定了 OSI 七层参考模型，以便对抗 IBM 公司提出的 SNA（系统网络体系结构），SNA 也是一种七层参考模型。

通信行业认为计算机通信的第一要素是可靠性，因此，OSI 参考模型在每一层次都提供了差错控制功能，以保障数据传输准确无误。这种思维方式完全不适应目前的多媒体通信，例如，语音通信或视频通信可以容忍少许差错，却无法容忍较大的时延。另外，OSI 参考模型过于复杂，推出的时机不适当。标准制定的最佳时机应该位于研发投资降低、产品投资初现的时候，而 OSI 参考模型在技术不成熟时就早早推出，完成又太晚，导致大量的应用已建立在 TCP/IP 上，使其推广受到限制。

TCP/IP 模型是先有协议，后有模型，实际上是一种协议模型。TCP/IP 模型只有 4 层，相对比较简单。更重要的是，作为一种网络体系结构，TCP/IP 模型却根本不关心通信子网的情况，而把这些任务统统交给了通信行业，计算机行业只关注上层协议。TCP/IP 模型的协议栈如图 1-10 所示。

TCP/IP 模型的应用层协议有 FTP（文件传输协议）、SMTP（简单邮件传输协议）、DNS（域名服务）、HTTP（超文本传输协议）、SNMP（简单网络管理协议）、SIP（会话初始化协议）等。

传输层协议有 TCP（传输控制协议）和 UDP（用户数据报协议）。TCP 协议提供端到端的可靠通信，UDP 提供端到端快捷但不可靠的通信。

应用层	telnet	SMTP	POP3	FTP	HTTP	DNS	SIP	SNMP	TFTP
传输层	TCP							UDP	
互联网络层	IP						ICMP		
	ARP		RARP						
网络接入层	以太网	Wi-Fi	ATM网络	3G网络	OTN网络	DDN网络	其他通信网络		

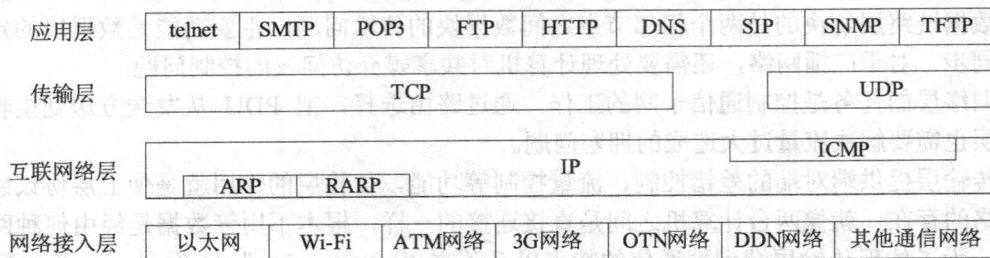

图 1-10 TCP/IP 模型的协议栈

互联网络层的协议是 IP（互联网络协议）。IP 的作用是把数据包沿着路由器给出的路径穿过各种通信网络送达给接收方。IP 提供的服务是不可靠的。互联网络层还包括了一些 IP 的辅助协议，如 ICMP（互联网控制报文协议）、ARP（地址解析协议）、IGMP（互联网组管理协议）等。

网络接入层提供了 IP 与各种通信网络（即通信子网）的接口，用于把互联网络层的 PDU 封装成通信网络所需的数据格式。由于每种通信网络在设计时都会考虑如何封装上层数据，而通信网络一般只具有下三层的功能，因此，网络接入层通常就是各种通信网络的网络层或数据链路层。

目前通信网络的发展基本上都趋于使用 IP 作为网络层协议，这样把网络接入层对应成 OSI 的数据链路层和物理层，TCP/IP 参考模型就给出了一个完整的通信网络体系结构。

不同的网络应用所用的各层协议可能不同，但每层协议都会对来自上层的数据进行封装。以客户机使用浏览器浏览服务器的网页为例，当服务器把网页内容发送给客户机时，服务器上的协议栈实体对网页数据进行逐层封装，在每一层加上该层的首部，如图 1-11 所示。

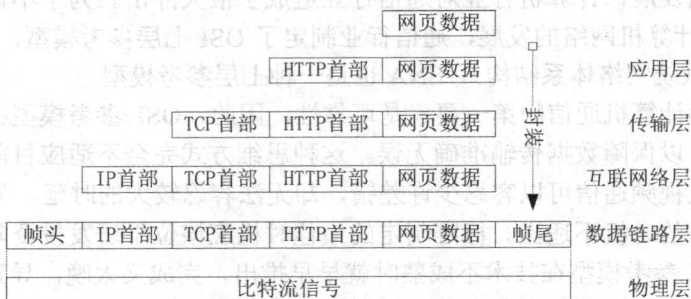

网页数据					

HTTP首部	网页数据				应用层

TCP首部	HTTP首部	网页数据			传输层

IP首部	TCP首部	HTTP首部	网页数据		互联网络层

帧头	IP首部	TCP首部	HTTP首部	网页数据	帧尾	数据链路层

比特流信号					物理层

图 1-11 网页数据的封装过程

各层协议加上自己层的首部，构成该层的 PDU。数据链路层的 PDU 称为帧，除了添加首部字段（帧头）外，通常还添加尾部字段（帧尾），以便给帧定界或进行帧的差错校验。最后，物理层把帧按 0、1 比特流变成电信号发送出去。因此，当服务器上的网页数据从应用层交给物理层变成电信号发送出去时，已经封装了 4 个首部。

当信号到达客户机时，客户机的协议栈逐层解封，各层协议分析和执行自己层 PDU 的控制字段，完成本层功能后，向上层交付 PDU 的数据字段内容，直至把网页数据交付给浏览器，显示在屏幕上。从这里可以看出，浏览器不是应用层的内容，它只是一个应用程序，使用应用层的 HTTP 协议传输网页内容。

当信号在网络上传输时，会经过各种网络节点，如交换机、路由器等。这些网络节点同样会对这些数据进行解封，执行各层的功能，然后再重新封装后转发出去。与站点不同的是，网络设备只解封最低的几层协议，不解封高层协议。数据在互联网中的完整流动过程如图 1-12 所示。图中只给出了服务器数据到客户机的传输过程，客户机到服务器的数据传输过程与此类似，仅仅是方向相反而已。

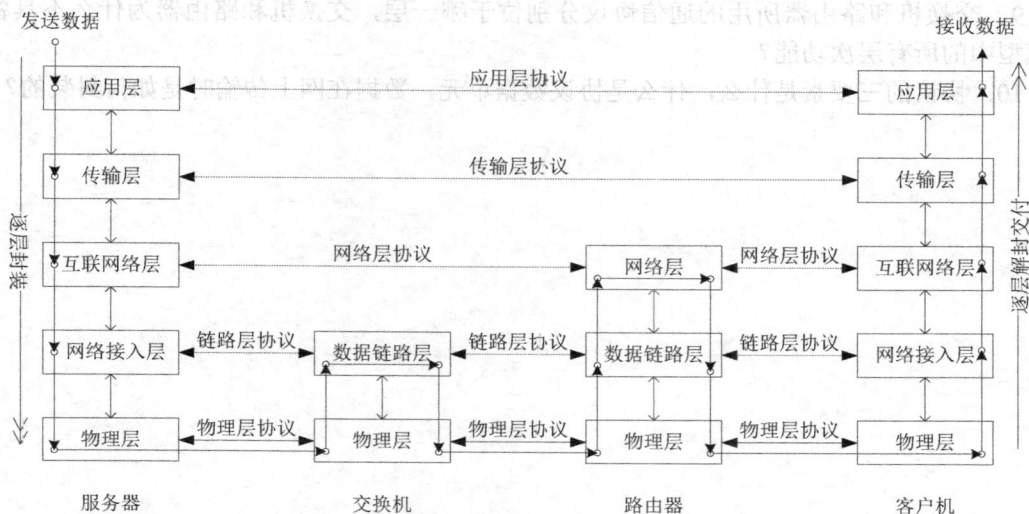

图 1-12　TCP/IP 体系结构中的数据流动

图中假设站点中的网络接入层采用与通信子网数据链路层相同的链路层协议。通信子网通常只有下 3 层的协议，常见的网络节点设备有路由器、交换机、中继器等。路由器工作在网络层，交换机通常工作在数据链路层，中继器工作在物理层。

当数据信号传输到一个中继器时，中继器把信号转换成 0、1 比特流，然后再重新生成信号发送出去，以延长通信距离。

当数据信号传输到一个交换机时，交换机不仅要把信号转换成比特流，还要从比特流中定界出帧，然后根据帧头中的地址字段，再封装成新的帧，把帧从相应的端口线路转发出去。

当数据信号传输到一个路由器时，路由器一直要解析出 IP 首部的各个字段，找到 IP 首部中包含的目的 IP 地址，然后根据路由表找出目的计算机或下一个路由器所在的端口线路，再重新封装成帧发送出去。

从图中也可以看到，由于网络节点不会解封到传输层，因此，传输层协议的分析和执行都是在两端的站点中完成的，相当于两个站点直接进行通信。应用层协议与此类似，相当于不存在通信子网。

习　　题

1．传输媒介分为哪几类，通常分别用于哪些场合？

2．常见的通信设备有哪几种，它们分别工作在网络体系结构的哪一层？

3．通信网的结构和架构有什么区别？

4．计算机网络、数据通信网、计算机通信网之间有什么区别？

5．制定通信协议的标准化组织有哪些，这些组织是如何分工的？

6．通信子网的具体含义是什么？

7．为什么说通信网使得通信变得经济有效？

8．目前的通信网通常采用哪种参考模型？

9．交换机和路由器所用的通信协议分别位于哪一层，交换机和路由器为什么不具备参考模型中的所有层次功能？

10．协议的三要素是什么，什么是协议数据单元，数据在网上传输时是如何封装的？

局域网是一种地理范围有限的计算机网络。目前最具代表性的局域网技术有两种，一种是以 IEEE 802.3 为代表的以太网，另一种是以 IEEE 802.11 为代表的 Wi-Fi 无线局域网。

2.1　局域网体系结构

局域网通常是由某个公司或单位自己组建、维护和管理的私有网络，地理范围一般局限在一个房间、一座大楼或一个园区内。

局域网的核心技术包括拓扑结构、传输媒介和媒介访问控制三个方面，也称为局域网技术三要素，它们决定了局域网的类型、费用、速率和容量等。早期的局域网在这三个方面可谓种类繁多，各有优势。经过激烈的竞争和淘汰，目前选择局域网时就比较简单了：拓扑结构采用星型；传输媒介短距离时采用双绞线，长距离时采用光纤，不宜布线时采用无线；利用交换机组网时，根本就不存在媒介访问控制问题。

局域网的覆盖范围通常在 2500 米之内，一般不超过几十千米。局域网是私有网络，通常由某个组织自己组建、维护和管理，不受电信部门的管理，仅仅通过互联网服务提供商（Internet Service Provider，ISP）与互联网连接。随着局域网技术的发展，目前局域网技术不仅替代了早期的城域网技术，还进一步延伸到了广域网范围。电信公司也利用局域网技术作为接入技术，在很多地方部署"热点"，建立了无线局域网，为移动用户提供接入互联网的手段，而这些无线局域网属于公众通信网的一部分。

2.1.1　局域网参考模型

美国电气与电子工程师协会（IEEE）的 802 委员会给出一个局域网参考模型，如图 2-1 所示。IEEE 802 委员会主要制定各种局域网、城域网和个域网标准，并致力于各种局域网的桥接，试图为上层应用提供统一的局域网协议接口。

IEEE 802 参考模型分为三层：物理层、媒介访问控制（Medium Access Control，MAC）层和逻辑链路控制（Logical Link Control，LLC）层。802.1 和 802.10 是对所有局域网种类的体系结构和安全等方面的整体描述，并非 LLC 的上层协议。在互联网中，LLC 的上层是 IP 协议。IEEE 802 参考模型把 ISO OSI 七层参考模型中的数据链路层分为 LLC 和 MAC 两层，用以解决局域网中独有的共享媒介问题。

1. 物理层

物理层定义了数据传送与接收所需要的电与光信号、线路状态、时钟基准、数据编码和电路等。物理层实现了电气、机械、功能和规程四大特性的匹配。在局域网中，传输媒介和拓扑结构的选择至关重要，因此，IEEE 802 模型的物理层也包括了传输媒介和拓扑结构的规范。由于局域网的传输媒介较多，物理层通常按照上述功能再分为若干子层，物理层主要包含以下几个功能。

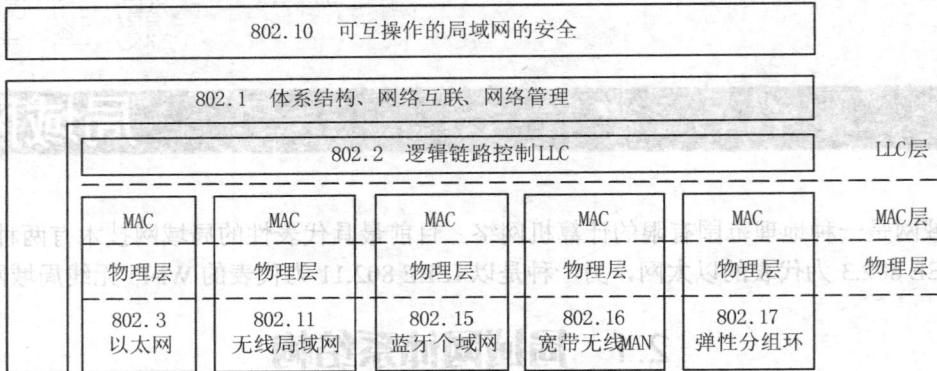

图 2-1　IEEE 802 参考模型

（1）实现比特的发送和接收；
（2）同步序列的生成和去除；
（3）信号的编码和译码；
（4）对拓扑结构和传输速率的规定。

2．媒介访问控制层

媒介访问控制（MAC，或称媒介接入控制）层的主要功能是封装或解析 MAC 帧、实现媒介访问控制等。MAC 帧把来自物理层的比特流组装成结构化的数据块；媒介访问控制解决多台计算机同时发送数据造成的信号冲突问题。

不同类型的局域网的拓扑结构和传输媒介等不尽相同，需要不同的媒介访问控制方法。IEEE 802 参考模型之所以存在 MAC 层，是因为无线局域网或初期的有线局域网都是基于共享媒介的广播网络。共享媒介局域网必须解决媒介占用问题，也就是同一时刻只能有一台计算机在发送数据，否则多台计算机的数据信号会在传输媒介上发生冲突，因此要考虑如何把共享信道分配给各台计算机。媒介访问控制的两个关键参数是控制方式和控制地点。控制方式有同步和异步之分，控制地点有集中和分布之分。

媒介访问控制技术按实现方式可分为集中式和分布式。在集中式控制方式中，某一个网络节点控制各个站点的接入权，想要发送数据的站点必须得到该节点的许可才能发送。在分布式方式下，没有主控节点，各个站点均有媒介访问控制功能，动态地决定站点的发送顺序。令牌环采用的就是分布式控制，环网上的站点只有持有令牌者才能发送，发完之后就将令牌传递给其他站点。

集中式控制和分布式控制各有优缺点。集中式控制有更强的控制访问的能力，允许除主控节点之外的其他站点有比较简单的接入逻辑，减少了对等站点之间的配合。但它容易造成单点故障，即如果主控节点出现问题，整个网络都会收到影响。主控节点的存在容易导致瓶颈效应。分布式控制与集中式的优缺点正好相反。

媒介访问控制技术按各个站点参与接入控制的方式可分为同步和异步两类。同步技术中，每条连接都被指定了具体的带宽。这种控制技术在局域网内不太适合，因为各个站点的需求是不可预测的，所以一般都采用异步控制，可以响应即时的需要。异步方式又分为三类：循环、预约和争用。局域网通信中，循环和争用用得最多。

在循环方式中，每个站点轮流得到发送数据的机会。各站点发送顺序的控制既可以是集中式的，也可以是分布式的。令牌环采用的是分布式的循环方式，轮询法就是一个集中式控制技术。当很多站点都有需要过一段时间发送的数据时，就适合利用循环方式。

预约方式是通过类似于同步时分复用的方法把占用媒介的时间分割成一个个时隙，当有站点要发送数据时，需预约未来的时隙。同样，预约方式可以是集中式的，也可以是分布式的。这种技术一般适合流通信业务。

争用方式是所有站点以粗暴杂乱的方式争用媒介时间，没有任何控制来决定发送次序。很明显，它属于分布式。这种技术实现起来简单，用于通信负荷不大的情况下，适合突发通信。

在 IEEE 802 体系结构中，具有代表性的媒介访问控制（MAC）方法是以太网使用的带冲突检测的载波监听多点接入（Carrier Sense Multiple Access with Collision Detection，CSMA/CD）技术和无线局域网使用的带冲突避免的载波监听多点接入（CSMA with Collision Avoidance，CSMA/CA），这两者都属于争用方式。

3．逻辑链路控制（LLC）层

局域网中的 LLC 层负责向网络层提供传输信息服务并提供与媒介接入方式无关的差错控制和流量控制等。

IEEE 802 标准设置 LLC 层的目的是向上层提供统一的协议格式，从而屏蔽下层的各种局域网类型。对于不同类型的局域网标准，LLC 层都是一样的，只在 MAC 层和物理层加以区别。LLC 层的上层为网络层，LLC 层可为网络层提供三种不同的服务模式。

第一种为不确认的无连接服务。这种服务模式不提供差错控制和流量控制，差错控制和流量控制由高层协议完成，发送方有数据时可立刻发送。

第二种为连接方式服务。在交换数据的两站点之间建立数据链路连接，并在数据传输过程中提供差错控制和流量控制。LLC 实体每次通信都要经过链路连接的建立、数据传输和连接的断开三个过程。这种服务模式适合在一定时间内连续传送大量的数据文件。

第三种为带确认的无连接服务。发送方每次发送一个协议数据单元，并在收到接收方的确认后，才会发送下一个数据单元。这种服务模式适合传送很重要且要求实时性的数据，例如报警信号和应急控制信号。

目前的计算机网络系统要么不使用 LLC 服务，要么使用 LLC 第一种不确认无连接的服务。

2.1.2　局域网各层数据的封装

互联网采用 TCP/IP 参考模型，IEEE 802 参考模型和 TCP/IP 参考模型之间的层次关系如图 2-2 所示。图中也演示了计算机数据在局域网中的封装过程，描述了数据是如何变成信号在物理媒介上传输的。

计算机中的数据通过应用程序向下传递给运输层协议，如运输层协议 TCP 或 UDP，图中以 TCP 为例。TCP 协议添加自己的控制信息（即 TCP 首部）后构成 TCP 报文段，交给互联网络层协议 IP；IP 再加上 IP 首部后构成 IP 数据报，交给 LLC 层；LLC 在 IP 数据报前面加上 LLC 首部，构成 LLC 协议数据单元（LLC PDU）；LLC PDU 向下传递到 MAC 层，

MAC 又在 LLC PDU 前后加上 MAC 帧首部和尾部，形成一个完整的 MAC 帧。MAC 帧通过适当的信号编码发送到传输媒介上，例如，10Mbit/s 以太网会用曼彻斯特编码把 MAC 帧发送出去。

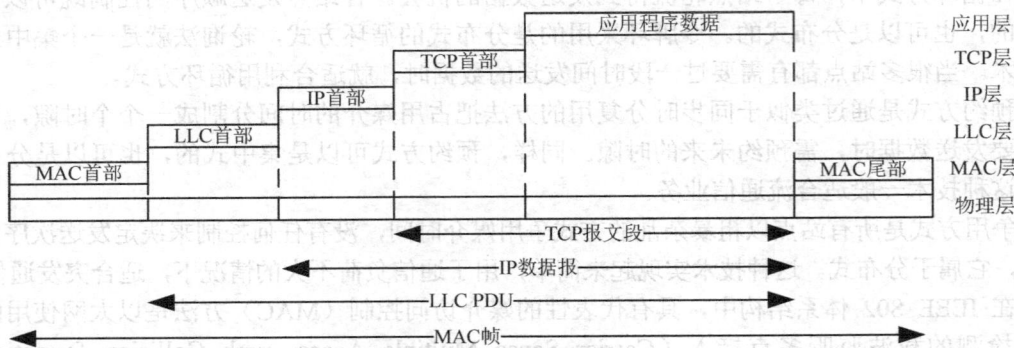

图 2-2 局域网应用程序数据封装过程

值得注意的是，在大多数计算机操作系统和实际应用中，不是把 IP 数据报封装到 LLC PDU 中，而是把 IP 数据报直接封装到 MAC 帧中，去掉了 LLC 层。LLC 层正逐渐淡出计算机网络，在交换网络的互联中，人们直接把 MAC 帧看成链路层协议。

2.2 以太网

以太网是目前使用最为广泛的有线局域网，而且其应用范围也延伸到了城域网和广域网。IEEE 802 委员会根据以太网制定了 802.3 局域网标准，除了在帧格式上有少许差别外，其他方面两者都相同，因此，严格意义上说，IEEE 802.3 标准不是以太网标准，但习惯上并不特意区分 IEEE 802.3 和以太网。以太网标准自第 2 版后，也不再发表新的标准，一切以 IEEE 802.3 为准。

早期组建的以太网属于共享式以太网，目前组建的以太网基本都属于交换式以太网。尽管交换式以太网不存在 MAC 问题，但为了兼容，交换式以太网和共享式以太网都使用相同的 MAC 帧结构。

2.2.1 以太网 MAC 帧结构

以太网在媒介上是以帧为单位传输的，帧是在 MAC 层进行处理的，因此称为 MAC 帧。以太网的 MAC 帧格式有两种，一种是 IEEE 802.3 标准的 MAC 帧格式，另一种是以太网标准 DIX Ethernet v2（以太网第 2 版本）帧格式。目前的以太网网卡都支持这两种帧格式。在实际网络中，以太网帧格式比 IEEE 802.3 帧格式更为常见。

1. 以太网 MAC 帧

MAC 帧是数据链路层的协议数据单元，由于最初是在共享媒介上传输的，因此，除了数据收发、帧同步、差错检测等通用的数据链路层功能外，还要考虑冲突窗口、寻址、位同步等问题。

以太网 DIX Ethernet v2 的 MAC 帧结构如图 2-3 所示，包括以下几个字段：前导码、帧前定界符（SFD）、目的 MAC 地址、源 MAC 地址、类型、数据和帧校验序列（FCS）。

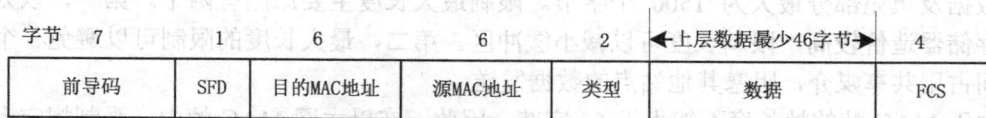

字节	7	1	6	6	2	←上层数据最少46字节→	4
	前导码	SFD	目的MAC地址	源MAC地址	类型	数据	FCS

图 2-3　以太网 MAC 帧结构

（1）前导码。由 7 个字节的 10101010 组成，用于通知接收站点帧的到来，并使之建立位同步。空闲状态下，媒介上没有信号，当发送方发送 MAC 帧后，前导码使接收方能够锁定发送方的时钟。准确地说，前导码是在物理层加入的，用于位同步，不是帧的一部分。

（2）帧前定界符。由一个 8 位的字节组成，其比特序列为 10101011。它标志着帧的真正开始，用于帧同步，通知接收方接下来就是目的地址了。帧前定界符也是物理层加入的，利用抓包软件捕获 MAC 帧时，不会捕获到前导码和帧前定界符。

（3）目的地址。接收站点的 MAC 地址。

（4）源地址。发送站点的 MAC 地址。

（5）类型字段指明上层协议的类型，也就是数据字段存放的是哪种协议的 PDU。例如，0x0800 为 IP 数据报、0x0806 代表 ARP 报文、0x809B 代表 AppleTalk 协议数据、0xF0 代表 IBM NetBIOS 类型协议数据等。

（6）数据。用于存放上层数据，通常是网络层的 PDU 或 LLC 层的 PDU。标准规定数据字段的最小长度为 46 字节，最大长度为 1500 字节。

（7）帧校验序列。采用 32 位的 CRC-32 校验，检验范围包括目的地址、源地址、长度、数据及填充字段。当接收方检测到 MAC 帧出错时，不要求发送方重传，只是简单地丢弃掉 MAC 帧，把差错控制交给上层协议去处理。

2．IEEE 802.3 MAC 帧

IEEE 802.3 MAC 帧和以太网 MAC 帧在格式上只有一些细节上的差别，图 2-4 为 IEEE 802.3 MAC 帧结构。

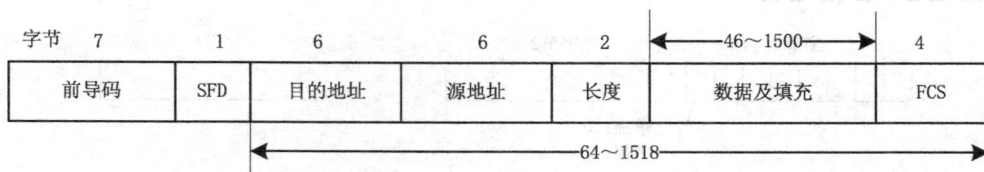

字节	7	1	6	6	2	←46～1500→	4
	前导码	SFD	目的地址	源地址	长度	数据及填充	FCS

←64～1518→

图 2-4　802.3 MAC 帧结构

对比以太网 MAC 帧结构和 IEEE 802.3 MAC 帧结构，可以看出两者只有两个字段不同：一是以太网 MAC 帧中的类型字段被 IEEE 802.3 MAC 帧中的长度字段所取代；二是 IEEE 802.3 MAC 帧的数据字段有填充字节。

长度字段指出了数据字段中去掉填充之后的数据实际长度。在 IEEE 802.3 标准中，由于有填充字节，该字段用于明确数据的字节长度。

数据字段中之所以要加填充字节，是为了满足以太网媒介访问控制中冲突窗口的要求，以便在发送完整个帧之前就能检测到冲突。IEEE 802.3 标准规定了帧的最小长度为 64 个字节。由于其他字段的长度固定，因此，数据及填充部分最少为 46 个字节。当数据小于 46 字节时，就进行填充以达到规定的最小帧长度。标准中还规定了帧的最大长度为 1518 个字节，数据及填充部分最大为 1500 个字节。限制最大长度主要原因有两个。第一，以太网出现时存储器造价较高，限制长度可以减小缓冲区。第二，最大长度的限制可以避免一个站点长时间占用共享媒介，阻塞其他站点的数据发送。

由于 MAC 帧的帧长度不能小于 64 字节，因此，在以太网 MAC 帧中，强制规定上层来的数据不少于 46 字节，这样做的好处是数据字段没有了填充字节，也就无需长度字段，坏处是把本层的任务推给了上层协议，上层协议需要自己解决数据少于 46 字节的问题。

为了能够在网络上正常地发送和接收这两种帧，使两种帧相互兼容，标准制定了区分这两种帧格式的机制：如果类型/长度字段中的值大于 0x0600（MAC 帧中数据字段的最大长度），则该字段为类型字段，该帧为以太网 MAC 帧；否则该字段为长度字段，该帧为 IEEE 802.3 MAC 帧。

两种帧格式的另一个不同之处在于实际应用中封装的数据不同，以太网帧通常封装的是网络层 PDU，如 IP 数据报，而 IEEE 802.3 帧通常封装的是 LLC PDU，在 LLC PDU 中再指明网络层的协议类型。

3. MAC 地址

MAC 地址也称为物理地址，是厂商生产的网卡的地址。目前 MAC 地址一般是 6 个字节长（早期的是 2 个字节），通常表示为 12 位 16 进制数。例如，某网卡的 MAC 地址可表示为 00-18-F3-4C-30-51。在这个例子中，前 6 位 16 进制数 00-18-F3 代表网卡制造商的编号，它是由 IEEE 的注册管理委员会管理分配的。后 6 位 4C-30-51 由生产厂家指派，生产网卡时烧入网卡的只读存储器中。MAC 地址是全球唯一的，网卡坏了，所使用的 MAC 地址也不再使用。目前的网卡通常把 MAC 地址存放在闪存中，这样，用户就可以更改 MAC 地址。

MAC 地址可以用来区分是单播、多播还是广播。源地址一般是单播地址，目的地址可能会是单播、多播和广播地址。如果 MAC 帧中的目的 MAC 地址是单播地址，则只有该地址的网卡才能接收该 MAC 帧。如果 MAC 帧中的目的 MAC 地址是多播地址，则属于该多播地址的所有组成员网卡都能接收该 MAC 帧。MAC 多播地址主要用于远程唤醒、局域网游戏、视频广播等。支持多播地址的网卡还有一个属于自己的单播地址。图 2-5 显示了如何区分单播地址和多播地址。

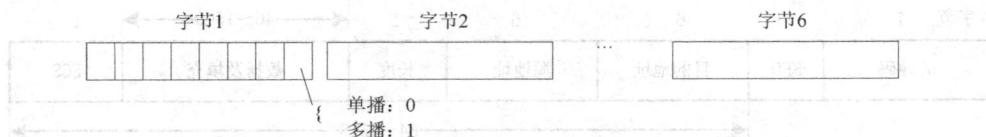

图 2-5 单播地址和多播地址

如果地址字段第一个字节的最低比特为 0，地址则为单播地址，否则为多播地址。例如，MAC 地址 08-18-F3-4C-30-51，第一个字节为 08，写成二进制数为 00001000，最低位为 0，为单播地址；MAC 地址 07-18-F3-4C-30-51，第一个字节为 07，写成二进制数为 00000111，最低位为 1，为多播地址。

广播地址中所有的比特均为 1，写成十六进制数为 FF-FF-FF-FF-FF-FF。很多协议依赖于广播地址来广播该协议的报文，使局域网中的所有计算机都能接收到该 MAC 帧。不过这也会造成广播风暴，降低局域网的传输性能。

地址在网络上传送的顺序和显示的十六进制形式不一样。以太网先发送每个字段的高字节，而每个字节中的最低位又是最先发送出去，最高位最后发送出去。例如，地址 06-19-F3-4C-30-51 的发送顺序为 01100000 10011000 11001111 00110010 00001100 10001010。实际上区分是单播地址还是多播地址的那个比特是最先到达目的站点的。

2.2.2 共享式以太网

1983 年，IEEE802 委员会根据 DIX Ethernet V2 制定了第一个 IEEE 802.3 以太网标准，标准规定以太网的数据传输率为 10Mbit/s，使用同轴电缆和双绞线作为共享媒介，采用 CSMA/CD 媒介访问控制技术。目前使用同轴电缆的以太网已经被淘汰，使用集线器的共享式以太网偶尔还能在宿舍、家庭等小规模网络中看到。

CSMA/CD 源于 ALOHA 技术。ALOHA 的基本思想是计算机在任何时刻都可以自由地发送数据帧（通常称为 MAC 帧），如果在规定的等待时间内收到对方计算机的确认信息，则表示发送成功，否则认为数据信号在媒介上发生了冲突，于是重发该帧。

ALOHA 想要发送数据时不管其他计算机是否正在发送，于是在 ALOHA 技术的基础上出现了 CSMA 技术，CSMA 在发送前要监听信道，如有其他计算机在发送，则本计算机延后再发送。

CSMA 虽然能够进行载波监听，但不能及时检测到已经发生的冲突。在站点发送数据的过程中，即使已经发生冲突，也将继续发送完实质上已无效的数据帧，只有在规定的时间内还没有收到对方的确认信息，才知道本次发送已发生冲突。为了及时发现冲突，在 CSMA 的基础上增加了冲突检测机制，这就是 CSMA/CD 技术。相比于 CSMA，CSMA/CD 不用等全部帧内容发完，只要检测到发生了冲突，就中止发送，减少了信道的浪费时间，提高了信道的利用率。

CSMA/CD 的基本思想如图 2-6 所示。计算机有数据要发送时，先监听信道是否空闲；若信道忙，继续监听，直到信道变为空闲为止；若信道空闲，则立即发送数据，并继续监听下去；一旦监听到冲突，便立刻停止发送，并发送一连串简单的强化干扰信号（jam 信号）来通知其他各计算机有冲突发送，需停止发送数据，以便尽早地解决冲突问题；发完干扰信号之后，需退避一段时间再重新尝试发送。

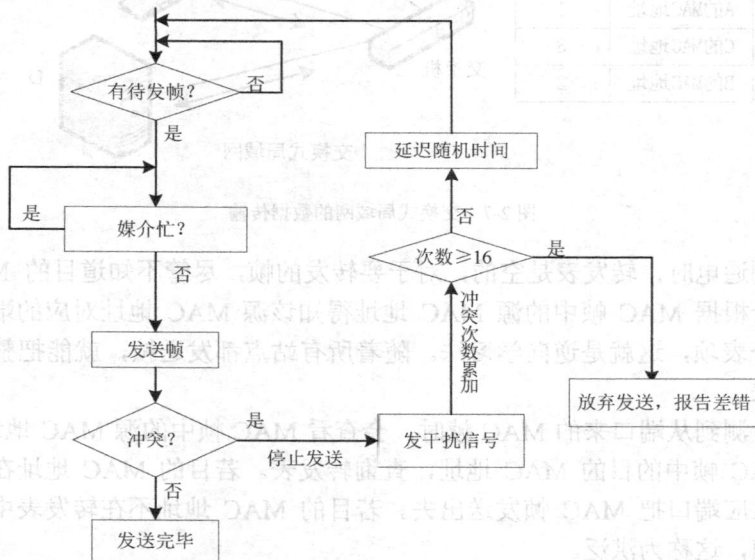

图 2-6 CSMA/CD 发送数据的流程图

计算机一般利用信号能量、电压幅度或脉冲宽度等来判断信号是否发生了冲突。对于利用集线器和双绞线构成的星形拓扑网络来说，冲突的检测基于逻辑，即多个端口同时激活（有信号）时就认为发生了冲突。

2.2.3　交换式以太网

交换式局域网使用交换机来连接各台计算机，计算机之间采用点到点的通信方式，没有共享媒介问题。例如，假设有 A、B、C、D 共 4 个站点连接到交换机上，当站点 A 向站点 B 发送数据时，交换机将直接把数据转发给站点 B，站点 C 和站点 D 是接收不到 A 发出的数据的，而且在 A 向 B 发送数据的同时，B 也可以向 A 发送数据，C 和 D 也可以同时进行通信。

交换机可在任意两台计算机之间建立一条连接线路，不同计算机之间的数据传输互不干扰，交换机能够识别不同输入端口线路传送过来的数据，并发送到相应的输出端口线路上。

交换机工作在数据链路层。在交换式局域网中，尽管不存在 MAC 问题，但为了与早期的共享式局域网兼容，数据链路层的协议数据单元仍称为 MAC 帧，交换机根据 MAC 帧中的目的 MAC 地址把 MAC 帧转发到该计算机所连接的交换机端口上。

交换机通过查询交换机内部的转发表，对收到的 MAC 帧进行转发。转发表是一张 MAC 地址到端口的映射表，是交换机通电后通过逆向学习法动态创建的，如图 2-7 所示。

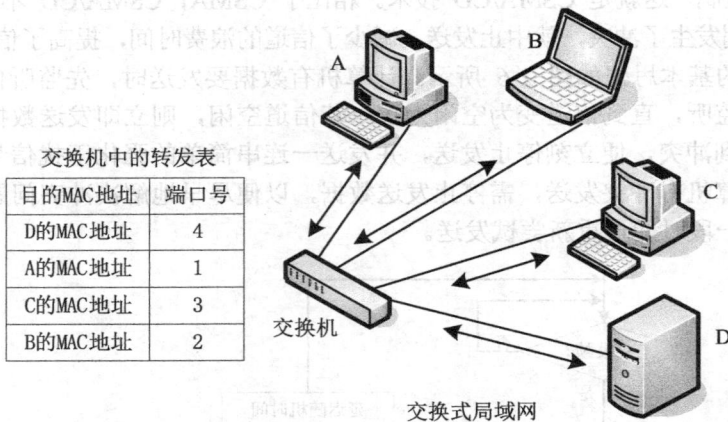

目的MAC地址	端口号
D的MAC地址	4
A的MAC地址	1
C的MAC地址	3
B的MAC地址	2

交换机中的转发表

交换机

交换式局域网

图 2-7　交换式局域网的数据传输

当交换机刚通电时，转发表是空的，对于要转发的帧，尽管不知道目的 MAC 地址对应的端口号，但会根据 MAC 帧中的源 MAC 地址得知该源 MAC 地址对应的端口号，这样就可以先建立一个表项，这就是逆向学习法。随着所有站点都发送帧，就能把整个网络站点的转发表建立起来。

当交换机检测到从端口来的 MAC 帧时，会查看 MAC 帧中的源 MAC 地址和目的 MAC 地址。根据 MAC 帧中的目的 MAC 地址，查询转发表。若目的 MAC 地址在转发表中，则根据表项中的对应端口把 MAC 帧发送出去。若目的 MAC 地址不在转发表中，则向所有端口同时转发该帧，这称为洪泛。

交换机使用的时间越长，学习到的 MAC 地址就越多，洪泛的帧就越少。然而，转发表的表项不应该永久不变，当一个表项的生存期（老化时间）到期后，该表项就被删除，以防止连接关系变动引起的错误。例如，当把网线拔下后再插入交换机的另一端口或另一台计算机时，表项就会发生错误。大多数交换机的转发表老化时间默认为 5 分钟或 10 分钟。

交换机根据 MAC 帧的转发方式主要分为直通式和存储转发式两种。

直通式交换机，顾名思义，在收到报文时检查报文的目的地址信息，查询端口—地址映射表，如果与某站点地址相符，就将报文转发到相应端口，不作其他处理。

存储转发式交换机增加了一个高速缓冲存储器，在接收到报文后先将报文放到高速缓冲器中缓存，进行错误校验以过滤出错报文，读取报文的目的地址，查询端口—地址映射表，确定转发端口，将报文转发到该端口。

不难看出，如果网络要求高速低延时，直通式交换机是比较好的选择；如果延时不作要求，但要保证可靠性，则可选择存储转发式的交换机。

交换机根据所工作的层次分为二层交换机、三层交换机、四层交换机和七层交换机。这种划分方法是以 ISO 七层模型来划分的，但没有五层和六层交换机，因为目前上层协议基本遵循的都是 TCP/IP 模型。

通常的交换机工作在数据链路层，称为二层交换机，它分析的是 MAC 帧，根据 MAC 地址进行转发。

在一些主干线路上常使用三层交换机，三层交换机工作在 IP 层，除了分析 MAC 帧外，还要分析 IP 数据包，根据 IP 地址进行转发。

四层交换机工作在运输层，七层交换机工作在应用层，这些交换机通常部署在数据中心里，连接各种服务器。

2.2.4　以太网类型

IEEE 802.3 标准主要基于数据传输速率制定了不同的以太网标准，各种以太网类型按下面方式命名：数据率 BASE-abc。

数据率指数据传输速率，默认以 Mbit/s 为单位。

BASE 表示信号传输方式为基带传输，也就是采用各种数字信号编码方式传输数据。

第一个字母 a 表示物理媒介类型或距离。a 为 T 时表示双绞线，F 表示光纤，K 为背板，C 为铜缆，S 为短距离光纤，L 为长距离光纤，E 为甚长距离光纤；a 表示距离时，指出以太网的最大网段长度，通常是指同轴电缆的长度，以 100m 为单位。

第二个字母 b 表示信号编码方案。例如，b 为 R 时，表示 64B/66B 的物理层信号编码方案。

第三个字母 c 表示通路数或波长数。一般情况下 c 为 1、4 或 10，为 1 时通常省略。

第一个以太网的速率是 10Mbit/s，此后的以太网速率以 10 倍增加，分别为快速以太网（100Mbit/s）、1Gbit/s 以太网（简称 GE）、10Gbit/s 以太网（10GE）和 100Gbit/s 以太网（100GE）。目前唯一的例外是 40Gbit/s 以太网（40GE）。

1．10Mbit/s 以太网

最早的 10Mbit/s 以太网是使用同轴电缆的总线型网络，标准为 10BASE5（粗缆）和 10BASE2（细缆），使用 BNC 接口，是一种共享媒介的局域网，使用 CSMA/CD 媒介访问控制方法。这两种总线型以太网目前均已被淘汰。

10BASE-T 标准使用双绞线组成星型拓扑结构的以太网。使用集线器组网的双绞线星型以太网是共享媒介的局域网，需要使用 CSMA/CD 算法。使用交换机组网的以太网尽管已经没有 MAC 问题，但仍毫无意义地执行 CSMA/CD 算法，MAC 帧格式也相同。

无论是用哪种媒介，10Mbit/s 以太网都采用曼彻斯特编码传输信号，媒介的频带利用率比较低。

2. 快速以太网

快速以太网的速率是 100Mbit/s，标准总称为 100BASE-T，但不限于双绞线，它包含 3 种物理层规范：100BASE-TX、100BASE-FX 和 100BASE-T4。

100BASE-TX 采用两对屏蔽双绞线（STP）或两对 5 类非屏蔽双绞线（UTP），一对用于发送数据，一对用于接收数据，采用 MLT-3 信号编码。100BASE-TX 的最大网段长度为 100m，可工作于半双工或全双工通信方式。在全双工通信中，使用交换机组网，网络中每个站点都能同时以 100Mbit/s 的传输速率发送和接收数据。

MLT-3（多电平传输-3 电平）信号编码采用三种电平值，分别为正、负、零。其编码规则，是对于数据 0，保持电平不变；对于数据 1，如果前一位的电平为正或负，则电平值变为零，如果前一位的电平为零，则电平变为正或负，方向与前一个非零电平相反。

100BASE-FX 采用两对光纤作为传输媒介，一条光纤用于发送数据，一条光纤用于接收数据，信号编码是 4B/5B-NRZI 编码。100BASE-FX 可工作于半双工或全双工通信方式下，半双工方式下最大网络跨距不超过 412m，全双工方式下最大长度可达到 2000m。因此，100BASE-FX 适合于有电气干扰和传输距离较远的环境。

4B/5B-NRZI 编码是把 4 位数据映射成 5 位，再用 NRZI 发送出去。映射中去掉了连续的 1 或 0 比特模式，以弥补 NRZI 码无自同步能力的缺陷。

100BASE-T4 基于四对 3、4、5 类非屏蔽双绞线传输数据，采用 8B/6T 编码。其中三对双绞线用于发送或接收数据，每对双绞线的速率是 33.3Mbit/s，第四对用作冲突检测。由于没有专门的发送或接收数据线路，因此 100Base-T4 不能进行全双工操作。100BASE-T4 的最大网段长度为 100m。

8B/6T 编码就是把 8 位数据映射成 6 个符号，每个符号处于三种电平之一：正、负和零电平。目的同样是去掉连续的 0 或 1 比特模式，以提供自同步能力。

为了方便 10BASE-T 的用户使用和升级到快速以太网，IEEE 设计了自动协商模式，可以自动适应网络中的传输速率。具有自动协商模式的设备在通电后会发送一个称为快速链路突发脉冲（FLP）的序列给链路的对方，来测试链路性质，然后从高速到低速进行适配。

3. GE

GE（1Gbit/s 以太网）向下兼容 10Mbit/s、100Mbit/s 以太网，保留了 CSMA/CD 协议，但在 CSMA/CD 协议的基础上做了两大改进：载波扩展和帧突发。载波扩展是为了满足冲突窗口的要求，帧突发是为了提高传输效率。

冲突窗口就是为了能够检测到冲突所需要的最长时间，等于两个最远站点之间的传播时延的两倍。为了在帧发送完之前检测到冲突，帧的长度必须足够的长。考虑到冲突检测的时间和干扰信号的发送时间，站点发送一个帧的所需时间应该大于冲突窗口。

在 10Mbit/s 以太网中，最小帧长度为 512 位，为了满足冲突窗口，网络最大距离为 2500m。在 100Mbit/s 以太网中，512 位的最小帧为了满足冲突窗口，从理论上说，网络最大距离为 250m。同理，在不改变 CSMA/CD 协议参数的情况下，1Gbit/s 以太网的最大理论距离只有 25m，考虑到处理时间等因素，实际上只有 20m。

双绞线组网的网络半径为 100m，GE 想要维持网络直径 100 米不变，就要增加帧的长度，否则，CSMA/CD 将和 CSMA 一样低效。考虑到要兼容低速以太网的 MAC 帧格式，GE 在 MAC 帧的末尾使用非数据信号进行扩展，使每个帧的长度从 10Mbit/s 和 100Mbit/s 下的最少 512 个比特提高到最小 4096 个比特，从而恒最小帧传输时间超过 GE 下的冲突窗口。

为了改善短帧的传送效率，GE 还定义了帧突发机制。帧突发允许连续传输多个短帧，直到达到最大限度，在传输期间不需要放弃对信道的控制。帧突发能够避免当一个站点有多个短帧需要传输时，载波扩展所带来的额外开销。

IEEE 802.3 制定了 4 种 GE 物理层标准：1000BASE-LX、1000BASE-SX、1000BASE-CX 和 1000BASE-T。前两种使用光纤，传输距离为 550m 和 5km，采用 8B/10B 信号编码，即 8 位数据映射成 10 位。8 位原始数据分成两部分，低 5 位进行 5B/6B 编码，高 3 位进行 3B/4B 编码。1000BASE-CX 采用屏蔽双绞线，传输距离为 25m；1000BASE-T 使用 4 对 5 类 UTP，最大传输距离为 100m。

GE 通常用作连接各低速以太网的主干网，或者用作连接互联网的光纤接入网，如 GEPON（使用 GE 技术的无源光网络）。在这种场合中，GE 使用交换机组网，站点的数据发送和接收可以同时进行，不需要使用 CSMA/CD 协议来进行媒介访问控制，也就不需要载波扩展和帧突发机制。目前计算机上的网卡基本都支持 GE，因此，GE 普及到桌面只是时间和决策问题。

4．10GE

2002 年 6 月，IEEE 发布了 10Gbit/s 以太网标准，10GE 主要有如下四大类物理层规范。

10GBASE-SR 和 10GBASE-SW 用于多模光纤上的短波（850nm）的传输，最大距离为 300m。10GBASE-SR 主要支持"暗光纤"，暗光纤是指没有光传播并且不与任何设备连接的光纤，通常为铺设光缆时预留的冗余光缆。10GBASE-SW 主要用于连接 SDH（一种广域传输网）设备，用于远程数据通信。

10GBASE-LR 和 10GBASE-LW 用于单模光纤上的长波（1310nm）的传输，最大距离可达 10km。10GBASE-LR 则用来支持"暗光纤"，10GBASE-LW 主要用来连接 SDH 设备。

10GBASE-ER 和 10GBASE-EW 用于单模光纤上的超长波（1550nm）的传输，最大距离可达 40km。同样，10GBASE-ER 用来支持"暗光纤"，而 10GBASE-EW 用来连接 SDH 设备。

10GBASE-LX4 主要用于单模或多模光纤上的长波（1310nm）的传输。采用波分复用技术，能够达到的最大距离为 10km。

由此可见，10GE 全部使用光纤，同时考虑了两种应用场合：局域网和广域网。局域网物理层的传输速率为 10Gbit/s，广域网物理层是为了和电信网络的 SDH 链路相连接，SDH 的 OC-192c（STM-64）线路的数据传输率为 9.58464Gbit/s。这样，10GE 不仅可以继续在局域网中使用，也可用于广域网中，与现有的 SDH 网络兼容，减少投资。

10GE 仍使用早期以太网的帧格式，保留了原来规定的以太网最小和最大帧长，与速率较低的以太网相互兼容。

10GE 只能工作在全双工通信方式下，不再有媒介争用问题，不需要 CSMA/CD 协议。因此，不再受冲突检测的限制，传输距离大大提高，突破了局域网的范畴，使之可以成为城域网或广域网的组网技术。

5．40GE 和 100GE

40Gbit/s 和 100Gbit/s 的以太网（40GE 和 100GE）主要考虑了两种应用场合：核心网络和数据中心。40GE 考虑的是以太网与现有核心网络的互联，核心网络是广域网的长途主干网，用于汇接各种局域网和终端，目前主要采用 SDH 和 OTN（光传输网络）等传输网技术，信道传输速率最高可达 40Gbit/s。100GE 考虑的是数据中心服务器机群的带宽需求，延续了以太网速率 10 倍增长的审美原则。40GE 和 100GE 在信号传输上使用了 4 路或 10 路波分复用技术来提高传输速率。

IEEE 802.3ba 制定的 40GE 标准有 40GBASE-KR4、40GBASE-CR4、40GBASE-SR4 和 40GBASE-LR4。40GBASE-KR4 用于背板总线，传输距离 1m；40GBASE-CR4 使用铜缆，传输距离 10m；40GBASE-SR4 使用多模光纤，传输距离 100m；40GBASE-LR4 使用单模光纤，传输距离 10km。

IEEE 802.3ba 制定的 100GE 标准有 100GBASE-CR10、100GBASE-SR10、100GBASE-LR4 和 100GBASE-ER4。100GBASE-CR10 使用铜缆，传输距离 10m；100GBASE-SR10 使用多模光纤，传输距离 100m；100GBASE-LR4 和 100GBASE-ER4 都使用单模光纤，传输距离分别为 10km 和 40km。

2.3 Wi-Fi

1997 年 IEEE 802.11 工作组公布了第一个无线局域网标准——IEEE 802.11 标准，用于解决办公室局域网和校园网中移动用户终端的无线接入，工作频段为 2.4GHz，速率最高为 2Mbit/s。由于 802.11 在速率和传输距离上都不能满足人们的需要，因此，IEEE 小组在 1999 年又相继推出了 802.11b 和 802.11a 两个新标准。

802.11b 物理层支持 5.5Mbit/s 和 11Mbit/s 两种速率，工作频段为 2.4GHz。802.11b 使用动态速率漂移，可因环境变化，比如工作站之间距离的变化和干扰的影响，在 11Mbit/s、5.5Mbit/s、2Mbit/s 和 1Mbit/s 之间切换，且在 2Mbit/s、1Mbit/s 速率时与 802.11 兼容。802.11b 是无线局域网标准演进的基石，应用最为广泛。

802.11a 工作在 5GHz 频带，物理层速率可达 54Mbit/s，支持语音、数据、图像业务，但 802.11a 的兼容性不好，而且设备昂贵，不适合小型设备。

2003 年，IEEE 推出 802.11g 标准。802.11g 工作在 2.4GHz 频段，通过采用 OFDM 技术可支持高达 54Mbit/s 的数据流。该标准拥有 802.11a 的传输速率，安全性较 802.11b 好，且与 802.11b 兼容。802.11g 的兼容性和高数据速率弥补了 802.11a 和 802.11b 各自的缺陷，因此 802.11g 一出现就得到众多厂商的支持。

2009 年 IEEE 正式推出 802.11n 标准，其工作频率为 2.4GHz 或 5GHz，支持多入多出（Multiple-Input-Multiple-Output，MIMO）技术，使用 4×4 MIMO（4 个发射天线和 4 个接收天线）时，速率可达 300Mbit/s～600Mbit/s，一般场合下为 100Mbit/s～200Mbit/s，覆盖范围从以前标准的 100m 增至几 km。

为了解决基于 IEEE802.11 众多标准的无线网络产品之间的兼容性问题，1999 年成立了 Wi-Fi 联盟，推出 Wi-Fi（Wireless Fidelity，无线保真）无线联网技术。

Wi-Fi 实质上是一种商业认证，用来保障各种产品之间可以相互兼容。具有 Wi-Fi 认证的产品符合 IEEE 802.11 标准，Wi-Fi 的核心技术目前已容纳了几乎所有的 IEEE 802.11 技术标准。

2.3.1 Wi-Fi 网络的组成结构

Wi-Fi 无线局域网的组成元素有站点、接入点、服务集和分布式系统等几种。

站点是指支持 IEEE 802.11 标准的计算机、手机等终端设备。

接入点（Access Point，AP）可以看成是一个无线的集线器或路由器，它提供无线站点与有线或者无线的主干网络的连接，以便站点对主干网的访问。

服务集是无线局域网的构成模块。每个服务集都具有自己的服务集标识符（SSID）。SSID 可以将一个无线局域网分为几个需要不同身份验证的子网络，每一个子网络都需要独立的身份验证，只有通过身份验证的用户才可以进入相应的子网络，防止未被授权的用户进入本网络。服务集分为基本服务集（Basic Service Set，BSS）和扩展服务集（Extended Service Set，ESS）两种。

分布式系统（Distribution System，DS）用于连接各个 BSS。DS 和 BSS 在传输媒介上是截然分开的，DS 通常使用有线媒介，尽管有时候 DS 也可能使用与 BSS 同样的无线频段。

1. BSS

BSS 是无线局域网的最小构成模块，它由一组使用相同 MAC 协议和共享媒介的站点组成，站点可以动态地关联到 BSS 中，如图 2-8 所示。802.11 媒介访问控制就是站点在一个 BSS 内的接入控制。一个 BSS 可以是独立的，也可以通过一个 AP 连接到主干网上。

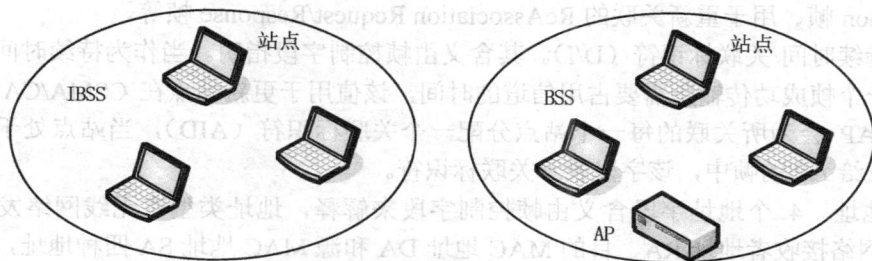

图 2-8 基本服务集（BSS）

一个独立的仅由站点构成的 BSS 称作独立基本服务集（Independent BSS，IBSS），也称为 Ad hoc 网络（无线自组网）。在 IBSS 中，站点之间直接相连实现资源共享，不需要任何网络设备，也不会连接到外部网络。

2. ESS

多个基本服务集通过无线接入点和分布式系统互联在一起，就构成了扩展服务集，如图 2-9 所示。

ESS 是 AP 和 DS 的组合，但这种组合是逻辑上的，而非物理上的。DS 可以使用各种各样的技术，可以是一个交换式的以太网，也可以是一个无线基站系统。DS 提供多个 BSS 之间的互联，BSS 之间的距离没有限制。

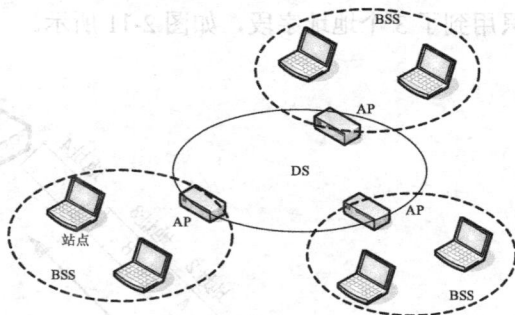

图 2-9 扩展服务集（ESS）

2.3.2 Wi-Fi 的 MAC 帧结构

IEEE 802.11 协议体系结构只定义了物理层和 MAC 子层两层。IEEE 802.11 系列标准在 MAC 子层上的定义基本一致，只在物理层上有所不同。

802.11 的 MAC 帧结构如图 2-10 所示。与 802.3 不一样，802.3 只有一种帧类型，而 802.11 有多种帧类型，图中的帧结构是一种通用结构，适用于所有数据帧和控制帧，但并非所有的字段在各种帧中都有出现。

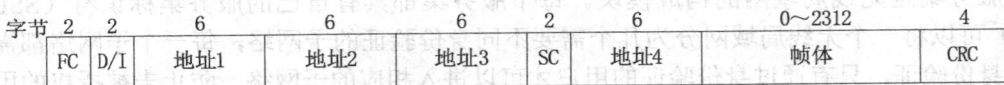

字节 2	2	6	6	6	6	6	0~2312	4
FC	D/I	地址1	地址2	地址3	SC	地址4	帧体	CRC

图 2-10　802.11 MAC 帧结构

802.11 的 MAC 帧各字段的含义如下。

（1）帧控制（FC）。指明帧类型（控制帧、管理帧或数据帧）并提供控制信息。控制信息包括帧是去往还是来自分布式系统、数据是否分片等信息。控制帧用于媒介访问控制，802.11 定义的控制帧有 RTS 帧、CTS 帧、ACK 帧等。管理帧用于管理站点加入 Wi-Fi 网络的过程，802.11 定义的管理帧有用于主动扫描的 Probe Request/Response 帧、用于被动扫描的 Beacon 信标帧、用于认证的 Authentication Request/Response 帧、用于去掉认证的 DeAuthentication 帧、用于关联的 Association Request/Response 帧、用于去掉关联 Disassociation 帧、用于重新关联的 ReAssociation Request/Response 帧等。

（2）持续时间/关联标识符（D/I）。其含义由帧控制字段指明。当作为持续时间字段时，指明的是一个帧成功传输所需要占用信道的时间，该值用于更新站点在 CSMA/CA 中所用的 NAV 值。AP 会为所关联的每一个站点分配一个关联标识符（AID），当站点处于省电模式时，站点发给 AP 的帧中，该字段表示关联标识符。

（3）地址。4 个地址字段含义由帧控制字段来解释，地址类型有无线网络发送者地址 SA、无线网络接收者地址 RA、目的 MAC 地址 DA 和源 MAC 地址 SA 四种地址，分别表示 AP 和站点的源地址和目的地址。地址字段也可能是服务集标识符 SSID。之所以存在 AP 的中转地址，是考虑到目的主机可能会超出源主机的无线传输范围，另外，除了 IBSS 组网模式外，帧都是由 AP 转发的。在 ESS 中，地址 1~4 分别为目的 AP 的 MAC 地址、源 AP 的 MAC 地址、目的站点 MAC 地址、源站点 MAC 地址。而在 BSS 内部站点通信时，MAC 帧只用到了 3 个地址字段，如图 2-11 所示。

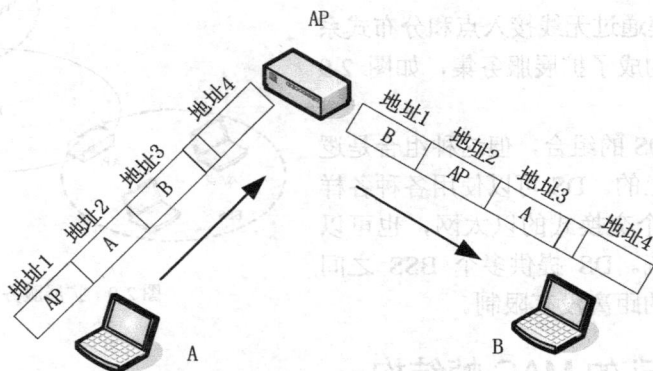

图 2-11　BSS 内通信时地址字段的设置

（4）序号控制（SC）。含有 4bit 的数据帧分片序号的子字段（用于数据帧分片和重装）和 12bit 的序号字段。后者用来为给定的发送站点和接收站点之间往来的帧编号。

（5）帧体。包含任意长度的数据，最多 2312 字节。

（6）帧校验序列。32bit 的 CRC-32 校验码。

2.3.3　Wi-Fi 的认证和关联

在无线网络中，由于不能用电缆确定要加入的站点归属哪个网络，因此，站点加入无线网络比有线网络要复杂得多。在以太网中，计算机插上网线就成为以太网中的一个站点，而无线站点想要加入一个 Wi-Fi 网络，则需要经过扫描、认证和关联三个阶段，这 3 个阶段通过各种管理帧来实现其功能，经过这 3 个阶段后，站点的接入过程才算完成，可以发送数据帧了。能否访问互联网的网站，还需要再经过 ISP 的用户账号和密码的认证过程。

1．扫描阶段

站点在扫描阶段查找站点周围是否存在 Wi-Fi 网络，并根据站点自身设置的组网模式进行组网或查找 AP。

若无线站点设成 Ad hoc 模式，站点会先寻找是否已有 IBSS（与站点的 SSID 相同）存在，如有，则参加；若无，则会自己创建一个 IBSS，等待其他站点来加入。

若无线站点设成基础设施模式，即 AP 组网模式，则有两种扫描方式：主动扫描方式和被动扫描方式。

在主动扫描方式中，站点发出 Probe Request 控制帧，寻找与站点 SSID 相同的 AP，若找不到有相同 SSID 的 AP，则一直扫描下去。主动扫描方式的特点是站点能迅速找到 AP，快速加入网络。

在被动扫描方式中，站点被动等待 AP 每隔一段时间定时送出的 Beacon 信标帧，该帧提供了 AP 及所在 BSS 的相关信息。被动扫描的特点是扫描时间较长，但站点节电。

2．认证阶段

当站点找到与其具有相同 SSID 的一组 AP 时，就根据收到的 AP 信号强度，选择其中一个信号最强的 AP，进入认证阶段。802.11 的认证过程主要是通过验证用户输入的 AP 密码，把合法的用户信息（如 MAC 地址）绑定到以后的交互过程中。只有身份认证通过的站点才能进行无线接入访问。

802.11 的用户认证方式主要有两种类型：开放式认证和共享密钥认证。开放式认证只要求用户提供正确的 SSID 就可以接入网络。由于 AP 会在其信标帧里广播其 SSID，也就是用户在计算机系统中看到的无线网络名称，因此，这种方式实际上就是没有进行认证。共享密钥认证要求用户事先知道共享密钥，即密码，然后向 AP 发出认证请求帧，AP 收到后发送一个质问串，站点对质问串使用共享密钥进行加密并送回 AP，AP 解密并校验质问串的完整性来检验站点的合法性。

802.11 提供了几种具体的认证技术，有简单有复杂的，采用 802.1x/EAP 认证方法时，其认证过程如下。

（1）站点向 AP 发送认证请求；

（2）AP 向认证服务器发送请求信息要求验证站点的身份；

（3）认证服务器认证完毕后向 AP 返回相应信息；

（4）如果站点身份不符，AP 向站点返回错误信息；

（5）如果站点身份相符，AP 向站点返回认证响应信息。

3. 关联阶段

当 AP 向站点返回认证响应信息、身份认证获得通过后，进入关联阶段。建立关联就表示这个站点加入了选定的 AP 所属的子网，并在站点与这个 AP 之间创建了一条虚拟线路。

关联过程同样采用请求/响应机制来实现：站点向 AP 发送关联请求帧，AP 向站点返回关联响应帧。

建立关联后，站点进入数据传输阶段。在数据传输阶段，站点通过发送数据帧与其他站点进行通信。

2.3.4 Wi-Fi 网的媒介访问控制技术

Wi-Fi 是一种网络设备认证商标，其核心技术为 IEEE 802.11 所制定的无线局域网标准。802.11 协议体系结构同样只分为物理层和 MAC 层，其中 MAC 层描述了媒介访问控制的方式以及站点间的数据交换过程。

802.11 没有采用 802.3 的 CSMA/CD 技术，这是因为无线局域网存在特殊的隐蔽站点和暴露站点问题，如图 2-12 所示。

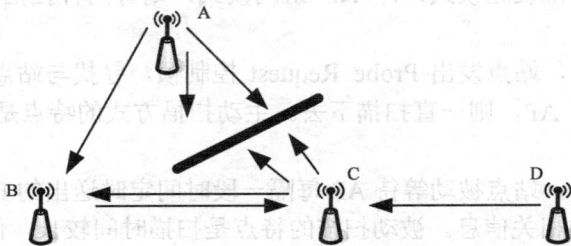

图 2-12　隐蔽站点和暴露站点问题

在无线局域网中，由于传输信号的强度随着距离的增长会快速衰减，并且很有可能因为碰到物体屏障而停止传播，站点容易接收不到信号，这就导致了出现隐蔽站点问题。例如，图中站点 A 与 C 之间有障碍物，以至于两者的信号不能到达对方，则 A 和 C 互相隐蔽。若 B 和 D 因为距离太远，导致彼此的信号也不能到达对方，则 B 和 D 也互相隐蔽。

当 A 给 B 发送数据时，C 监听信道，由于收不到 A 的信号，便误认为信道空闲，也向 B 发送数据。此时 B 同时收到 A 和 C 的数据信号，于是产生冲突。

在 B 和 D 互相隐蔽的情况下，当 B 向 C 发送数据时，因为信号衰减，到达不了 D，D 误认为信道空闲，也向 C 发送数据，冲突又产生了。

在隐蔽站点问题中，两个互为隐蔽的站点同时发送数据时，无法检测到冲突，此时冲突检测失去作用，所以不能采用 CSMA/CD 来进行媒介访问控制，而采用了带冲突避免的 CSMA/CA 。

有时，信号衰减也有其好的一面，这就是暴露站点问题。假设 D（暴露站点）相距较远，只能检测到 C 的信号，这样 A 与 B、C 与 D 实际上可以同时通信，但如果 A 和 B 正在通信，C 能侦听到 B 的帧，会认为信道被占而不会给 D 发送帧。因此，无线局域网在不发生干扰的情况下，解决好暴露站点问题，则可以允许多个站点同时进行通信。这一点与总线式局域网有很大的差别。

为了解决隐蔽站点和暴露站点问题以及应对各种组网情况，IEEE 802.11 标准把 MAC 层定义为两个子层，通过使用两种不同的 MAC 方法，为上层协议提供不同的服务类型。这两个子层分别为分布式协调功能（Distributed Coordination Function，DCF）和点协调功能（Point Coordination Function，PCF），如图 2-13 所示。PCF 位于 DCF 之上，但 DCF 可直接向上层（LLC 层或 IP 层）提供争用服务，PCF 向上层提供无争用服务。

图 2-13　802.11 协议层次结构

1．分布式协调功能 DCF

DCF 使用 CSMA/CA 协议，它与 CSMA/CD 相似。通过 DCF，802.11 站点之间争用信道，想要发送数据的站点通过 CSMA/CA 接入机制获得数据帧的发送权。CSMA/CA 又分为基本的 CSMA/CA 接入和带 RTS/CTS 信道预约机制的 CSMA/CA 接入方式，后者可以解决两个互相隐蔽的站点同时发送数据时所引起的冲突问题。

在带 RTS/CTS 的 CSMA/CA 接入中，当站点希望发送数据时，先发送一个 RTS（Request To Send，请求发送）帧预约信道，以表明站点希望发送数据的意愿和占用信道所持续的时间。当目的站点收到 RTS 后，就响应一个 CTS（Clear To Send，允许发送）帧，站点收到 CTS 帧后，才能发送数据帧。

RTS 和 CTS 帧中均包含持续时间字段，该字段用于更新网络中除发送和接收站点之外的其他站点的 NAV（网络分配向量）值。NAV 提供了一种虚拟载波监听的方式，它实质是一个计数器，每隔一段固定的时间就减 1，直到 0。当 NAV 不为 0 时，站点便认为信道忙；当 NAV 为 0 时，站点仍需要监听信道是否被占用，才能确定能否发送帧。

在带 RTS/CTS 的 CSMA/CA 接入中，数据传输需要经过 RTS 帧、CTS 帧、数据帧和确认帧 4 次交互过程。以图 2-12 为例，站点发送数据的过程以及隐蔽站点和暴露站点的解决方法如下。

（1）当站点 A 要给 B 发送数据时，A 先监听信道，若信道不忙，则开始争用信道，发送 RTS 帧给 B，准备预约信道。若多个站点的 RTS 帧发生冲突，则随机退避一段时间。

（2）B 收到 A 的 RTS 帧后，向 A 发送 CTS 帧。这时隐蔽站点 C 能够收到此 CTS 帧，知道站点 A 预约了信道，由于没有收到 A 的 RTS 帧，因此，C 也知道 A 与自己互隐，于是将不再向 B 发送任何帧，并同时更新自己的 NAV 值。若此时或稍后的过程中，C 收到 D 的 RTS 帧，则说明 D 并不知道 A 与 B 在通信，也就是 D 是暴露在 A、B 之外的暴露站点，因此，C 与 D 此时实际上是可以进行通信的。

（3）A 收到 CTS 帧后，向 B 发送数据帧。

（4）B 收到 A 的数据帧后，向 A 发送确认帧。

（5）如果 A 的数据帧是被分片的，则继续发送下一个数据帧分片，采用停等协议，等待确认。这样可以在一个 RTS/CTS 过程中，发送多个数据帧分片。

2．点协调功能 PCF

PCF 使用集中控制，由中心点轮询的方式来使各个站点获得发送权；PCF 基于优先级的访问无竞争的协议，通过优先级来控制站点获得数据发送权的先后。

PCF 对 DCF 的争用机制做了改进。DCF 为分布式控制，各站点公平地争用信道，这种机制的传输时延无法预测，不适合传输时间敏感的业务，比如多媒体数据等。于是 802.11 标准在 DCF 的上层提供了 PCF，作为一个可选功能。PCF 利用接入点（Access Point，AP，如无线路由器）对各站点的接入进行集中控制，用类似轮询的方法使各个站点得到发送权。因此 PCF 向上层提供的是无争用服务。

为了协调 DCF 和 PCF 的操作，802.11 规定在监听到信道空闲时，也不能立即发送帧，而要等待一段时间后，才能发送各种帧，发送不同的帧，等待的时间也不同。802.11 定义了几种帧间间隔（IFS，InterFrame Space），如短帧间间隔（SIFS）、PCF 帧间间隔（PIFS）和 DCF 帧间间隔等。

SIFS 时间最短，发送确认帧和 CTS 帧等使用 SIFS。PIFS 比 SIFS 长，但比 DIFS 短，因为 AP 使用 PIFS，站点使用 DIFS，而 PIFS 又比 DIFS 短，因此 AP 总能先于站点得到控制权，从而对各个站点发布轮询，此时 DCF 便无法起作用。当然，为了避免一直使用 PCF，802.11 规定 AP 在轮询一段时间后，必须放弃控制权，使站点能够进入争用时段，以 DCF 方式接入媒介。

2.4 局域网组网技术

目前，以太网或 Wi-Fi 网络是最常见的局域网组网技术。组建网络包括硬件的连接和软件的安装设置，硬件就是网络组建过程中需要使用的各种传输媒介和连接设备，如传输线、交换机、路由器、各种网络终端（如 PC）等，其中交换机和路由器是最重要的网络设备，它们通过传输线互联，共同构成整个网络的骨架。

组网的一般步骤是设计可行的网络规划、画出准确的网络拓扑图、选择恰当的网络设备、列出详细的设备清单、进行细心的布线和设备安装、配置正确的网络参数、实施多方位的调试。组建局域网涉及结构化布线系统、交换机配置和 VLAN（虚拟局域网）划分等技术。

计算机可自动获取这些参数值。

2.4.1 结构化综合布线系统

在室内组建局域网比较简单，把所有计算机用双绞线连接到路由器或交换机上，就可以组建一个小型的局域网。利用无线路由器组建局域网更省去了布线的麻烦。在一栋楼或若干栋楼中建设局域网时，尤其是新建大楼时，对其布线系统就需要综合加以考虑。目前常采用结构化综合布线系统来解决用户对各种通信网络的使用问题。

综合布线系统（Premises Distributed System，PDS）是伴随智能大厦的建设应运而生的，也用于工业自动化系统等场合。相关标准有国际标准组织/国际电工技术委员会发布的 ISO/IEC 11801:1995(E)《信息技术——用户建筑物综合布线》、美国国家标准协会制定的 ANSI/TIA/EIA568A《商业建筑物电信布线标准》、中国信息产业部制定的 GB/T50311《建筑与建筑群综合布线系统工程设计规范》等。

结构化综合布线系统（SCS）就是由线缆和相关连接件组成的信息传输通道。线缆包括光缆、电缆等，连接件包括配线架、连接器、插座、插头、适配器等，另外还有一些电气保护装置等。

　　结构化综合布线系统采用模块化结构，拓扑结构一般为分层星型，可以连接其他结构。综合布线系统可分为 6 个独立的系统：用户子系统、水平子系统、管理子系统、骨干子系统、设备子系统和建筑群子系统。如图 2-14 所示。

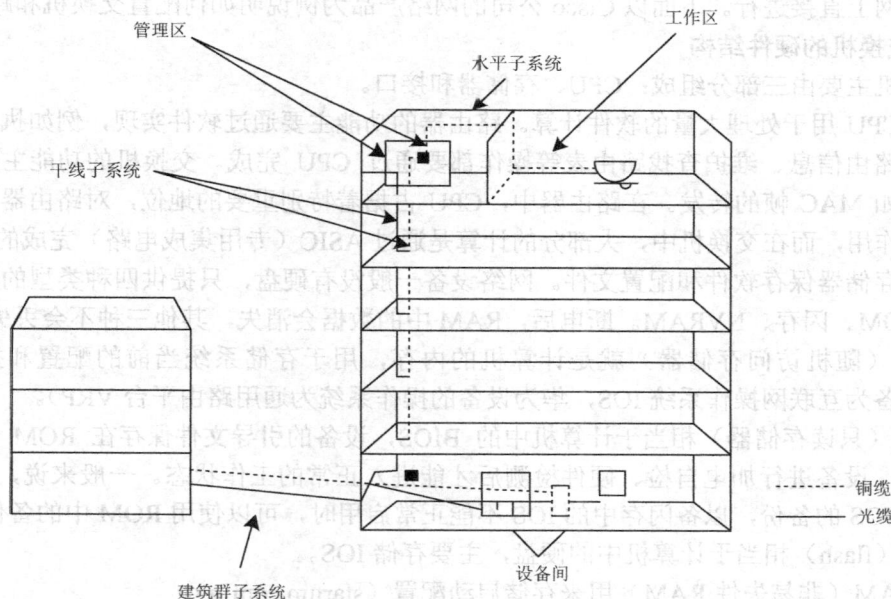

图 2-14　结构化综合布线系统

　　用户子系统位于工作区，由终端设备连接到信息插座的连线组成，它包括连接器和适配器。连接器连接两个有源器件的器件，传输电流或光信号，也就是接插件、插头和插座，一般是指电连接器。适配器是一个接口转换器，它允许硬件或电子接口与其他硬件或电子接口相连。

　　水平子系统实现信息插座和管理子系统设备间的连接，常使用五类或超五类双绞线进行连接。

　　管理子系统由交连、互连配线架组成，为连接其他子系统提供连接手段，将通信线路定位或重定位到建筑物的不同部分，以便能更容易地管理通信线路，使得搬迁终端设备时能方便地进行插拔。

　　干线子系统也称为垂直子系统，通常部署在大楼的竖井中，实现计算机设备、电话交换机、控制中心与各管理子系统间的连接，传输媒介通常为大对数双绞线电缆或光缆。

　　设备子系统位于设备间，由设备间中的电缆、连接器和相关支撑硬件组成，它把公共系统设备的各种不同设备互连起来，如连接电话网的中继线或骨干局域网。

　　建筑群子系统实现建筑物之间的相互连接，传输媒介通常为光缆或大对数双绞线。建筑群子系统也包括一些电气保护装置，防止外界环境的干扰，如雷电等。

2.4.2　交换机的配置

　　交换机在硬件组成上相当于计算机的主机部分，没有键盘、显示器等，也没有硬盘。网络参数的配置需要另一台计算机通过 RS-232 串口进行，用户界面通常采用命令行（CLI）方式。高端模块化路由器具有多个扩展插槽，支持几乎所有的接口类型，包括 FDDI、SONET/SDH、ATM、异步和同步串口、以太网等，可以使用 SNMP 或 RMON 协议进行远程配置。与此不同的是，小型的家用交换机不用配置，家用路由器的配置通常采用 Web 页面在以太网上直接进行。下面以 Cisco 公司的网络产品为例说明如何配置交换机和路由器。

1．交换机的硬件结构

交换机主要由三部分组成：CPU、存储器和接口。

（1）CPU 用于处理大量的软件计算。路由器的功能主要通过软件实现，例如执行路由协议、交换路由信息、维护查找路由表等操作都要通过 CPU 完成。交换机的功能主要由硬件来完成，如 MAC 帧的转发。在路由器中，CPU 占据着特别重要的地位，对路由器的性能起着决定性作用，而在交换机中，大部分的计算是通过 ASIC（专用集成电路）完成的。

（2）存储器保存软件和配置文件。网络设备一般没有硬盘，只提供四种类型的存储器：RAM、ROM、闪存、NVRAM。断电后，RAM 中的数据会消失，其他三种不会丢失数据。

RAM（随机访问存储器）就是计算机的内存，用于存储系统当前的配置和操作系统（Cisco 设备为互联网操作系统 IOS，华为设备的操作系统为通用路由平台 VRP）。

ROM（只读存储器）相当于计算机中的 BIOS，设备的引导文件保存在 ROM 中，通过引导软件，设备进行加电自检、硬件检测后才能进入正常的工作状态。一般来说，ROM 中还保存了 IOS 的备份，以备闪存中的 IOS 不能正常启用时，可以使用 ROM 中的备份。

闪存（flash）相当于计算机中的硬盘，主要存储 IOS。

NVRAM（非易失性 RAM）用来存储启动配置（startup config）。

当设备加电后，首先执行 ROM 中的引导程序，完成一些基本测试，包括硬件自检等，然后把存在闪存中的 IOS 加载到 RAM 中，IOS 调用 startup config 配置文件对设备进行初始化配置，之后设备进入正常运行。

（3）接口分控制台接口和数据传输接口两种。控制台接口通过 RS-232 异步串行线路与计算机的串口相连，可以对网络设备进行最基本的配置。数据传输接口用于连接组网的计算机和其他网络设备，包括 RJ-45 接口、光纤端口。

2．交换机的配置方法

对交换机进行本地设置时，需要先使用计算机串口连接交换机的控制台端口，然后利用 Windows 系统自带的超级终端软件或其他串口调试软件输入 CLI 命令，设置交换机的基本参数。超级终端软件的位置在：开始→所有程序→附件→通信→超级终端。CLI 命令不区分大小写，但是有模式区分，不同的命令只能在不同的模式下才有效。Cisco 的模式有用户模式查看初始化的信息，特权模式查看所有信息、调试、保存配置信息；全局模式配置所有信息、针对整个路由器或交换机的所有接口；接口模式针对某一个接口的配置；线控模式对路由器进行控制的接口。华为设备的命令则按视图划分，如监控视图、系统视图、接口视图、Vlan 系统视图、Vlanif 接口视图等。

交换机最基本的配置包括交换机的名字、管理用的 IP 地址等。交换机工作在数据链路层，本质上不应该有 IP 地址，但是在网络结构很庞大时，为了实现所有设备的远程统一管理，必须为每个设备配置一个管理 IP 地址。下面是配置过程中的一些命令实例。

（1）首先要进入特权模式，接着要进入全局配置模式，因为只有在全局配置模式下，所有的系统配置命令才会生效。注意"//……"是给出的注释，不能输入。

```
>enable        //enable命令使交换机从用户模式转为特权模式
#config t      //t命令进入全局配置模式，这里使用了缩写的命令，这是常用的方法。
```

（2）一旦进入全局配置模式，就可以通过 hostname 命令和 ip address 命令来设置交换机的名字和 IP 地址。

```
(config)#hostname myswitch    //设置主机名为myswitch
myswitch(config)#ip address 192.168.1.1 255.255.255.0 //这是IP和子网掩码
```

（3）接下来可以使用 exit 命令回到 enable 模式，然后可以通过 show 命令（show ip 或 show running-config）来显示刚才的配置信息检查是否正确。

```
myswitch(config)#exit   //退出
myswitch#show ip        //显示IP地址
```

（4）最后保存配置信息。

```
myswitch#copy running-config startup-config //将RAM中的当前配置存储到NVRAM中
```

2.4.3　VLAN

VLAN（虚拟局域网）是建立在交换式局域网之上的一种逻辑子网。VLAN 采用网络管理软件把连接到交换机上的计算机分成若干个 VLAN，一个 VLAN 组成一个逻辑广播域，同一 VLAN 中的成员之间能够通信，不同 VLAN 用户之间不能直接通信，如果需要通信，必须通过路由设备。因此，VLAN 有助于控制广播风暴、简化网络管理、提高网络安全、增加计算机布署的灵活性。

目前，除了廉价的家用交换机外，商用交换机基本都支持 VLAN。交换机划分 VLAN 共有三种方式：基于端口、MAC 地址和 IP 地址划分 VLAN。

（1）基于端口划分 VLAN。通过端口划分时，既可以把同一交换机的不同端口划分在不同的 VLAN 内，也可以把不同交换机的不同端口划分在同一 VLAN 内。

（2）基于 MAC 地址划分的 VLAN。当一台计算机连接到一个交换机的端口时，交换机根据计算机发送的 MAC 帧的源 MAC 地址决定计算机属于哪个 VLAN。交换机维护一个数据库，该数据库是 MAC 地址到 VLAN 的映射表。

与端口划分相比，这种划分方式比较灵活，属于某个 VLAN 的终端可以随意移动物理位置，交换机通过修改数据库可以动态地将端口分配给不同的 VLAN。但是在网络设备数量较大、终端较多时，创建和更新数据库是非常繁琐和困难的。

（3）基于 IP 地址划分 VLAN。IP 地址涉及网络层，因此只有三层交换机可以基于 IP 地址划分 VLAN，这种划分的工作方式与基于 MAC 的类似，只不过这时计算机的标识变成了 IP 地址。

在实际的应用中，很少有使用 MAC 和 IP 划分 VLAN 的组网方式，基于端口的 VLAN 划分是最常用也是最简单、方便的划分方式。

习　　题

1. 局域网的特点有哪些，局域网是否必须限制在一定地理范围内，常见的局域网组网技术有哪些？

2．局域网包含哪几层，每一层是不是都是必须的，对应 ISO/OSI 参考模型，局域网有没有网络层？

3．共享媒介局域网和交换式局域网有什么不同之处，MAC 帧在这两种网络中是如何传输的？

4．交换机中的转发表是通过逆向学习法建立的，"逆向"一词体现在什么地方，如果连接某台计算机的插线换到交换机的另一个端口，交换机如何处理这种情况？

5．在以太网中，最大传输单元（MTU）是 1500 字节，如果上层数据超过 1500 字节该怎么办？

6．以太网 MAC 帧的最大长度为 1518 字节，最小长度为 64 字节，为什么要限制 MAC 的长度？

7．在无线局域网中，隐蔽站点问题造成的后果是什么，暴露站点问题造成的后果是什么，Wi-Fi 网络是如何解决这种问题的？

8．以太网的命名有无规律，10BASE-T 的含义是什么？

9．所有以太网网卡都必须执行 CSMA/CD 算法吗？

10．当以太网网卡收到一个 MAC 帧时，如何判断该帧是 IEEE 802.3 MAC 帧还是以太网 MAC 帧？

11．Wi-Fi 与 WLAN 有何区别和联系，802.11 的 MAC 帧共有几种类型，其作用分别是什么，在 Wi-Fi 的 Ad hoc 组网方式中，MAC 帧的地址字段是如何设置的？

12．与以太网相比，一台计算机如何通过 Wi-Fi 网络访问互联网？

13．VLAN 是解决什么问题的，NAT 是解决什么问题的？

第3章

互联网

互联网（internet，首字母小写）泛指把各种通信网络连接起来所形成的网络集合，网络之间的互通可以采用各种各样的互联协议。目前所说的互联网（Internet，首字母大写）通常是指使用特定的 TCP/IP 协议簇把各种网络连接起来，并提供全球范围内信息服务的一种网际互联网络，也称为因特网。另外还有一个相近的术语——互连网（Interconnect Network，ICN），是指超级计算机中把多个处理器和存储器连接起来的通信网络。本章将重点介绍 TCP/IP 参考模型的协议栈。

从 TCP/IP 参考模型中可以了解到网际互联的主要实现思路。TCP/IP 参考模型分为应用层、传输层、互联网络层和网络接入层。应用层提供文件传输、WWW 服务（如网页浏览）、电子邮件、即时通信（如 QQ、微信等）等面向用户的信息服务；传输层提供端到端的通信服务，把通信双方的两个通信程序连接起来；互联网络层提供路由选择、邻居发现、地址解析等功能，从而把 IP 数据包通过各种通信网络传递给对方；网络接入层提供 IP 数据包在各种网络中的封装和交付功能，通常的做法是在各种通信网络之间放置一台 IP 路由器，用于 IP 数据包的路由和转发，起到连接路由器两端网络的作用。

网络接入层体现了 TCP/IP 参考模型的工作重点，也就是只考虑网络的互联和用户的信息服务，而不考虑通信网络本身。这一点，可以从互联网的组建方式看出来。计算机行业组建了局域网，通信行业组建了广域网，互联网就是把全球各地的局域网通过广域网技术连接起来，使用户可以互相通信，如图 3-1 所示。图中的交换机把终端设备连接起来组成一个局域网，通

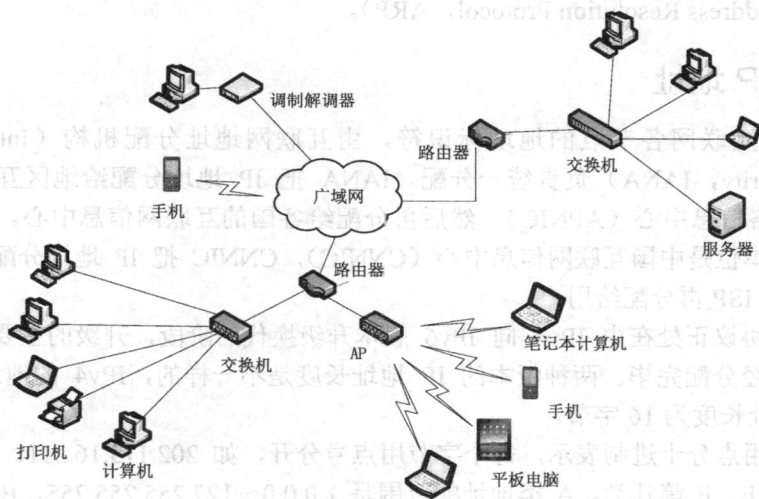

图 3-1　互联网组网示意图

过路由器连接至广域网。终端设备也可以通过调制解调器、光收发器等直接连接至广域网。

从计算机行业来看，IP 层以下就是硬件，IP 层面对的是不同的硬件驱动程序。因此，网络接入层只需处理好与各种通信网络的接口就行了，也就是把 IP 数据包封装到该通信网络自己所用的分组或帧中。数据传输功能主要是在各种通信网络本身中实现的，至于 IP 数据包如何在各种网络中传输，则交由网络自己处理，网络将利用自己的传输协议把 IP 数据包送达另一端的路由器。例如，如果接入的是 ATM 网络，则 ATM 网络需要考虑如何把 IP 数据报拆分成信元，然后再重装起来。如果接入的是以太网，则以太网需要在 MAC 帧的类型字段中指出数据字段为 IP 数据报，以便接收方收到 MAC 帧后，把数据字段的内容交付给 IP 协议处理程序。如果接入的是 3G 移动通信网，则 3G 网络通过隧道机制来传输所封装的 IP 数据包。

3.1 IP

互联网协议（Internet Protocol，IP）也称网际协议，是目前实现网络互联互通的主流协议。IP 的协议数据单元（PDU）称为 IP 数据报（datagram）或分组（packet），也称为数据包或包，这也说明 IP 协议采用的是数据报分组交换技术。它把 IP 数据报看成一个个独立的数据包，当一个网络节点（路由器）接收到一个 IP 数据报时，就根据 IP 数据报中携带的目的 IP 地址，查询路由表，把 IP 数据报传递给下一个路由器，直至目的计算机。

需要注意的是，IP 协议不负责路由选择，路由选择由专门的路由选择协议（如 OSPF、BGP 等）负责。路由器在转发 IP 数据包时，只是简单地查询路由表，不负责路由表的维护，路由表是由网络管理员手动输入或由路由选择协议自动建立和维护的。除了路由器，每台计算机也有一个 IP 路由表，在 Windows 系统的命令行提示符中，输入命令"route print"，就可以得到本台计算机的 IP 路由表。

在 TCP/IP 参考模型中，互联网络层除了 IP 协议外，还有一些为 IP 提供辅助功能的协议。IP 辅助协议主要有两个，一个是用于查询网络运行状况的互联网控制报文协议（Internet Control Message Protocol，ICMP），另一个是用于提供 IP 地址与网卡地址之间映射关系的地址解析协议（Address Resolution Protocol，ARP）。

3.1.1 IP 地址

IP 地址是互联网各节点的地址标识符，由互联网地址分配机构（Internet Assigned Numbers Authority，IANA）负责统一分配。IANA 把 IP 地址分配给地区互联网地址注册处，如亚太网络信息中心（APNIC），然后再分配给各国的互联网信息中心。具体负责中国 IP 地址分配的单位是中国互联网信息中心（CNNIC），CNNIC 把 IP 地址分配给互联网服务提供商（ISP），ISP 再分配给用户。

目前，IP 协议正处在由 IPv4 向 IPv6 版本升级换代的阶段，升级的主要原因之一就是 IPv4 的地址已经分配完毕。两种版本的 IP 地址长度是不一样的，IPv4 的地址长度为 4 字节，IPv6 的地址长度为 16 字节。

IPv4 地址用点分十进制表示，每个字节用点号分开，如 202.113.16.211。IPv4 地址分为 A、B、C、D、E、F 等几类。A 类地址的范围是 1.0.0.0～127.255.255.255，B 类地址的范围是 128.0.0.0～191.255.255.255，C 类地址的范围是 192.0.0.0～223.255.255.255，D 类地址范

围是 224.0.0.0～239.255.255.255，E 类地址的地址范围是 240.0.0.0～247.255.255.255，其余的 IPv4 地址空间未作规定，也有 RFC 文档把它划分为 F 类地址。IPv4 地址的这种分类方法最初是为路由和不同的网络规模而划分的，目前 IP 路由主要利用子网和子网掩码来进行，这种分类方法已无多大实际用处。子网和子网掩码的概念在后面描述。

有一些特殊的 IPv4 地址是专用的。IPv4 地址为 255.255.255.255 时称为广播地址，表示本地网络上的所有主机都可以接收到该数据报，本地网络是一个子网，通常由一个局域网组成。全 0 的 IPv4 地址并不分配给任何主机，而是代表网络本身。127.x.x.x 用作环回地址，当 IP 数据报的目的地址为环回地址时，TCP/IP 协议软件并不把 IP 数据报送往网络，而是把该 IP 数据报直接返回给本机，使用环回地址可以在一台计算机上调试收发两方的通信程序。IPv4 地址 10.x.x.x、172.16.x.x～172.31.x.x 和 192.168.x.x 为保留地址，不予分配。由于 IPv4 地址严重不足，这些保留地址常常用于内网地址。当访问因特网（外网）时，内网地址通过 NAT（网络地址转换）设备转换成公网 IPv4 地址。目前市场上的家用路由器的主要功能就是实现 NAT。

IPv6 地址使用十六进制标记法，两字节一组，中间用冒号隔开，如 FEDC:BA98:7654:4210:FEDC:BA98:7654:3210。对于中间字节连续为 0 的，可用零压缩方法表示，即多个连续的 0 可以用一对冒号来代替，例如，93E5:0:0:0:0:0:0:CC2 可简写成：93E5::CC2。要注意的是，零压缩法在表示一个 IPv6 地址时只能用一次，即符号"::"只能出现一次。

当处理拥有 IPv4 和 IPv6 节点的混合环境时，可以使用 X:X:X:X:X:X:D.D.D.D 表示，其中，X 是 IPv6 地址的高 96 位（十六进制表示），D 是低 32 位（十进制表示），如 0:0:0:0:0:FFFF:202.113.16.223，或表示成::FFFF:202.113.16.223。

IPv6 地址可分为单播地址、多播地址、任播地址三种类型。与 IPv4 不同，在 IPv6 中没有广播地址，这一功能被多播功能代替。

单播地址是单一接口的地址，它表示了一个单独的 IPv6 接口。发送到单播地址的分组被送到由该地址标识的接口。一个节点可能有多个 IPv6 网络的接口，但是对于每个接口都要有其自己的单播地址，而且每个网络接口必须至少具备一个单播地址。

多播地址用于区分每个多播组，多播组由若干个主机组成，组中所有成员拥有共同的一个多播地址。当路由器收到一个目的地址为多播地址的 IP 数据报时，它就会把该数据报分发给该组的各个组成员。IPv4 中的 D 类地址就是多播地址，不同的是，IPv6 对多播的支持是强制性的。对于 IPv6 主机而言，首先要预订一个多播地址，也就是成为某个多播组的组成员。

任播地址是 IPv6 特有的地址类型。任播地址与多播地址类似，也是发送给一组节点。不同的是，在处理任播地址时，路由器只需将分组传递给组中的任一个节点，一般会将任播地址的分组发送给距离最近的一个网络接口。目前，任播地址只能分配给路由器。

计算机的 IPv4 地址由用户自己设置，也可以使用 DHCP 协议自动获得。在 Windows XP 系统中，单击"开始"→"控制面板"→"网络和 Internet 连接"→"网络连接"→"本地连接"→"属性"→"Internet 协议（TCP/IP）"→"属性"，在弹出的网络参数配置对话框中，填写本机的 IPv4 地址和其他网络参数。

计算机的 IPv6 地址是由网络自动配置的，包括无状态地址自动配置和状态地址自动配置两种方法。无状态地址自动配置利用邻居发现机制，通过本机的 MAC 地址和路由器的网络前缀形成本机的 IPv6 地址；状态地址自动配置使用 DHCPv6 协议，由互联网中的 DHCP

服务器分配 IPv6 地址。

3.1.2 IPv4

当 IP 实体（即处理 IP 数据报的程序）收到上层协议传递过来的数据时，就添加上自己的控制信息，封装成 IP 数据报，然后交给数据链路层实体，封装成以太网 MAC 帧或其他的帧格式，通过以太网或其他通信网络发送出去。

1. IPv4 数据报格式

IPv4 数据报由首部和数据字段两部分组成，格式如图 3-2 所示。IPv4 首部的长度不固定，但必须是 4 字节的整数倍，其中前 20 字节的各字段是必须具备的。IPv4 数据报的各个字段的功能如下。

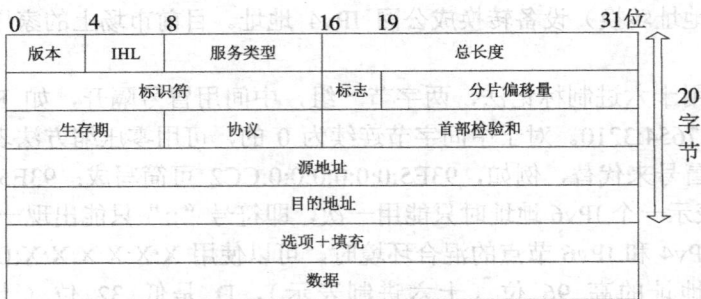

图 3-2 IPv4 数据报格式

（1）版本。占 4 比特，指示 IP 使用的版本，用来确保发送者、接收者和路由器使用一致的数据报格式，在 IPv4 中，该字段为 0100，即版本 4。

（2）互联网首部长度（Internet Header Length，IHL）。占 4 比特，指出 IP 首部的长度，以 4 字节为单位。通常情况下，IPv4 的首部都不包含选项字段，只有固定部分的 20 字节，因此，IHL 值通常为 20 字节/4 字节=5。

（3）服务类型（Type Of Service，TOS）。8 比特字段，包括一个 3bit 的优先权子字段、4bit 的 TOS 子字段和 1bit 未用位（但必须置 0）。4bit 的 TOS 分别代表：最小时延、最大吞吐量、最高可靠性和最小费用。4bit 中只能置其中 1bit。如果所有 4bit 均为 0，那么就意味着是一般服务。目前几乎所有的路由器都忽略该字段。

（4）总长度。16 比特字段，表示 IPv4 数据报的总长度，包括 IPv4 首部和数据，以字节为单位。可见，整个 IPv4 数据报最多有 65535 字节。

（5）生存期（Time To Live，TTL）。8 比特字段，规定了一个数据报可以在互联网上存活的时间，TTL 值由源主机设置（通常为 32 或 64），每经过一个路由器，它的值会减 1，减到 0 时就不再对该数据报进行处理，并把该数据报从缓冲区中删除。

（6）标识符。16 比特字段，通常每发送一个数据报，该标识符值加 1 作为下一个 IP 数据报的标识符。它等同于每个数据报的身份证号码，在一定时间范围内，标识符字段连同源 IP 地址、目的 IP 地址和协议字段一起，在整个互联网上是唯一的。当把一个 IP 数据报分成多个小的分片时，该字段用来在重装时识别各分片是否源自同一个数据报。

（7）标志。3 比特字段，目前只定义了两个比特，"后续"比特用于数据的分片和重装，该位为 1 时，表示该数据报是某个数据报的一个分片，后面还有分片。该位为 0 时，表示该数据报没有进行分片，或者是某个数据报的最后一个分片。"不分片"比特用于设置该数据报是否允许被分片。当该位被置 1 时，则路由器不能对该数据报进行分片。如果数据报长度超出了途径某个网络的最大传输单元（MTU），而该数据报又设置为不可分片，那么该数据报就会被丢弃。

（8）数据报分片偏移量。13 比特字段，同样用于分片和重装。该字段指出该数据报分片在原数据报中的位置，以 8 字节为单位。分片的重装是在目的计算机上进行的。

（9）协议。8 比特字段，指出应该把数据字段中的数据交付给哪个上层协议，上层协议一般为 TCP、UDP 或 ICMP 等。每种协议都被分配有自己的特定协议号。ICMP 一般被看作是与 IP 同层的协议，但它是封装在 IP 数据报中传输的。

（10）首部校验和。16 比特字段，对 IPv4 的首部字段进行差错检验，以保证首部的准确性。后面详述。

（11）源地址。32 比特字段，发送端的 IPv4 地址。如果路由器不开启 NAT（网络地址转换）功能，则该字段保持不变。家用路由器一般都开启了 NAT 功能，以便把计算机所用的内网 IP 地址转换成公网地址。

（12）目的地址。32 比特字段，接收端的 IPv4 地址。IP 数据报在网上传递时，该字段一直保持不变。

（13）选项。用于额外的控制和测试，IPv4 定义了安全性、源路由、时间戳、路由记录和流标识 5 个选项。

（14）填充。用于确保数据报的首部是 32 比特的整数倍。

（15）数据。上层协议的 PDU。IPv4 实体根据协议字段给出的协议标识符，把数据字段中的数据交付给相应的协议实体。

2．IP 校验和

IPv4 协议只对数据报的首部字段进行校验。由于首部校验和字段位于首部各字段的中间，为了方便计算，首部校验和字段的初始值先设置为 0，然后对整个首部求和，不包括数据字段。计算方法是将首部按 16 比特一组进行二进制求和，采用循环进位累加，最后所得的结果取反后放入 16 位的首部校验和字段中。计算结果取反的好处是，接收方收到 IP 数据报后，对其首部进行校验和计算，结果为 0 则正确，结果不为 0 则错误。处理器判断 0 要比两个数的比较运算快捷，尽管微不足道，但对路由器的性能提高有些帮助，因为每个路由器收到 IP 数据报后都要进行校验和运算，而路由器是网络的瓶颈。

计算 IP 数据报校验和的程序实例如下。IP 首部的长度不固定，而且可能不是 16 比特的整数倍，实际长度由首部长度字段给出，在程序中用 size 表示。整个 IP 数据报放在由指针 buffer 指向的缓冲区。

```
unsigned short checksum(unsigned short *buffer, int size) // buffer
存放 IP 数据报
  {                        //size 是首部的长度（以 16 比特为单位）
  unsigned long cksum=0;   //cksum 存放校验和的结果，暂为 32 位，初始置为 0
  while(size>1)            //对首部计算校验和
    {
    cksum+=*buffer++;      //对每个 16 比特字求和
```

```
        size-=sizeof(unsigned short);    //长度递减
   }
 if(size)                               //如果选项字段是奇数字节
 cksum+=*(unsigned char *)buffer;       //把最后1个字节加上
 cksum=(cksum>>16)+(cksum & 0xffff);    //循环进位
 cksum+=(cksum>>16);                    //再次循环进位。
 return (unsigned short)(~cksum);       //再求补,~是按位求补,即取反,结果取16位
   }
```

  校验和字段仅仅提供了对于 IPv4 首部的检验,并没有对数据字段部分进行检验。实际上,当校验和检验出差错时,就把该数据报丢弃,并不发送任何反馈信息,因此,IPv4 不提供任何差错控制功能。如果 IP 数据报的首部正确,数据出错,IP 协议是检测不出来的,它会正常转发和交付,也就是说,IP 协议提供的服务是不可靠的。

3.IP 子网的路由

  IP 协议提供的服务不仅是不可靠的,也是无连接的。当用户有数据要发送时,IP 实体就把用户数据封装成 IP 数据报,然后把数据报发送出去,而不管对方是否准备好接收数据,甚至不管对方存在与否。网络上的路由器根据 IP 数据报中的首部字段对每个 IP 数据报单独进行路由选择。

  由于路由器存储空间有限,不可能为每个 IP 地址建立一个路由表项,因此,利用子网掩码(在 IPv6 中对应的概念是网络前缀)把整个 IP 地址空间划分成较小的子网(也称为网段),路由表就变成了<子网号,下一个路由器的 IP 地址>的映射表,从而缩减了路由表的规模。子网掩码的长度与 IP 地址相同,分为两部分,高位部分的每一位都为 1,低位部分的每一位都为 0,分别对应一个 IP 地址的网络部分和主机部分,高位部分指出该 IP 地址属于哪个子网,低位部分用以标识该子网中的计算机。

  以 IPv4 子网划分和路由为例,假设有 A、B、C、D 共 4 台计算机,子网掩码都为 255.255.255.0,A 的 IP 地址为 162.232.2.11,B 为 162.232.2.12,C 为 162.232.3.13,D 为 162.232.3.14,则如何组网呢?从子网掩码看出,其前 3 个字节是全 1,第 4 个字节是全 0,说明 IP 地址的前 3 个字节为子网号,第 4 个字节为主机号,A、B 的前 3 个字节相同,说明 A、B 位于同一个子网中;同理,C、D 处于同一个子网中。同一个子网中的计算机可以使用交换机相连,不同子网中的计算机则必须通过路由器进行连接,如图 3-3 左侧所示。如果子网掩码为 255.255.0.0,则这 4 台计算机处于同一个子网中,使用交换机连接就可以了,如图 3-3 右侧所示。

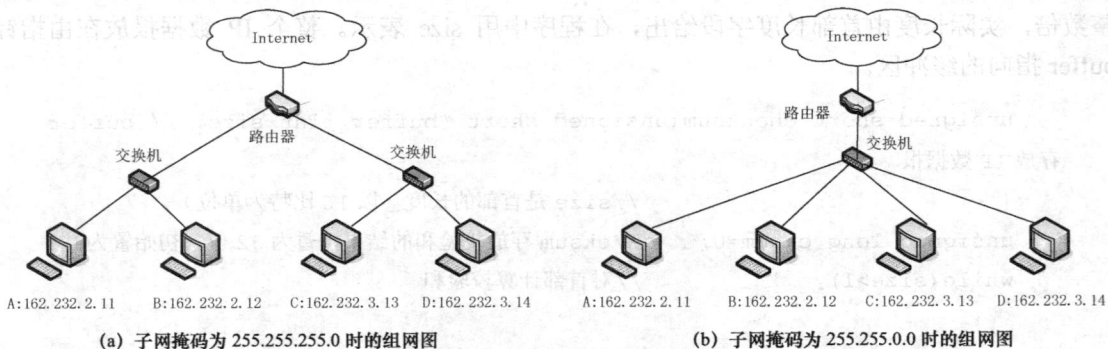

(a) 子网掩码为 255.255.255.0 时的组网图   (b) 子网掩码为 255.255.0.0 时的组网图

图 3-3 子网和子网掩码的作用

注意的是，对于常用的 5 端口家用路由器，相当于是一个 5 端口的交换机和一个 2 端口的路由器的集成，路由器的 2 个端口分为连接内网的 LAN 端口和连接外网的 WAN 端口，其中交换机与路由器 LAN 端口相连的一个交换端口被隐蔽，路由器的 LAN 端口也被隐蔽，只能见到路由器的 WAN 端口，因此路由器外部只能看到 5 个端口。如果使用 5 端口家用路由器，则图 3-3 左侧图中的 3 个网络节点都是路由器，右侧图中的路由器和交换机合并成一个路由器。

商用的主干路由器可能具有多个路由端口，也可能具有多种接口类型。路由器的每个路由端口都有各自的 IP 地址和 MAC 地址。交换机的端口既没有 IP 地址也没有 MAC 地址。

在图 3-3 中，当子网掩码为 255.255.255.0 时，如果 A 向 B 发送一个 IP 数据报时，通过将子网掩码与 B 的 IP 地址按位进行与运算，A 发现 B 与自己同处在 162.232.2 这个子网中，于是 A 在封装 MAC 帧时，就会在目的 MAC 地址字段中填写 B 的 MAC 地址，这样交换机就会把 MAC 帧直接转发给 B，无须经过路由器。当 A 向 C 发送数据时，A 会发现 C 位于 162.232.3 的子网中，与自己不在一个子网，对于目的 IP 地址不在自己子网的所有其他计算机，A 都会把 MAC 帧的目的 MAC 地址填写成路由器的 MAC 地址，把 MAC 帧发送给路由器，路由器通过查询路由表，重新封装 MAC 帧，再发送给 C。

路由器的 IP 地址就是计算机系统中的默认网关的 IP 地址。通过 TCP/IP 协议簇中的 ARP（地址解析协议），可以从 IP 地址获得该 IP 地址对应的 MAC 地址，这样就可以在发送 MAC 帧时，在目的 MAC 地址字段中填写处于同一子网的其他计算机或路由器的 MAC 地址。

3.1.3 IPv6

IPv6 是下一代互联网的网际互联协议，用于替换 IPv4 协议。IPv6 协议不仅解决了 IPv4 地址不够用的问题，也对 IPv4 进行了功能优化和缺陷修正，并提供了服务质量保证机制，以满足互联网对多媒体通信的需要。

IPv6 的协议数据单元称为分组，IPv6 分组由一个 IPv6 首部、多个扩展首部和一个数据字段组成，具体格式如图 3-4 所示。首部部分为固定的 40 字节；扩展首部可有可无，个数不限，长度不固定；数据字段长度也不固定；IPv6 分组的净荷部分包括扩展首部字段和数据字段。

版本 (4位)	通信量类别 (8位)	流标签 (20位)
净荷长度 (16位)	下一个首部 (8位)	跳数限制 (8位)
源地址 (128位)		
目的地址 (128位)		
扩展首部		
数据		

图 3-4 IPv6 分组格式

通过对比 IPv4 和 IPv6 各字段的增、删、修改，可以了解 IPv6 所做的改进。IPv6 分组各字段的含义如下。

（1）版本。其值为 6，表示所使用的 IP 协议的版本号。通过该字段，具备双协议栈的路由器可以知道把该数据包交给 IPv4 实体还是交给 IPv6 实体进行处理。

（2）通信量类别。用于区分在发生拥塞时 IPv6 分组的类别或优先级。该字段用于基于区分服务（Differentiated Service，DS 或 DiffServ）的服务质量（QoS）保证机制；该字段对 IPv4 的服务类别（TOS）字段进行了优化，试图扭转 IPv4 路由器产品对 TOS 字段置之不理的窘境。

（3）流标签。用于标识需要由路由器特殊处理的分组序列，主要用于多媒体传输，以便加速路由器对分组的处理速度。对路由器来说，一个流就是共享某些特性的分组序列，如这些分组序列经过相同路径、使用相同的资源、具有相同的安全性等。在支持流标签处理的路由器中都有一个流标签表，当路由器收到一个分组时，不用进行路由选择，在流标签表中就可以找到下一跳地址，"跳"通常可看作是路由器的代名词。

（4）净荷长度。整个 IP 分组除去首部 40 字节后所含的字节数，即扩展首部与数据字段的长度。

（5）下一个首部。是一种标识号或协议号，指出跟随在基本首部之后的扩展首部的类型或上层协议的种类。

（6）跳数限制。与 IPv4 报头中的生存期字段相同，只是这次名副其实了，不再以时间为单位，而是直接表示所通过的路由器个数了。

（7）源地址和目的地址。128 位的 IPv6 地址。

（8）扩展首部。IPv6 把取消掉的 IPv4 字段的功能和其他选项的功能都放到了扩展首部。如果需要使用这些功能，则在基本首部中的"下一个首部"字段中，指出使用了哪种类型的扩展首部；如果 IPv6 没有采用扩展首部，那么基本首部中的"下一个首部"指出净荷字段是哪种高层协议的 PDU，相当于 IPv4 中的协议字段。

IPv6 扩展首部分为如下几类：逐跳选项首部、目的选项首部、路由首部、分片首部、认证首部和封装安全净荷首部等。一般的 IPv6 分组并不需要这么多的扩展首部，只是在中间路由器或目的节点需要一些特殊处理时，发送主机才会添加一个或多个扩展首部。每一类扩展首部都包含自己的首部结构以及对应的意义，例如，目的选项首部用于为中间节点或目的节点指定分组的转发参数，常被用在 IPv6 移动节点与代理的实现上。

（9）数据。数据字段为上层协议的协议数据单元。当 IPv6 分组包含多个扩展首部和数据字段时，由"下一个首部"字段担当链接任务，如图 3-5 所示。图中的 IPv6 分组带有两个扩展首部，分别为逐跳选项首部和路由首部；IPv6 的每个扩展首部都有一个"下一个首部"字段；图中最后的数据字段部分为 TCP 报文段；括号中的数字表示扩展首部的类型号或上层协议的协议号。

IPv6分组首部 下一个首部：逐跳选项首部（0）	逐跳选项首部 下一个首部：路由首部（43）	路由首部 下一个首部：TCP（6）	TCP报文段

图 3-5 IP 首部、扩展首部与上层协议的封装方法

综上所述，与 IPv4 头部比较可以看到，IPv6 首部更改了报头长度、服务类型等字段，取消了分片所用的 3 个字段、报头校验和字段以及选项字段，简化了首部格式，采用了固定的字节数，这样有利于路由器快速处理 IPv6 分组。

3.1.4 IPv4 网络与 IPv6 网络的互联

目前互联网正处在 IPv4 向 IPv6 协议的过渡阶段。由于 IP 协议工作在网络层，因此，当网络从 IPv4 升级到 IPv6 时，只需要更换网络中的路由器即可，无需更换交换机、集线器等工作在数据链路层、物理层的设备。同时，IPv4 协议与 IPv6 协议的不兼容也意味着互联网上存在 IPv4 和 IPv6 两种网络区域。为了连接这两种网络，IETF 设计了双协议栈技术、隧道技术和协议翻译技术三种互联策略。

1. 双协议栈技术

双协议栈技术是指在单个节点可以同时支持 IPv6 和 IPv4 两种协议栈。在 Windows XP 系统中，通过添加 IPv6 协议组件，可以很容易地把计算机升级为一个双栈主机，方法是：单击"开始"→"控制面板"→"网络和 Internet 连接"→"网络连接"→"本地连接"→"属性"→"添加"→"协议"→"IPv6"。也可以在命令行窗口中输入"IPv6 install"安装 IPv6 组件。在 Windows 7 系统中，IPv6 组件是默认安装的。

当网卡收到一个以太网 MAC 帧时，通过查看 MAC 中的类型字段，把数据字段内容交付给 IPv4 实体或 IPv6 实体，如图 3-6 所示。MAC 帧类型字段的值为 0x0800 时，表示 MAC 数据字段封装的是 IPv4 数据报。类型字段为 0x86dd 时，表示封装的是 IPv6 分组。计算机发送数据时，其过程正好相反。如果计算机连接的不是以太网，而是其他局域网或广域网，就按所连接的通信网络协议格式来封装 IP 数据包。

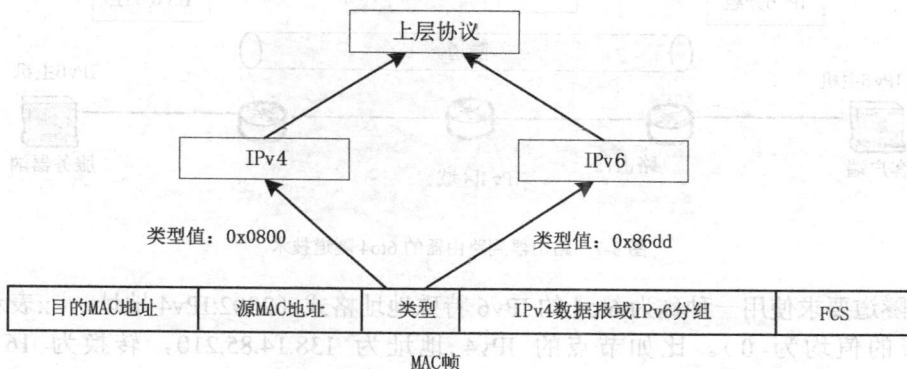

图 3-6 计算机采用双协议栈技术处理收到的 MAC 帧

由于双协议栈技术能够在互联网络层提供 IPv6 和 IPv4 两种类型的服务，其他协议层次都不做任何改动，因此支持双协议栈的节点既能与支持 IPv4 协议的节点通信，也能与支持 IPv6 协议的节点通信。

双协议栈主机发送数据时，为了确定对方使用哪个版本的 IP 协议，源主机需要根据对方的域名（通常为网址）向域名服务器进行查询。如果域名服务器返回一个 IPv4 地址，那么源主机就发送一个 IPv4 数据报；如果返回一个 IPv6 地址，就发送一个 IPv6 分组；两者之间互不影响。

双栈技术是适用面最广的一种转换技术，但由于其必须实现 IPv4 协议，因此会受到 IPv4 地址资源紧缺的限制。

2．隧道技术

隧道技术就是在一个通信网络的入口处对其他通信网络的数据（准确地说，是其他通信网络的协议数据单元）进行封装，按自己的网络协议在本网中进行传输，然后在网络出口处解封出其他通信网络的数据，这样，本网络就为其他通信网络提供了一条数据通道（即隧道）。从网络互联的角度来看，隧道技术是一种点到点的通信技术，采用的是一种协议封装于另外一种协议的方式，只需要在通信网络的出入口的路由器上添加相应的封装/解封功能就可以了。

用于 IPv4 和 IPv6 网络互联的隧道类型有很多，根据封装操作发生的位置的不同，隧道可以分为路由器到路由器、主机到路由器、主机到主机 3 种。根据嵌套协议的不同，可以分为 IPv4 over IPv6 隧道和 IPv6 over IPv4 隧道。

以 IPv6 over IPv4 隧道（6to4 隧道）为例，该隧道技术能使 IPv6 分组穿透 IPv4 网络，从外部看来就像在 IPv4 网络中开通了一条通路用于 IPv6 分组的传输，从而可以将多个 IPv6 节点通过 IPv4 网络连接到 IPv6 网络。6to4 隧道技术的实现机制是在隧道的入口节点把 IPv6 分组封装到 IPv4 数据报中，并在 IPv4 网络中传送，在到达隧道的出口节点后，由出口节点从 IPv4 数据报中还原出 IPv6 分组，如图 3-7 所示。为了更清楚地说明利用 IPv4 数据报携带 IPv6 分组，IPv4 协议头部中的协议类型字段的值设置为 41。

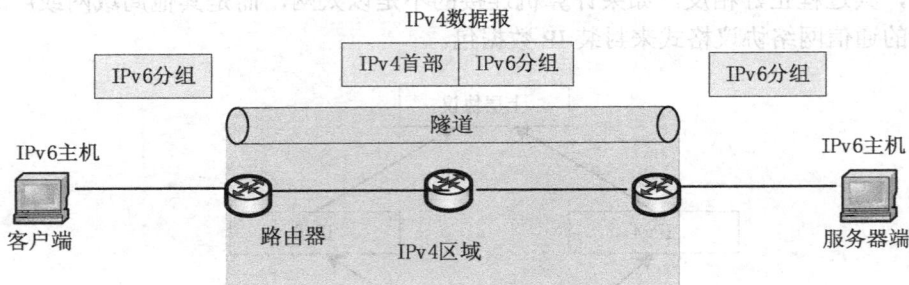

图 3-7　路由器到路由器的 6to4 隧道技术

6to4 隧道要求使用一种称为 6to4 的 IPv6 特殊地址格式（2002:IPv4 地址::，:: 表示冒号之间的字节的值均为 0）。比如节点的 IPv4 地址为 138.14.85.210，转换为 16 进制为 8a0e:55d2，在 6to4 隧道机制中获得的 IPv6 前缀就是 2002:8a0e:55d2::/48，48 表示前缀长度。6to4 地址是自动从节点的 IPv4 地址派生出来的，每个采用 6to4 机制的节点必须具有一个全球唯一的 IPv4 地址。

隧道技术只要求升级隧道的入口和出口设备，不需要网络核心中的设备运行双栈，网络部署和运维相对容易，能充分利用已有投资，但隧道端点需要封装和解封装，转发效率较低，也无法实现 IPv4 和 IPv6 的互访，适用于运行同一种协议的设备之间的互联互通。

3．协议翻译技术

如果通信双方使用的是不同协议，就无法使用隧道技术。例如，如果 IPv6 网络中的一台主机想要访问 IPv4 网络中的服务器时，由于服务器只能识别 IPv4 格式，因此需要使用协议翻译技术，把 IPv6 的首部转换为 IPv4 的首部，如图 3-8 所示，其中数据和净荷字段的内容是一样的。

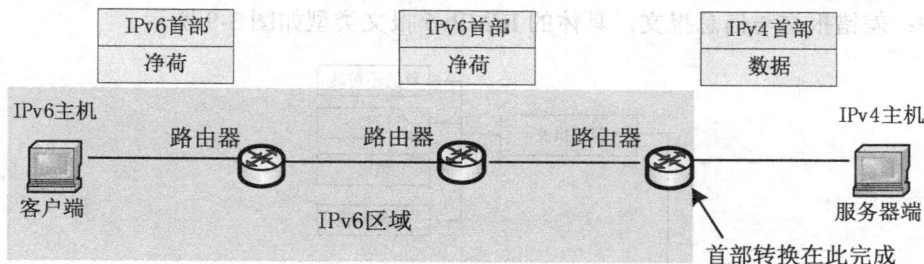

图 3-8　协议翻译技术

协议翻译技术是指将数据包从一种协议格式转换成另一种协议格式。在协议翻译技术中，由于两种协议的各种字段不能一一对应，因此，在翻译时肯定会丢失一些特性和功能。IP 协议的翻译技术考虑的关键问题是 IPv4 地址与 IPv6 地址之间的翻译，具体翻译技术可以分为两类：无状态翻译技术和有状态翻译技术。

无状态翻译技术利用特定地址前缀关系实现 IPv4 和 IPv6 地址的无状态翻译，网络设备无需保留转换状态，因此转发效率较高，但要求 IPv4 地址与 IPv6 地址之间实现 1:1 映射，因此不会节省 IPv4 地址，不能解决 IPv4 地址用尽的问题。

有状态翻译技术需要在 NAT（网络地址转换）设备上保留转换状态，NAT 设备自身性能会成为网络瓶颈。比较常用的是网络地址协议翻译（NAT-PT），它的基本原理是在将 IPv6 地址转换为 IPv4 地址时，利用 IPv4 地址池中指定的 IPv4 地址配合未使用的上层协议端口号（如 TCP 或 UDP 端口号，下一节讲述）给 IPv6 使用，建立 IPv6 和 IPv4 地址的映射表。

3.1.5　IP 协议的辅助协议

IP 协议缺少差错控制和查询机制，不能反映网络的任何状况。当 IP 数据包（IPv4 数据报或 IPv6 分组，简称包）在网络传输过程中出现问题时，如路由器找不到可以到最终目的的节点的路由器、数据包因超过最大跳数被丢弃、目的主机在预定时间内没有收到所有数据包的分片等，如果发送方能够及时了解这种情况，就能采取相应的措施加以解决。互联网控制报文协议（Internet Control Message Protocol，ICMP）就是为弥补 IP 协议的不足而专门设计的，它提供了一种差错报告与查询机制来了解网络的信息。计算机上用于检查网络连通性的 ping 命令就是利用 ICMP 协议实现的，ICMP 协议也是邻居发现协议和组播侦听发现协议的基础。

IPv4 中的地址解析协议（Address Resolution Protocol，ARP）则提供了由计算机的 IP 地址查询其物理地址（MAC 地址）的机制，反向地址解析协议 RARP 则提供了由物理地址查询其 IP 地址的机制。在 IPv6 中，ARP 和 RARP 的功能被纳入到了 ICMP 协议中。

1．ICMP 协议

ICMP 协议的主要功能是进行错误报告和网络诊断等。ICMP 只报告错误，但不纠正差错，差错处理仍需要由高层协议去完成。ICMP 报文必须放在 IP 数据包的数据字段中发送，作为 IP 协议的辅助协议，它不能独立于 IP 协议单独存在，而实现 IP 协议时，也必须同时实现 ICMP 协议。

针对 IPv4 和 IPv6，ICMP 也相应有 ICMPv4 和 ICMPv6 两个版本，不同之处在于 ICMPv6 合并了 ICMPv4、ARP 等多个协议，定义了新的功能和报文。ICMPv6 报文类型主要分为两种：差错报文与信息报文，具体的 ICMPv6 报文类型如图 3-9 所示。

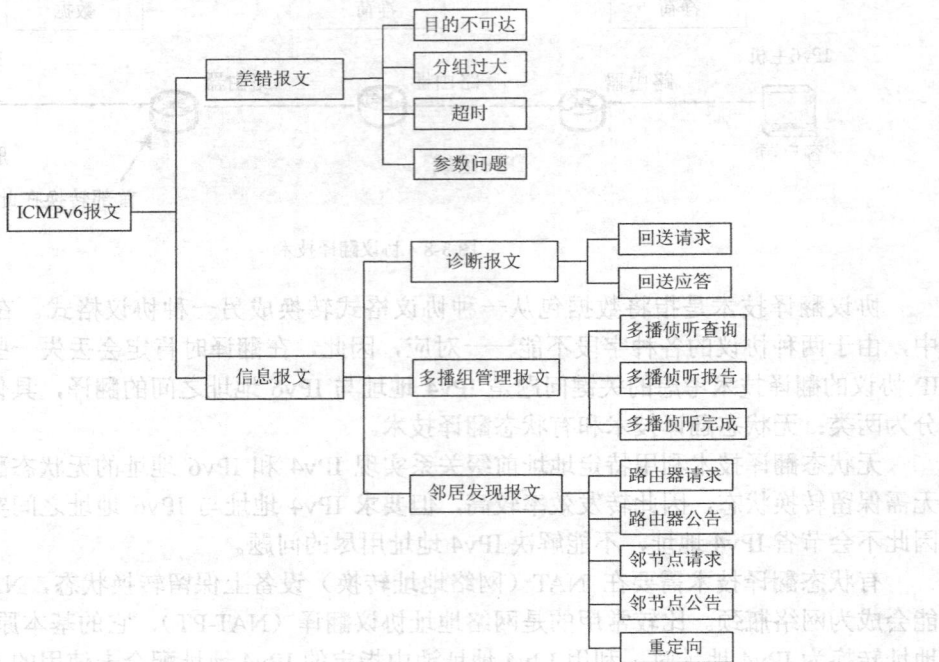

图 3-9　ICMPv6 的报文类型

差错报文主要用于报告 IPv6 分组在传输过程中出现的错误，这一部分功能与 ICMPv4 大体相同。具体的 ICMPv6 差错报文类型有 4 种：目的不可达、分组过大、超时和参数问题。

信息报文主要用于提供网络诊断功能和附加的主机功能，如网络通达性诊断、多播侦听发现和邻居发现等。ping 命令就是利用回送请求报文和回送应答报文实现的。

2．ARP

IP 数据报是放在 MAC 帧中发送的，知道了对方的 IP 地址，也必须知道对方的 MAC 地址（如果对方与自己同在一个子网）或默认网关的 MAC 地址（如果对方不在自己的子网内）。根据 IP 地址获得 MAC 地址的协议称为 ARP（地址解析协议）。

在图 3-10 中，5 台计算机都处在一个以太网中。当计算机 A 给 IP 地址为 192.168.1.3 的

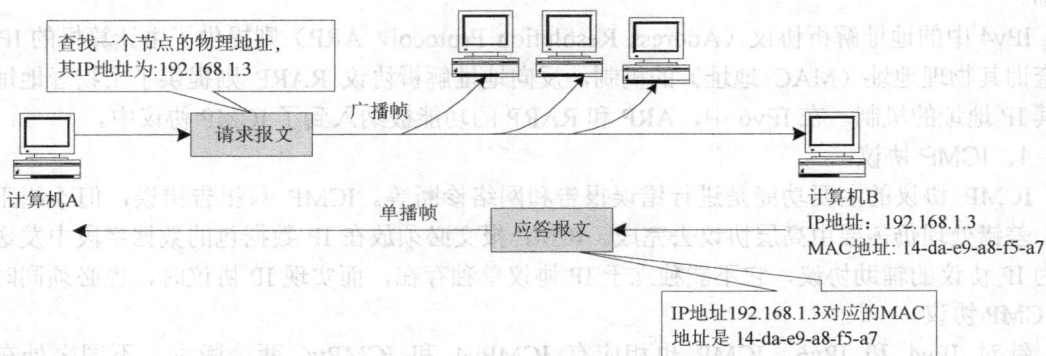

图 3-10　ARP 的工作机制

计算机 B 发送一个 IP 数据报时，如果 A 不知道 B 的 MAC 地址，则 A 无法把 IP 数据报封装在以太网的 MAC 帧中，因此，必须先获得 B 的 MAC 地址。在 ARP 协议中，A 通过发送地址为全 1（即广播地址）的 MAC 帧，向以太网上的所有计算机发出地址解析请求。B 发现该广播帧是询问自己的，并且从该广播帧的源 MAC 地址字段得知了 A 的 MAC 地址，于是，给 A 发送一个单播的 MAC 帧，把自己的 MAC 地址告诉 A。

在 MAC 帧的数据字段存放的是 ARP 报文。ARP 报文只有两种类型：请求报文和应答报文。请求报文是广播的，应答报文是单播的。主机和路由器都会产生 ARP 报文，其报文格式如图 3-11 所示。

硬件类型（2字节）		协议类型（2字节）
硬件地址长度（1字节）	协议地址长度（1字节）	操作（2字节）
发送者硬件地址（长度由硬件地址长度字段决定　以太网为6字节）		
发送者协议地址（长度由协议地址长度字段决定　IP为4字节）		
目标硬件地址（长度由硬件地址长度字段决定　以太网为6字节）		
目标协议地址（长度由协议地址长度字段决定　IP为4字节）		

图 3-11　ARP 报文格式

ARP 报文各字段的含义如下。

（1）硬件类型。指明硬件接口类型，对于以太网，其值为 1。这表明 ARP 协议可用于任何网络。

（2）协议类型。指明发送者给出的网络地址，对 IP 地址而言，其值为 0x0800。

（3）硬件地址长度。硬件地址的字节数，对于以太网，其值为 6，即 6 字节的 MAC 地址。

（4）协议地址长度。网络地址的长度，对于 IP，其值为 4，即 32 位的 IP 地址。

（5）操作。指明该 ARP 报文的作用，值为 1 时表示 ARP 请求报文，2 表示 ARP 应答，3 表示 RARP 请求，4 表示 RARP 应答。这表明 ARP 和 RARP 的报文格式相同。

（6）发送方硬件地址。发送方自己的硬件地址。在 ARP 应答报文中，字段内容就是解析的结果。

（7）发送方协议地址。发送方自己的网络地址，对于 IP 协议就是 IP 地址。

（8）目标硬件地址。在 ARP 请求报文中，该字段无意义，置为 0；在 ARP 应答报文中，该字段为请求方的 MAC 地址。

（9）目标协议地址。在 ARP 请求报文中，该字段给出要解析的 IP 地址；在 ARP 应答报文中，该字段为请求方的 IP 地址。

在一些无盘工作站中，用户无法配置和保存 IP 地址，但可从网卡中获得 MAC 地址，这时就需要 RARP（逆向地址解析协议），获取其 IP 地址。RARP 的报文格式与 ARP 相同，通过广播 RARP 请求报文，从单播的应答报文中获取 IP 地址。ARP 协议无需任何服务器，而RARP 协议必须具有一个服务器，由服务器为发出请求的主机分配一个 IP 地址。

3．邻居发现协议

邻居发现（Neighbor Discovery，ND）是指用一组 ICMPv6 信息报文，来确定相邻节点之间关系的过程。邻居发现协议（RFC 4861）取代了 IPv4 中的 ARP 地址解析功能、ICMPv4 中的路由器发现和重定向功能，并增加了地址前缀发现、下一跳地址确定、邻居不可达检测、重复地址检测等新功能。

主机使用邻居发现协议可以发现所连接的路由器，获取路由器地址及其前缀以及其他配置参数。路由器使用邻居发现协议可以通告该路由器的存在、主机配置参数和地址前缀。

邻居发现协议有 5 种报文类型：路由器请求报文、路由器公告报文、邻节点请求报文、邻节点公告报文和重定向报文。

路由器请求报文和公告报文实现路由器发现功能，用来标识与给定链路相连的路由器，并获取路由器地址前缀和配置参数。这对于 IPv6 地址的自动配置是非常重要的。

路由器请求报文通常由网络中的主机发出，而路由器公告报文则是由 IPv6 路由器周期性地发送，或者作为对路由器请求报文的应答而发出。路由器公告报文包含了主机配置需要的一些信息，如地址前缀、链路最大传输报文长度、特定路由等，用来帮助主机确定链路上可使用的路由器，以及哪一个本地路由器可被配置为默认路由器。

邻节点请求报文也是由主机发出，用于解析链路上其他 IPv6 主机接口网卡的 MAC 地址，检查邻节点是否可以到达，是否有正在使用的重复地址。邻节点公告报文则是对请求报文的应答。这两个报文的功能相当于 IPv4 中的 ARP 协议中的 ARP 请求报文和 ARP 应答报文。

重定向报文则是路由器用来通知主机更改传输路径的报文。在重定向报文中，路由器通告主机下一跳有一个更好的路由器可以到达目的地，从而使主机重新选择路由。

4．多播侦听发现协议

IP 多播技术是一种允许主机（多播源）发送单一数据包同时到多台主机的网络技术。当需要将一个节点的数据传送到多个节点时，无论是采用重复点对点通信方式，还是广播方式，都会严重浪费网络带宽。多播作为一点对多点的通信，是节省网络带宽的有效方法之一。多播能使一个或多个多播源只把数据包发送给特定的多播组，而只有加入该多播组的主机才能接收到数据包。目前，IP 多播技术被广泛应用在网络音频/视频广播、网络视频会议、多媒体远程教育、虚拟现实游戏等方面。

IPv4 对多播的支持是可选的，而 IPv6 必须支持多播。IPv4 一般采用互联网组管理协议（Internet Group Management Protocol，IGMP），而 IPv6 则采用多播侦听发现（Multicast Listener Discovery，MLD）协议。

MLD 是在 IGMPv2 的基础上改进的，它采用了 IGMP 的思想，却没有使用 IGMP 的报文格式，而是使用 ICMPv6 的信息报文来实现多播功能，因此，MLD 实际上是 ICMPv6 的一个子集。MLD 协议定义了在主机和路由器之间交换的一系列报文，即 ICMPv6 中的多播组管理报文，路由器使用这些报文来发现它所连接的子网上所有主机的多播地址。在 IPv6 地址中，多播地址以 FF 开头，多播地址只能被用作目的地址。MLD 的目的是让每一个多播路由器知道本地链路上哪些侦听者对哪些多播地址和源地址感兴趣。IPv6 将具有相同多播地址的多台主机的集合称为多播组。多播组成员的身份是动态的，一个多播组中的成员数没有限制，主机可以在任何时候加入或离开一个多播组。多播组可以跨越多个 IPv6 路由器，即跨越多个子网。这种配置也就要求了 IPv6 路由器需要支持 IPv6 多播，同时也要求主机具有通过 MLD 协议来进行加入或退出多播组的能力。

主机和路由器对多播功能的支持表现在不同方面。对主机而言，主机首先要生成 IPv6 多播地址，并通过发送一个组成员报文，将自己注册到一个多播组中。然后通知本地路由器，它正在侦听一个指定多播地址的多播通信流。当需要发送多播分组时，主机构造一个包含目标 IPv6 多播地址的 IPv6 数据包。主机如果要接收多播分组，应用程序则通知 IPv6 协议层接收目的地址为指定多播地址的多播数据包。对路由器而言，路由器会根据多播转发表，将多播数据包从适当的接口转发出去。路由器需要记录每条链路上的多播地址及其是否存在组成员，这要依靠主机发送组成员报告报文来确定。多播路由器还需要互相通告组成员，这样无论组成员位于网络中的何处，都可以接收到 IPv6 多播报文。

MLD 有 3 种报文类型：多播侦听查询、多播侦听报告和多播侦听完成报文，即 ICMPv6 的 3 种多播多管理报文。

侦听查询和侦听报告报文是主机和路由器之间确定多播关系时所使用的报文。查询报文由路由器发送，分为两种报文类型：一般查询和特定查询。一般查询是查询哪个多播地址存在组成员；特定查询是查询指定多播地址上是否存在组成员。主机在接收到指定多播地址的多播分组或响应查询报文时，通过组成员报告报文作为响应，来报告它侦听的多播地址。

多播侦听完成报文是为确定多播组成员中已经没有任何成员，由多播组的最后一个组成员响应多播路由器的查询报文时发送。

3.2 TCP 和 UDP

TCP 和 UDP 是传输层的协议，用于提供端到端的数据传输服务。传输层协议使上层的应用程序认为双方在直接通信，就好像不存在复杂的网络一样。传输层协议另一个重要功能是标识出运行在计算机上的应用程序，在两个进行远程通信的应用程序之间建立关联。

TCP 提供面向连接的可靠传输服务，它把应用程序送来的数据看成流，采用三次握手方法与对方建立连接，在数据传输过程中，提供信用量流量控制、超时重发差错控制和慢启动等拥塞控制功能，数据传输完毕后，采用三次或四次握手方式关闭连接。

UDP 提供的是不可靠的无连接传输服务，它把应用程序送来的数据看成消息，直接封装后就发送出去。UDP 不提供差错及流量控制，适合那些数据传输简单、快速的应用场合。

3.2.1 端口号和套接字

端口号是传输层与应用层之间的接口标识符，用来区分哪个应用程序（严格地讲是进程）在使用 TCP 或 UDP 传输数据，如图 3-12 所示。

在 TCP 和 UDP 协议格式中，端口号字段占 2 字节。在应用层与传输层之间传递数据时，应用程序可以指定任意一个端口号与传输层进行通信。不过，按照约定成俗的习惯，某些端口号固定分配给了特定的应用层协议，这些端口称为熟知端口，如表 3-1 所示。

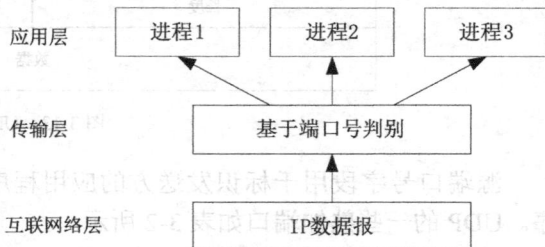

图 3-12 利用端口号区分不同进程

表 3-1   TCP 熟知端口

端口号	对应协议	解释
21	FTP	文件传输协议
23	TELNET	用于远程登录的虚拟终端协议

续表

端口号	对应协议	解释
25	SMTP	简单邮件传输协议
80	HTTP	用于访问网页的超文本传输协议
110	POP3	电子邮件接收协议
119	NNTP	网络新闻传播协议
123	NTP	网络时间协议
156	SQL	SQL 数据库服务器
179	BGP	用于路由选择的边界网关协议

熟知端口小于 1024。在 1024~49151 之间的端口号为注册端口；在 49152~65535 之间的端口号为动态端口和私有端口。开发应用程序时，一般不宜使用熟知端口和注册端口。

TCP 和 UDP 的端口号是相互独立的，因为在互联网络层的 IP 首部中协议字段能够区分出传输层协议是 TCP 还是 UDP，所以两者的端口号可以独立地与应用程序相关联。

在 Windows 命令行窗口中，输入"natstat –an"命令，可以看到本机打开的所有端口号。端口被打开，说明计算机上有相应的程序在运行，也意味着该程序正在等候发送给它的数据。

两个程序进行远程通信时，不仅需要各自全局唯一的 IP 地址，同时还需要各自的端口号，构成一个<源 IP 地址，源端口号，目的 IP 地址，目的端口号>四元组，这样就可以在网络上唯一标识出进行通信的双方。IP 地址和端口号的结合称为套接字。Linux 和 Windows 都提供了基于套接字的应用程序编程接口（API），用于编制各种网络通信程序。

3.2.2　UDP

用户数据报协议（User Datagram Protocol，UDP）可以为上层应用提供简单、不可靠的无连接传输服务。UDP 的协议数据单元称为数据报，也常称为报文，其格式如图 3-13 所示。在网上传输时，UDP 报文封装在 IPv4 的数据字段中或 IPv6 的净荷字段中。

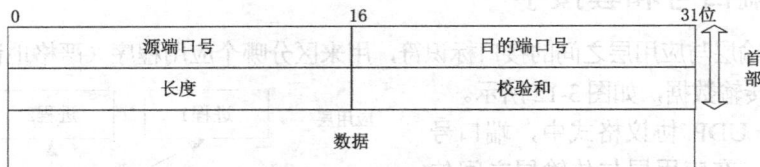

图 3-13　UDP 报文格式

源端口号字段用于标识发送方的应用程序；目的端口号字段用于标识接收方的应用程序。UDP 的一些熟知端口如表 3-2 所示。

表 3-2　　　　　　　　　　　　　　　　UDP 熟知端口

端口号	对应协议	解释
53	DNS	域名服务
69	TFTP	简单文件传输协议
161	SNMP	简单网络管理协议
520	RIP	RIP 路由协议

长度字段表示整个 UDP 报文的长度，包括首部和数据。

校验和字段用于检验 UDP 报文是否传输出错，校验范围除了包括整个 UDP 报文外，还包括不属于 UDP 报文范围内的 IP 数据报中的 IP 源地址、目的地址、协议和总长度字段，这些字段称为 IP 伪首部，IP 伪首部的格式如图 3-14 所示。由于 UDP 提供的是不可靠服务，校验和字段实际上就是个摆设，数据字段用于封装应用程序的数据。

可以看出，UDP 协议很简单，它只是简单地把上层来的数据封装成 UDP 报文，交给 IP 协议发送出去，并把收到的 UDP 报文根据端口号交付给相应的应用程序，UDP 协议的优势有如下几点。

图 3-14 IP 伪首部格式

（1）传输数据时不需要先建立连接，数据一旦准备好，就可以直接发送出去，节省了复杂、耗时的建立连接的过程。这一点与 IP 协议相同，也是 UDP（用户数据报协议）的名称来源，只不过 IP 是网络层协议，侧重于分组交换的处理方式，UDP 是传输层协议，侧重于应用层数据的传输处理方式。

（2）数据传输过程不需要维护任何状态信息，比如发送方和接收方的缓存大小、拥塞控制等参数，占用的系统资源少。

（3）UDP 协议报文格式简单，首部字节较少，属于轻量级的通信开销。

正是由于 UDP 具有以上优点，虽然它并不是一个可靠的协议，但在语音、视频、感测数据等要求实时传输的应用上，UDP 协议显示了其不可替代的优势。即使传统上需要可靠传输的文件下载软件，现在也常使用 UDP 进行传输了。

3.2.3 TCP 报文段格式

传输控制协议（Transmission Control Protocol，TCP）可以为上层应用程序提供可靠、面向连接、基于字节流的服务。通过 TCP 面向连接的控制机制，数据通信的双方可以保证数据不会出现错误，更不会出现数据的丢失或者乱序的现象。

TCP 把应用层来的数据看作是一个字节流，这些字节流放在一个缓冲区中，TCP 会根据缓冲区的使用程度或应用程序的要求，适当截取一段字节流，封装成 TCP 协议使用的数据格式，这也是 TCP 的协议数据单元称为报文段的缘由。TCP 报文段由 TCP 首部字段和数据字段构成，如图 3-15 所示。TCP 首部的长度可变，首部的前 20 字节是固定字段，选项字段的长度可变，并且利用填充数据使选项字段的长度保持 32 位的整数倍。

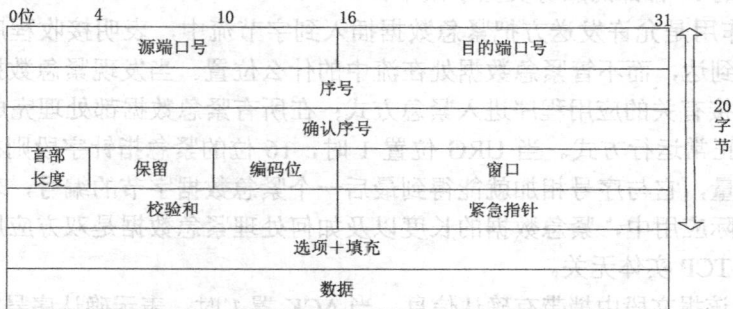

图 3-15 TCP 报文段格式

TCP 报文段各字段的含义如下。

（1）源端口号。16 比特字段，用来标识发送方用户的应用程序。

（2）目的端口号。16 比特字段，用来标识接收方用户的应用程序。

（3）序号。32 比特字段，它表示这个报文段数据字段中第一个数据字节的序号。TCP 对字节流中进行按序编号，字节流中的每一个字节都有自己的序号。由于 TCP 报文段会封装多个字节的数据，因此，对于连续的若干个 TCP 报文段而言，序号字段的值不是按 1 递增的，而是取决于前一个 TCP 报文段所封装的字节流中的字节数。

（4）确认序号。32 比特字段，表示 TCP 实体已经正确接收该序号以前的所有字节，准备接收该确认序号所指向的字节及其后续字节段。确认序号实际上也意味着对所接收的 TCP 报文段的确认，而且可以进行累积确认，即已经正确接收了上一个 TCP 报文段和之前所有的 TCP 报文段，准备接收下一个 TCP 报文段。确认序号采用的是一种捎带技术，即在发送给对方的数据中携带返回给对方的确认信息。序号和确认序号在 TCP 各种控制功能中起着重要的作用。

（5）首部长度。4 比特字段，表示 TCP 首部的长度，单位为 32 比特，这也说明 TCP 首部的长度是可变的。与 IP 格式不同的是，TCP 只有首部长度字段，没有用于指示整个报文段长度的总长度字段。

（6）保留。6 比特字段，为将来使用而保留。

（7）编码位。目前为 8 比特字段，最初只定义了 6 个标志位，RFC 3168 占用了 2 比特保留位增加到了 8 个标志位，这些标志位用于 TCP 的连接控制、流量控制、差错控制和拥塞控制。按从左到右的顺序，这 8 个标志位的作用如表 3-3 所示。

CWR 标志位表示已对网络拥塞做出反应。通常情况下，TCP 的拥塞控制是隐式的，而 CWR 和 ECE 标志位为 TCP 提供了一种显式拥塞控制方式。当 TCP 接收到 ECE 标志置位的 TCP 报文段时，CWR 置位，同时已经减小拥塞窗口的值，以降低 TCP 流量。拥塞窗口是被 TCP 维护的一个内部变量，用来管理发送窗口的大小。

ECE 位为显式拥塞通告响应（ECN-Echo）标志，用于提供端到端的拥塞控制。在 TCP 进行 3 次握手连接时，ECE 置位表明一个 TCP 端是具备 ECN（显式拥塞通告）功能的，并且表明接收到的 TCP 报文段中的 IP 首部的 ECN 字段被置位。ECN 字段包含在改进后的 IP 首部的服务类型字段中。

表 3-3　编码位各标志位含义

标志位	含义
CWR	拥塞窗口已减小
ECE	显式拥塞通告响应
URG	紧急指针字段有效
ACK	确认字段有效
PSH	推送功能
RST	复位连接
SYN	序号同步
FIN	发送者无其他数据

URG 位的作用是允许发送方把紧急数据插入到字节流中，表明接收程序应尽可能快地通知紧急数据的到达，而不管紧急数据处在流中的什么位置。当发现紧急数据时，接收方的 TCP 便通知与连接有关的应用程序进入紧急方式；在所有紧急数据都处理完成后，TCP 又通知应用程序返回正常运行方式。当 URG 位置 1 时，16 位的紧急指针字段则视为有效，紧急指针是一个偏移量，它与序号相加就能得到最后一个紧急数据字节的编号，表示紧急数据结束的位置。在实际应用中，紧急数据的长度以及如何处理紧急数据是双方应用程序之间的事情，与传输层的 TCP 实体无关。

ACK 位指示该报文段中捎带有确认信息。当 ACK 置 1 时，表示确认序号字段是有效的；如果置 0，则表示报文段不包含确认信息，确认序号字段被无视。

　　PSH 位的作用是迫使 TCP 发送方尽快将数据发送出去。通常情况下，TCP 发送方会判断是否累计了足够的数据以便封装成 TCP 报文段，进行传输。如果 PSH 位置 1，那么 TCP 发送方不再判断是否累计了足够的数据，此时会立即将其发送缓冲区中的数据全部发送出去。接收方也是一样，当它发现 PSH 标志位为 1 后，就不再等待后续数据，而是立即将所接收的的数据交付给上层的应用程序。当浏览网页按下回车或单击鼠标请求网上数据时，就会把 PSH 置位，通知 TCP 程序立即发送相应动作所产生的数据。

　　RST 位为重新连接位。无论何时报文段发生套接字错误，TCP 都会发出一个复位报文段。序号不同步也会发送 RST 报文。

　　SYN 位用于 TCP 建立连接时序号的同步。初始序号是一个随机值。

　　FIN 位表明发送方已经没有数据发送了，一般用于关闭 TCP 连接。

　　（8）窗口。16 比特字段，用于流量控制，指出信用量的大小，以字节为单位。

　　（9）校验和。16 比特字段，TCP 的校验和与 IP 不同。首先它是整个报文段的检验，而不是像 IP 一样是首部的检验。再者，TCP 的校验和不仅仅是检验整个 TCP 报文段还要加上一个 IP 伪首部。所谓的 IP 伪首部包括 IP 数据报中的源 IP 地址、目的 IP 地址、协议和总长度字段。

　　通过在检验范围中包含这个 IP 伪首部的做法，即便是 TCP 报文段本身没有问题，但是当报文段被传递给了错误的主机时，TCP 实体也能检测出这个错误。而校验和的具体算法和 IP 相同，都采用每 16 比特二进制取反相加的方式。

　　（10）选项。长度可变，利用填充字节使其长度成为 4 字节的整数倍。不足 4 字节整数倍时，填充 0 补足。TCP 中的选项字段提供了一些额外的功能，如设置报文段的最大长度、窗口宽度因子、时间戳等。

3.2.4　TCP 的控制技术

　　TCP 报文段是封装在 IP 数据包中传输的，而 IP 是不可靠的，IP 数据报可能会延迟、丢失或乱序到达等。与 UDP 不一样，TCP 需要解决这些问题，正如其名，TCP 的主要功能是对传输进行控制，以便为应用程序提供可靠的传输服务。TCP 提供的控制功能主要有连接控制、流量控制、差错控制和拥塞控制。连接控制包括连接的建立和终止，流量控制采用信用量机制，差错控制采用超时重传方式，拥塞控制采用重传计时器管理和窗口管理相结合的方法。

1. TCP 的连接控制

　　TCP 提供的是面向连接的可靠服务，当应用程序想要发送数据时，必须首先与对方建立 TCP 连接，然后把数据放入缓冲区中。TCP 把缓冲区中的数据看作是字节流，并对每个字节进行按序编号。TCP 根据自己的判断或应用程序的要求，把缓冲区中的数据封装成 TCP 报文段，交由 IP 实体发送出去。当应用程序告知 TCP 实体再无数据发送时，TCP 就会关闭连接，断开通信双方的逻辑关联，并释放缓冲区空间、端口号等系统资源。

　　任何面向连接的协议都需要三个过程：连接建立、数据传输和连接终止。建立连接的目的有如下几点。确认对方都存在；分配系统资源，如数据缓冲区；互相告知自己的初始参数，如初始序号等。TCP 采用一种带有序号确认的三次握手方式建立连接，如图 3-16 所示，图中的 A、B 代表两台计算机。

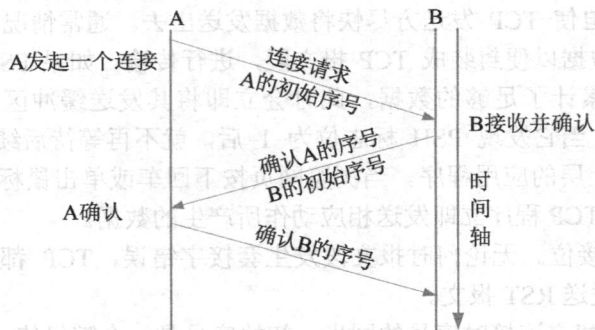

图 3-16　建立连接的三次握手

第一次握手是由连接的请求者（图中的 A）发起的。在 TCP 报文段中，标志位 SYN 置 1，表示想与对方建立 TCP 连接，称为 SYN 报文段、连接请求报文段、同步报文段等。在 SYN 报文段中，包含有请求者的初始序号。接收方从该初始序号开始，对收到的数据字节进行排序，从而解决乱序问题。初始序号一般不从 1 开始，而是随机的，并且连续两次建立连接时的初始序号相差越大越好。

第二次握手是接收方发出的表示同意的报文段，用标志位 SYN、ACK 都置 1 来表示，称为 ACK 报文段或确认报文段。ACK 报文段中包含了接收方自己的初始序号，以及对请求方初始序号的确认序号。如果接收方没有运行相应的通信程序或系统资源不够，则会发送表示连接终止的报文段（标志位 FIN 置位），告诉请求方不同意建立连接。

第三次握手是请求方对接收方初始序号的确认。接收方收到第三次握手报文段后，意味着 TCP 的连接已成功建立，接下来就可以按序发送数据了。

TCP 采用三次握手过程完成了两个重要功能。一是通信双方都知道彼此已经准备好发送或接收数据的准备；二是对双方的初始序号分别进行同步，即对方发送的字节序号应该是自己希望要接收的字节序号，这也是把连接请求报文段称为 SYN（同步）报文段的缘由。

数据传输完成后，通信双方的任何一方都可以终止连接。终止连接需要三次握手甚至四次握手过程，以确保双方都已正确收到对方的最后一个字节。

在整个 TCP 连接终止的过程中，各个报文段和 TCP 连接建立时一样，仍然采用序号确认的方式。由于 TCP 连接没有主次之分，因此任何一方都可以单独地进行关闭。首先进行关闭的一方，发送第一个标志位 FIN 置位的 TCP 报文段，开始执行主动关闭，而另一方将执行被动关闭。

正常情况下，TCP 采用三次握手断开与对方的连接。当连接超时等情况发生时，TCP 会采四次握手来终止连接的过程，如图 3-17 所示。

在终止连接的四次握手中，A 首先发送请求终止连接的报文段，该报文段的标志位 FIN 置 1，确认序号有效，进行第一次握手。在收到 A 的请求终止连接的 FIN 报文段后，B 立即发回一个 ACK 置 1 的报文段，对 A 的请求进行确认。在非正常情况下，B 不能断然在第二次握手的 ACK 报文中发送自身的关闭请求（即在 ACK 报文段中同时使 FIN 置位），因为 B 的应用程序可能对断开连接的情况还未准备好，B 需要把终止连接的请求通知给自己的应用程序，而应用程序可能需要一段时间才能响应。因此，只有当 B 的 TCP 实体得到应用程序的响应后，才能发送一个 FIN 报文段给 A。当 A 收到 B 发来的 FIN 报文段后，进行第四次握手，确认这条 TCP 连接到此终止。

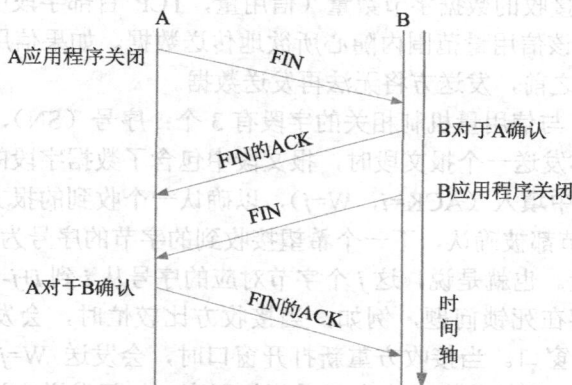

图 3-17　TCP 连接终止的四次握手流程

连接终止后，系统会收回分配给该次连接的资源。由于系统资源有限，而 TCP 协议可以同时建立很多连接，因此，系统或应用程序通常会限制 TCP 的最大连接数。

2．差错控制

TCP 处理的差错包括报文段失序、丢失、重复和损坏。与常见的差错控制方法不同，TCP 不反馈任何差错情况，而是采用超时重发的机制纠正错误。

TCP 报文段失序是由于 IP 服务是无连接的，每个 IP 数据报独自路由，走的路经可能完全不同，无法保证数据报的按序交付。对于报文段失序，TCP 引入了序号和确认序号来解决失序问题。TCP 对于序号靠后但提前到达的乱序报文段先放在缓冲区中暂不确认，直到按序到达的报文段到达后，才利用确认序号字段和 ACK 标志位进行一次性累积确认。

报文段丢失是由于网络复杂状况（如 IP 数据报出错被丢弃）导致报文段未能到达目的地。无论是报文段丢失还是损坏，都会导致发送方没有收到确认，从而导致重传定时器超时，最终靠重传来解决。

重复的报文段是由超时重传造成的。发送方由于长时间未收到确认，重传计时器就会超时，这时就会重传 TCP 报文段。接收方可以根据序号判断出该报文段是否与以前收到的报文段序号相同。对于序号相同的重复的报文段，丢弃即可，不过仍需要再次确认。

报文段损坏是指报文段在传输中出现了差错，但不管怎么样，这个报文段仍然到达了它的目的地。由于报文段中包含有校验和字段，当接收端检测出错误后就会丢弃这个报文段。值得注意的是，TCP 不使用 ARQ 差错控制方式，当检测到差错后，不反馈任何信息。发送方有一个重传定时器，超时后就重传。

3．流量控制

当 TCP 建立连接后，TCP 实体会给该连接分配一定长度的数据缓冲区，之后双方就可以传输数据了。如果接收实体处理数据比较慢，缓冲区就有可能会被新到来的数据填满，直至溢出。因此，TCP 需要进行流量控制，在缓冲区快满的时候，使发送方少发数据或暂停发送数据。

由于所传输的 TCP 报文段可能会经过各种各样的网络，因此传输时延较长，时延变化也很大，这就使得传输层 TCP 协议的流量控制更为复杂。

TCP 的流量控制采用的是信用量机制，它是对滑动窗口流量控制的一种改进。接收方根据缓冲区的情况把能够接收的数据字节数量（信用量，TCP 首部字段中窗口的值）实时告知发送方，发送方可以在该信用量范围内随心所欲地传送数据。如果信用量耗尽，那么在接收方分配新的信用量配额之前，发送方将无法再发送数据。

在 TCP 报文段中，与信用量机制相关的字段有 3 个：序号（SN）、确认号（ACK）和窗口（W）。在 TCP 实体发送一个报文段时，报文段中包含了数据字段的第一个字节的序号。接收方在返回的报文段中填入（ACK=i，W=j），以确认一个收到的报文段，它的含义是直至序号 SN=i-1 的所有字节都被确认，下一个希望接收到的字节的序号为 i，同时赋予发送方另外 W=j 个字节的信用量。也就是说，这 j 个字节对应的序号从 i 到 $i+j-1$。

信用量分配机制存在死锁问题，例如，当接收方比较忙时，会发送窗口 W=0 的报文段，这时接收方会关闭窗口。当接收方重新打开窗口时，会发送 W=j 的报文段。如果这个新信用量的报文段丢失，则接收方认为它已重新打开窗口，但发送方认为仍然关闭。解决死锁的方法是设置一个窗口计时器，如果窗口计时器超时，发送方就发送一个报文段，也可以重传上一个报文段，利用这个报文段促使接收方响应。

4．拥塞控制

拥塞是指各计算机发送的数据量超过路由器的处理能力，造成网络拥挤堵塞，从而丢弃数据包的现象。流量控制有助于解决拥塞问题，但流量控制只能限制两台计算机之间的通信量，不能限制其他计算机的通信量，而且判定依据的是计算机自己的状况，并非网络的状况。拥塞控制就是发送方根据网络状况调整自己的发包速率，从而减轻路由器的负担。

TCP 从两方面入手，对拥塞进行控制，一方面是重传计时器管理，另一方面是窗口管理。

重传定时器超时的大部分原因是网络拥塞造成的，因此，发送端可以根据重传计时器超时推断出路由沿途可能出现了拥塞，从而采取拥塞控制手段。在重传计时器管理中，通过实时调整重传计时器的值（RTO）来调节发送方的流量，以减缓网络拥塞状况。如何设置 RTO 在很大程度上直接影响着 TCP 的性能，RTO 不宜固定，太小会造成经常性的超时，导致不必要的重传，太大则会造成很大的延时，效率不高，响应时间慢。直观来看，RTO 应该比发送报文段并接收确认的一个往返的环路时间（RTT）要大一些，一般处于同一数量级。计算机相互之间的 RTT 不一样，就是相同的两个计算机之间，每次数据和确认往返的 RTT 也可能差别很大。TCP 通过不断地测试 RTT，来动态地更新 RTO。因此设定 RTO 有各种算法，例如简单平均算法、Jacobson 算法、Karn 算法等。简单平均算法就是对报文段的往返时间 RTT 进行观察，简单地取其平均值；Jacobson 算法是利用 RTT 方差估值决定重传计时器的值 RTO；Karn 算法则是把重传的报文段时延因素排除在 RTT 更新之外。

在窗口管理中，TCP 发送方增加了另一个窗口，称为拥塞窗口，通过拥塞窗口和信用量的配合一起来调节发送方的流量。窗口管理包括慢启动算法、拥塞避免算法、快速恢复算法等。

慢启动算法是避免刚一建立 TCP 连接就发送大量的数据。慢启动算法让发送方先从较小的拥塞窗口开始发送，逐渐逼近最大窗口值——信用量。该算法通过观察新 TCP 报文段进入网络的速率是否与另一端返回确认的速率相同而进行工作。当与另一个主机建立 TCP 连接时，拥塞窗口被初始化为 1 个报文段，每收到一个 ACK 确认，拥塞窗口就增加一倍。发送方取拥塞窗口与信用量窗口两者中的最小值作为发送上限。值得注意的是，拥塞窗口是发送方使用的流量控制，是发送方感受到的网络拥塞的估计，而信用量窗口则是接收方使用的流量控制，它与接收方在该连接上的可用缓冲区大小有关。发送方开始时发送一个报文段，然后等待 ACK。当收到该 ACK 时，拥塞窗口从 1 增加为 2，即可以发送两个报文段。当收到这两个报文段的 ACK 时，拥塞窗口就增加为 4。因此，这是一种指数增加的关系，所谓慢启动，其实加速度很快。当发送方发生报文段超时重传时，就说明网络在通知发送方它的拥塞窗口开得过大，于是，发送方的拥塞窗口就会减小，退回到初始状态，以减少拥塞的发生。

拥塞避免算法用于解决拥塞路由器丢弃分组的情况。该算法假定由于分组受到损坏引起的丢失是非常少的，因此分组丢失就意味着在源主机和目的主机之间的某处网络上发生了拥塞。有两种分组丢失的指示：发生超时和接收到重复的确认。

在实际中，拥塞避免算法和慢启动算法通常在一起实现。当拥塞发生时，先调用慢启动算法降低数据进入网络的传输速率，同时利用拥塞避免算法动态地调整拥塞窗口的大小。拥塞避免算法和慢启动算法需要对每个连接维持两个变量，一个拥塞窗口和一个慢启动门限。这样，TCP 实际的工作过程如下。

（1）对一个给定的连接，初始化拥塞窗口为 1 个报文段，慢启动门限为 65535 个字节。

（2）TCP 报文段的输出不能超过拥塞窗口和接收方信用量窗口的大小。

（3）当拥塞发生时（超时或收到重复确认），慢启动门限被设置为当前窗口大小的一半（拥塞窗口和接收方信用量窗口大小的最小值，但最少为 2 个报文段）。

（4）当新的数据被对方确认时，就增加拥塞窗口，但增加的方法依赖于目前是否正在进行慢启动或拥塞避免。如果拥塞窗口小于或等于慢启动门限，则进行慢启动算法，拥塞窗口值加倍，否则进行拥塞避免，拥塞窗口值增 1。

3.3　应用层协议

应用层协议为相互通信的应用程序之间提供连接、同步、纠错、数据完整性验证等支持功能。常见的协议有域名系统 DNS、文件传输协议 FTP、超文本传输协议 HTTP、简单邮件传输协议 SMTP、会话初始化协议 SIP、简单网络管理协议 SNMP 等。利用这些协议提供的基本功能可以编写各种应用程序。

3.3.1　域名系统

在互联网中，计算机是由 IP 地址标识的，计算机上的资源是由统一资源定位符（Uniform/Universal Resource Locator，URL）定义的。URL 也就是通常所说的网址或链接。人们想要访问信息资源，必须先知道网址，这也是互联网的最大弊病。通信双方是按照 IP 地址进行路由选择和寻找对方的，需要从网址获得对应的 IP 地址，这就是域名系统所要完成的工作。

1. 域名和域名服务器

域是指按地理位置或业务类型而联系在一起的一组计算机集合，是为了便于管理而进行的管理区域划分。域名不仅包括网址，也包括主机名等其他标识符，用于定位网上的一台或一组计算机。域名是由互联网名称和号码分配机构（ICANN）负责管理的。域名是按树型等级结构组织的，称为域名树，".com"".net" 和 ".cn" 等都是顶级域名。ICANN 负责顶级域名的管理以及授权其他区域的机构来管理域名。

域名到 IP 地址的映射表存放在互联网上的一系列域名服务器（也称为名字服务器）

中。域名服务器用来维护域名树的结构及其相应的资源记录 RR，一台域名服务器一般只负责维护域名树的一部分。这个在互联网中完成域名解析的实体就是域名服务器（又称为名字服务器）。互联网中存在大量名字服务器。当一个域名管理机构授权委派之后，它就需要建立名字服务器来保存这个域下面的所有 IP 地址和域名的映射表。如在 Windows 系统中，需要在网络连接属性的 TCP/IP 协议里填写 DNS 服务器 IP 地址，填写的就是这个域中的名字服务器地址，当然也可以填写任何一个域名服务器的 IP 地址。

名字服务器通常分为主名字服务器和辅名字服务器。辅名字服务器一般不保存这种映射关系，主要负责向其余主名字服务器查询而返回结果。主名字服务器则在数据库里保存了这种映射关系。主名字服务器的信息更新主要由域管理员负责，而辅名字服务器的更新主要靠定时向主名字服务器查询来获取更新信息。

除了主名字服务器和辅名字服务器之外，还存在一类名字服务器叫根名字服务器。根名字服务器知道所有二级域中的每个授权名字服务器的名字和 IP 地址，因此对于一个新建立的名字服务器，只要知道了根名字服务器的 IP 地址，那么它就可以通过根名字服务器获得其余域的名字服务器信息。

打开 IE 浏览器，在地址栏输入 ftp://ftp.rs.internic.net/。打开该网站中 domain 文件夹下面的 named.root 文件，在 named.root 文件中可以看到全世界目前只有 13 台根服务器，其中 1 台为主根服务器，域名为 a.root-servers.net，IPv4 地址为 198.41.0.4，IPv6 地址为 2001:503:BA3E::2:30。其余 12 台均为辅根服务器。

2．域名解析

根据域名获取其 IP 地址的过程称为域名解析，采用的协议称为 DNS 协议。DNS 协议是一种客户机/服务器协议，由客户机提出请求，由域名服务器负责解析。DNS 协议规范了域名解析请求数据报文和响应数据报文的格式，而服务器则负责保存域名映射表，为用户提供域名解析服务，把解析得到的 IP 地址告知用户。

域名解析时存在两种查询方式：递归查询和迭代查询。使用哪种查询方式，由 DNS 查询报文中的标志字段指定。

递归查询是最常见的查询方式，如图 3-18 所示。当客户机申请域名解析时，若本地域名服务器不能直接回答，则本地域名服务器会向上级域名服务器发出请求，以此类推，在域名服务器树的各分支中递归搜索，最终将返回查询结果给客户机。在域名服务器查询期间，客户机将完全处于等待状态。递归查询无论如何都要把结果送给客户机，即使结果是"主机不存在"。在 IE 浏览器中，随意输入一个不存在的网址，IE 浏览器会给出"Internet Explorer 无法显示该网页"的提示，单击"详细信息"，会发现其中的问题之一是"域名服务器（DNS）没有该网站的域的列表。"

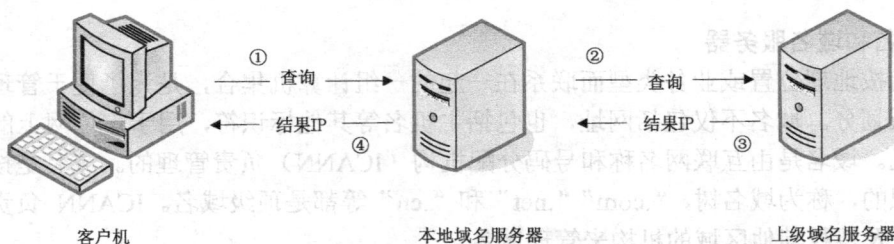

客户机　　　　　　　　　本地域名服务器　　　　　　　上级域名服务器

图 3-18　DNS 服务器的递归查询流程

迭代查询又称重指引，当域名服务器使用迭代查询时，能够使其他域名服务器返回一个最佳的查询点提示或主机地址。若此最佳的查询点中包含需要查询的主机地址，则返回主机地址信息；若域名服务器不能够直接查询到主机地址，则按照提示的指引继续查询，直到域名服务器给出的提示中包含所需查询的主机地址为止。一般每次指引都会更靠近根域名服务器，查寻到根域名服务器后，则会再次根据提示向下查找。迭代查询相当于"如果你不知道，告诉我该到哪里查？"。

每个域名服务器都维护一个高速缓存，用于存放最近解析过的名字以及从何处获得名字的映射信息记录。域名服务器缓存的数据是非授权数据，由授权服务器给出寿命值（TTL）。当客户请求域名服务器进行域名解析时，域名服务器首先按标准过程检查它是否被授权管理该名字，若未被授权，则查看自己的高速缓存，检查该名字是否最近被解析过。域名服务器向客户报告缓存中有关名字和地址的绑定信息，并标志为非授权绑定，以及给出获得此绑定的服务器的名字。本地服务器同时也将服务器与 IP 地址的绑定告知客户。

主机本身也有一个高速缓存，存放有最近解析过的域名与 IP 地址的映射关系。在 Windows 系统中，单击"开始"→"运行"→输入"cmd"。在命令窗口中输入"ipconfig/displaydns"，即可显示本机在本次开机后所维护的域名-IP 地址映射表。

3．DNS 报文格式

在域名解析过程中，客户端与域名服务器之间利用 DNS 报文传递解析信息。DNS 协议定义了查询和响应的报文格式，DNS 协议报文的完整规范可以参考 RFC1035。DNS 报文通常由 UDP 传输，端口号为 53，某些情况下也使用 TCP 传输，端口号同样为 53。

DNS 查询报文和响应报文使用相同的格式，由 12 字节的固定首部和 4 个可变长度的字段组成，如图 3-19 所示。查询报文除了首部外，只有查询问题字段。

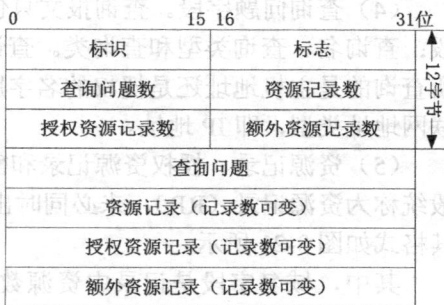

图 3-19　DNS 报文格式

DNS 报文各字段的含义如下。

（1）标识字段。16 比特，由应用程序设置，域名服务器在响应时也需要填写同样的数据，应用程序通过这个字段来匹配查询和响应报文。

（2）标志字段。16 比特，划分为若干子字段，设置查询方式和返回结果代码等，如图 3-20 所示。

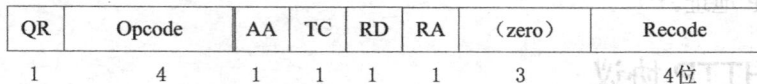

图 3-20　DNS 协议标志字段

① QR。1bit，0 表示查询报文，1 表示响应报文。

② Opcode。4bit，用来指出查询类型，通常取值为 0。0 为标准查询，1 为反向查询，2 为服务器状态请求，值 3～15 保留使用。反向查询就是由 IP 地址获得其对应的域名。

③ AA（Authoritative Answer）。1bit，表示为授权回答。仅在响应报文里是有意义的，表示域名服务器对被查询的域名是授权的。

④ TC（Truncated）。1bit，表示被截断。仅在响应报文里是有意义的。当响应的报文的字节数大于 512 字节时，将只返回前 512 个字节，这时候 TC 字段被置位为 1，以提示客户再次进行域名解析请求。因为绝大多数情况 DNS 报文是基于 UDP 传输的，如果出现报文截断的情况，一般需要再次请求以 TCP 方式进行传输。

⑤ RD（Recursion Desired）。1bit，表示为期望递归。在查询报文中有效。如果置为 1，表示希望域名服务器进行递归查询，即如果当前域名服务器没有响应的映射表，那么它应该向其余域的域名服务器查询，直到得到所需要的响应数据，然后返回给客户。当然递归查询执行的条件是域名服务器支持这种查询操作。如果置为 0，表示期望进行迭代查询，这时域名服务器不需要向其余域的域名服务器查询，只需要向客户端返回一个可以解析被查询域名的域名服务器清单，然后客户端根据这些列表再次发送查询请求。

⑥ RA（Recursion Available）。1bit，表示可用递归。仅在响应报文中有效。表示当前域名服务器是否支持递归查询，支持则置为 1，反之置为 0。

⑦ zero 字段。3bit，保留将来使用，必须置为 0。

⑧ Recode（Response Code）。4bit，返回码，用来说明查询结果。0 为没有差错，1 为格式错误，2 为服务器错误，3 为名字差错。通常为 0 或者 3。

（3）查询问题数、资源记录数、授权资源记录数和额外资源记录数 4 个字段分别用来说明后面对应字段中包含的记录数。

（4）查询问题字段。查询报文只包含首部和查询问题字段。查询问题字段包含 3 个子字段：查询名、查询类型和查询类。查询名就是需要查询的名字，一般为域名。查询类型指出所查询的是主机地址还是授权的名字服务器等。查询类通常取值为 1，表示主机使用的是互联网地址类型，即 IP 地址。

（5）资源记录、授权资源记录和额外资源记录字段。这 3 个字段存在于响应报文中，一般统称为资源记录（RR），未必同时出现。DNS 协议规定使用相同的格式去标识资源记录，其格式如图 3-21 所示。

其中，域名字段是记录中资源数据对应的名字，它的格式和查询名字段格式相同。类型和类字段与查询报文中的查询类型和查询类字段基本一致。生存时间字段表示客户端保留资源记录的有效时间，单位为 s。资源数据长度字段表示资源数据的长度，该字段依赖于类型字段的值，对于 A 记录类型，资源数据是 4 字节的 IP 地址。资源数据字段包含详细的响应内容，如查到的 IP 地址。

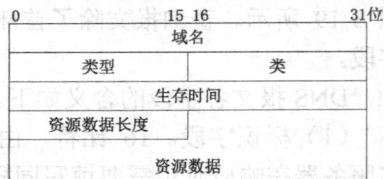
图 3-21 资源记录格式

3.3.2 HTTP 协议

超文本传输协议（HyperText Transfer Protocol，HTTP）是应用层面向对象的文本协议，主要用来在浏览器和 Web 服务器之间传输超文本。超文本就是在普通文本中加入指针（超链接），指向文本的其他位置或其他文档，使文档内部或文档之间在内容上建立起联系。超文本通常使用超文本标记语言（HyperText Markup Language，HTML）或可扩展标记语言（Extensible Markup Language，XML）来描述。Web 服务器提供 WWW（World Wide Web，万维网）服务，WWW 是一种建立在 Internet 上的全球性的、交互的、动态的、多平台、分布式图形信息系统。通过客户/服务器的交互方式工作，Web 服务器以网页的形式把信息呈现给用户，如图 3-22 所示。

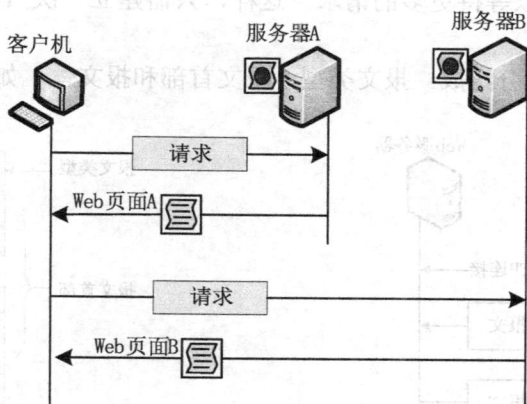

图 3-22　WWW 交互方式

　　网页也称为页面，是由 HTML（超文本标记语言）描述的。HTML 使用一些约定的标记对 WWW 上的各种信息（包括文本、视频、图像、声音等）、格式以及超链接进行描述。当用户浏览 WWW 上的信息时，浏览器会自动解释这些标记的含义，并将其以网页的形式显示在用户的屏幕上。

　　一个 HTML 文件其实就是网页的源文件，包括文件头、主体两部分，其结构如下。

```
<HTML>
  <HEAD>
  </HEAD>
    <BODY>
    </BODY>
</HTML>
```

　　其中<HTML>表示页开始，</HTML>表示页结束，必须成对使用；<HEAD>表示头开始，</HEAD>表示头结束，必须成对使用；<BODY>表示主体开始，</BODY>表示主体结束，它们之间的内容会在浏览器的正文中显示出来。HTML 的标志符有很多，可以把文档描述成印刷出版的格式。

　　由此可见，网页的版式、字体大小、图片位置等都是由 HTML 规定的，而如何传输网页，则是由 HTTP 协议规定的。HTTP 定义了 Web 浏览器与 Web 服务器之间页面传输的通信规则，通过在浏览器和服务器之间交互请求报文和响应报文，完成页面的传输。HTTP 协议也可以在页面中集成其他应用层服务，如 FTP、SMTP、POP3 和 BBS 等。

　　在传输页面之前，HTTP 协议需要先建立 TCP 连接，其默认端口号为 80。HTTP 版本 1.0 使用非持续连接方法，非持续连接是指每一次请求/响应都要建立一次 TCP 连接。当访问网站时，客户端与服务器之间首先建立 TCP 连接，然后发送 HTTP 请求报文，最后由服务器发送 HTTP 响应报文，并关闭 TCP 连接，如图 3-23 所示。在这种工作模式中，如果客户端要读取一个页面里存放在不同文件中的 N 张图片时，就必须打开与关闭 N 次连接，服务

器要为这 N 次连接准备 N 个缓冲区，给服务器造成很大的开销。

HTTP 1.1 已经默认使用持续连接的工作方式。在持续连接中，服务器在发送响应后会保持连接处于开启状态，以等待更多的请求，这样，只需建立一次 TCP 连接，就可以访问一个页面中的所有内容。

HTTP 的报文由 3 部分组成：报文类型、报文首部和报文体。如图 3-24 所示。

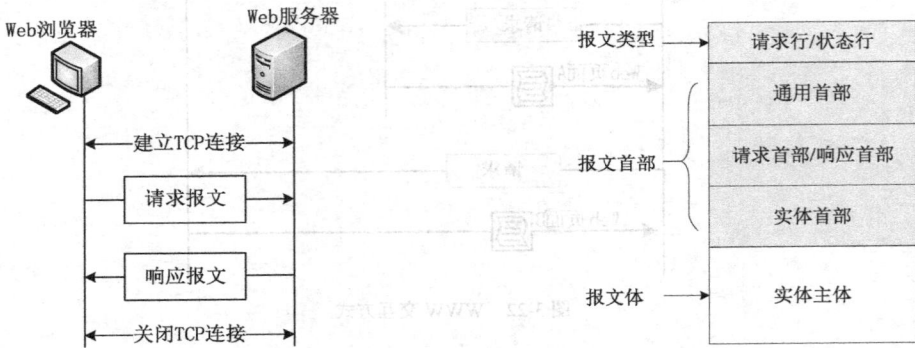

图 3-23　HTTP 1.0 的非持续连接工作方式　　　　　图 3-24　HTTP 报文结构

报文类型有两种：请求报文和响应报文。请求报文从客户端到服务器，用请求行表示；响应报文从服务器到客户端，用状态行表示。请求行或状态行既区分报文类型，又给出请求的资源或返回的状态信息。

报文首部包括通用首部、请求首部、响应首部和实体首部四种。所有的 HTTP 首部都由多行文本组成，每行为一个字段，每个字段由"字段名:字段值"组成。各种报文首部之间没有分界，靠字段名区分。

报文体就是实体主体，只有在采用某些编码的情况下，两者才不一样。实体主体的长度由长度字段给出。

请求报文的格式如图 3-25 所示，以请求行开始，后面由一个或多个通用首部、请求首部、实体首部和实体主体组成。实体主体是可选的，通常没有。图中的 URI 为统一资源标识符，比网址（URL）范围更广泛一些。

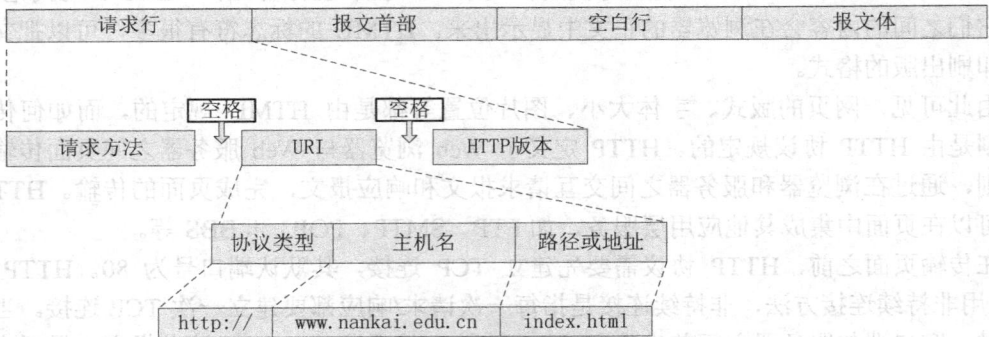

图 3-25　HTTP 请求报文结构

响应报文包括状态行、响应首部、实体首部和实体主体，如图 3-26 所示。

状态行	报文首部	空白行	报文体

HTTP版本	状态码	状态短语

空格	空格

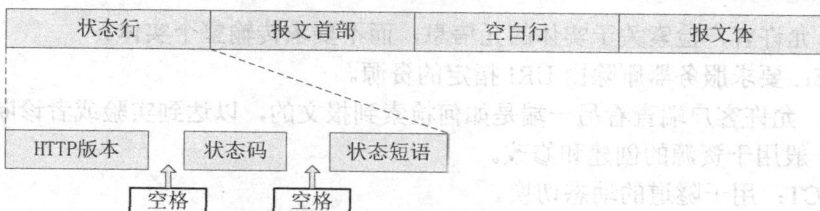

图 3-26　HTTP 响应报文结构

下面详细介绍 HTTP 报文中的各个字段。

1. 请求行

请求行只有一行字符串，包括请求方法、资源的标识符以及所使用的 HTTP 协议版本号。请求行的语法格式如下。

方法 空格 请求 URI 空格 HTTP/版本号 回车换行

方法指出请求报文的类型，表示如何处理指定的资源。HTTP 定义了 OPTIONS、GET、POST 等如下 8 种方法，这些方法的标识在报文中必须大写。

OPTIONS：允许客户端确定与服务器的资源或者功能相关的选项或者需求，而不惜检索任何资源。

GET：允许客户检索由请求 URI 确定的资源。图 3-27 为客户端使用 GET 方法请求一个图像，其检索路径为/usr/bin/image1。由请求行给出方法（GET）、URI 和 HTTP 版本号。其首部有两行，以表明客户端可以接受 GIF 和 JPEG 格式的图像（GIF 和 JPEG 分别为两种图像格式），请求报文中没有主体。响应报文包含状态行和四行的首部，这些首部行定义了日期、服务器、MIME 版本和文档的长度，文档的主体则位于首部之后。

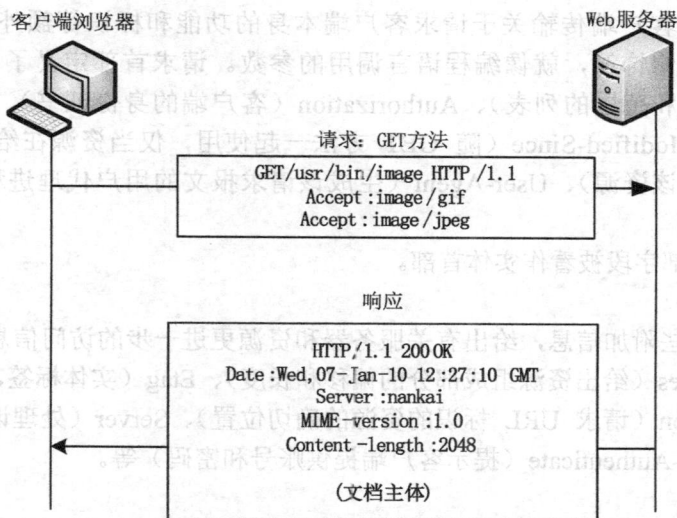

客户端浏览器　　　　　　　　　　Web服务器

请求：GET方法
```
GET/usr/bin/image HTTP /1.1
Accept :image/gif
Accept :image/jpeg
```

响应
```
HTTP/1.1 200 OK
Date :Wed,07-Jan-10 12:27:10 GMT
Server :nankai
MIME-version :1.0
Content-length :2048

（文档主体）
```

图 3-27　使用 GET 方法读取图像

POST：向服务器传递数据。

HEAD：允许客户检索关于实体的元信息，而不要求传输整个实体。

DELETE：要求服务器删除由 URI 指定的资源。

TRACE：允许客户端查看另一端是如何检索到报文的，以达到实验或者诊断的目的。

PUT：一般用于资源的创建和修改。

CONNECT：用于隧道的动态切换。

请求 URI（统一资源标识符）用于指定所请求的资源。URI 通常就是网址。目前常用的 HTTP 版本号是 1.1。

2．状态行

响应报文的第一行是状态行，由协议版本、数字状态码和原因短语构成，每个元素间由空格分隔，具体格式如下。

HTTP/版本号　空格　状态码　空格　原因短语　回车换行

状态码是一个试图理解和满足报文请求的三位数字码；原因短语则给出关于状态码的简单文本说明。状态码适合编程使用，原因短语便于用户理解。

状态码的首位数字为响应的类别，如 1 表示收到请求，继续处理；2 表示成功；3 表示重定向；4 表示客户端错误；5 表示服务器错误。状态码的后两位数字没有做任何分类。常见的状态码有 200（成功）、400（错误请求）、404（未找到）、500（内部服务器错误）等。

3．通用首部

请求报文和响应报文都会使用通用首部。

定义了 Cache-Control（防止高速缓存逆向干扰特定的请求和响应）、Date（数据生成的日期和时间）、Upgrade（还能支持的其他协议）、Via（请求和响应报文经过了哪些代理服务器）、Transfer-Encoding（为了安全传输对实体主体所做的编码类型，如是否分块）等字段。

4．请求首部

请求首部允许客户端传输关于请求客户端本身的功能和标识等额外信息给服务器，这些字段扮演请求修饰符，就像编程语言调用的参数。请求首部定义了 Accept（客户端可接受的媒体类型和范围的列表）、Authorization（客户端的身份证书）、Host（请求的目的主机域名）、If-Modified-Since（随 GET 方法一起使用，仅当资源在给定日期和时间之后修改过，才送来该资源）、User-Agent（生成该请求报文的用户代理进程的信息）等 18 个首部字段。

不能识别的首部字段被看作实体首部。

5．响应首部

响应首部是一些附加信息，给出有关服务器和资源更进一步的访问信息，通常包含以下字段：Accept-Ranges（给出资源组成部分的偏移和长度）、Etag（实体标签，诸如 URL 等对象的标识）、Location（请求 URL 标识的资源的确切位置）、Server（处理请求的软件产品及其版本号）、WWW-Authenticate（提示客户端提供账号和密码）等。

6．实体首部

实体首部定义了实体主体的元信息，或在无主体的情况下定义请求资源的元信息。RFC2616 定义了如下实体首部字段：Allow（能够支持的请求行中的方法集合）、Content-Encoding（内容编码，如使用何种压缩方法）、Content-Language（内容对象的语言）、Content-Length（内容对象的长度，即实体主体的大小）、Content-Type（实体主体的媒体类型）等。实体首部是可以扩展的。

7．实体主体

实体主体就是要传送的文本、图片、音频、视频等任何类型的数据，由任意字节组成。当实体首部存在 Transfer-Encoding（传输编码）字段时，要对这些数据进行编码。传输编码的目的是用于确保报文的安全传输。

实体主体的数据类型由实体首部的 Content-Type 和 Content-Encoding 字段确定。Content-Type 指定数据的媒体类型，Content-Encoding 指定压缩方式。可见，实体主体进行了两次编码：内容编码（媒体类型（数据））。因此，报文体就是一个三层编码模型：传输编码（内容编码（媒体类型（数据）））。

3.3.3　电子邮件协议

电子邮件系统提供互联网上的信件传递，电子邮件地址的格式是：用户名@域名。常见的电子邮件协议有 SMTP、POP3、MIME、IMAP 等。这些邮件协议都采用客户机/服务器模式，客户端与服务器之间通过简单的字符命令进行交互。

邮件系统由三部分构成：MUA、MTA 和 MDA。

MUA（邮件用户代理）是一种客户端软件，可以为用户提供收取邮件、回复邮件、撰写邮件的功能。常见的 MUA 包括 Linux 平台上的 Mail、MailX、Elm，Windows 平台上的 Outlook Express、Foxmail 等。

MTA（邮件传输代理）是一种运行在服务器端的软件，也就是邮件服务器。它主要负责在服务器间传输电子邮件。在 Unix 系统常用的 MTA 软件有 Sendmail、Postfix，Windows 平台下有 WinWebMail、MagicMail 等。

MDA（邮件交付代理）通常与 MTA 一起运行，将 MTA 接收的邮件按照目的位置做出判断，以决定该邮件是否放在本服务器帐号下的邮箱，或是再经过 MTA 将此邮件转发到下一个 MTA。MDA 一般在后台执行。MTA 和 MDA 两部分构成邮件传输系统。

另外，邮件系统还需要 DNS 服务的支持，以负责电子邮件地址、邮件服务器的域名解析。

邮件传递分本地网络邮件传递和远程网络邮件传递两种情况。如果是本地网络邮件传递，即电子邮件的发送者和接收者都位于同一台邮件服务器中，则传递流程比较简单。首先，MUA 利用 TCP 连接到邮件服务器的端口 25，将电子邮件传送到邮件服务器（MTA），然后，邮件会保存在邮件队列中，交由 MDA 直接传送到收件人邮箱。收件人利用 POP3 或者 IMAP 软件，连接到邮件服务器就可以读取邮件。

如果是远程网络邮件传递，即电子邮件的发送者和接收者位于不同的网络，则邮件传送过程较为复杂。首先，MUA 利用 TCP 连接到邮件服务器的端口 25，将电子邮件传送到邮件服务器（MTA），邮件将保存在邮件队列中。然后，MTA 向 DNS 服务器解析远程邮件服务器的 IP 地址，再利用 SMTP 将邮件传送到远程邮件服务器。远程邮件服务器的 MTA 收到邮件之后，将邮件交由 MDA 处理，并放入收件人的邮箱。之后接收者利用邮件软件，连接到邮件服务器处理邮件，整个邮件传送过程结束。如果 MTA 在传输邮件的过程中遇到网络拥塞或中断，邮件将会保留在发送队列中，等待一段时间重新尝试发送。

1．SMTP

SMTP（简单邮件传输协议）用于把电子邮件从客户端传输到服务器、从一个邮件服务器传输到另外一个邮件服务器。SMTP 实体之间采用简单的命令与响应交互模式，即客户端发送一个命令（部分命令带有参数），随后服务器端针对命令返回一个响应。SMTP 使用熟知端口号 25。

SMTP 命令是字符串形式，由 4 字符的命令码和参数构成，以<CRLF>结束。命令码不区分大小写，可以在 Windows 的命令行窗口或 Linux 系统下直接用键盘输入。如发送命令的格式为：SEND<SP>FROM:<reverse-path><CRLF>。SEND 为命令码，<SP>表示空格符，FROM:<reverse-path>表示参数，<CRLF>表示回车符和换行符，即回车键。SMTP 常用命令有 HELO、MAIL、RCPT、DATA 和 QUIT 等。

HELO 命令是 SMTP 的第一个交互命令，用于向邮件服务器标识用户身份，确认发送邮件服务器和接收邮件服务器都处于初始状态。

MAIL 命令用于初始化邮件事务。这个命令可以带有参数，参数主要是反向路径。反向路径是一个类似源路由的邮件服务器列表，当接收邮件服务器接收到数据或者其他命令之后，其响应将沿着反向路径送回去。每一个中继邮件服务器必须把自己的地址加到这个列表的前面。

RCPT 命令用于标识邮件的接收者，参数为接收者的邮箱地址，可以有前向路径。前向路径是指邮件的传输必须沿着预先指定的邮件服务器列表进行中继和转发，否则接收端服务器会返回 550 错误（未知的本地用户）。

DATA 命令表示以后传输的都是数据。邮件数据结束的标志是<CRLF>.<CRLF>。

QUIT 命令用于结束会话。邮件发送者在发送 QUIT 命令之后，邮件接收者必须返回一个 OK 响应作为回答，若成功，则结束会话。结束会话的过程就是 TCP 连接终止的过程。

SMTP 的响应由 3 位数字响应码和一些文本说明构成，其语法格式如下：

响应码<空格>文本<回车换行符>

响应码用 3 位十进制数字表示，以便程序进行处理，文本是对响应码含义的解释，以便把响应结果直接显示给用户看。通常响应只有一行，对于某些命令的响应可能会有多行。以下是一些常遇到的响应。

```
500 Syntax error, command unrecognized        //语法错误，未知命令
501 Syntax error in parameters or arguments    //语法错误，参数错误
214 Help message                                //帮助信息
421 <domain> Service not available              //当前邮件服务器不可用
```

2．POP3

POP3（邮局协议版本 3）是电子邮件的第一个协议标准。POP3 规定了电子邮件用户代理（如 Foxmail、Outlook 等）怎样连接到 POP3 服务器、如何下载和处理电子邮件。POP3 服务所用的端口为 110。

POP3 协议定义了三种状态：认可状态、处理状态和更新状态，三种状态的转换流程如图 3-28 所示。每种状态下都定义了若干用四字符表示的命令。

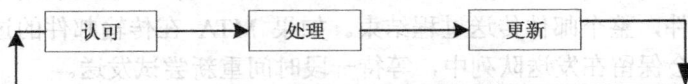

```
认可  →  处理  →  更新
```

图 3-28　POP3 状态转换流程图

在认可状态下，POP3 服务器等待认证客户端身份。客户端通过命令 USER/PASS 在网络上发送明文的用户名和口令给服务器，认证成功，便进入处理状态。

在处理状态下，可使用 LIST 命令查看邮件列表、DELE 命令删除邮件等。

在更新状态下，只有一个 QUIT 命令，结束此次会话，并更新所有的操作结果。

3. IMAP

IMAP（交互式邮件访问协议）同 POP3 一样，主要用于本地邮件客户端（如 Outlook Express、Foxmail）接收远程邮件服务器上的邮件。IMAP 当前版本为 IMAP4，端口号为 143。目前大多数邮件服务器可以同时支持 POP3 和 IMAP。

IMAP 针对 POP3 做了许多改进，如支持连接和断开两种操作模式，客户端可以一直连接在服务器上；支持多个用户同时连接到一个邮箱；支持密文传输认证等。

IMAP 常用的命令比 POP3 多一些，如 CREATE 命令创建指定名字的新邮箱、RENAME 修改文件夹名称、APPEND 命令允许客户端上载一个邮件到指定的文件夹或邮箱中等。

无论客户端是使用 POP3 还是使用 IMAP4 来获取和处理邮件，客户端都是使用 SMTP 来发送邮件的。

4. MIME

MIME（多用途互联网邮件扩展）标准对邮件协议进行扩展，使邮件可以传输非 ASCII 码数据。MIME 规定了各种媒体数据类型的符号化表示方法，这种表示方法也用于 HTTP 协议。

MIME 定义了版本、内容类型、内容传输编码、内容 ID 和内容描述 5 个标题字段，其中内容 ID 和内容描述是可选的。

MIME 版本目前是 1.0。内容类型字段指明邮件正文的媒体类型，如 video/mpeg 表示 MPEG 视频。内容传输编码指定字符编码方式，如 7 位 ASCII 码、Base64 编码等。当邮件内容在外部或有多个部分时，用户代理可用内容 ID 识别 MIME 入口。内容描述字段允许用户增加关于邮件内容的说明性信息。

3.3.4　SIP 协议

会话初始化协议（Session Initiation Protocol，SIP）是 IETF 在 1999 年提出的一个支持多媒体通信的应用层控制协议，可以用来建立、修改和终止多媒体会话，常用于多媒体会议、远程教学、即时通信、IP 电话等各种应用中。

SIP 的第一个规范是 RFC 2543，2001 年发布了 RFC 3261，随后又发布了几个 RFC 增定版本，充实了安全性及身份认证等几个领域的内容。SIP 使用用户唯一的标志（URL 或电话号码）进行通信，无需考虑通信设备的实际网络地址，能够检查用户的有效性，检查用户所支持的媒体类型和媒体参数。例如，是语音通信还是视频通信，所用的语音编码或视频编码是哪种，建立和管理呼叫方和被叫方之间的会话过程。

1. SIP 协议的组成实体

SIP 协议采用客户机/服务器模型，客户机称为 SIP 用户代理（User Agent，UA），服务器有 3 种类型：SIP 注册服务器、SIP 代理服务器和 SIP 重定向服务器。SIP 系统的组成结构是一种梯形网络结构，如图 3-29 所示，图中显示了用户代理 A 向用户代理 B 发起呼叫进行多媒体通信时所用到的设备和协议。

（1）SIP 用户代理。用户代理通常为用户终端设备，如手机、多媒体手持设备、计算机等。当用户想要发起一个会话时，用户代理就发出一个 SIP 请求报文，指出要与谁进行通信，进行什么类型的通信等。

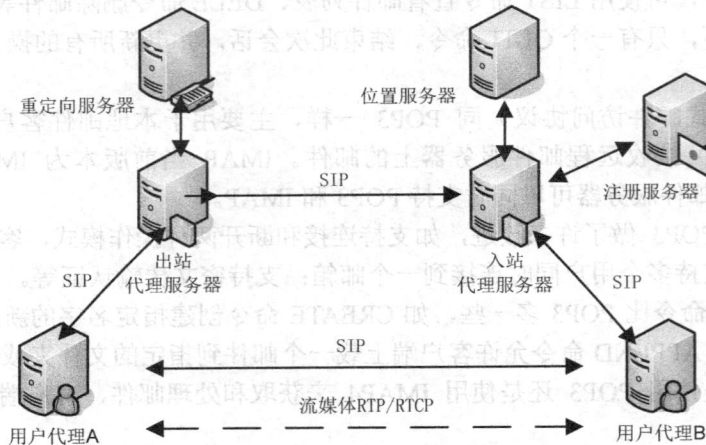

图 3-29　SIP 的组成结构

（2）SIP 代理服务器。代理服务器主要提供路由功能。代理服务器在接收用户代理的会话请求后，首先查询 SIP 注册服务器，获取接收方用户代理的地址信息，然后将会话邀请信息发给下一个代理服务器，经由多个代理服务器，直至接收方用户代理。每个代理服务器都要进行路由决策，并在将请求信息转发到下一个实体之前对其进行相应的修改。代理服务器本身并不会对用户请求做出最终响应，只是将自身地址信息加入到该消息的响应字段中，然后转发用户请求，这样可以保证响应消息能按原路返回，并防止发生环路。

代理服务器分为有状态和无状态两种代理服务器。有状态代理服务器会保留每一个接收的请求和每一个接收请求的应答的相关信息，用于处理与这个请求相关的后续消息。无状态代理服务器只作简单的转发，处理完一个请求后就会丢弃与这个请求相关的消息。

（3）SIP 注册服务器。注册服务器是一个数据库，保存了同一域中所有用户代理的地址和相关信息，用来为双方的会话提供认证等服务。注册服务器接收 UA 的注册请求，完成用户地址的注册。在 SIP 系统中，所有 UAS 都要在某个注册服务器中注册，用于记录其当前实际可联系到的地址信息，以便 UAC 能通过注册服务器找到它们。这是实现用户可移动性的基础。

（4）SIP 重定向服务器。重定向服务器用于在需要时将用户新的位置返回给呼叫方。重定向服务器接受用户代理或代理服务器的请求，在响应报文中包含一张地址列表，指出到达目标用户的可能的下一级代理服务器有哪些，以便用户代理或代理服务器重新发送请求报文。重定向服务器不能发送任何请求，同时也不能接受呼叫请求，其作用在于减轻负责路由的代理服务器的负荷，并在本地数据库服务器上查找注册用户。

SIP 重定向服务器、SIP 注册服务器和 SIP 代理服务器都属于网络服务器，这些服务器可以处于同一设备中，也可以分布在不同的物理实体中。SIP 服务器完全由纯软件实现，可以根据需要运行于各种计算机或专用设备中。

（5）位置服务器。位置服务器并不属于 SIP 网络服务器的范畴，而是 Internet 中的公共资源，在位置服务器和 SIP 网络服务器之间并不使用 SIP 协议。位置服务器把用户注册的地址信息汇总起来，作为一个全局的数据库，为代理服务器或重定向服务器提供位置查询服务，用来获得用户的位置。位置服务器通常为 DNS 服务器或目录服务器。目录服务器使用轻量级目录访问协议（Lightweight Directory Access Protocol，LDAP）与 SIP 网络服务器通信。

（6）通信协议。各种 SIP 设备之间通过 SIP 协议传输信令信息，但 SIP 协议只提供呼叫控制，当通信双方建立起逻辑连接后，则使用其他通信协议来传输多媒体数据。在传输语音或视频等对时延比较敏感的数据时，通常采用实时传输办议（Real-time Transport Protocol，RTP）和实时传输控制协议（Real-time Transport Control Protocol，RTCP）来保证数据传输的实时性。

RTP 为数据提供了具有实时特征的端对端传送服务，如在多播或单播网络服务下的交互式视频音频或模拟数据。RTP 协议一般运行于 UDP 层之上，可以直接利用 UDP 提供的多点投递和数据校验等功能。RTP 也可以运行在 RTCP 或 ATM 协议上。当应用程序开始一个 RTP 会话时将使用两个端口，一个给 RTP，一个给 RTCP。RTP 本身并不能为按顺序传送数据包提供可靠的传送机制，也不提供流量控制或拥塞控制，它依靠 RTCP 来提供这些服务。通常 RTP 协议并不作为一个独立的网络层来实现，而是作为应用程序代码的一部分。RTP 协议只提供了基本的协议框架，使用者可以针对具体的应用对它进行扩展。

RTCP 和 RTP 一起提供流量控制和拥塞控制服务。在 RTP 多方会话期间，各参与者周期性地传送 RTCP 包。RTCP 包中含有已发送的数据包的数量、丢失的数据包的数量等统计资料，服务器可以利用这些信息动态地改变传输速率，甚至改变有效载荷类型。RTP 和 RTCP 配合使用，通过有效的反馈和最小的开销使传输效率最佳化，因而特别适合传送网上的实时数据。

2．SIP 消息的类型和格式

SIP 协议借鉴了 HTTP 协议和 MIME 电子邮件协议的格式和机制，同样采用交互式请求/响应的客户机/服务器工作模式。SIP 消息的首部字段与 HTTP 报文的首部字段基本相同，但 SIP 消息可以使用 UDP 传送。"消息"和"报文"没什么区别，两者的英文都是"Message"。

SIP 协议将用户代理与服务器之间的通信消息分为两类：请求消息和响应消息。请求消息从用户代理到服务器，响应消息从服务器到用户代理。注意的是，代理服务器不会对消息进行修改、处理等，它只是转发 SIP 消息，而注册服务器和重定向服务器会对 SIP 请求消息给出响应。

请求消息和响应消息都由一个起始行、一个或者多个首部字段和一个可选的消息体组成。图 3-30 为请求消息的格式和实例。该实例表示用户 Bob 向用户 Alice 发起一个会话邀请消息，希望进行语音通信。

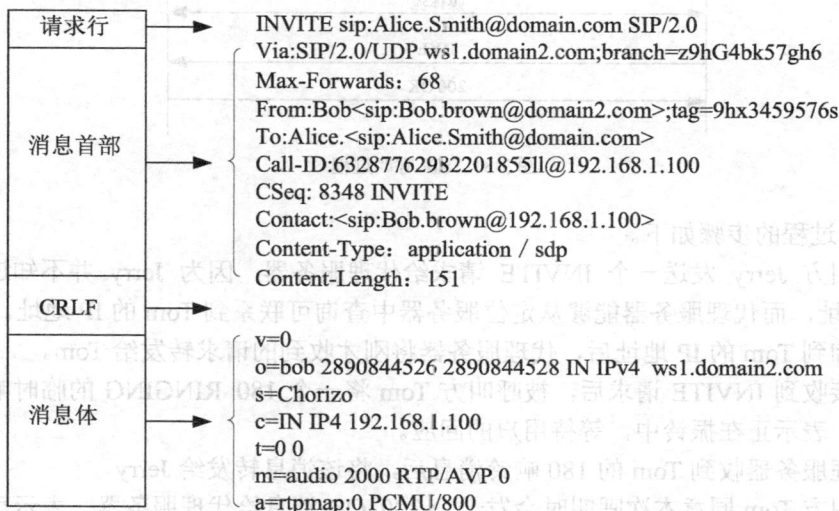

图 3-30　SIP 请求消息的格式和实例

起始行字段用于区分消息类型，分为两种：请求行和状态行。起始行在请求消息中为请求行，指明会话过程中的方法，如邀请对方加入会话、结束会话、注册用户信息等；起始行在响应消息中为状态行，响应消息给出服务器对请求消息的处理结果，状态行指明所请求的方法是成功的还是失败的。

消息首部字段用来描述消息属性，在语法和语义上与 HTTP 首部字段类似，用于标识会话的各种相关参数，如会话发起方、会话接收方、会话标识符、SIP 消息的最大传输跳数等。

CRLF 表示回车换行符，即一个空白行。

消息体字段用于描述消息所要建立的会话。通常消息体包含的是 SDP 协议，SDP 协议用来描述一个多媒体会话所需的音频、视频编码及采样率等信息。SIP 通过一个空白行把起始行和首部字段中传递的 SIP 信令信息与 SIP 范围之外的会话描述信息区别开来。

3. SIP 的呼叫流程

两个 SIP 终端可以不经过代理进行呼叫和通信，一般在 SIP 会话的通信过程中，需要多次代理服务器、注册服务器之间的配合。图 3-31 显示了两个用户代理之间通过代理服务器进行 SIP 呼叫的完整过程。

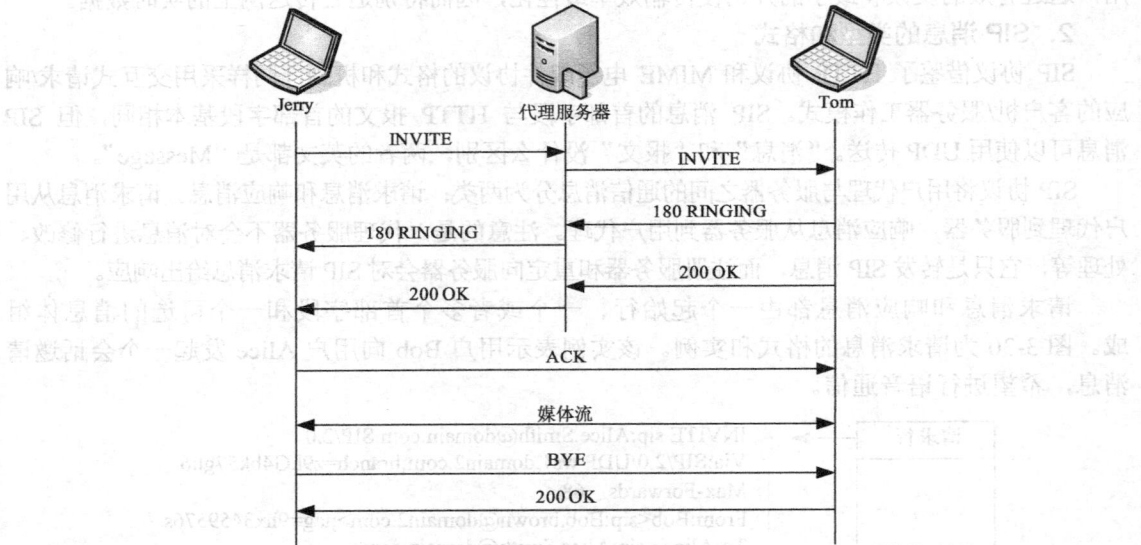

图 3-31 SIP 呼叫过程

SIP 呼叫过程的步骤如下。

（1）呼叫方 Jerry 发送一个 INVITE 请求给代理服务器，因为 Jerry 并不知道被呼叫方 Tom 的 IP 地址，而代理服务器能够从定位服务器中查询可联系到 Tom 的 IP 地址。

（2）查询到 Tom 的 IP 地址后，代理服务器将刚才收到的请求转发给 Tom。

（3）当接收到 INVITE 请求后，被呼叫方 Tom 将一个 180 RINGING 的临时响应回传给代理服务器，表示正在振铃中，等待用户的回应。

（4）代理服务器收到 Tom 的 180 响铃消息后，将该消息转发给 Jerry。

（5）被叫方 Tom 同意本次呼叫时会发一个 200 OK 消息给代理服务器，表示可以进行随后的通话操作。

（6）代理服务器同样将在 200OK 消息转发给 Jerry。

（7）Jerry 通过前面的消息得知 Tom 的实际 IP 地址，此时会直接发送一个 ACK 消息给 Tom。

（8）Jerry 与 Tom 进行媒体流的交互，即双方开始通话。媒体流的传送和控制主要是由 RTP/RTCP 协议来完成的。

（9）当 Jerry 想要结束媒体流的通信，可以直接发送一个 BYE 消息给 Tom。

（10）Tom 收到 BYE 消息后，也直接回传给一个 200 OK 消息给 Jerry。一次成功的会话到此结束。如果 Jerry 一开始就知道 Tom 的联系地址，也可以不通过代理服务器转发 INVITE 请求信息，而直接发送 INVITE 请求给 Tom。

4．SDP 协议

SIP 协议的消息体通常封装的是会话描述协议（Session Description Protocol，SDP）。 SDP 对会话的通知、邀请和初始化进行描述。对会话进行描述的目的是告之某会话的存在，并给出参与该会话所必须的信息。

SDP 协议可以传递多媒体会话的媒体流信息，例如，多媒体会议通过会议公告机制将会议的地址、时间、媒体和建立等信息告之每个可能的参会者。

SDP 描述的内容可分为 3 类：会话信息、媒体信息和时间信息。

会话信息包含如下内容：会话名和目的；会话激活的时间区段；构成会话的媒体；接收这些媒体所需的信息（地址、端口、格式等）；会话所用的带宽信息；会话负责人的联系信息等。

媒体信息包含如下内容：媒体类型（文本、视频、音频等）；传送协议（RTP/UDP/IP 等）；媒体格式（G.711μ 律编码音频、H.261 视频、MPEG 视频等）；媒体地址和端口。

时间信息包含会话的时间和结束时间。会话时间可有多组时间段，对于每个时间段，可以指定重复时间。

SDP 协议是一种文本协议，其报文格式非常简单，报文中每行文本的格式都是<类型>=<值>。其中，类型为单个字符，区分大小写。值是结构化的文本串，一般由多个字段组成，字段之间由一个空格符隔开。类型与值之间的"="号两侧不能有空白字符。例如，下面是一个 SDP 报文中的一行文本：

m= m=video 51372 RTP/AVP 31

其中，类型为 m，表示描述的是媒体类型，m 的值是"m=video 51372 RTP/AVP 31"，表示本次会话是视频通信，在 51372 端口接收视频数据，使用实时传输协议（RTP），属性值 31 表示视频数据为 H.261 视频压缩编码格式。

SDP 协议可以用在不同的协议中，如会话通知协议（SAP）、会话初始协议（SIP）、实时流协议（RTSP）、多用途互联网邮件扩展协议（MIME）和超文本传输协议（HTTP）等。由此可见，在 SIP 协议中，当 SIP 建立会话时，实际上是由 SDP 告知和协商会话细节的。

3.4　路由器和路由选择

局域网通过路由器连接到广域网中，路由器负责 IP 数据包的路由选择和转发。路由器除了配置必要的网络参数外，可能还需要对路由协议、NAT（网络地址转换）、DHCP（动态主机配置协议）等进行配置。

在配置网络参数时，互联网服务器提供商（Internet Service Provider，ISP）会提供具体的参数值。ISP 通常为电信公司、宽带网络公司、学校网络信息中心等。ISP 除了提供用户账号和密码外，可能还需要提供一些网络参数，如计算机或路由器 WAN 口的 IP 地址、子网掩码、默认网关的 IP 地址、DNS 服务器的 IP 地址等。如果 ISP 不提供这些参数，说明 ISP 支持 DHCP 协议或 PPPoE 协议等，计算机可自动获取这些参数值。

3.4.1 路由器的配置

　　路由器的组成和配置方式与交换机一样。假设要通过一条光纤专线的方式接入 Internet，路由器的某个以太网端口再通过一条双绞线连接内部交换机，如图 3-32 所示。

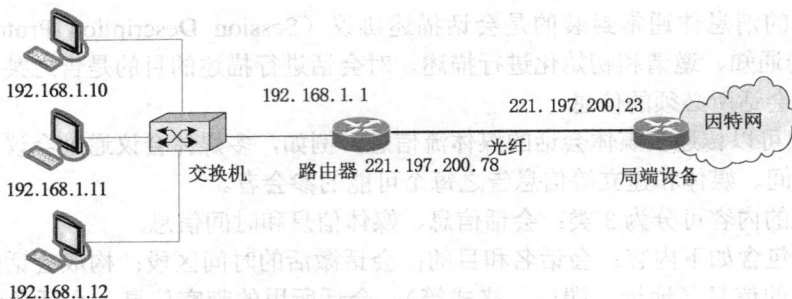

图 3-32　路由器的配置

　　注意路由器至少有两个 IP 地址，一个属于内部子网，一个属于外部子网。路由器的简单配置过程如下。

　　（1）首先使用 enable 命令进入特权模式，使用 config t 命令进入全局配置模式。这和交换机的配置方式完全一样。

　　（2）用 hostname 命令给路由器起个名字。假设为 myrouter。

　　（3）开始配置端口信息，先配置内部以太网端口的 IP 地址，该 IP 地址就是内部以太网计算机上要配置的默认网关地址。

```
myrouter(config)#interface ethernet0/0 //进入端口配置模式，配置以太网端口
myrouter(config-if)#ip address 192.168.1.1  255.255.255.0
                     //为以太网端口分配 IP 地址和子网掩码
```

　　（4）然后配置外部光纤接口。假设路由器的光纤接口为 pos3/0，所接入的光纤网络为 SDH/SONET，配置命令如下。

```
myrouter(config)#interface pos3/0   //配置光纤接口
myrouter(config-if)#ip address 221.197.200.78  255.255.255.0
     //为光纤端口分配 IP 地址和子网掩码，该 IP 地址由 ISP 分配给用户
myrouter(config-if)#pos framing sonnet//使用 POS 技术把 IP 数据包封装到
SONET 帧中
```

　　（5）配置静态路由。采用静态路由的方式连接 Internet 时，需要手动配置静态路由命令，这里添加一条静态路由命令，这条命令为路由器配置了一条从用户端到局端的默认路由，表示将用户端网段上发给路由器的 IP 数据报转发给光纤另一端的地址为 221.197.200.23

的局端设备，该设备必须与路由器同处一个子网中（路由器外面的子网）。

```
myrouter(config)#ip router 0.0.0.0 0.0.0.0 221.197.200.23
    //配置默认路由的下一跳路由器IP地址，该IP地址由ISP提供，假设为221.197.200.23
```

（6）保存配置信息。

```
myrouter#copy running-config startup-config //将RAM中的当前配置存储到NVRAM中
```

3.4.2　NAT

　　网络地址转换（NAT）是一种通过软件实现的 IP 地址转换技术，该软件通常运行在路由器或代理主机上。NAT 将局域网内部的 IP 地址映射成外部的因特网全局 IP 地址，以解决 IP 地址匮乏的问题。通过将 NAT 部署在私有网络和公有网络的边界上，仅需要一个或几个全局 IP 地址，就可以使整个私网的用户访问公网的资源。

　　使用 NAT 的最大缺点是，外部网络上的计算机无法直接访问内网上的计算机。位于不同 NAT 后面的计算机需要借助公网上的服务器提供连接机制，因此，如何穿透 NAT，是 P2P 技术应用的最大障碍。目前 P2P 只能依靠服务器实现 NAT 穿越。

　　NAT 主要是解决目前 IP v4 地址缺乏的问题。采用 IP v6 后，大部分应用场合将不会再使用 NAT 技术，但某些场合还是需要 NAT 技术的。NAT 的实现方式共有三种：静态转换、动态转换和 NAPT。

1. 静态转换

　　静态转换是指将局域网内使用的 IP 地址转换为局域网的全局 IP 地址时，IP 地址转换是一对一的，一成不变，即某个内网 IP 地址固定地转换为某个全局 IP 地址。

　　从静态转换的实现方式来看，这种方式并不符合 NAT 的初衷，因为这样做并没有缓解 IP 地址紧缺的现状。静态地址转换的优点是外部网络可以主动访问私有网络中的某些特定设备，如服务器。因为要想使内网的服务器能够被外网设备访问，就要为服务器分配有效的全局 IP 地址。那么为什么不给内网服务器直接分配全局 IP，而非要通过 NAT 来实现呢？这是因为服务器一般都位于边界路由器后面，IP 地址为内网的地址，利用静态地址转换就可以让外网设备访问服务器。这种 NAT 技术，即使在 IP v6 下也是有存在价值的。

2. 动态转换

　　动态转换是指将局域网内的私有 IP 地址转换为局域网的全局 IP 地址时，映射关系是不确定的，是随机的，即所有被授权访问公网的私有 IP 地址可随机转换为某个空闲的全局 IP 地址。

　　在动态地址转换下，当有一台主机向外网发送一个数据包时，NAT 会从空闲的 IP 地址池中挑选一个全局 IP 地址作替换这个数据包的源 IP 地址。当网络的全局 IP 地址数略少于网络内部的计算机数量时，可以采用动态转换的方式，从而有更多的主机可以和公网互通（注意不是同时互通）。动态转换的缺点是外部网络无法主动访问私有网络中的主机，因为对于外网来说，内网的主机 IP 地址不是固定的。

3. NAPT

　　NAPT（网络地址端口转换）是最常用的 NAT 转换方式，也称为端口多路复用，目前市面上的 SOHO 路由器使用的就是 NAPT 技术。NAPT 在转换 IP 地址的同时也转换运输层的端口（TCP 或 UDP 端口号，对于 ICMP 报文则转换 ICMP 查询 ID）。NAT 为内网 IP 地址动态地分配一个随机的空闲端口，建立内部 IP 地址到该端口的映射关系。这样在将内网的 IP 地址转换为网络的全局 IP 地址的同时，将源端口修改为分配的端口。由此可见，NAT 设备需要修改的不仅有源 IP 地址，同时还需修改源端口地址。

NAPT 不仅要为每台计算机建立映射表项，也为同台计算机上不同端口的 IP 数据报建立映射表项，表项中包括（内网 IP 地址，内网端口号，对外 IP 地址，对外端口号）。由于所有计算机的对外 IP 地址都是一样的，因此，在 NAPT 中，端口号既对应内网的不同计算机，同时也对应计算机上的不同程序。

使用 NAPT，私网仅需要一个全局 IP 地址（也可以是多个）就可以实现私网中所有主机与公网的互通。NAPT 的缺点是外部网络无法主动直接访问私有网络中的主机。分别处于两个 NAT 后面的计算机可以借助服务器进行通信，或借助服务器得知对方的对外 IP 地址和端口，之后再设法直接通信。

3.4.3　DHCP

DHCP（动态主机配置协议）是基于客户/服务器模式的一种协议，源自 Bootstrap 协议，它能自动让网络上的一台 DHCP 服务器为某个计算机分配一个 IP 地址。DHCP 服务器本质上就是一个软件，通常放在路由器上运行。

网络上至少运行有一台 DHCP 服务器，负责监听客户端的 DHCP 请求，并与客户端协商 IP 地址的设定。DHCP 服务器有一个 IP 地址池，可以把池中的 IP 地址动态地分配（出租）给各计算机。当 DHCP 客户端第一次从 DHCP 服务器租用到 IP 地址后，并非永久地使用该地址，只要租约到期，客户端就得释放这个 IP 地址。动态分配比较适合实际 IP 地址不足的时候，例如，某一个 ISP 只能提供 200 个 IP 地址用来分配给用户，但它的用户可能有400 个，同一个 IP 地址可以分时地出租给不同用户使用。

DHCP 工作在客户/服务器模式下，客户发送请求报文，服务器回送响应报文。由于DHCP 工作在无 IP 地址的状态之下，客户端对网络参数一无所知，因此，通常使用广播方式发送报文，IP 地址和 MAC 地址均为广播地址。DHCP 服务器除了为客户主机分配 IP 地址外，还可为客户端指定默认网关 IP 地址、子网掩码、DNS 服务器 IP 地址等网络配置参数。当计算机设置为"自动获取 IP 地址"时，系统默认使用 DHCP 协议。

3.4.4　路由协议

路由器之间利用路由选择协议相互传递本路由器所知道的网络状况，每个路由器根据所收集的网络信息，构造出网络拓扑结构，从中找出从源节点到目的节点的最短路径，然后修改路由表，以便按最短路径转发数据包。

路由协议分为内部路由协议和外部路由协议两大类。所谓内、外部是针对自治系统（AS）而言的，自治系统是指一个机构管理的一组路由器和网络的集合。每个自治系统都有唯一的自治系统编号，这个编号由因特网授权的管理机构分配。

常见的内部路由协议有 RIP、OSPF 等，外部路由协议有 BGP 等。RIP（路由信息协议）是 ARPNET 初期使用的路由协议，RIP 采用距离矢量算法，适合规模比较小的网络，目前已逐渐被 OSPF 协议取代。下面主要介绍 OSPF 和 BGP 协议。

1. OSPF 路由协议

OSPF（开放最短路径优先）协议用于在单一自治系统内进行路由选择，是目前因特网最常用的内部路由协议。OSPF 的主要特点有快速收敛、无自环、区域划分、等价路由、路由分级、支持认证和多播发送等，其适应范围十分广泛，最多可支持几百台路由器。根据路由器在 AS 中的不同位置，OSPF 路由器可以分为区域内路由器、区域边界路由器 ABR、骨干路由器和自治系统边界路由器 ASBR。

OSPF 从逻辑上将 AS 划分成不同的区域（Area），每个区域用区域号（Area ID）进行标识。在 OSPF 划分的区域中，若区域号为 0，则通常称为骨干区域，用于负责区域之间的路由，非骨干区域之间的路由信息必须通过骨干区域来转发。两台区域边界路由器之间通过一个非骨干区域而建立的一条逻辑上的连接通道称为虚连接，该非骨干区域称为传输区（Transit Area）。

OSPF 采用链路状态路由方法，路由器之间交换的信息不是路由信息，而是链路信息。OSPF 不是告知其他路由器它们可以到达哪些网络以及距离是多少，而是告知它们网络接口的状态、这些接口所连接的网络类型以及使用这些接口的费用。每个路由器都会通过 LSA（链路状态通告）报文广播自己的链路状态，直到所有路由器都有完整而相同的链路状态数据库为止。这时，每个路由器就能获得完整的网络拓扑结构，然后，以自己为根，把自己到其他路由器的最短或费用最少的路径作为分支，每个路由器就可以构造一棵树，从而避免自我环路。每个OSPF 路由器使用这些最短路径构造路由表，这就是最短路径优先名称的由来。OSPF 中的 O（开放）只是意味着 OSPF 标准是对公共开放的，而不是私有的专用路由协议。

OSPF 报文的公共首部格式如图 3-33 所示。OSPF 报文直接放在 IP 数据报的数据字段中发送，OSPF 的协议号为"89"。

版本号	类型	数据包长度	路由器ID	区域ID	校验和	认证类型	认证	数据

图 3-33　OSPF 报文的首部格式

（1）版本号。标识所用的 OSPF 版本，目前 IPv4 协议使用的 OSPF 是第 2 版，该字段值为2。

（2）类型。指示 OSPF 的报文类型，OSPF 报文有 5 种类型：Hello、数据库描述、链路状态请求、链路状态更新和链路状态确认。

Hello 报文用于建立和维持邻居关系，Hello 报文被周期地发向路由器接口，周期长短以网络类型为根据，一般每隔 10 秒钟交换一次 Hello 报文。如果一个广播型网络上有多个路由器，则路由协议只需要把报文发送给其中一个路由器就行了，这个路由器称为 DR（指定路由器），其他路由器也会收到这个报文，因此没必要把报文发送给广播网络上的所有路由器。Hello 还负责在广播网络中挑选出 DR，以减少在广播网络上的 OSPF 的流量。

数据库描述报文的内容是拓扑结构数据库，它是形成邻接的第一步。每台路由器通过发送空的数据库描述报文来选举主从关系，一个路由器被指定为主机，其他的被指定为从机，主机发出数据库描述报文，从机通过发出数据库描述报文来发出应答。数据库描述报文包含有链路状态通告（LSA），LSA 根据链路状态的不同具有相应的 5 种格式，即路由器链路LSA、网络链路 LSA、到网络的概括链路 LSA、到 AS 边界路由器的概括链路 LSA 和外部链路 LSA。

链路状态请求报文向相邻路由器请求其拓扑结构数据库的部分内容。当路由器发现它的拓扑结构数据库有些部分过时后，路由器将会使用链路状态请求报文请求对端发送更新，交换消息。

链路状态更新报文是对链路状态请求报文的回应。这些消息也被用于常规的 LSA 交换。几个 LSA 报文可以被包括在一个链路状态更新报文内。

链路状态确认报文是对链路状态更新报文的确认，这种确认使 OSPF 的扩散过程更可靠。

（3）数据包长度。以字节为单位的数据包的长度，包括 OSPF 报文头。

（4）路由器 ID。标识报文的发送者。

（5）区域 ID。标识报文所属的区域。所有 OSPF 报文都与一个单一的区域相关联。

（6）校验和。校验整个报文的内容，以发现传输中可能出现的错误。

（7）认证类型。指出认证类型。类型 0 表示不进行认证，类型 1 表示采用明文式进行简单的身份认证，类型 2 表示采用 MD5 算法进行认证。OSPF 协议交换的所有信息都可以被认证，认证类型可按各个区域进行配置。

（8）认证。包含认证信息，如密码等。

（9）数据。包含所封装的上层信息（实际的路由信息）。

2．BGP 路由协议

BGP（边界网关协议）是用来连接各个自治系统的路由选择协议，它与距离矢量方法相似，只不过发送的不是距离矢量（距离，方向），而是路径矢量（网络，下一跳路由器，路径）。BGP 使用属性序列定义路径，它是一套参数，每个属性描述路径的一些信息，使得 BGP 能够对路由进行过滤和选择，便于实施路由选择策略。

BGP 是一种外部路由协议，与 OSPF、RIP 等内部路由协议不同，其着眼点不在于发现和计算路由，而在于控制路由的传播和选择最好的路径。BGP 交换包含全部自治系统路径的网络可达性信息，按照配置信息执行路由策略。

BGP 报文使用 TCP 协议传输，端口号为 179，共有 4 种报文类型：打开、更新、保活和通知。

打开报文用于建立邻居关系，它是 BGP 路由器之间的初始握手消息，路由器之间通过发送打开报文来交换各自的版本、自治系统号、保持时间、BGP 标识符等信息，进行协商。

更新报文携带的是路由更新信息，包括撤销路由信息和可达路由信息及其路径属性。

保活报文周期地在路由器之间发送，告诉其他路由器这个路由器仍存在，以确保连接保持有效。

当 BGP 检测到连接中断、协商出错、报文差错等错误时，就发送通知报文，关闭路由器之间的连接。

习　题

1．网络层的功能是什么；子网掩码的作用是什么；IP 数据报是如何通过互联网送达到对方的；除了 IP 以外，互联网络层还有哪些协议？

2．IPv4 为什么要分片；IPv6 首部中没有分片字段，是否表示不需要分片；互联网从 IPv4 向 IPv6 升级时，需要更换哪些网络设备？

3．为什么互联网的运输层有 TCP 和 UDP 两种协议；这两种协议有什么区别；当用户传输数据时，由谁决定使用 TCP 还是使用 UDP？

4．IPv4 和 UDP 的协议数据单元都称为数据报，如何理解"数据报"的含义？

5．路由器是如何处理校验和出错的 IP 数据报的；IP 数据报中的 TTL 字段的作用是什么；当 TTL 为 0 时，路由器怎么办？

6．隧道技术的机制是什么，还有什么场合使用隧道技术？

7．TCP 报文段出错后怎么办；对于重复的 TCP 报文段，为什么还要再次发送确认；TCP 如何处理乱序的报文段？

8．域名和网址的关系是什么；DNS、DHCP 都用于获取 IP 地址，二者有什么区别？

9．试比较 NAT 和 DHCP 在共享 IP 地址方面所使用的不同原理；是否还可以通过其他的方式来解决 IP 地址有限的问题？

10．路由协议的作用是什么，目前互联网最常用的路由协议是什么？

电信网（Telecommunication Network）是多个用户电信系统互联的通信体系，是由终端设备、传输设备、交换设备等基本要素组成的综合系统。电信网提供了长距离通信的公共基础设施，可以为不同地区的用户提供互联互通的手段。

在我国，电信网主要由中国电信、中国联通和中国移动公司三大网络运营商进行建设、经营和管理，另外，铁塔公司专门负责大型基站的建设，卫通公司专门负责卫星通信线路的运营，铁通公司专门运营铁路沿线的电信网。

电信网指的是通信行业建设的传统的电话交换网及其衍生而来的其他网络，最初主要包括有线电话通信网、无线电话通信网和卫星电话通信网等为话音服务的通信网络，之后通信行业又建设了大范围的数据通信网络，用于为计算机通信服务。

电信网可划分为基础网、业务网和支撑网。基础网包括交换网、传输网和接入网。业务网包括电话网、移动网、数据网和智能网等。支撑网包括同步网、信令网和管理网。

目前，电信网主要存在三大业务网络：固定电话网、移动通信网和数据通信网。随着网络技术的融合以及电信网主要业务从话音业务向数据业务的转换，电信网的涵盖范围已很难清晰界定。

4.1　公用交换电话网络

公用交换电话网络（Public Switched Telephone Network，PSTN）是人们最早使用的一种网络，用于固定电话之间的话音通信，由用户终端设备、交换设备和传输系统三大要素构成，如图 4-1 所示。

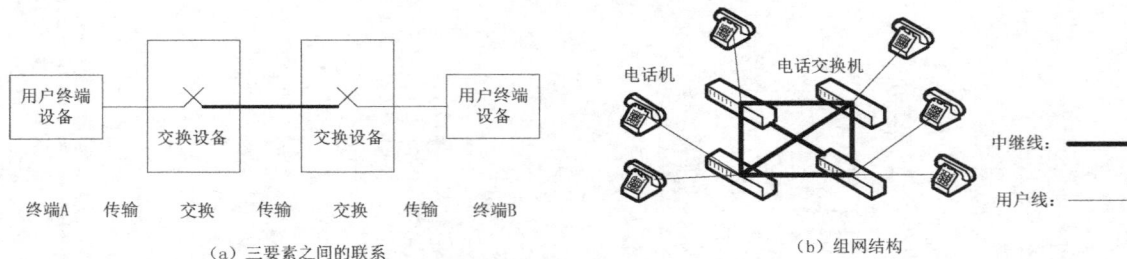

（a）三要素之间的联系　　　　　　　　　　　（b）组网结构

图 4-1　PSTN 三大组成要素及其组网结构

用户终端设备就是电话机（座机），它将用户的声音信号转换成电信号或将电信号还原成声音信号，并具有发送和接收电话呼叫的能力。

交换设备通常是程控电话交换机，负责用户信息的交换，具有连接、控制和监视的功能。

传输系统负责在各交换点之间传递信息，包括用户线和中继线两种传输线类型。用户线负责在电话机和交换机之间传递信息，中继线负责在交换机之间传递信息。传输系统除了传输线路外，还包括各种类型的传输设备。

每条用户线对应一个电话号码。电话号码的编号计划由 ITU-T E.163（国际电话服务号码分配计划）规定，即一个完整的电话号码由三部分构成：国家号+国内长途区号+本地号码。

我国的国家号为 86，长途号码采用不等位制编号：0+长途区号+本地电话号码。"0"称为长途字冠或长途冠号，"00"则为国际长途字冠。首都北京长途区号为"10"，大城市及直辖市为"2X"（X 为 0～9），省会、省辖市及地区中心为"YXX"（Y 为 3～9，X 为 0～9）。

我国本地号码采用等位制编号，包括局号和用户号两部分。局号为 1～4 位，用户号为 4 位。

4.1.1　电路交换网络

PSTN 是一种电路交换网络。电路交换网络的另一个典型例子是全球移动通信系统（Global System of Mobile communication，GSM）。在电路交换网络中，用户或站点开始通信前必须先呼叫对方，向沿路的交换机申请建立一条从发送端到接收端的物理通路，也就是建立一条双向信道。通信期间这条信道始终被双方独占，即使通信双方都没有数据传输，其他用户也不能使用该信道。通信结束后，该信道变为空闲状态，可供其他用户使用。

电路交换网络是面向连接的，当用户开始呼叫时，网络就在两个站点之间建立一条专用通信通路。整个呼叫过程是用信令控制的，信令就是用于控制交换机产生动作的消息，如在电话通信过程中，当用户拨打某个电话号码时，就会产生一条信令消息，通知交换机进行路由选择，并把选好的信道分配给这次呼叫。电话通信的过程也就是电路交换的过程，因此，用于数据通信的电路交换网的通信过程可分为电路建立、数据传输和电路释放三个阶段。

1. 电路建立

通信双方在传输数据之前需先经过呼叫过程建立一条端到端的专用电路。呼叫请求被沿路的交换机逐个传递下去，如果交换机有空闲的信道，则分配给该呼叫，否则拒绝该呼叫。呼叫过程造成电路建立阶段时延较大。

电路交换网在电路建立阶段需要进行路由选择，一般路由选择也比较简单，例如，在电话网中，当呼叫 010（北京区号）开头的电话时，本地交换机看到"0"，就会选择通往本市长途局的线路，长途局看到接下来的"10"，自然会选择通往北京的线路。

另外，在电路交换网中，电路建立好后，用户数据是沿建好的电路透明传输的，电路两端设备的速率必须相同，这时甚至会要求收发双方能够自动进行速率匹配。例如，利用普通拨号调制解调器上网时，在呼叫对方的过程中，双方的调制解调器就是通过互送载波信号来调整速率，达到速率一致的目的。

2. 数据传输

当电路建立好以后，数据就可以从源节点经过一系列的交换机发送到目的节点。电路交换机不对用户数据作任何分析和改变，也无需再进行路由选择，数据是实时透明传输的，通信双方的数据传输延迟仅取决于电或光信号沿媒介传播的延迟。

电路交换网是专为话音通信设计的，很少用于数据业务，主要是因为其资源利用效率比较低。连接期间信道容量是专用的，如果没有数据要传，容量就被浪费了。即使在电话通信中，由于讲话双方总是一个在说，一个在听，因此电路空闲时间大约是 50%，如果考虑到讲话过程中的停顿，那么空闲时间还要多一些。电路交换网络不适合计算机通信，计算机网络的数据传输具有突发性，例如浏览网页时，常常 90%以上的时间网络线路是空闲的。

3．电路释放

数据传输完毕后，需要断开电路，释放线路资源。被释放的信道从占用状态变为空闲状态后，就可被其他通信使用。

由于电路交换方式的主要特点是在通信的双方之间建立一条实际的物理通路，并且在整个通信过程中，这条通路被独占，因此，电路交换网一般按时间收费，时间长度从电路建立完毕直到电路释放为止。费率的高低主要依赖于所占用的网络资源有多少，如距离、带宽等。

4.1.2　PSTN 结构

我国建设的 PSTN 采用的是等级结构，电信网的等级结构是指对网中各交换中心的一种安排。按等级划分，PSTN 的基本结构形式有等级网和无级网两种。在等级网中，每个交换中心被赋予一定的等级，不同等级的交换中心采用不同的连接方式；在无级网中，每个交换中心都处于相同的等级，不分上下级，各交换中心采用网状网或不完全网状网相连。

我国 PSTN 分为长途电话网和本地电话网两部分，最初采用 5 级等级结构，根据服务区域的大小，把电话交换局分为 C1～C5 共 5 级交换中心，其中 C1～C4 为长途交换中心，C5 为端局。之后 PSTN 演化为 3 级等级结构，C1、C2 级合并为一级长途交换中心 DC1，C3、C4 合并为二级长途交换中心 DC2，如图 4-2 所示。

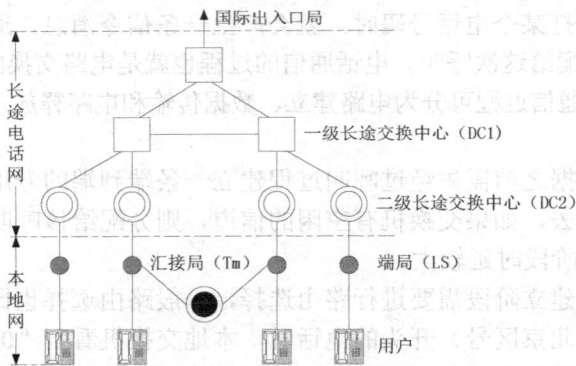

图 4-2　我国 PSTN 的等级结构

长途电话网包括 DC1 和 DC2 两级交换中心。DC1 为省级交换中心，采用全连接网状拓扑结构。DC2 为市级交换中心，DC2 之间采用全连接或不完全网状连接。DC1 与本省内各地市的 DC2 局以星型相连，DC2 也可与非从属的 DC1 之间建立直达电路群（直接相连的中继线）。

本地电话网指的是在同一个长途编号区范围内的电话通信网，是由该地区内所有的交换设备、传输系统和用户终端设备组成的电话网络。本地网电话局包括端局（Local Switch 或 End Office 或 local exchange，LS）和汇接局（Local Tandem，Tm）。

端局直接连接用户电话机，负责局内交换及来话、去话处理。端局以下可设置远端模块、用户集线器或用户交换机（Private Automatic Branch eXchange，PABX），它们只和所从属的端局间建立直达中继电路群。端局与位于本地网内的长途局间可设置直达中继电路群，但一般在汇接局与长途局之间设置低呼损直达中继电路群。

本地汇接局用于汇接本汇接区内的本地或长途业务。汇接局之间组成网状网，汇接局与其所汇接的端局之间组成星状网。任一汇接局与非本汇接区的端局之间，或端局与端局之间可设置直达电路群。

等级网络是一种静态管理网络，随着网络扁平化的发展，目前网络结构已迅速向无级动态网络转变。在无级网中，各电话交换机利用计算机进行控制，根据时间或网中负荷的变化，在整个网络中灵活选择最经济、最空闲的通路，即从等级网的静态路由选择转向无级网的动态路由选择。

4.1.3　用户环路

用户环路是指从电话端局的交换机到用户终端设备之间的连接线路，早期的传输媒介为铜线，从用户终端电话机到电话交换机的连接如图 4-3 所示，即，电话机→引入线→分线盒→配线电缆→交接箱→主干电缆→主配线架→用户电缆→电话交换机。

图 4-3　典型铜线用户环路示意图

电话交换机和主配线架放置在电话端局所在的大楼中，电话交换机通常为程控交换机。用户电缆、主配线架和主干电缆统称为馈线，馈线电缆一般为 3～5km。

用户电缆一般由程控交换机厂商提供，一根用户电缆有 8 或 16 对用户线。

主配线架利用跳线灵活连接用户线和主干电缆。主配线架分直列与横列两面，横列接交换机用户电缆，直列接主干电缆，直列和横列之间用双股跳线相连，跳线为普通的 0.4mm 塑料护套线。此外，主配线架还装有保安器，用于防止外电（如雷电、高压电等）通过电话线窜入程控交换机等设备。主配线架是市话测量室主要设备之一，测量台对用户线进行电气测量（电阻、电压、电容等），以确定障碍原因（混线、断线、地气等）。混线是指两根芯线相碰，分自混和它混两种情况。自混是指本对线间相碰，它混是指不同线对间芯线相碰。断线是指单根或一对芯线断开。地气是指芯线与金属屏蔽层（地线）相碰，又称为接地。

主干电缆为大对数的双绞线电缆，如 100 对或 200 对双绞线电缆。

交接箱其实就是一个微型配线架，负责对主干电缆的任意一对线和配线电缆任意一对线进行连接，通常放置在用户大楼的设备间中。

配线电缆基本上是 100 对左右的双绞线电缆，一般为数百米。

分线盒通常放置在用户大楼的楼道或竖井中，是一个更小型的配线架。

引入线一般是皮线，不是双绞线，而是两条平行线，只有数十米左右，用于连接电话机，电话机接口标准为 RJ11。

一般市话用户线最长不超过 5 公里，可以通过部署远端模块局连接距离较远的用户。远端模块局是指把程控交换机的用户模块通过光缆放在远端，以扩大程控交换机的覆盖范围。远端模块局的数据制作、计费信息及用户信息等均在母局侧。远端模块局与母局之间通过光缆连接。

目前用户环路大多数已升级为接入网，电缆也逐渐代之以光缆。

4.1.4 程控交换机

程控交换机是 PSTN 的中心设备。在程控数字交换机中，用户的语音信息经过抽样、量化、编码后装载在一个固定时隙中，这个过程称为脉冲编码调制（Pulse Code Modulation，PCM），简称脉码调制。在 PSTN 中，对语音信号的抽样频率为每秒 8000 次，抽样值进行 256 级量化，利用 8 位二进制编码来表示信号的量化电平，所代表的语音信号称为 PCM 信号。

程控交换机的组成如图 4-4 所示，主要由话路系统和控制系统两部分组成。话路系统包括用户电路、数字交换网络、出入中继器和信令设备。控制系统由计算机系统和控制软件组成，主要功能包括接口地址译码、忙闲测试、路由选择、驱动控制和计费等。

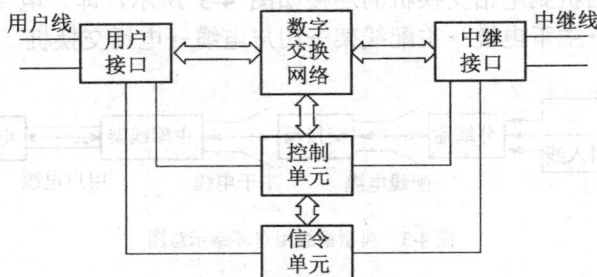

图 4-4 程控交换机的组成

用户电路实现各种用户线与交换网络之间的连接，通常又称为用户线接口电路。用户电路的基本功能包括馈电（向共电式话机直流馈电）、过压保护、振铃（向被叫用户话机馈送铃流）、监视（监视用户线状态）、编解码（PCM 信号）、混合（进行用户线的 2/4 线转换，以满足编解码与数字交换对四线传输的要求）和测试（提供测试端口，进行用户电路的测试）。

数字交换网络在主叫方和被叫方之间建立话音通路。当两用户要建立呼叫时，控制器根据两用户所用的 PCM 线号和时隙号，在数字交换网络内部建立通路。数字交换网络内部的通路称为连接，由"转发表"实现对连接的控制，如图 4-5 所示。用户甲与用户乙通话，用户甲的电话机占用时隙 10，发送话音信号"a"给用户乙。用户乙占用时隙 20，发送话音信号"b"给用户甲。不同的 PCM 线号相当于不同的中继线。程控交换机中的数字交换网络完成不同中继线不同时隙的互换功能。

出入中继器在中继线与数字交换网络之间提供接口电路，用于交换机中继线的连接。注意这里所提的术语"中继器"与通常含义不同，不是指延长信号传输距离的设备。中继器的主要功能包括发送与接收表示中继线状态的线路信令、转发与接收代表被叫号码的记发器信令、供给通话电源和信号音、向控制设备提供所接收的线路信令等。

信令单元的主要功能是接收和发送信令，包括信号音发生器和双音多频（Dual Tone Multi-Frequency，DTMF）接收器等。信号音发生器用于产生各种类型的信号音，如忙音、拨号音、回铃音等单频信号，这些音频信号均以数字信号方式存储在 ROM 当中。DTMF 接收器用于接收用户电话机发出的 DTMF 信号。DTMF 信号用高低两种不同的频率代表一个拨号数字，共有 4 个高频和 4 个低频信号，两两组成 0～9、*、#以及 A～D 共 16 个信号组合。DTMF 接收器的任务就是识别组成信号的两个频率，并转换成相应的拨号数字。

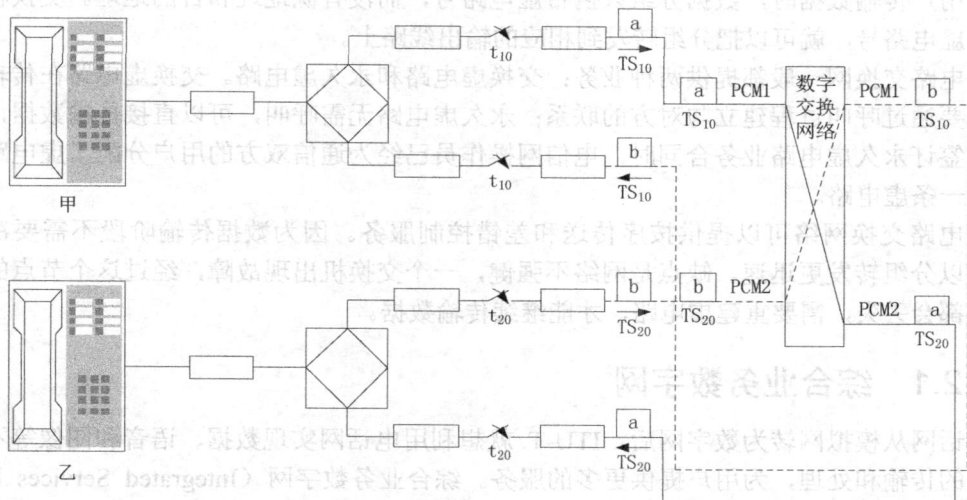

转发表			
输入PCM号	时隙号	输出PCM号	时隙号
1	10	2	20
2	20	1	10
…	…	…	…

图 4-5　程控交换机的转发机制

控制单元是程控交换机的核心，其主要任务是根据外部用户与内部维护管理的要求，执行存储程序和各种命令，以控制相应硬件实现交换及管理功能。控制单元的主体是微处理器，分为集中控制和分散控制两类，通常采用部分或完全分布式控制方式。

4.2　传统数据通信网

　　传统数据通信网是指早期通信行业为计算机通信所建设的网络，这些网络也同时考虑了与电话网的融合。计算机通信的特点使得分组交换网络比电路交换网络更有效，但囿于固有思维，通信行业在建设分组交换网时，并没有采用诸如 IP 网络这种无连接的数据报分组交换网络，而是采用了虚电路分组交换网络。

　　虚电路分组交换网络延续了电路交换网面向连接的思想，在传输数据前，必须通过呼叫建立一条通路。与电路交换网的最大区别是，这条物理通路不是独占的，而是与其他用户共享的，不同用户的分组靠分配给用户的虚电路号来区别。通信行业建设的 X.25 分组交换网、帧中继网络、ATM 网络都是虚电路分组交换网络。

　　与电路交换网一样，虚电路分组交换过程也分为 3 个阶段：虚电路的建立、数据的传输和虚电路的拆除。

　　在呼叫建立过程中，用于呼叫请求的分组中携带了源地址和目的地址。交换机收到呼叫请求消息后，进行路由选择，并给该次呼叫分配所需的网络资源，如缓存区、虚电路号等，并填写虚电路表。网络中的每个交换机都保存有一张虚电路表，记录了已建立的虚电路的信息，包括虚电路号、前一个交换机、下一个交换机等信息。

当用户传输数据时，数据分组只携带虚电路号，而没有源地址和目的地址。交换机只需要识别虚电路号，就可以把分组转发到相应的输出线路上。

虚电路交换网一般都提供两种业务：交换虚电路和永久虚电路。交换虚电路在传输数据前，需要通过呼叫过程建立与对方的联系；永久虚电路无需呼叫，可以直接传输数据，这是因为在签订永久虚电路业务合同时，电信网操作员已经为通信双方的用户分配了虚电路号，建立了一条虚电路。

虚电路交换网络可以提供按序传送和差错控制服务。因为数据传输阶段不需要决定路由，所以分组转发更迅速。缺点是网络不强健，一个交换机出现故障，经过这个节点的所有虚电路都会丢失，需要重建虚电路，才能继续传输数据。

4.2.1 综合业务数字网

电话网从模拟网转为数字网后，ITU-T 就想利用电话网实现数据、语音和图像等不同类型数据的传输和处理，为用户提供更多的服务。综合业务数字网（Integrated Services Digital Network，ISDN）的提出就是想把当时的公共电信网络结合起来，使各种不同的业务经过数字化后，在一个网络中传输。

ISDN 本质上是一种电路交换网络，并且 ISDN 的呼叫控制协议和数据传输协议是分开的，使用的信道也不同。电路的建立和拆除通过呼叫控制协议进行，当电路建立后，就可以利用用户接入协议在电路上传输用户数据。

ISDN 的协议结构分为呼叫控制协议和用户接入协议两部分，每部分都分为 3 层：网络层、链路层和物理层。如图 4-6 所示。呼叫控制协议用于传输信令，信令就是用于控制呼叫过程的控制消息，以控制一系列的 ISDN 交换机在网络中搭建一条电路。用户接入协议用于传输用户数据。ISDN 并没有自己的数据传输协议，而是在已呼叫通的电路上利用其他分组交换协议传输数据。

呼叫控制协议	用户接入协议			
Q.931	IP		X.25	网络层
LAPD	PPP	帧中继	LAPB	数据链路层
I.430或I.431				物理层

图 4-6 ISDN 的协议结构

物理层协议 I.430 或 I.431 是用户设备与 ISDN 交换机之间的物理层连接标准。ISDN 提供两种接口标准：I.430 用于基本速率接口（Basic Rate Interface，BRI），I.431 用于主速率接口（Primary Rate Interface，PRI）。

BRI 提供 2B＋D 数字通道接口。B 通道是数据承载通道，用于传输用户的数字数据或语音等信息，速率为基本速率。基本速率是指一路 PCM 话音信号的传输速率，即 64kbit/s。D 通道是控制通道，速率为 16kbit/s，用于用户与 ISDN 交换机之间传输呼叫控制协议报文

（即信令）。BRI 接口可在一条普通电话线上同时提供 64kbit/s 的数据传输速率和一路电话信号的传输。BRI 的总速率为 2×64kbit/s+16kbit/s=144kbit/s。

PRI 提供 30B+D（对应 El 线路）和 23B+D（对应 T1 线路）数字通道接口。B 通道仍为 64kbit/s ，但 PRI 中的 D 通道速率也是 64kbit/s。PRI 是指电话网的中继线接口，主速率指的是 PDH 传输网中的一次群速率，即 2.048Mbit/s 或 1.544Mbit/s。

呼叫控制协议是用户设备和 ISDN 交换设备之间的协议，由 D 通道传输。通过 D 通道的控制信息，就可以在两个用户设备之间建立传输用户数据的 B 通道。用户设备通过用户接入协议，在 B 通道交换数据。

呼叫控制协议中的网络层协议 Q.931 用于传输信令消息，如连接、连接确认、拆线、状态查询等。D 通道链路接入规程（Link Access procedure For D channel，LAPD）的功能是利用 D 通道在第三层实体之间可靠地传递信息。

当电路建立好后，在这条电路上传输什么数据、使用什么协议，实际上就是用户自己的事情了，这也是电路交换网络数据透明传输的特性所决定的。在 ISDN 网络中，传输用户数据时可以使用 IP、X.25 和帧中继等其他分组交换网的协议；传输 IP 数据报时链路层协议为点到点协议（Point to Point Protocol，PPP）；传输 X.25 分组时，使用 X.25 分组交换网自己的链路层协议 LAPB；帧中继没有网络层协议，直接使用链路层的 LAPF 协议传送用户数据，通常为 IP 数据报。

4.2.2　帧中继网络

帧中继采用流式通信处理，放弃了链路级的差错和流量控制，这是因为随着通信技术的发展，网络主干线路大量采用光纤，极大提高了信号传输质量，传输差错可以交由用户处理，通信网络可以专注于数据的传输。

帧中继网络的协议结构只有两层：数据链路层和物理层。帧中继的物理层与 ISDN 相同，提供 BRI 和 PRI 两种接口。数据链路层分为控制平面和用户平面两部分，分别使用各自的通道传输网络控制信息和用户数据信息，采用的协议也分成两个部分：控制协议和用户接入协议。

控制协议的主要功能是在帧中继网络中为两端用户设备建立交换虚电路（SVC）。控制平面的数据链路层协议与 ISDN 相同，使用 LAPD 传输 Q.931 控制信令，另外，也可以使用 Q.922 传输 Q.933 信令。

用户接入协议完成用户数据传输，使用的通路是永久虚电路（专线）或交换虚电路（由控制协议为其建立的）。用户平面的数据链路层协议为 LAPF（Q.922）核心协议，LAPF 核心协议只支持 LAPF 的核心功能，没有差错控制等其他功能。

帧中继网络的用户基本接入速率最高为 2Mbit/s。帧中继的用户接入电路有：基带传输方式；采用直通用户电路接入到帧中继网络；2B+D 线路终端（LT）传输方式；ISDN 拨号接入方式；PCM 数字线路传输方式。通过电话网 El 中继线路访问帧中继网络的方法如图 4-7 所示。图中 TE 为终端设备；CSU 为信道服务单元，作用相当于调制解调器，只不过没有数模转换，因为两侧都是数字信道；FH 是帧中继交换机。

中国的帧中继网络为中国公用帧中继宽带业务网（ChinaFRN）。ChinaFRN 主要用于各单位的局域网互联和多媒体信息传送，提供的业务主要有两种：永久虚电路和交换虚电路。

大多数帧中继网络通常只提供永久虚电路业务。

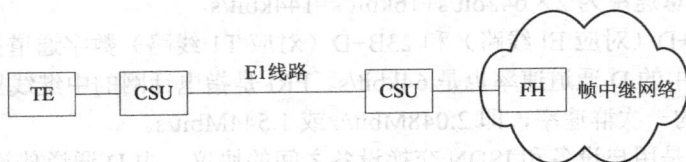

图 4-7 用户终端通过 E1 线路访问帧中继网络

4.2.3 ATM 网络

ATM（异步传输模式）是一种虚电路分组交换网络，它延续了 ISDN 的思想，并致力于传输速率的提高，被 ITU-T 选为宽带综合业务数字网络（B-ISDN）的核心技术，成为 B-ISDN 的交换、复用和传输技术。

在交换方面，ATM 为了提高交换机的交换速率，采用了固定长度的分组（称为信元），简化了分组的头部，降低了交换节点的复杂度。

在复用方面，ATM 采用统计多路复用技术，统计多路复用也称为异步多路复用，当用户有数据发送时，就占用一个时隙；没有数据发送时，就不为用户分配时隙。ATM 的时隙长度为一个信元的长度。每个信元携带有用户在这次连接中的标识符，用于区分各个用户以及一个用户的不同连接。

在传输方面，ATM 之所以称为异步传输模式，就是针对 PDH 或 SDH 等传输网所采用的同步传输模式（STM）而言的。在 STM 中，网络采用同步时分多路复用技术，一旦为用户分配了时隙，则在周期性出现的时隙中，用户有无数据传输，该时隙都属于该用户，其他用户不得占用。在 ATM 中，网络采用的是统计时分多路复用技术，每个时隙传送的单位是信元，来自某用户信息的各个信元不需要周期性地出现。值得注意的是，ATM 术语中的"异步"是指 ATM 统计时分多路复用的性质，与"异步串行通信"毫不相干，实际上，信元中的每个位是同步定时发送的，信元也是逐个连续发送的，即 ATM 采用的是同步串行通信技术。

1. ATM 协议层次结构

ATM 网络协议体系结构分为 4 层，其中 ATM 协议本身分为 3 层：ATM 适配层、ATM 层和物理层。如图 4-8 所示。

高层协议是指 OSI 或 TCP/IP 参考模型的高层协议，包括网络层到应用层的所有协议，这意味着其他网络也能够利用 ATM 网进行互联。

ATM 适配层根据各种业务的特性，把业务数据整理成一定的格式，再装入到 ATM 信元中。ATM 适配层是一个端到端的协议，即 ATM 交换机不处理 ATM 适配层的内容，它是由用户终端处理的。

高层协议
ATM适配层
ATM层
物理层

图 4-8 ATM 协议层次体系结构

ATM 层提供信元的传送，实现信元的交换和复用。ATM 层属于数据链路层协议，但它不进行差错控制。信元出错可以被检出，但不纠正，错误的信元只是简单地被丢弃。

ATM 物理层的主要功能是使信元以比特流的形式在传输系统中进行传送。ATM 的物理层包括两个子层：物理媒介依赖（PMD）子层和传输会聚（TC）子层。PMD 子层实际传输

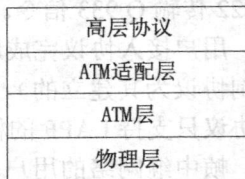

ATM 信元中的各比特，提供比特流传输、信号定时、线路编码和传输媒介的物理接入。ATM 可以采用不同的传输媒介、速率和体系，通常为光纤，也可以在 SDH 等传输网上传输。TC 子层的主要功能是实现比特流和信元流之间的转换，即信元的定界。ATM 采用一种特殊的方法为信元定界，它不采用帧同步码等增加额外开销的方法，而是利用信元中的 HEC 字段来定界。信元中的 HEC 采用 CRC 校验，生成多项式为 x^8+x^2+x+1，校验范围是信头的前 4 个字节。ATM 在信元定界时，先逐位进行 CRC 校验，如果 CRC 正确，则认为初步定界；然后逐信元进行 CRC 校验，如果连续 α 次检测 HEC 正确无误，则可判定信元已定界。如果连续 β 次收到错误的 HEC，ATM 就认为信元已失步，需要重新对信元定界。一般 α 取值为 6，β 值为 7。

2．ATM 的业务类型

ATM 是 B-ISDN 的核心技术，目的是向用户提供综合业务的服务。最初，ITU-T 根据定时关系、比特率和连接方式定义了 A、B、C、D 四种业务类型，后来又明确淘汰了这四种分类，采用了 ATM 论坛定义的如下 6 种业务类型。

（1）恒定比特率 CBR。CBR 业务要求指定的带宽在整个呼叫期间都保持固定。在这种情况下，如果有时延，则所有信元的时延相同。仅当网络能够提供呼叫所请求的带宽时，网络才接受该呼叫。本业务包括诸如话音、视频和电路仿真数据等对时延敏感、实时的应用。CBR 业务主要用于把电话网连接到 ATM 网络中。

（2）实时可变比特率 RT-VBR。RT-VBR 业务需要可变的带宽，但本质上是实时的。RT-VBR 业务适合以分组方式传输的多媒体业务，如交互式的压缩视频（例如电视会议）。

（3）非实时可变比特率 NRT-VBR。NRT-VBR 业务也要求可变的带宽，但可以忍受一定的时延和时延抖动，如文件传输、电子邮件等。

（4）可用比特率 ABR。ABR 业务是为带宽范围已大体知道的突发性信息传输而设计的。ABR 业务指出所需的带宽上限和下限。网络为用户分配的带宽数量在呼叫期间可能会改变，当网络中发生拥塞时会要求发送者减小发送速率。因此，ABR 业务不适合实时应用，而适合网页浏览等非实时应用。

（5）未指定比特率 UBR。UBR 业务不做任何承诺，对拥塞也没有反馈，提供的是一种"尽力而为"型的服务。如果发生拥塞，网络可能降低其带宽分配，也会丢弃信元，但并不指示发送者放慢速度。适合 UBR 业务的例子有后台文件传输等非实时应用。

（6）保证帧速率 GFR。GFR 用于 IP 骨干网，包括以太网的互联。GFR 对基于帧或分组的通信量做了优化处理，能够保证最小可用容量。分组在 ATM 网络中传输时被拆成多个信元，GFR 可以识别帧或分组的边界，这样，当拥塞时丢弃了分组的一个信元时，就把该分组的所有信元都丢弃。

3．ATM 信元的结构

ATM 的基本传输单位是信元，数据都是被拆装到信元中传输的，信元就是具有固定长度的分组。ATM 信元的长度为 53 个字节，其中 5 个字节是信头，48 个字节是信息字段。信头包含了表示信元去向的逻辑地址、优先级等控制信息；信息字段装载来自不同用户、不同业务的数据。任何上层数据都要经过分拆或装配，封装成统一格式的信元。信元格式分为两种，用户网络接口（UNI）信元的各个字段如图 4-9 所示。网络-网络接口（NNI）的信元格式不包含 GFC 字段，该字段被 VPI 字段占用，VPI 字段被扩展到 12 位，除此之外，其余字段均相同。

ATM 信元各字段的含义如下。

（1）通用流量控制。该字段长度为 4 位，只有在用户终端到交换机之间的信元上才存在，用于控制一个接口上多个终端的流量，避免某个终端长时间独占接口。该字段当初是为了把共享媒介的局域网接入到 ATM 网络中而设计的，如共享式以太网与 ATM 网络的连接。现在看来，该字段的设计思想有问题。

（2）VPI（虚通路标识符）。位于 UNI 的信元 VPI 字段长度为 8 位，位于 NNI 的信元该字段长度为 12 位，也就是说，同一个用户

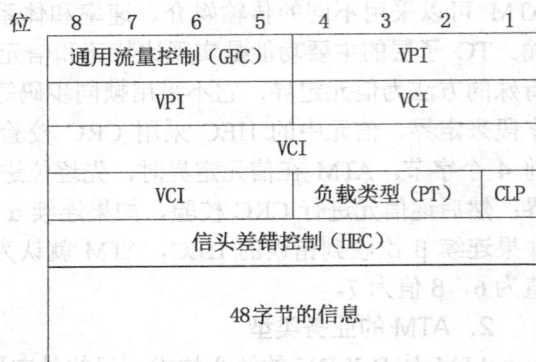

图 4-9 ATM 信元结构

的同一个信元从终端出来时，VPI 为 8 位，到达交换机后，交换机向下一个交换机转发这个信元时，VPI 的长度为 12 位（占用了 GFC 字段）。VPI 一般用于主干网上线路的交叉连接。

（3）VCI（虚信道标识符）。VCI 的长度为 16 位。VCI 随呼叫的发生而分配，随呼叫的释放而收回。在一个接口上用 VPI 和 VCI 这两个值就能完全识别一个呼叫，标识了信元是哪个用户的。ATM 是面向连接的，提供的是虚电路服务，VPI 和 VCI 就相当于虚电路标识符，只不过在建立连接时，每到一个交换机，该交换机就会在下一个交换机之间分配一个新的 VPI 和 VCI 值。因此，当同一个信元沿着虚电路传送时，在网络节点之间就会有一系列不同的 VPI 和 VCI 值，这一系列不同的 VPI 和 VCI 就标识了这条虚电路。VPI 和 VCI 没有本质的不同，只是粒度大小的划分不同而已，VPI 的粒度比较大，为了减轻交换机负担，避免对每个呼叫都进行处理，并且减少转发表的长度，可以把走向相同的 VCI 容纳到一个 VPI 中。

（4）负载类型。用于指示有效负荷的类型，长度为 3 位。第 1 位用来指示信元中的数据是用户信息还是网络信息；第 2 位指示信元是否经历了拥塞；第 3 位被适配层利用，用来指示该信元是否为适配层 PDU 的最后一个信元，以便接收方能够把分拆的适配层 PDU 重新组装起来。

（5）CLP。表示信元丢失优先权。CLP 的长度为 1 位。当网络拥塞时，可以抛弃 CLP 置为 1 的信元。可丢弃的信元适用于那些对时间敏感、而对正确性不太敏感的数据，如视频、音频数据等。

（6）信头差错控制（HEC）。HEC 使用 CRC 码校验，长度为 8 位。HEC 只对信头作差错校验，不对数据进行校验，当检测出信元出错时，就把信元丢弃。HEC 的目的是防止因 VPI、VCI 出错，导致信元串入其他用户终端形成干扰。

4．ATM 对业务数据的拆装

ATM 网络的传输单位是信元，来自高层的各种业务的数据流或数据块都需要分拆组装成信元，以便 ATM 网络用统一的 ATM 信元形式来传送和交换。这项功能是由 ATM 适配层（AAL）来完成的。

ATM 适配层根据业务类型的规则附加上标头、标尾、填充字节和循环冗余校验（CRC）位等控制字段，形成适配层自己的 PDU，然后把该 PDU 分割成较小的块，放在信元的信息字段中，最后由 ATM 层封装成 53 字节的信元。

根据业务类型的不同，业务数据的拆装方法也不同。ITU-T 曾定义了 4 种 ATM 适配层

协议：AAL1、AAL2、AAL3、AAL4。后来又将 AAL3 和 AAL4 合并为一种 AAL3/4。ATM 论坛认为 ALL3/4 太复杂，不令人满意，就定义了另一种协议 AAL5 来取而代之。目前，AAL5 是最常用的适配层协议，标准规定，ATM 交换机和端点都必须支持 AAL5。

从高层协议交给 AAL 层的数据一般有两种方式：报文方式和流方式。报文方式就是以报文为单位，如 IP 数据报，拆装时需要保留每个报文的边界；而流方式则没有保留边界的问题，如放在 T1 帧或 E1 帧中的音频流等。

ATM AAL5 适合报文方式，它在高层的数据报文后面加了一个尾部，封装成一个 48 字节整数倍的适配层 PDU，然后再按 48 字节拆分，放在信元的信息字段中，由 ATM 层加上信头，封装成信元，如图 4-10 所示。

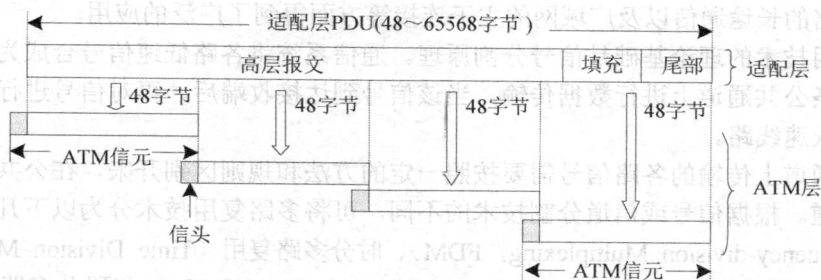

图 4-10　ATM AAL5 对高层报文的拆装

尾部包括保留字段、长度字段和 CRC-32 校验字段。保留字段占 2 字节，用于以后的功能扩展；长度字段占 2 字节，指示高层数据的字节数；CRC-32 对整个适配层 PDU 进行校验。图中的填充字段是为了保证适配层 PDU 为 48 字节的整数倍，以易于分拆和组装。

4.3　传输网

传输网就是传输光信号或电信号的基础通信网络，也称为传送网。严格来讲，传输网（transmission network）和传送网（transport network）稍有区别。传输网是指网络的物理功能实现，侧重于网络的设备和线路组成；传送网是指网络的逻辑功能实现，侧重于信号结构和协议体系。本书对二者不加区别。

传输网用于为其他网络的组建提供比特流通道，为其他通信网络提供公共的基础设施。例如，中国公用数字数据网（ChinaDDN）就是一种利用数字信道传输数据信号的传输网，主干线路上的数字信道可以是光缆、数字微波和卫星信道，速率为 2Mbit/s。用户线路可以是电缆、双绞线等，速率一般是 64kbit/s。中国教育网 CERNET 和中国公用计算机互联网 ChinaNet 等在发展初期都采用 ChinaDDN 做骨干网。DDN（数字数据网）实际上就是为用户提供一条数字专线，构不成一种传输体制，在国外也不称为网络，而称为 DDS（数字数据系统）等。

传输网由复用器、交叉连接设备和传输线路组成，只具有 OSI 参考模型的物理层功能。相比之下，交换网通常具有网络层、数据链路层和物理层共 3 层功能。因此，传输网的功能比较简单，只有传输和复用功能，没有交换功能。

从传输体制来讲，目前传输网主要有准同步数字体系（Plesiochronous Digital Hierarchy,

PDH)、同步数字体系（Synchronous Digital Hierarchy，SDH）和光传送网（Optical Transport Network，OTN）三种。

4.3.1 多路复用技术

实际通信系统中经常要在异地之间同时传送多路信号，对于近距离的多路信号传输可以采用多路低速传输媒介，而对于远距离多路信号传输，如果通过新建信道的方式解决，就会导致资源的浪费。另外，现有的通信系统采用的传输媒介所能提供的带宽往往要比传送一路信号所需的带宽要多。多路复用就是一种在一条传输通道上传输多个信号的技术。它高效地解决了两地之间传送多路信号的问题，提高了传输媒介的利用率，在大容量光纤、同轴电缆、微波链路的长途通信以及广域网的主干连接等方面得到了广泛的应用。

多路复用技术的理论基础是信号分割原理。通信系统将各路低速信号合成为一路复用信号，并在一条公共通道上进行数据传输，当该信号到达接收端后，再对信号进行分离，分别送给对应的低速线路。

在公共通道上传输的各路信号需要按照一定的方法和规则区别开来，在公共通道上分割出各自的信道。根据信号或信道分割技术的不同，可将多路复用技术分为以下几类：频分多路复用（Frequency-division Multiplexing，FDM）、时分多路复用（Time Division Multiplexing，TDM）、波分多路复用（Wavelength Division Multiplexing，WDM）和码分多路复用（Code Division Multiple Access，CDMA）等。

1. 频分多路复用

频分多路复用是按照信号的频率参量来分割信号的，将传输通道在频域上划分为若干个子信道，每条子信道传输一路信号。在模拟传输中，当传输媒介的带宽大于要传输的所有信号的带宽之和时，就可以采用频分多路复用技术。换言之，在频域内，只要各信号在频谱上不重叠，就可以在同一信道中传输，最后用滤波器将其分开，实现频分多路复用。

频分多路复用技术在具体实现时，会将每个信号调制到不同的载波频率上，然后将调制后的信号合并成可以通过传输媒介进行传送的复合信号。在进行信号调制时，要保证不同的载波频率间有足够的间距，称为保护频带，以确保这些信号的带宽不会重叠。

频分多路复用的关键是通过调制将各路信号的频谱转移到传输通道的相应位置上，再经解调进行恢复。频谱在迁移过程中会对信号造成损伤，采用线性调制技术可以减少损伤。

在复用器中，每路信号先由载波调制器进行调制，之后将调制所得的模拟信号叠加起来，形成复合信号，由复用发送器发送，经由传输媒介将复合信号传送到接收器。每一路信号经过调制，其频谱被移到以其载波频率为中心的位置上。通过选择不同的合理载波频率，就可以使不同信号的带宽之间不会有重叠。如果发生重叠，将导致接收端不能回复原始信号。

在解复器中，复合信号到达接收端后，接收端通过带通滤波器，将复用信号重新分割为多路状态，之后再经解调器处理后回复为原始多路信号。解复器使用的带通滤波器也都以各信号的载波频率为中心。

频分多路复用技术的原理是基于信号频率的不同进行多路信号的复用，属于模拟传输技术，若源端发送的是数字信号，则需要事先转换为模拟信号。

频分多路复用常用于模拟通信系统以及基于原模拟通信系统进行数字化改造后的数字通

信系统，如广播电台、无线广播电视、模拟有线电视、数字有线电视、电话线拨号上网、电话线 ADSL 上网等。

2. 波分多路复用

波分多路复用是按波长分割每路光信号，将不同波长的信号合并为一路信号，在一根共享光纤上进行传送。

波长不同也就是光的频率不同，因而波分多路复用在概念和工作原理上与频分多路复用基本相同。由于采用光纤作为传输媒介，波分多路复用比频分多路复用的效率更高，所用器件和技术也与频分复用完全不同。

在波分多路复用中，不同波长的多路光信号被合波器（复用器）放在同一光纤上传输，该复合信号到达接收端后，使用分波器（解复器）再将各路光信号分解出来。具体地讲，光纤中的每个信道都有自己的波长范围，而且所有的范围都是分隔的，每一种波长的光都可以承载一个数据信道。合波器和分波器使用棱镜完成光源的合并与分离。

波分多路复用技术能够复用的光波数目与相邻两载波波长之间的间隔有关。当相邻两峰值波长的间隔为 20nm 以上时，称为粗波分复用（CWDM）系统；当相邻两峰值波长间隔为 10nm 以下时，称为密集波分复用（DWDM）系统。DWDM 技术主要应用于长距离传输系统，单根光纤的数据传输流量可以达到 Tbit/s 级别。

3. 时分多路复用

时分多路复用是以时间作为信号分隔的参量，将公用通道的占用时间分为若干个小的时隙，每个时隙用于传输一路信号。当传输媒介的最大数据传输速率超过各支路的数据传输速率之和时，就可以按照一定时间次序轮流地传输各路消息，然后在接收端利用多路选择器将复用信号分离开，实现时分多路复用。

复用器扫描到各支路信号的数据缓冲器时，在 1 个时隙里，可以采样 1 位、1 字节或 1 组数据。根据每个时隙传送的数据单位，TDM 系统可分为比特交错、字节交错、信元交错等技术。复用器扫描一轮形成的一组数据称为一个 TDM 帧，帧中可能会附加一些控制信息。

时分多路复用可以分为同步时分复用和异步时分复用两种。其中通常所说的时分多路复用指同步时分复用，异步时分复用又称为统计时分复用。

利用同步时分复用进行数据传送时，先将通信时间分成固定长度的帧，每一帧又分为若干个固定的时隙，每个时隙被固定分配给一个特定的支路信号，每次传输固定长度的数据。如图 4-11 所示。

图 4-11　同步时分复用示意图

图中有 5 个 TDM 帧，每个 TDM 帧包含 5 个时隙，分别分配给 4 路输入信号和一个帧同步码，4 路输入信号要传输的数据分别是 AAAAA、BB、CCC 和 DDDD。值得注意的是，时隙是预先分配给数据源，并且在一帧中的位置是固定不变的。如果某个设备没有数据要发送，为它分配的时隙就会处于空闲状态，而由于事先的约定，其他设备也不能够使用该时隙，造成系统资源的浪费。

在时分复用技术应用时，复用器和解复用器之间需要实现帧同步，常用的方法是在每一帧的开始附加若干比特，构成特定的比特模式，作为帧同步码供解复用器辨识帧的起始位置。帧同步码相当于增加了一个控制信道，占用一个时隙，该时隙可能与数据时隙长度不一样。复用器和解复用器之间采用串行同步通信方式，当复用器和解复用器开始运行时，解复用器首先进行帧同步，从任意 1 位开始，搜索帧同步码，搜索到帧同步码后，进入预同步状态，然后按帧搜索，经过若干帧后，才能正式确定该比特模式是真正的帧同步码，而不是支路数据的巧合。当信道受到干扰或定时不准确时，系统则会进入帧失步状态，所传数据将全部出错，这时需要重新进行帧同步。

异步时分复用采用动态分配、按需分配各路信号所需要的时隙，以避免每帧中出现空闲时隙。这种工作方式与同步时分复用中预分配的方式不同，时隙没有被预先分配给特定的数据源，用户数据会先进入缓存，之后尽快通过可用的时隙传送出去。这样一来，每个时隙都可以被任何需要发送数据的输入线路使用。

同步时分复用系统由于有固定的时间片顺序，因而不需要地址结构，但在异步时分复用系统的帧中需要包含有地址信息，用于正确分离信号。

4. 码分多路复用

码分复用（CDM）是利用相互正交的编码来区分各路信号的一种复用方式，常与多址接入技术相结合，也称为 CDMA（码分多址接入技术），3G 移动通信网采用的就是这种技术。

在 CDMA 中，每一个比特时间划分成 m 个短的时间间隔，称为码片，m 的值通常是 64/128，每个站点分配一个唯一的 m 位码片序列，各个站点之间的码片序列是正交或准正交的。如果一个站点想要发送比特 1，就发送它自己的 m 位码片序列；假如要发送 0，就发送其码片序列的反码。例如，假设每个比特分成 8 个码片，即 $m=8$，分配给某站点的码片序列是 00011011，则该站点发送比特 1 时，就发送 00011011，发送比特 0 时，就发送码片序列的反码 11100100。由此可见，在 CDMA 中发送数据所占的带宽是原始数据所占带宽的 m 倍，这就是所谓的扩频技术。扩频通信的基本原理是香农定理，在一定的信道容量下，用频带的增加来换取信噪比的降低。CDMA 属于扩频通信中的直接序列扩频技术。

CDMA 为每路信号分配一个特定的码片序列（地址码、扩频序列），这些码片序列相互正交（或准正交）。当信号到达发送端时，发送端用分配给它的码片对信号进行调制，调制后的各路信号拥有各自特定的地址码，这些地址码彼此之间相互独立，互不影响，能够用于区别每路信号，这些信号可以通过同一通道进行传送。当信号到达接收端后，接收端利用地址码的正交性，对信号进行检测，解调信号经过窄带滤波器分离出相应的信号。与本路地址码完全相关的宽带信号可以被还原为窄带信号，与本路地址码不同的信号以及宽带噪声仍保持宽带，不能够被解调。

码分多路复用主要利用地址码进行信号数据的传送，因而在频率、时间和空间上都可能重叠。在公共通道中，存在多个信号的地址码，对于一个指定的地址码来说，其他地址码的存在相当于该地址码在公共通道中的噪声或干扰，该现象通常称作多址干扰，可见，CDMA

是一种自干扰技术。

码分多路复用技术既不划分频道也不划分时隙，无论信道中传送何种信息，都是通过码型进行区分，属于逻辑信道的一种。这种信道在频域或时域的角度来看都是相互重叠的，或者可以称这些信道拥有相同的频段和时间。

码分多路复用技术的优点有：多用户共享同一频率，通信容量大，具有软容量，不会出现阻塞现象，多径衰落小，数据传输速率高和信号功率谱密度低。

码分多路复用技术的缺点有：不同用户的扩频序列不完全正交，会引起多址干扰，另外，强信号对弱信号有明显的抑制作用，在移动通信中远近效应比较突出。

4.3.2 PDH 网络

PDH 中的"准同步"是指 PDH 网中没有统一的时钟，各交换机有自己的独立时钟，只不过都遵循一个统一的标称时钟信号，如 2.048MHz。"数字"强调了早期模拟电话网向数字电话网的演进。"体系"是指在构成大容量的时分多路复用数字传输系统时，采取分级复用方式来实现，传输速率一级比一级高。

在 PDH 体制中，以一次群线路为基础，逐级复用成二、三、四和五次群线路，形成了一个 PDH 同步时分多路复用系列，传输媒介通常为同轴电缆。对各次群复用的话音路数和传输的时分复用（TDM）帧结构，北美洲、日本和 ITU-T 各自制定了一套标准，发展出三大体系，如表 4-1 所示。表中总话路数为 ITU-T 体系，中国采用 ITU-T 标准。

表 4-1　　　　　　　　　　PDH 复用系列的速率　　　　　　　　　单位：kbit/s

复用等级	ITU	北美	日本	复用路数	总话路数
0 次群	64	64	64	1 路话音	1
1 次群	2048	1544	1544	30 或 24 路话音	30
2 次群	8448	6312	6312	4 路 E1，4 路 T1	120
3 次群	34368	44736	32064	4 路 E2，7 路 T2	480
4 次群	139264	139264	97728	4 路 E3，6 路 T3	1920
5 次群	565148	560160	397200	4 路 E4，2 路 T4	7680

ITU-T 的复用线路称为 E 系列，一次群线路称为 E1 线路，以此类推。E1 线路传输上的 TDM 帧采用字节交错技术，共有 32 个时隙，其中 30 个时隙分配给 30 路 PCM 话音信号，1 个时隙分配给帧同步码，还有 1 个时隙用来传送信令（如摘机、挂机等信息）。E1 线路上的 TDM 帧格式如图 4-12 所示。

图 4-12 E1 线路的 TDM 帧结构

PCM 话音信号的速率是 64kbit/s，因此，E1 线路的传输速率是 64kbit/s×32 路= 2.048Mbit/s。E2 线路由 4 条 E1 线路复用而成，但其传输速率不是 2.048Mbit/s×4 路=8.192Mbit/s，而是 8.448 Mbit/s，这是因为 E2 在其帧结构中又添加了一些控制时隙。

北美的复用线路称为 T 系列，传输一次群信号的线路称为 T1 线路，数据格式为 DS-1，T2～T5 以此类推。T1 线路复用 24 路 PCM 话音信道，其 TDM 帧格式如图 4-13 所示。

图 4-13　T1 线路的帧结构

T1 帧共 24 路×8 位+1 位=193 位，由于每路话音的抽样频率是 8000 次/秒，因此，每秒需要传输 8000 个 T1 帧，T1 线路的传输速率为 193 位×8000 次/秒=1.544Mbit/s。

T1 帧的帧同步采用的是成帧位方法。成帧位只有 1 位，按 "1010……" 的模式交替变化，因此需要多个 T1 帧才能找到成帧位。标准规定，如果在 T1 线路上按位搜索到 1/0 交替模式达到 30 位（即 15 个 "1"，15 个 "0"）时，就认为已找到成帧位。

PDH 网络是早期电话网使用的主干传输网，后来的 X.25 分组网、ISDN、帧中继网、DDN 等基本都利用了 PDH 线路。E1 或 T1 线路常用于宾馆、公司等电话分支交换机到电话局的程控电话交换机的线路连接。目前主干网中的 PDH 线路都已被 SDH 线路所取代。

4.3.3　SDH 网络

ITU-T 根据美国的同步光网络（SONET）推出了 SDH 传输体系，用于取代 PDH。SDH 主要在两方面做了改进：一是用光纤取代了同轴电缆，二是全网采用了统一时钟。SDH 目前不仅使用光纤，也使用微波和卫星线路。

1. SDH 的帧结构

SDH 与 PDH 一样，都采用同步时分多路复用技术，属于同步传输模式。SDH 的帧结构如图 4-14 所示，是一种块状结构。块状帧只是一种表示形式，在实际传输时，仍然按同步串行通信方式传输 SDH 帧。帧的传输顺序就像平常读书的顺序一样，首先传送左上角第一个字节，从左到右，从上到下按顺序发送。每秒钟传送 8000 帧，即每 125μs 传送一帧，无论帧的大小。

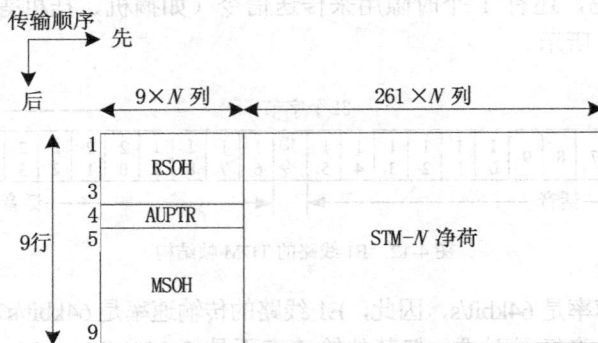

图 4-14　SDH 的帧结构

从图中可见，SDH 的帧结构由 9 行 270×*N* 列个字节组成，*N* 表示 SDH 的复用等级，从 1 开始，按 4 倍增加。SDH 的信号结构称为同步传输模块（Synchronous Transfer Module，STM），最基本也是最重要的同步传输模块是 STM-1，也称为 STM-1 帧。STM-1 帧由 9 行 270 列组成，共 9×270=2430 字节，因此，STM-1 的传输速率为 9×270×8×8000 = 155.52Mbit/s。更高等级的 STM-*N*是将 STM-1 按字节交错技术同步复用而成的，4 个 STM-1 构成 STM-4（622.080Mbit/s），16 个 STM-1 构成 STM-16（2448.320Mbit/s，常说成 2.5Gbit/s），64 个 STM-1 构成 STM-64（约 10Gbit/s，如不考虑开销等因素，这个速率足以容纳 15 万条话路）。目前一些主干网已铺设了 40Gbit/s 的 STM-256 光纤线路。

整个 SDH 帧可分为 3 个区域：段开销（SOH）、管理单元指针（AUPTR）及净荷字段。

段开销分为中继段开销（RSOH）和复用段开销（MSOH）两部分。中继段指中继器之间或中继器与复用器之间的线路，复用段指复用器之间的线路。段开销主要用于维护管理，例如帧定界、误码监视、自动保护切换以及提供额外的数据通信通道和公务通信通道等。中继器分析 RSOH 字段，复用器分析 MSOH 字段。

管理单元指针是一个指示符，用来指示用户信息的第一个字节在 STM-*N*帧内的准确位置。通过该指针调整用户信息在帧内的起始位置，可以保证复用时各支路信号的同步。

净荷是存放各种电信业务信息的地方，例如，IP 数据报、ATM 信元以及 1～5 次群 PDH 信号都可以装入到净荷区域。由此可见，SDH 的用户其实是其他各种通信网络，SDH 为这些网络提供了一条比特流传输通道。

2. SDH 的网元

SDH 网络由各种网络单元（简称网元）组成。SDH 的网元有终端复用器、中继器、分插复用器（Add-Drop Multiplexer，ADM）、数字交叉连接（Digital Cross Connect，DXC）设备等。SDH 的所有设备都是电设备，而 SDH 的线路又是光纤，因此，从输入光纤来的光信号必须经过光电转换变成电信号，对段开销字段进行处理，再经过电光转换发送到输出光纤上。这就是所谓的 SDH "光传输、电处理"的特性。

终端复用器的主要任务是将低速支路的电信号纳入到 STM-*N* 帧结构中，并经电/光转换为 STM-*N* 的光信号，或相反。

中继器把光信号变为电信号，对 RSOH 字段进行处理，并重新生成光信号发送到光纤上，因此，中继器也称为再生器。

分插复用器的主要任务是提供方便的上、下路功能。ADM 可以把部分信号流从线路上分出来和插进去，即把低速的支路信号直接从高速信号流中一次分出，或把低速信号直接插入到高速信号流中。例如，ADM 可以从 155Mbit/s 的 STM-1 信号中直接提取出 2 Mbit/s 的 E1 支路信号，如图 4-15 所示。

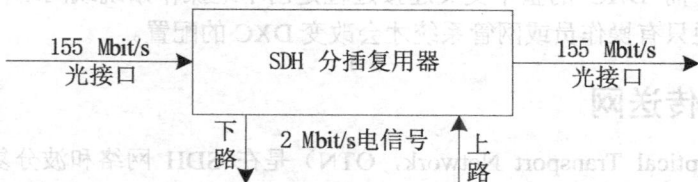

图 4-15　SDH 的复用方式

DXC 相当于"自动配线架"，用于把不同种类和容量的传输系统互联起来，对线路进行自动化管理，调度各条线路的去向。DXC 不仅可以自动配线，还兼有复用、保护/恢复、监控和网络管理等众多功能。DXC 的简化结构如图 4-16 所示，主要由多个复用器和一个交叉连接矩阵组成。

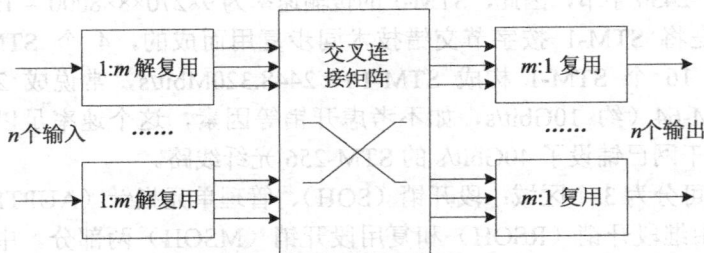

图 4-16 DXC 的简化结构

DXC 的输入和输出端口与传输系统相连，每个输入信号被解复用为 m 个低速的信号，内部的交叉连接矩阵按照预先存放或动态计算的配置（一种配置就是所有输入线与输出线之间对应关系的其中之一）对这些交叉连接通道进行重新安排，然后再将低速信号复用成高速信号输出。

DXC 通常用于通信枢纽局，其作用相当于商品贸易的集散地。在商品集散地，对于来自不同地方的货车，调度中心会根据车上不同货物的目的地，分别把货物装到其他车辆上。DXC 的 n 个输入相当于 n 个到来的车辆，1:m 解复器相当于把每个车辆上的货物按种类分成 m 份，交叉连接矩阵负责把每份货物按目的地送往各发车点，m:1 复用器相当于把 m 份货物装到一辆车上，n 个输出相当于 n 个出发的车辆。

根据端口速率的不同，DXC 可以有不同的配置形式。通常用 DXC x/y 表示 DXC 的配置类型，其中 x 代表接入端口数据流的最高速率等级，y 代表参与交叉连接的最低级别。不同的 x、y 数字所代表的意义如下：数字 0~4 分别表示 PDH 中的 0~4 次群速率，SDH 最高只支持 PDH 的 4 次群线路；数字 4、5、6、7、8 分别代表 SDH 中的 STM-1、STM-4、STM-16、STM-64、STM-256 的速率。数字 4 既代表 PDH 4 次群的 140Mbit/s 速率，又代表 SDH STM-1 的 155Mbit/s 速率。例如：DXC 7/5 代表接入端口的最高速率为 10Gbit/s 的 STM-64 信号，交叉连接最低速率为 622Mbit/s 的 STM-4 信号；DXC 4/1 代表接入端口的最高速率为 140 Mbit/s 或 155 Mbit/s，交叉连接最低速率为一次群的 E1 或 T1 信号，即允许所有 1、2、3、4 次群信号和 STM-1 信号接入和进行交叉连接。

DXC 与交换机功能类似，但用途完全不一样。DXC 的交换"粒度"比交换机的大得多，DXC 交换的是复用线信号，交换机交换的是用户信号。每次呼叫或每个数据报都会改变交换机的配置，而 DXC 的整个交叉连接过程是由本地操作系统或网络管理中心进行控制和维护的，或者说只有操作员或网管系统才会改变 DXC 的配置。

4.3.4 光传送网

光传送网（Optical Transport Network，OTN）是在 SDH 网络和波分复用技术的基础上发展起来的。OTN 是由一系列光网元通过光纤链路互联而成的网络，能够提供基于光通道的客户信号的传送、复用、路由、管理、监控和保护功能。

ITU-T 给出了一系列 OTN 标准，其中 ITU-T G.872 定义了 OTN 的功能需求和网络体系结构，最重要的 G.709 定义了 OTN 的节点设备接口、帧结构、开销字节以及各种净荷的复用和映射方式。

OTN 是传输网向全光网络发展过程中的过渡产物。OTN 在子网内是全光传输，而在子网边界处采用光/电/光（光传输，电处理）转换技术。OTN 采用的关键技术有光交叉连接技术、波分复用技术、光域内的性能监测和故障管理技术等。

1. OTN 的分层结构

OTN 把两个终端站之间的线路称为光通道（Optical Channel，OCh），两个复用站之间的线路称为光复用段（Optical Multiplexing Section，OMS），两个光放大站之间的线路称为光传输段（Optical Transmission Section，OTS）。为了分别管理这些横向的线路段，OTN 网络相应地从纵向分为 3 层，从上到下依次为光通道层、光复用段层和光传输段层，如图 4-17 所示。OTN 遵从传统的网络分层思想，上、下层之间的关系依旧是用户与服务的关系。

客户信号可以是来自 SDH 网络、ATM 网络、IP 网络、以太网等电层或非标准光层的各种业务信号。

光通道层提供端到端的光通路联网功能，为来自电层的各类业务信号提供以波长为单位的端到端的连接。光通道层把 SDH 基于单波长的运行、管理、维护和保护（Operations、Administration、Maintenance and Provision，OMA&P）功能引入到基于波分复用的 OTN 中。它负责为各种客户信息选择路由、分配波长、安排光通道连接，并在网络发生故障时，重新选择路由或进行保护切换。光通道层又分为 3 个子层，这 3 个子层从上到下所传输的信息单元分别为光通道净荷单元（OPUk）、光通道数据单元（ODUk）和光通道传送单元（Optical channel Transport Unit-k，OTUk），k 表示比特率级别：0 为 1.25Gbit/s；1 为 2.5Gbit/s；2 为 10Gbit/s；3 为 40Gbit/s。

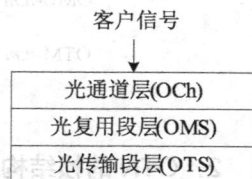

图 4-17 OTN 的分层结构

光复用段层为波分复用信号提供联网功能，保证相邻的两个 WDM 设备之间的波分复用信号的完整传输。光复用该段层执行光复用段的 OMA&P 功能，并为支持灵活的多波长网络路由选择重新配置该段线路的功能。光复用段层的信息传输单元为光复用单元（OMU-n），其中 n 为光通路个数。

光传输层为光信号在各种不同的光媒介上提供传输功能，同时实现对光放大器和光再生中继器的检测和控制等功能。光传输层定义物理接口，包括频率、功率和信噪比等参数。光传输层的接口类型可表示为光传输模块（OTM-nr.m），其中 n 表示最高容量时承载的波数，m 表示速率级别，1～3 分别表示 OTU1～3，可以组合，如 23 表示 OTU2 和 OTU2 混传；r 表示该 OTM 去掉了部分功能，是一种精简接口，目前有 r 表示去掉了光监控信道（OSC）功能，OTM-nr.m 加上 OSC 功能就成为 OTM-n.m 接口。

各层信息单元的封装关系如图 4-18 所示。电层实现 OPUk→ODUk→OTUk 的封装，光层实现 OCh→OMS→OTS 的封装。

客户信号通常为光信号，进入 DWDM 设备中的 OTU 单板的客户，首先完成从客户侧光信号到电信号的转换，然后加上 OPUk 的开销就变成了 OPUk；OPUk 加上 ODUk 开销就变成了 ODUk；ODUk 加上 OTUk 开销和 FEC 编码就变成了 OTUk；OTUk 加上 OCh 开销被映射到具有完整功能的 OCh。OCh 被调制到光通道载波（OCC）上，完成 OTUk 电信号到 OTU 波分侧光信号的转换过程。OCC 是 OTM-n 中的支路光信号，n 个 OCC 波分复用成一个 OCC 组，表示成 OCG-n.m，加上 OMS-n 开销后，构成 OMU-n.m 单元。OMU-n.m 加上

OTS-n 开销后构成 OTM-$n.m$ 接口。

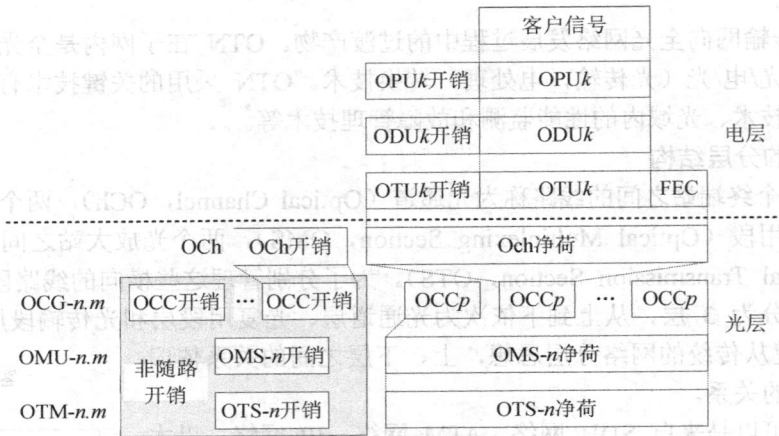

图 4-18 OTN 各层信息的封装关系

2．OTN 的帧结构

OTN 的帧就是光通道传送单元（OTUk）。ITU-T G.709 定义了 OTN 的帧格式，由 4 行×4080 列个字节组成，如图 4-19 所示。OTN 的帧可分为 3 个区域，其中 1～16 列是帧头部，提供了用于 OAM&P 的开销字节；17～3824 列是净荷数据；3825～4080 列是帧尾，提供了前向纠错（FEC）字节。

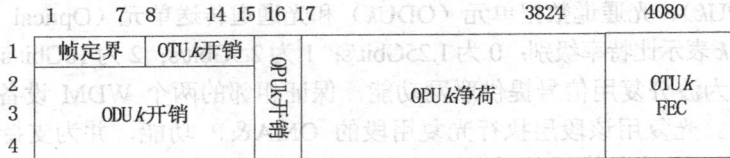

图 4-19 OTN 的帧结构

OTN 的光通道开销字段可以采用数字封包技术，与 OTN 帧一起以随路方式传送；也可以采用副载波技术或光监控信道，以非随路方式传送。副载波技术是为开销字节再叠加一个特定频率的低频载波信号；光监控信道是在一个额外的公共波长通道上传送开销字节。

OTN 的开销区域分为 4 部分：帧定界、OTUk 开销、ODUk 开销和 OPUk 开销字段。

帧定界字段包括 6 字节的帧同步码（FAS）和 1 字节的复帧同步码（MFAS）。帧同步码为连续 3 个字节的 0xF6 和连续 3 个字节的 0x28。OTN 可构建最多 256 帧的复帧，MFAS 随复帧的增加而增加。

OTUk 开销字段包括路径踪迹识别、BIP-8 校验码、同步码错误指示、后向误码指示等。

ODUk 开销字段包括 ODUk 通道开销和最多 6 级的串联连接监视（TCM）开销，使运营商能够跨越多个子网监测子网内或子网间的光信道，提供故障检测、定位和自动保护倒换等功能。

OPUk 开销字段指示净荷的业务类型和支路端口，并提供速率调整控制功能等。

3．OTN 的网元

OTN 的网元有如下几种类型：光终端复用器、光线路放大器、电中继器、光分插复用器 OADM 和光交叉连接设备 OXC 等。

终端复用器是指支持电层（ODUk）和光层（OCh）复用的 WDM 传输设备。

光线路放大器是一种不需要经过光-电-光变换而直接对光信号进行放大的有源器件。

电中继器进行光-电-光转换，分为 3R 中继器和 2R 中继器，3R 中继器实现再放大（re-amplifying）、再整形（re-shaping）和再定时（re-timing）三种功能，2R 中继器仅具有前两种功能。

光分插复用器可以从传输设备中有选择地分出发往本地的某些波长的光信号，同时插进本地用户发往其他用户的光信号，而不影响其他波长信号的传输。OADM 不对信号进行光-电-光转换，可分为固定光分插复用器（FOADM）和可重配置光分插复用器（ROADM）两种类型。

光交叉连接设备提供 OCh 光层调度能力，实现波长级别业务的调度和保护恢复。OXC 可以直接在光域上实现光信号的交叉连接、路由选择和网络恢复等功能，无需进行光-电-光转换和电处理，有效地解决了 SDH 网络中 DXC 的电子瓶颈问题。

OTN 网元在 OTN 网络中的部署位置以及对各种 OTN 信息单元的处理过程如图 4-20 所示。该图把 OTN 网络按纵向和横向结合在了一起，是前面所讲内容的综合体现。

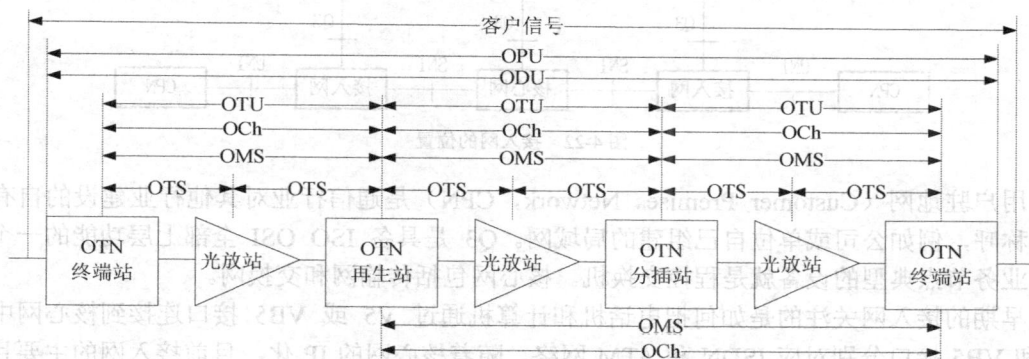

图 4-20　OTN 网络的分段结构和分层结构

4．OTN 的网络结构

OTN 由各种网元和光纤线路组成，可用于广域网和城域网，基本网络拓扑类型有线型、环型和网状型 3 种。OTN 的组网结构如图 4-21 所示。

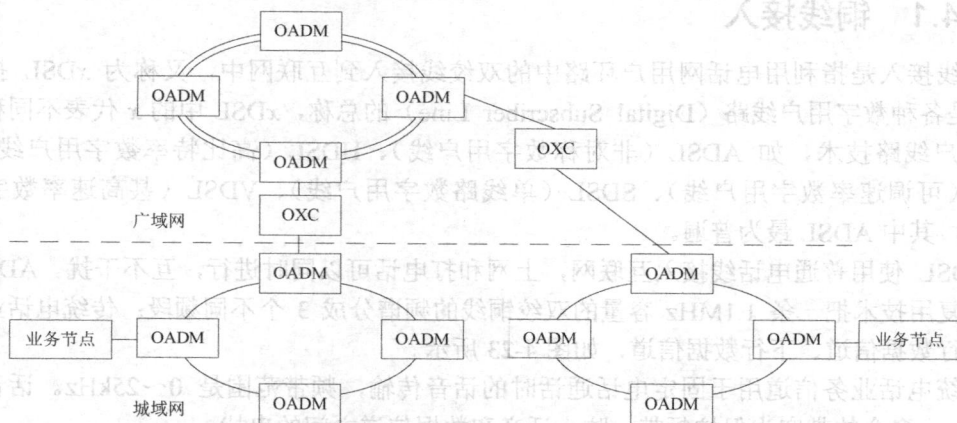

图 4-21　OTN 组网结构

广域网一般使用速率较高的网络设备，利用 OXC 组成网状网络。OADM 没有交叉连接功能，只能用于组建线型或环型网络，来自业务节点的各种客户信号可以在 OADM 完成上下路功能。由 OADM 组建的环型网有单环和双环两种，双环网能够提供更高的可靠性。

4.4 接入网

电信网中的接入网是指把单纯的用户环路部分升级为可管理的通信网络。ITU-T 对接入网的定义是"接入网是由业务节点接口（SNI）和相关用户网络接口（UNI）之间的一系列传送实体（例如线路设施和传输设施）组成的为传送电信业务提供所需传送承载能力的实施系统，可经由 Q3 接口进行配置和管理"，如图 4-22 所示。

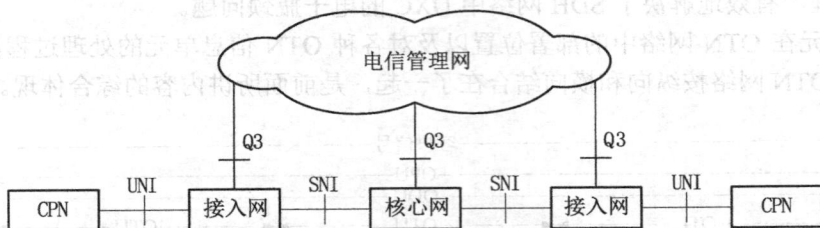

图 4-22　接入网的位置

用户驻地网（Customer Premises Network，CPN）是通信行业对其他行业建设的自有网络的称呼，例如公司或单位自己组建的局域网。Q3 是具备 ISO OSI 全部七层功能的一个接口。业务节点典型的设备就是程控交换机。核心网包括传输网和交换网。

早期的接入网关注的是如何把电话机和计算机通过 V5 或 VB5 接口连接到核心网中，V5 和 VB5 接口分别对应 ISDN 和 ATM 网络。随着核心网的 IP 化，目前接入网的主要目标是互联网的接入。

互联网的接入技术分为有线接入技术和无线接入技术两大类。有线接入技术主要有铜线接入、光纤接入和光纤同轴电缆混合（Hybrid Fiber-Coaxial，HFC）接入。无线接入技术主要有 Wi-Fi 接入、GPRS 接入、3G 接入、4G 接入等。

4.4.1　铜线接入

铜线接入是指利用电话网用户环路中的双绞线接入到互联网中，又称为 xDSL 技术。xDSL 是各种数字用户线路（Digital Subscriber Line）的总称，xDSL 中的 x 代表不同种类的数字用户线路技术，如 ADSL（非对称数字用户线）、HDSL（高比特率数字用户线）、R-ADSL（可调速率数字用户线）、SDSL（单线路数字用户线）、VDSL（甚高速率数字用户线）等，其中 ADSL 最为普遍。

ADSL 使用普通电话线接入互联网，上网和打电话可以同时进行，互不干扰。ADSL 利用频分复用技术把一条 1.1MHz 容量的双绞铜线的频谱分成 3 个不同频段：传统电话业务信道、上行数据信道、下行数据信道，如图 4-23 所示。

传统电话业务信道用于固定电话通话时的话音传输，频带范围是 0～25kHz。话音占用 0～4kHz，多余的带宽为保护频带，防止话音和数据信道之间的串扰。

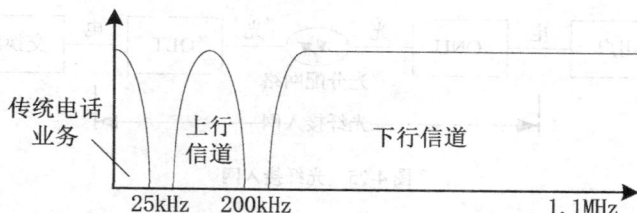

图 4-23　ADSL 的频谱划分

上行双向低速信道的频带范围为 25Hz～200kHz，分为 3 个子通道，可单独进行配置，通常用作上行数据的传输，包括通向网络的控制开销信号，速率一般在 640kbit/s～1Mbit/s 之间。

下行单向高速信道的频带为 250kHz～1.1MHz。高速下行信道向用户传送数据、视频、音频信息及控制、开销信号，速率一般在 1.5～8Mbit/s 之间，在 0.5mm 双绞铜线上的传送距离可达 3.6km。值得注意的是，线路距离和线路质量会影响实际的传输速率。

ADSL 只使用电话网的用户线路，数据传输不经过电话程控交换机。ADSL 系统由交换局侧的局端模块和用户侧的远端模块组成。用户端设备有 ADSL 调制解调器和分离器，局端设备有 DSL 接入复用器（DSL Access Multiplexer，DSLAM）和分离器。ADSL 的基本结构如图 4-24 所示。

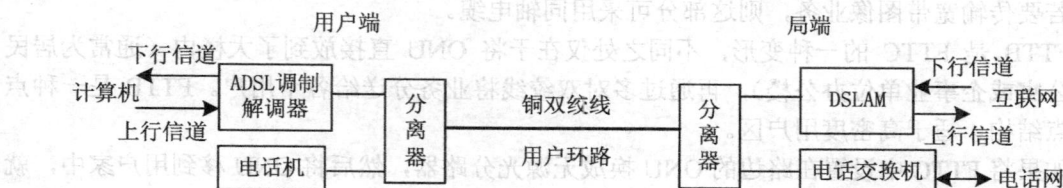

图 4-24　ADSL 的基本结构

分离器由低通滤波器和高通滤波器组成，用于分开话音信道和数据信道。分离器把电话网和互联网分割成两个系统。

DSLAM 对来自多个用户的信号进行复用，并提供互联网的接入。有些 DSLAM 还具有局部管理和网关的功能。

ADSL 调制解调器利用 QAM、无载波幅相调制（CAP）或离散多音（DMT）等调制技术来传输计算机的数据。CAP 与 QAM 调制类似，只不过不采用载波，而是通过激励一个数字滤波器来产生调制信号。DMT 是一种多载波调制技术，它把整个频带分成 256 个子频段（亦称为子信道、音调、副载波等），在每个子频段内采用 QAM 调制方法，然后再把各自的输出叠加在一起进行传输。

G.992.1 标准规定 ADSL 下行速率至少 6Mbit/s，上行速率至少 640kbit/s。G.992.3 标准规定下行至少 8Mbit/s、上行 800kbit/s。

4.4.2　光纤接入

光纤接入是用光纤代替用户到电信交换局的部分或全部铜线，构成一个光纤接入网，其组成设备主要有光网络单元（ONU）、光分配网络（ODN）和光线路终端（OLT），如图 4-25 所示。

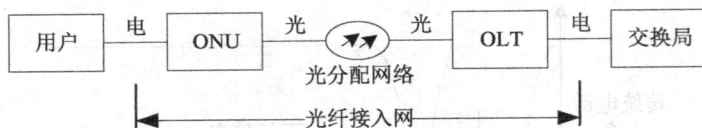

图 4-25　光纤接入网

1．光网络单元

ONU 位于用户侧，其作用是终结光纤，处理光信号，为多个用户提供业务接口。ONU 的网络侧是光接口，而用户侧是电接口，因此 ONU 需要有光/电和电/光转换功能，还要完成对语音信号的数/模和模/数转换、复用、信令处理和维护管理功能。

根据 ONU 与用户的距离，光纤接入网可分为多种类型，统称为 FTTx，其中 x 代表 R/B/C/Z/H/O 等，例如 FTTR（光纤到远端）、FTTB（光纤到大楼）、FTTC（光纤到路边）、FTTZ（光纤到小区）、FTTH（光纤到户）、FTTO（光纤到办公室）等。

从技术角度来看，FTTR、FTTB、FTTC、FTTZ 基本接近，没有实质性区别。从运营角度看，ONU 距离用户越近，成本越高，但接入网的性能越好。目前处在普及 FTTH 的过程中，如果计算机具有光纤接口，就可以实现光纤到桌面的理想。

在 FTTC 结构中，ONU 设置在路边的入孔或电线杆上的分线盒处，有时也可放置在交接箱处。此时从 ONU 到各个用户之间的部分仍为双绞线，从而可以充分利用现有的铜线设施。若要传输宽带图像业务，则这部分可采用同轴电缆。

FTTB 是 FTTC 的一种变形，不同之处仅在于将 ONU 直接放到了大楼内（通常为居民住宅公寓或企事业单位办公楼），再通过多对双绞线将业务分送给各个用户。FTTB 是一种点到多点结构，适于高密度用户区。

如果将 FTTC 中设置在路边的 ONU 换成无源光分路器，然后将 ONU 移到用户家中，就形成了 FTTH 结构，如图 4-26 所示。

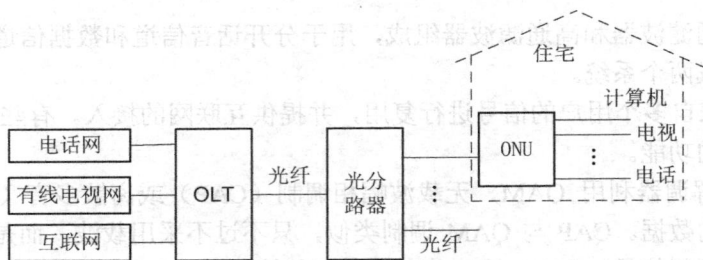

图 4-26　FTTH 组网结构

FTTH 是光纤接入网的最终解决方案，即从本地交换机一直到用户全部采用光纤线路，从而为用户提供宽带交互式业务。另外，FTTH 还具有避免外界干扰、便于供电等优点。

2．光线路终端

光线路终端（OLT）位于局端，其作用是为光纤接入网提供网络侧与本地交换机之间的接口。OLT 与 ONU 的关系是主从通信关系，OLT 的任务是分离交换和非交换业务，管理来自 ONU 的信令和监控信息，为 ONU 提供维护和配置功能。OLT 设置在本地交换机接口处，也可以设置在远端集中器或复用器接口处。

3. 光分配网络

ODN 将一个 OLT 和多个 ONU 连接起来，提供光信号的双向传输。从技术上可分为两大类：有源光网络（AON）和无源光网络（PON）。主要区别是前者采用电复用器分路，后者采用光分路器。

AON 从局端设备到用户分配单元之间均采用有源光纤传输设备，即光电转换设备、有源光电器等，需要供电和机房设施。例如，在 FTTH 中的解决方案中，通常在小区设置一个机房，作为光分配网络中的有源节点。从电信运营商中心机房到小区机房采用 SDH 技术传输。小区机房放置接入设备和配线架，与各用户构成一个交换式以太网。

PON 不采用有源光器件，而是利用无源分光技术进行资源共享和传送多种业务，光信号不会再生或放大。光分配网络中配置无源光分路器，下行信号采用广播方式的时分复用技术，上行信号采用时分多址技术。

根据 PON 上传输协议的不同，PON 接入技术主要有基于以太网的 EPON（Ethernet-based PON，EPON）、基于 ATM 的 APON（ATM PON）和吉比特无源光网络（Gigabit-Capable PON，GPON）几种。

EPON 采用以太网技术封装和传输数据，遵循 IEEE 802.3ah 标准；APON 采用 ATM 技术进行封装和传输，遵循 ITU-T G.983 标准；GPON 采用通用封装方式（General Encapsulation Methods，GEM）格式进行封装，遵循 ITU-T G.984 标准，由全业务接入网（Full Service Access Network，FSAN）联盟主导。

在 EPON 中，下行的时分复用帧结构如图 4-27 所示。帧中的同步标识符为 1 字节，用于 ONU 与 OLT 之间的时钟同步，帧周期是 2ms。每个 ONU 分配一个数据包，数据包格式为 IEEE 802.3 的 MAC 帧格式。

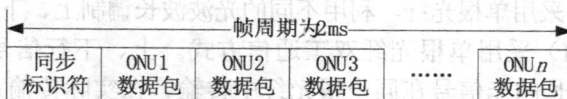

图 4-27　EPON 下行帧结构

EPON 上行帧与下行帧类似，周期也是 2ms，每个 ONU 分配一个时隙，每个时隙的长度也不一样。与下行帧不同的是，没有帧同步标识符，每个时隙有一些时隙开销，并可以传输多个数据包。时隙开销包括保护字节、定时指示符和信号权限指示符。

EPON 的速率为 1Gbit/s，用于连接用户端的 GE 以太网。随着 10GE 以太网在用户端的普及，光纤接入网也在部署 10GEPON。IEEE 在 2009 年推出的 802.3av 标准中，规定了 10GEPON 的两种速率模式：非对称模式和对称模式。在非对称模式中，下行速率为 10Gbit/s，上行速率为 1Gbit/s；在对称模式中，上、下行速率都是 10Gbit/s。

4.4.3　HFC 接入

HFC 本质上属于有线电视网的传输网络，是一种集频分复用和时分复用、模拟传输和数字传输、光纤和同轴电缆技术、射频调制和解调技术于一身的通信网络。由于 HFC 网络直接部署到了用户家庭，因此，利用连接到电视机的同轴电缆把计算机接入到互联网是非常方便的。

HFC 网络的同轴电缆带宽高达 1GHz，作为接入网时，采用频率分割法实现单根电缆上的收发双向改造，频率划分如图 4-28 所示。

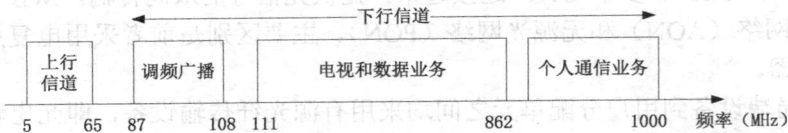

图 4-28　HFC 同轴电缆信道频谱划分

按照中国国家标准 GY/T 106-1999《有线电视广播系统技术规范》的规定，5MHz～65MHz 频段为上行数据信道，采用 16QAM 调制和 TDMA 等技术，上行速率一般在 200 kbit/s～2 Mbit/s 之间，最高可达 10 Mbit/s。87MHz～108MHz 为调频（FM）和数字广播。111MHz～862MHz 为模拟电视、数字电视和数据业务频段。模拟电视信道采用残留边带调制技术提供普通模拟广播电视业务。数字电视信道采用 64QAM 调制和 TDMA 等技术提供数字电视和 VOD 等业务，下行速率一般在 3～10Mbit/s 之间，最高可达 36Mbit/s。862MHz～1GHz 频段在标准中没有给出具体规定，在国际上通常分配给个人通信系统。

以前的 CATV 都是模拟的单向网络，引入光纤作为 HFC 接入网时必须进行双向改造。光纤上采用双向传输的方法有：空分复用、时间压缩复用、波分复用和副载波复用。

空分复用（SDM）采用两根光纤分别传送上、下行信号。

时间压缩复用（TCM）采用单根光纤半双工通信方式。TCM 按时隙划分同一根光纤上的传输时间，上、下行信号在不同的时隙以脉冲串的形式轮流传输，即光纤的传输方向不断交替改变，使两个方向的信号得以轮流地在同一根光纤上传输，就像打乒乓球一样，因而又称"乒乓法"。

波分复用（WDM）采用单根光纤，利用不同的光波波长调制上、下行信号进行双工通信。

副载波复用（SCM）采用单根光纤双工通信方式。上、下行信号被调制到不同的射频段，然后调制为同一波长的光信号在同一根光纤中传输。在实际传输系统中，下行方向往往采用 TDM 方式基带传输，频率分量集中在低频端，上行方向采用副载波多址接入方式，将各个用户的频率调在较高频段，与下行信号的频谱隔开。

HFC 接入技术主要有电缆调制解调器和以太网同轴电缆接入技术两种，详见广播电视网一章。

4.4.4　无线接入

与有线接入相比，无线接入具有建设周期短、维护费用少、抗自然灾害能力强等优点，但无线接入的缺点也比较明显：信号质量受环境影响较大；需要复杂的安全措施；需要可靠的用户终端身份认证机制等。

无线接入可分为固定无线接入和移动无线接入两大类。

固定无线接入是指用户终端的位置是固定的，用户终端到网络的业务接入点采用无线通信方式，例如，地面站通过卫星接入到互联网中。

移动无线接入是指为通信过程中处于行进状态、地理位置随时变化的用户终端提供互联网接入业务。通常的便携式计算机、手机、车载电话等采用的就是这种方式。

无线接入技术的种类比较多，可以通过无线局域网接入互联网，也可以通过移动通信网接入互联网，还可以通过红外、自由空间光通信等方式接入互联网。常见的无线接入技术有 Wi-Fi、GPRS、CDMA 1x、3G、4G 等。下面介绍 Wi-Fi 接入技术，其他无线接入技术是把移动通信网作为互联网的接入网，参见移动通信网相关内容。

Wi-Fi 无线接入技术就是直接利用 Wi-Fi 无线局域网接入到互联网中，例如，在计算机或手机中搜索到的 CMCC 无线网络就是中国移动通信公司提供的基于 WLAN 的互联网接入业务。

由移动通信运营商提供的 Wi-Fi 接入业务，其网络结构通常如图 4-29 所示，主要由移动设备、Wi-Fi 接入点（AP）、以太网交换机和 IP 路由器组成。

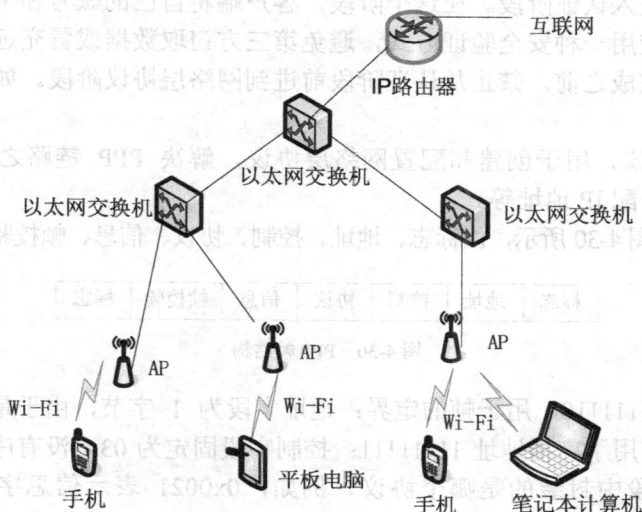

图 4-29　电信运营商 Wi-Fi 接入网络结构示意图

4.4.5　互联网接入协议

互联网接入技术种类繁多，除了在各种网络中传输 IP 数据包外，还需要对接入互联网的用户进行管理，以防非法用户无偿或恶意地使用互联网通信资源。

互联网的接入协议可分为两大类：链路接入协议和用户接入管理协议。链路接入协议负责把 IP 数据包封装在相应接入线路所传输的帧中，常见的链路接入协议有点到点协议（Point-to-Point Protocol，PPP）、基于以太网的 PPP 协议（PPP over Ethernet，PPPoE）等；用户接入管理协议负责用户身份的认证和资源管理，常见的用户接入管理协议有远程用户拨号认证协议（Remote Authentication Dial In User Service，RADIUS）等。

链路接入协议和用户接入管理协议并不是截然分开的，常常会把这种接入功能结合在一个协议中，例如，PPP 等协议就同时具备链路管理和用户身份认证的功能。

1. PPP 协议

PPP 协议最初是为在点到点链路上传输 IP 数据报而设计的，现在可以传输多种上层协议。PPP 常用于用户通过拨号线路或专用线路与 ISP（因特网服务提供商）的连接，这种情况下，除了物理线路的连接外，用户还需提供账号和密码等认证信息。PPP 提供了一整套方案来解决链路建立、维护、拆除、上层协议协商、认证等问题。

PPP 协议包含下面几个部分：链路控制协议（Link Control Protocol，LCP）；网络控制协议（Network Control Protocol，NCP）；认证协议。

LCP 负责创建、维护或终止一次物理连接，配置和测试数据链路。链路两端设备通过 LCP 向对方发送配置信息报文，协商一些选项。在链路创建阶段，对认证协议进行选择。最常用的认证协议包括口令验证协议（Password Authentication Protocol，PAP）和挑战握手验证协议（Challenge-Handshake Authentication Protocol，CHAP）。PAP 使用明文验证方式，用户账号和密码都使用明文传送；CHAP 对 PAP 进行了改进，使用三次握手和密文传送方式实现用户的身份认证，不再直接通过链路发送明文口令。

链路创建后，进入认证阶段。在这个阶段，客户端将自己的账号和密码发送给远端的接入服务器。该阶段使用一种安全验证方式，避免第三方窃取数据或冒充远程客户接管与客户端的连接。在认证完成之前，禁止从认证阶段前进到网络层协议阶段。如果认证失败，则跳到链路终止阶段。

NCP 是一组协议，用于创建和配置网络层协议，解决 PPP 链路之上的网络层协议问题，例如，给用户分配 IP 地址等。

PPP 的帧结构如图 4-30 所示，由标志、地址、控制、协议、信息、帧校验等几个字段组成。

| 标志 | 地址 | 控制 | 协议 | 信息 | 帧校验 | 标志 |

图 4-30　PPP 帧结构

标志字段为 011111110，用于帧的定界；地址字段为 1 字节，由于是点到点链路，实际上无需地址，PPP 使用了广播地址 11111111；控制字段固定为 03，没有序号等信息；协议字段指示了在信息字段中封装的是哪个协议，例如，0x0021 表示信息字段是 IP 数据报，0xC021 是链路控制数据 LCP，0x8021 网络控制数据 NCP，0xC023 是密码认证协议 PAP，0xC223 是询问握手认证协议 CHAP 等；帧校验字段采用 CRC 校验。

PPP 协议由于简单、具备用户认证功能、可以分配 IP 地址等优点，成为多种互联网链路接入协议的基础，比较适合拨号和专线上网场合。

2．PPPoE 协议

在以太网上运行 PPP 来进行用户认证接入的方式称为 PPPoE，这是一些宽带网络公司通常采用的方式。PPP 协议要求进行通信的双方之间是点到点的关系，利用 PPPoE 协议，可以在多点的共享式以太网上建立虚拟的点到点的 PPPoE 连接，在 PPPoE 连接上使用 PPP 协议对用户进行验证、接入和数据传输。

在 ADSL 接入中也使用 PPPoE 协议。如果局端复用器 DSLAM 所连接的是 ATM 网络，则会使用 PPPoA（PPP over ATM）协议。

PPPoE 的思想是把 PPP 帧封装进 PPPoE 报文中，PPPoE 报文再封装进 PPPoE 帧中，PPPoE 帧在以太网上传输。简单来说，PPPoE 就是在以太网上运行 PPP 协议，因此，PPPoE 的帧格式与以太网的 MAC 帧格式一样，如图 4-31 所示。

在 PPPoE 的帧格式中，目的地址和源地址就是 6 字节的 MAC 地址。类型字段区分负荷字段所包含的 PPPoE 报文的类型。PPPoE 协议分为两个阶段：发现阶段和会话阶段。类型字段为 0x8863 表示为发现阶段的报文，而在会话阶段类型字段为 0x8864。校验字段采用 CRC-32。

PPPoE帧格式

目的地址	源地址	类型	负荷	校验

PPPoE报文格式

版本	类型	代码	会话ID	长度	负荷

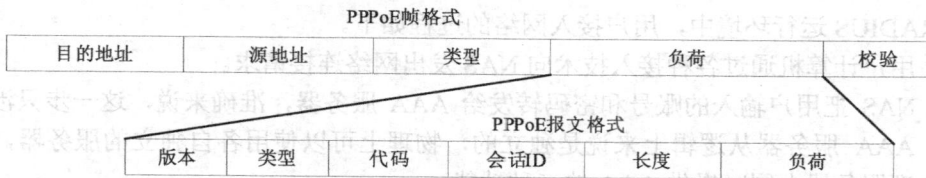

图 4-31　PPPoE 的帧格式和报文格式

　　PPPoE 的每个接入用户均需要建立一个独一无二的 PPP 会话，因此，会话建立之前必须知道远端接入服务器的 MAC 地址，PPPoE 协议是在发现阶段获取的。它首先要执行一个发现过程来识别对方的 MAC 地址，然后建立一个唯一的 PPPoE 会话 ID。一旦 PPP 会话被建立起来，发现阶段就结束，进入会话阶段。

　　PPPoE 的会话阶段开始后，主机和接入服务器之间就依据 PPP 协议传送 PPP 数据，进行 PPP 的各项协商和数据传输。会话阶段传输的报文必须包含在发现阶段确定的会话 ID，并保持不变。

　　在 PPPoE 报文中，版本字段为 4 位，目前为 0x01。类型字段为 4 位，固定为 0x01。代码字段为 1 个字节，对于 PPPoE 的不同阶段，代码字段的内容也是不一样的，如在 PPP 会话阶段，该字段必须为 0。会话 ID 点用 2 个字节，当访问集中器还未分配唯一的会话 ID 给用户主机的话，则该域内的内容必须填充为 0x0000，一旦主机获取了会话 ID 后，那么在后续的所有报文中该域必须填充这个唯一的会话 ID 值。长度字段为 2 个字节，用来指示 PPPoE 报文中负载的长度。负载字段在 PPPoE 的不同阶段内容会有很大的不同。在 PPPoE 的发现阶段时，该字段内会填充一些标记，表示携带的信息是服务名称、设备名称等；而在 PPPoE 的会话阶段，该字段携带的是 PPP 报文。

3. RADIUS 协议

　　RADIUS 最初是为拨号上网环境提供的一种用户认证协议，现在已成为一种通用的 AAA 协议，其标准为 RFC2865 和 RFC2866。AAA 是认证、授权、计费（Authentication，Authorization，and Accounting）的简称。认证用于判定用户是否为合法用户，是否能够访问网络；授权用于控制合法用户使用网络的权限，指示用户可以使用哪些服务；计费用于记录用户使用网络资源的情况，为收费提供依据。

　　RADIUS 是一种客户机/服务器模式的应用层协议，通常用于为各种线路的接入用户提供集中式的 AAA 服务，典型的运行环境如图 4-32 所示。RADIUS 客户端运行在网络接入服务器（Network Access Server，NAS）上，RADIUS 服务器端运行在 AAA 服务器上。

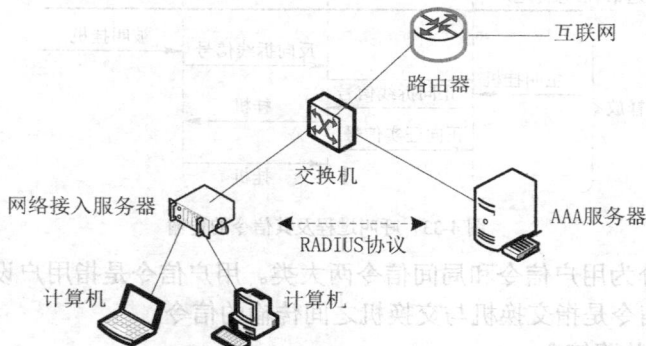

图 4-32　RADIUS 协议的运行环境

在 RADIUS 运行环境中，用户接入网络的过程如下。

（1）用户计算机通过各种接入技术向 NAS 发出网络连接请求。

（2）NAS 把用户输入的账号和密码转发给 AAA 服务器，准确来说，这一步只涉及认证服务器。AAA 服务器从逻辑上来说是独立的，物理上可以使用各自独立的服务器，也可以在一台物理服务器上同时提供 AAA 的三种功能。

（3）AAA 服务器按照选定的认证协议对用户的合法性进行认证。

（4）NAS 根据认证结果决定接通或者断开用户计算机。

（5）认证通过后，AAA 的授权服务器对用户进行授权，NAS 根据授权结果对用户上网环境进行配置。

（6）NAS 用户上网期间收集用户的网络资源使用情况，将数据送交 AAA 的计费服务器。

4.5 支撑网

数字同步网、7 号信令网和电信管理网一起被称为电信网的三大支撑网，它是电信网正常运行的基础，也是保障各业务网运行质量的重要手段。

4.5.1 信令网

信令是指电信网中在各个交换局之间为完成呼叫连接而执行的信息交换语言，换言之，信令就是用于控制呼叫过程的控制信息。语音通信的典型呼叫过程如图 4-33 所示，图中除了通话阶段外，传送的各种控制信息就是信令。

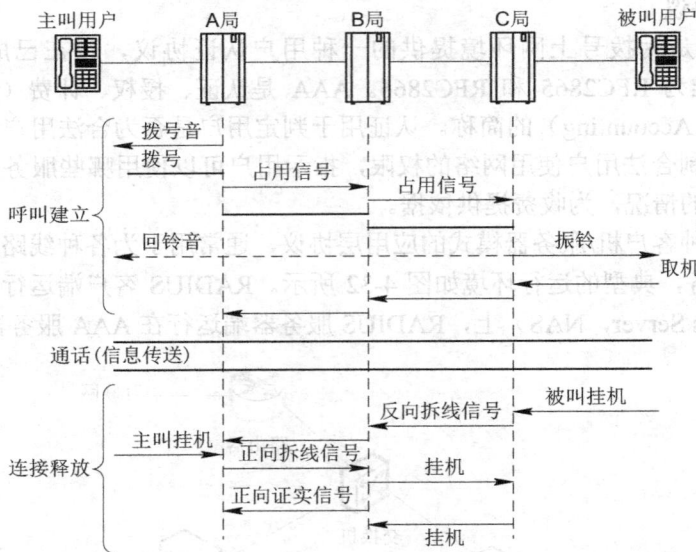

图 4-33 呼叫过程及其信令的传输

信令按区域可分为用户信令和局间信令两大类。用户信令是指用户设备到电信局交换机之间的信令；局间信令是指交换机与交换机之间传输的信令。

1. 随路信令和共路信令

信令系统按信令的传输方式可分为随路信令和共路信令两大类。信令系统是使网络中的交换机、网络数据库以及其他智能节点之间完成消息和信息交换的系统。ITU-T 制定了 1 号～7 号共 7 种信令系统标准，中国制定了中国 1 号信令和中国 7 号信令两种信令系统。

随路信令系统是指信令和话音在同一条话路中传送的信令方式，它将话路所需的控制信号用该话路本身或与之有固定联系的一条信令通道来传送，即用同一通路传送话音信息和其相应的信令。

E1 线路上的信令系统就是一种随路信令，在中国称为中国 1 号信令系统。在 E1 帧中，第 16 时隙用来传输信令。16 个 E1 帧组成一个复帧，这样，复帧中共有 16 个信令时隙，占用 16 个字节，这 16 个字节被分成 32 个四位组，其中 30 个四位组用于传送 30 条话路的随路信令，复帧中的 0 号帧用于复帧同步，不传送信令。

每条话路的信令占用 4 位：a，b，c，d。a 位为摘机/挂机，1 表示挂机，0 表示摘机；b 位在前向信令中用 1 表示故障，0 表示正常，在后向信令用 1 表示占用或阻塞，0 表示空闲；c 位在前向信令中置 0 表示话务员振铃或进行强拆，置 1 表示未执行上述操作，在后向信令中置 0 表示话务员回铃，置 1 表示未执行上述操作；d 位未用。

共路信令系统是指以时分方式在一条数据链路上传送一群话路的信令方式，它将一组话路所需的各种控制信号集中到一条与话音通路分开的公共信号数据链路上进行传送。目前普遍常用的信令系统就是 7 号共路信令系统（Signaling System Number 7，SS7）或称 NO.7 信令系统。

7 号信令系统由信令点、信令转接点和信令链路组成。信令点是指发出和接收信令的网络节点，通常为程控交换机；信令转接点对信令进行路由和转发，本质上就是分组交换机；信令链路可以是基于各种传输媒介的任何一条数字线路。

2．7 号信令系统体系结构

7 号信令系统是在通信网的控制系统（计算机）之间传送有关通信网控制信息的数据通信系统，实质上就是在计算机分组交换网上传输信令，该网络称为共路信令网，遵循 ITU-T 的 OSI 七层模型。

7 号信令系统采用 4 级结构，如图 4-34 所示。在这 4 级结构中，将 7 号信令系统分为两部分：消息传递部分（Message Transfer Part，MTP）和用户部分（User Part，UP）。

MTP 的功能是在各信令点之间正确无误地传送信令消息，为用户部分之间提供可靠的信令信息传输。MTP 由信令数据链路级、信令链路功能级和信令网功能级共三级组成。

MTP 第 1 级为信令数据链路级，对应于 OSI 模型的物理层，规定了信令链路的物理电气特性及接入方法．提供全双工的双向传输通道，由一对传输速率相同、传输方向相反的数据通道组成，实现二进制比特流的透明传递，传输速率为 64kbit/s。

MTP 第 2 级为信令链路功能级，对应于 OSI 模型的数据链路层，基本功能是将第 1 级中透明传输的比特流划分为不同长度的信令单元，并通过差错检测及重发校正保证信令单元的正确传输。

MTP 第 3 级是信令网功能级，对应于 OSI 模型中网络层的部分功能。第三级又分为信令消息处理和信令网管理两部分。信令消息处理的功能是根据消息信令单元中的地址信息，将信令单元送至用户指定的信令点的相应用户部分；信令网管理的功能是对每一个信令路由及信令链路的工作情况进行监视，当信令链路信令路由出现故障时，信令网管理在已有的信令网状态数据和信息的基础上，控制消息路由和信令网的结构，完成信令网的重新组合，从而恢复正常消息传递能力。

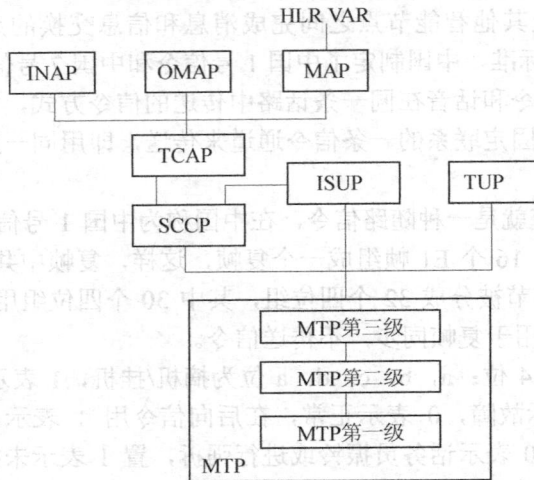

HLR：本地位置寄存器　　　　INAP：智能网应用部分
ISUP：LSDN用户部分　　　　　MAP：移动通信应用部分
MTP：消息传递部分　　　　　　OMAP：操作维护应用部分
SCCP：信令连接控制部分　　　TCAP：事务处理能力应用部分
TUP：电话用户部分　　　　　　VLR：访问位置寄存器

图4-34　7号信令系统结构

用户部分构成 7 号信令系统的第四级，其功能是处理信令信息。用户实质上指的就是电信网的各种业务网。根据不同的业务，可以有不同的用户部分，例如，电话用户部分（Telephone user part，TUP）处理电话网中的呼叫控制信令消息，综合业务数字网用户部分（ISDN user part，ISUP）处理 ISDN 中的呼叫控制信令消息。

4.5.2　同步网

同步是指信号之间在频率或相位上保持某种严格的特定关系，也就是它们在相对应的有效瞬间以同一平均速率出现。如果两个数字交换设备之间的时钟频率不一致，或者比特流在传输中受到损伤，发生相位漂移和抖动，就会在数字交换系统的缓冲存储器中产生码元的丢失或重复，这种现象称为滑码。

为了降低滑码率，减少滑动损伤对各种业务的影响，使到达网内各交换节点的数字码流都能实现有效的交换和传输，就要有效地控制滑码，使网内各数字设备使用某个共同的基准时钟频率，即实现时钟间的同步。

电信网要考虑三个层次上的同步：位同步、帧同步和网同步。

位同步是最基本的同步，它是指收、发两端的时钟频率必须同频、同相，这样接收端才能正确接收和判决发送端送来的每一个码元。一般的实现方法是接收端从接收到的 PCM 码流中提取出发端时钟频率来控制收端时钟，做到位同步。

帧同步是指从收到的比特流中界定出帧的开始和结束位置，在数字通信中，对比特流的处理是以帧来划分段落的。在实现多路时分复用或进入数字交换机进行时隙交换时，都需要经过帧调整器，达到帧同步的目的。

网同步是指对网络设备各个方向送来的信号的速率和相位进行调整，使之步调一致，以便对各路信号进行分路和并路。

1. 同步网的同步方式

数字同步网的同步方式主要有 3 种：主从同步方式、准同步方式和互同步方式。

主从同步方式是指在同步网内设置基准时钟和若干从钟，以主基准时钟的频率控制从钟的信号频率。主从同步网主要由主基准时钟或同步节点时钟传送同步信号的链路及从钟组成。主从同步方式有直接主从同步方式和等级主从同步方式两种。

在等级主从同步网中，定时信号从基准时钟向下级从钟逐级传送，各从钟直接从其上级钟获取同步信号。同步信号可以从传送业务的数字信号中提取，也可以使用专用链路传送定时信号。时钟使用锁相技术，将其输出信号的相位锁定到输入信号的相位上，正常锁定时其输出信号具有与基准信号相同的精度。

等级主从同步网的优点是各级设备都能直接或间接同步于主基准时钟，在正常情况下不会产生滑动。缺点是时钟扰动会沿传输途径逐级累积，影响面较大，另外还需要避免造成定时环路。

准同步方式的特点是网内的时钟独立运行互不控制，网内所有交换节点都使用高精度时钟，虽然时钟频率不能绝对相等，但频差很小，产生的滑动可以满足指标要求。由于没有时钟间控制问题，所以网络简单灵活，缺点是时钟的性能要求高、费用贵，同时还存在着周期性的滑动。

互同步方式是指网内不存在主基准时钟，每个时钟接受其他节点时钟送来的定时信号，将自身频率锁定在所有接收的定时信号频率的加权平均值上，各时钟相互作用。当网络参数选择合适时，全网的时钟就将趋于一个稳定的系统频率，实现网内时钟同步。互同步方式的优点是具有较高的可靠性，且对时钟性能要求不高，但稳定状态频率取决于网络参数，难以事先确定，且整个网络是一个复杂的反馈系统，网络参数的变化容易引起系统性能变化，甚至进入不稳定状态。

同步网有时候也会采用混合同步方式。混合同步方式将全网划分为若干个同步区，在区内设置主基准时钟，各同步节点配置从钟，同步区内为主从同步网，同步区间为准同步方式，这样可以减少时钟级数，缩短定时信号传送距离，改善同步网性能，当同步区主基准时钟精度较高时，区间链路的周期性滑动很少，满足指标要求。

2. 同步网的组成

同步网一般由基准时钟源、定时链路和定时设备 3 部分组成。

基准时钟源是指精度至少在 10^{-11} 的时钟源。目前应用的基准时钟源主要有卫星定位系统接收机和铯钟（或氢钟）两种设备。

卫星定位系统是一个用以识别地面位置的卫星系统，它通过锁定的 4 颗卫星，来查明所在的空间坐标和时间信息。卫星定位系统主要有美国的全球定位系统（Global Position System，GPS）和中国的北斗等。

铯钟是传统的基准时钟源，不需要跟踪卫星。铯钟的内部电路产生一个准确度达 10^{-12} 的一级定时信号。铯钟与卫星定位系统相比价格贵且可靠性差，但是稳定性好。

定时链路是指传送定时信息的链路。为确保数字同步网稳定可靠的运行，必须选择各项指标符合要求的电路或系统来传送定时。传送定时的链路可分为 3 种：PDH 专线、PDH 业务码流及 SDH 线路码流。

同步时钟设备也称大楼综合定时系统（Building Integrated Timing System，BITS），一般

由输入卡、输出卡、时钟卡、精密监测卡、维护接口卡等部分组成，能够提供定时的供给功能、保持功能、局内分配功能和同步网管理等功能。使用 BITS 进行局内定时分配的方法如图 4-35 所示。

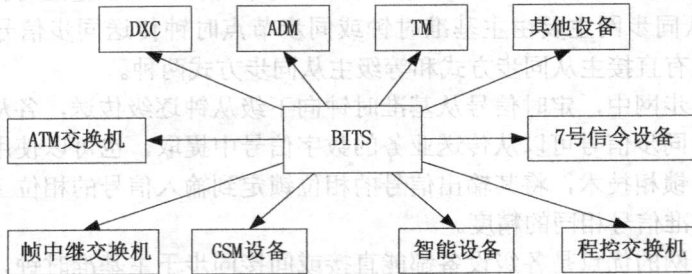

图 4-35 局内定时分配方法

大多数情况下，每一个局都选用 BITS，那些需要一级时钟的局还使用 GPS。在某些情况下，每一个局都使用 BITS 和 GPS。

3. 数字同步网的等级结构

根据我国标准 GB12048－89《数字网内时钟和同步设备的进网要求》，数字同步网采用主从同步方式，按照时钟的性能，我国的同步网划分为三级，如图 4-36 所示。它是一个分布式多基准的混合数字同步网，其基本功能是准确地将同步信息从基准时钟向同步网的各下级或同步节点传送。

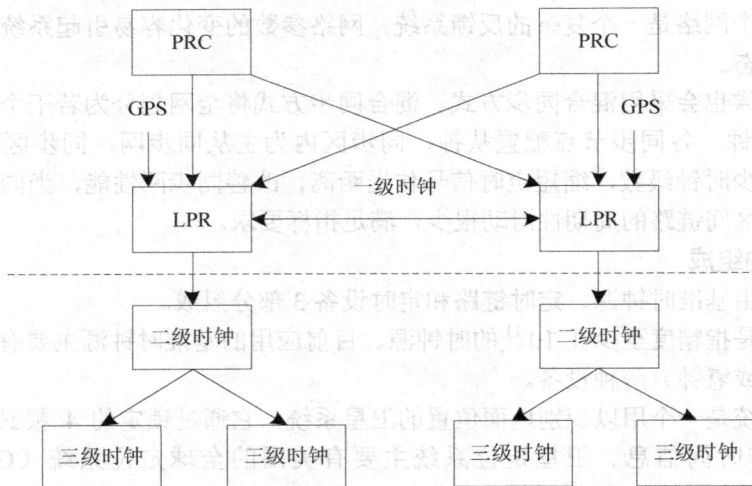

图 4-36 同步网三级组网结构

第一级为基准时钟，分为两种。一种是含铯原子钟的全国基准参考时钟（Primary Reference Clock，PRC），它产生的定时基准信号通过定时基准传输链路送到各省中心；另一种是在同步供给单元上配置 GPS 或其他卫星定位系统组成的区域基准参考（Local Primary Reference，LPR）时钟，它也可以接受 PRC 的同步。

第二级为具有保持功能的高稳定时钟，可以是受控铷钟或高稳定度晶体钟，主要设置在各省、自治区中心和直辖市的各长途通信楼，以及地、市级长途通信楼和汇接长途话务量大且具有多种业务要求的重要汇接局。

第三级为从时钟，通常为具有保持功能的高稳定晶体时钟，通常设置在本地网内的汇接局和端局。

在等级主从同步网中，全网设置一个基准时钟，作为最高等级，其他时钟都与基准时钟锁相。同步是通过定时信号从一个时钟传送到下一个时钟来实现的。网络中每个时钟都赋予一定等级，只允许某一等级的时钟向较低等级、或同一等级时钟传送同步信息。

4.5.3　管理网

电信网管理的目标是要最大限度地利用电信网络资源，提高网络的运行质量和效率，向用户提供良好的通信服务。通过管理网，网络管理员可以利用网络管理系统对网络资源进行监视、测试、配置、分析、评价和控制，使电信网以最优的性能安全可靠地平稳运行。

在电信网和计算机网络的发展过程中，产生了各自的网络管理体系结构。电信网采用基于电信管理网（Telecom Management Network，TMN）的体系结构，遵循 ISO 的 OSI 七层模型。计算机网络采用基于简单网络管理协议（Simple Network Management Protocol，SNMP）的体系结构，遵循 TCP/IP 模型。TMN 和 SNMP 之间存在很大的差异。随着电信网络的全 IP 化，其网络管理系统也全面转向 SNMP。

1. 网络管理功能

网络管理为控制、协调、监视网络资源提供手段，ISO 在 ISO/IEC 7498-4 文档中定义了网络管理的 5 个系统管理功能域，即配置管理、故障管理、性能管理、计费管理和安全管理。

配置管理负责网络的建立、业务的开展以及配置数据的维护。配置管理功能主要包括资源清单管理、资源开通以及业务开通。配置数据包括管理范围内所有设备的任何静态和动态信息。配置数据不仅仅由配置管理功能使用，还被网络管理的其他功能（故障管理、性能管理、计费管理、安全管理）广泛使用。配置管理通过修改被管对象的属性来控制被管对象，以便使网络的某个特定功能或网络性能达到最优状态。配置管理的对象是一个逻辑的概念，既可以是软件，也可以是硬件；它可以是路由器、交换机等网络节点设备，也可以是服务器上的网络服务进程。

性能管理的目的是维护网络服务质量和网络运营效率，提供性能监测功能、性能分析功能以及性能管理控制功能。性能管理可以分为性能监测和网络控制。性能监测是对网络工作状态信息的收集和整理；网络控制则是为改善网络设备的性能而采取的相关动作和措施。通过性能管理中评测的主要性能指标，可以验证网络服务是否达到了预定的水平，找出已经发生或潜在的瓶颈，形成报告网络性能的变化趋势，为管理机构的决策提供依据。网络性能管理功能需要维护性能数据库，要与性能管理功能域保持连接，提供自动的性能管理处理过程。

故障管理的主要任务是发现和排除网络故障，用于保证网络资源的无障碍无错误的运营状态，包括故障检测、故障隔离、故障恢复和预防保障。在网络的监视中，故障管理参考配置管理的资源清单来识别网络元素。如果维护状态发生变化或者故障设备被替换，以及通过网络重组迂回故障时，要与资源管理信息库互通。当故障影响了网络的服务质量保证承诺时，故障管理要与计费管理互通，以赔偿用户的损失。对网络故障的检测依据对网络组成部件状态的监测。那些不严重的简单故障通常被记录在错误日志中，并不做特别处理；而严重一些的故障则需要通知网络管理站，产生"警报"。一般网络管理站应根据有关信息对警报进行处理，排除故障。当故障比较复杂时，网络管理站应能执行一些诊断测试来辨别故障原因，并协助网络管理员诊断和排除故障。

安全管理的目的是提供信息的隐私、认证和完整性保护机制，采用信息安全措施保护网络中的系统、数据以及业务。一般的安全管理系统包含风险分析功能、安全服务功能、报警、日志和报告功能以及网络管理系统保护功能等，提供入侵检测（授权机制）、访问控制、密钥管理（加密和维护）和安全控制（检查安全日志）机制。安全管理与其他管理功能有着密切的关系。安全管理要调用配置管理中的系统服务对网络中的安全设施进行控制和维护。当网络发现有安全方面的故障时，要向故障管理通报故障事件以便进行故障诊断和恢复；安全管理功能还要接收计费管理发来的与访问权限有关的计费数据和访问事件通报。

计费管理的主要目的是正确地计算和收取用户使用网络服务的费用。计费管理通过记录网络资源的使用情况，控制和监测网络操作的费用和代价，估算出用户使用网络资源可能需要的费用和代价。网络管理员可以规定用户可以使用的最大费用，控制用户过多地占用和使用网络资源，从而提高网络的使用效率。计费管理还要进行网络资源利用率的统计和网络成本效益核算，包括账目记录、账单验证、费率套餐、折扣处理等。计费管理功能提供了对用户收费的依据。

2．网络管理模型

无论是电信网还是计算机网，都采用管理站-代理的管理模型，如图 4-37 所示。管理站与代理之间利用网络实现管理信息的交换，完成管理功能。

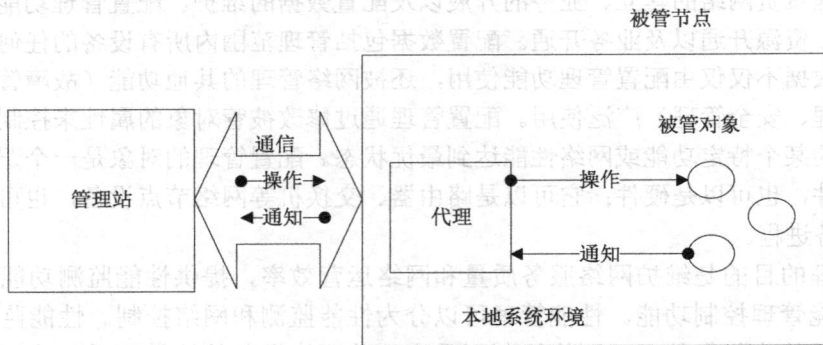

图4-37　网络管理模型

管理站是供网络管理员进行操作的计算机系统，准确地说，是指运行在计算机操作系统之上的网络管理软件。管理站从各代理处收集管理信息，进行处理，获取有价值的管理信息，通过用户界面与网络管理员进行交互，达到管理网络资源的目的。

代理是驻留在被管理的设备内部的软件程序，被管设备通常为路由器、交换机等网络节点设备，也可以是计算机或其他软、硬件实体。代理把来自管理站的命令或信息请求转换为本设备特有的指令，完成管理站的指示，对设备进行控制或提交设备的状态信息。另外，代理也可以把自身系统中发生的事件主动通知给管理站。一般的代理都是提交它本身的信息，而另一种称为委托代理的，可以提供其他系统或其他设备的信息。

管理站将管理要求通过管理操作指令传送给被管理系统中的代理，代理则直接管理被管理的设备。代理可能因为某种原因拒绝管理站的命令。管理站和代理之间的信息交换可以分为两种：从管理站到代理的管理操作；从代理到管理站的事件通知。

一个管理站可以和多个代理进行信息交换，这是网络管理常见的情况。一个代理也可以接受来自多个管理站的管理操作，在这种情况下，代理需要处理来自多个管理站的多个操作之间的协调问题。

管理站、代理、被管设备和计算机网络一起构成了一个软硬件有机结合的分布式网络应用系统——网络管理系统，为网络管理员提供了自动管理网络的工具。网络管理系统的组成结构如图 4-38 所示，分为 3 个部分：管理功能、管理信息模型和通信框架。

管理功能是网络管理系统提供给用户的管理能力，负责对网络中的设备进行监视和控制，实现网络管理的配置管理、性能管理、故障管理、安全管理和计费管理 5 大功能。在网络管理系统中，管理功能常常是由一级应用程序实现的。

管理信息模型是网络资源的抽象，包括被管理资源以及管理资源。管理信息模型不是对网络

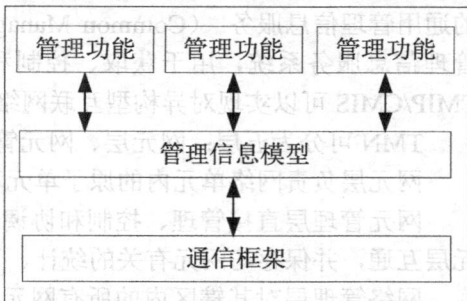

图 4-38 网络管理系统的组成结构

中所有资源的一切特性的抽象，而仅仅是对与管理功能相关的资源及其特性的抽象。也就是说，管理信息模型是为管理功能服务的，不同的功能应该有不同的管理信息模型。在网络管理系统中，管理信息模型的作用就像一个"交互中心"，为管理功能提供一个网络资源的逻辑视图，内容包括被管对象和管理信息库等。管理功能并不直接与网络资源交互，而是通过管理信息模型进行操作。管理信息模型在网络管理中处于核心位置，是标准化组织工作的主要方向之一，如被管对象类的声明或定义。标准的管理信息模型应该是不依赖于任何管理系统的，以便尽可能地提供互操作性。

管理信息模型涉及两个重要的概念：管理信息库（MIB）和管理信息结构（SMI）。

MIB 作为网络管理系统的基础，其被管理的每个资源是用管理对象来表示的，而管理信息库 MIB 是由这些对象组成的结构化对象集合。因此，被 SNMP 管理的对象只能是 MIB 中的相应对象。如在路由器中，要想保证路由器网络接口状态、入分组、出分组的流量及丢弃的分组或是有差错的报文统计信息的稳定性，就要发挥 MIB 的作用。MIB 实质上是一个数据库，存放需要管理的数据对象。管理站通过读取和设置这些数据对象，对被管理节点进行管理。

SMI 定义在 MIB 中使用的数据类型以及网络资源在 MIB 中的名称或表示，也定义了访问数据对象的规则。管理作用的发挥是通过访问 MIB 中相应的被管对象实现的，而 MIB 中的对象是由 SMI 定义的。SMI 的主要目标是为了更好地追求 MIB 的简单性和可扩充性。在网络管理中，每个对象的类型都有相应的名称、语法和编码方式，通过 OID（对象标识符）来标识。

通信框架为管理系统中的各个管理应用之间提供消息交换的机制，并规定了对管理信息的基本操作。管理协议是通信框架中的重要内容，最常见的管理协议是 SNMP。随着管理系统的复杂程度不断提高，各种技术被不断引入到通信框架中，如 CORBA 等，使得通信框架

成为一个分层的复杂结构。

3. TMN

TMN 是一种网络组织结构，在 TMN 中，管理信息通过具有标准协议的接口进行交换。ITU-T M.30 定义了 TMN 的框架结构、功能模型、信息模型与物理模型。TMN 是收集、处理、传送和存储有关电信网维护、操作和管理信息的一种综合手段，可使各种操作系统之间通过标准接口进行通信，还能使操作系统与电信网各部分之间也通过标准接口进行通信。

TMN 对电信网实施管理控制，电信网为 TMN 采集信息，提供通信设施，并接受 TMN 的控制。TMN 使用通用管理信息协议（Common Management Information Protocol，CMIP）在管理者与代理之间传送管理信息。CMIP 是基于 OSI 七层模型的网络管理协议，与之相关的通用管理信息服务 （Common Management Information Services，CMIS）定义了一个网络管理信息服务系统，用于获取、控制和接收有关网络对象及设备信息和状态。TMN 利用 CMIP/CMIS 可以实现对异构型互联网络的有效管理。

TMN 可分为五层：网元层、网元管理层、网络管理层、服务管理层和业务管理层。

网元层负责网络单元内的原子单元和功能的管理。

网元管理层直接管理、控制和协调一系列网元，作为网关承上启下，使网络管理层和网元层互通，并保存与网元有关的统计、记录以及其他数据。

网络管理层对其辖区内的所有网元行使管理职能，从全网的观点来控制和协调所有网元的活动，有修改网络的能力，并能就网络的性能、使用和有效性等事项与服务管理层经 Q3 接口互通。

服务管理层主要处理服务的合同事项，例如提供顾客与网络管理者间的接口、就所服务的事项（包括提供和中止服务、计费、故障报告）与用户联络、保存统计数据等，并经 Q3 接口与事务管理层互通。

事务管理层是最高的逻辑功能层，主要负责全局性网络管理事务，涉及经济的事务、网络运营者之间的协议和设定目标任务，但不从事具体的管理服务。该层的活动常常需要网管人员的介入。

4. BOSS

业务运营支撑系统（Business & Operation Support System，BOSS）从早期电信部门的计费系统演化而来，是一个综合的业务运营和管理支撑平台。BOSS 是业务支撑系统（Business Support System BSS）与运营支撑系统（Operation Support System，OSS）的融合。

BSS 系统的设计目标包括客户关系管理（CRM）、业务供应链管理（SCM）和经营决策支持系统（DSS）。BSS 应具备以下四个功能块：计费及结算系统、营业及帐务系统、客户服务系统和决策支持系统。

OSS 电信业务运营支撑系统是电信业务开展和运营所必需的支撑平台，是电信业务运营的基础结构，它包括运营网络系统和客户服务系统。国际电信联盟已经将 OSS 纳入其电信管理网络（TMN）的网络构架标准指导原则中。

OSS 不是网络本身，而是整个运营的基础结构，包括运营网络系统和客户服务系统。OSS 一般包括电信服务网络的执行业务管理、电信资源管理、电信故障处理、电信网络工程与规划等后台运作的面向网络的系统和执行计费、营账、客户关系管理等前台面向客户的服务功能的系统。

OSS 主要完成以下三方面的任务：业务实现、业务保障和计费。OSS 可以帮助电信运营商降低运营成本，提高企业收益，通过自动化的操作提高企业生产效率，提高客户满意度，更好地保护老客户和发展新客户。

5. SNMP

SNMP 不仅为网络设备提供了一种在计算机上运行的网络管理软件，也提供了一种能够收集网络设备运行信息和配置网络设备参数的方法，为网络管理员发现问题和解决问题提供了辅助手段。SNMP 协议定义了管理站与被管理网络设备之间传递管理信息的规则。

管理站与代理之间交换信息的基本单位是报文，报文由外部的报文首部和内部的 SNMP 协议数据单元（PDU）构成，如图 4-39 所示。SNMP 报文使用运输层 UDP 协议发送，默认端口号为 161。

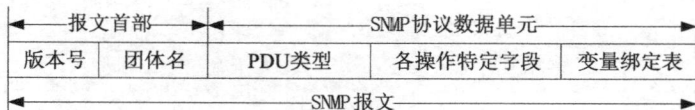

报文首部		SNMP协议数据单元		
版本号	团体名	PDU类型	各操作特定字段	变量绑定表

图 4-39 SNMP 报文结构

SNMP 报文首部由版本号和团体名组成。版本号取值 0 代表 SNMPv1，取 1 代表 SNMPv2。团体名提供简单的认证功能。SNMP 首部是由认证服务解析的，认证服务独立于 SNMP 协议，这也是不把整个 SNMP 报文称为 PDU 而是把报文的数据字段称为 PDU 的原因。

PDU 类型字段定义了 7 种类型的 PDU，对应于 7 种操作：GetRequest、GetNextRequest、SetRequest、GetResponse、Trap、InformRequest 和 GetBulkRequest。这 7 种操作可归纳为如下 4 类：Get（获取）、Set（设置）、Trap（捕获）和 Inform（信息）。Get 用于管理站查询 MIB 中标量对象的值；Set 用于管理站设置 MIB 中标量对象的值；Trap 用于代理向管理站报告管理对象的状态变化；Inform 用于管理站之间的通信。

变量绑定表是变量名和对应值的表，说明要查询和设置的所有变量及其值。

SNMP 的特点是简单易用，没有较多的复杂命令，SNMP 的相关操作都基于如下两种基本功能：把数据存储到变量集和从变量集取出数据。SNMP 不但定义了 SNMP 报文的格式，也定义了每个报文的处理方式。通过 SNMP 报文的传递和处理，实现了网络管理的 5 大功能。SNMP 已成为几乎所有通信网络事实上的网络管理标准。

习　　题

1．哪些通信网络属于电信网；订制各种电信业务时，有些业务按时间收费，有些业务按流量收费，其中有无规律可循？

2．电信网与互联网的关系是什么，电信网与广域网之间的关系是什么？

3．通信行业与计算机行业在建设通信网络时存在哪些思想上的差别？

4．电路交换网络为通信双方建立的物理通道是专用的，这是否说明通信双方也独占了传输媒介？

5．虚电路分组交换网络和数据报分组交换网络的优缺点分别是什么，为什么传统的数据通信网络大都采用虚电路分组交换技术？

6. 信令网是用于支持 PSTN 的，PSTN 是电路交换网络，7 号信令网是分组交换网络，二者是如何协同工作的？

7. TMN 与 SNMP 之间的关系是什么？

8. 描述电话号码的结构。

9. ISDN 可以传输分组，为什么说 ISDN 是一种电路交换网络？

10. ATM 是如何传递信元的；ATM 网络是否需要路由选择；ATM 网络的异步体现在哪里？

11. SDH 使用同步传输模式（STM），其同步体现在哪里；SDH 网元有哪些，分别用在何处；DXC 与交换机有什么区别？

广播电视网是通过无线电波或导线向广大地区播送图像和声音的通信网络。广播电视网络经历了无线→有线、模拟→数字、单向广播→双向交互、单一业务→综合业务的演变。

5.1 电视网的结构

广播电视网包括覆盖和传输两个方面。覆盖是指由点到面的大面积广播，构成的覆盖网负责电视信号的分发，包括无线覆盖网、有线覆盖网和卫星广播电视覆盖网。传输是指单向或双向点到点或点到多点远距离传送电视信号，传输网主要由同轴电缆、光纤和微波等传输媒介组成。本章主要讨论有线电视网的组网技术。

5.1.1 电视网的发展

电视网的发展随着电视技术的发展而演进。广播电视技术经历了黑白电视、彩色电视、数字电视和网络电视的发展演变。

黑白电视阶段多采用无线覆盖网模拟传输的方式，主要标准体制有 525 行/60 场和 625 行/50 场两种。我国采用 625 行/50 场体制。

彩色模拟电视主要有 NTSC、PAL 和 SECAM 三种制式，中国采用 PAL 制。NTSC 制的帧速率为 29.97 帧/秒，每帧 525 行 262 线，隔行扫描，播放数字化视频 DVD 的标准分辨率为 720×480；PAL 制的帧速率为 25 帧/秒，每帧 625 行 312 线，逐行扫描，标准分辨率为 720×576；SECAM 制的帧速率为 25 帧/每秒，每帧 625 行，隔行扫描，分辨率为 720×576。

数字电视的标准比较多，它们在音视频采样、压缩格式、传输方式和服务信息格式上都有不同的规定。美国的标准是 ATSC（Advanced Television System Committee，先进电视制式委员会），欧洲的标准是 DVB（Digital Video Broadcasting，数字视频广播），日本的标准是 ISDB（Integrated Services Digital Broadcasting，综合业务数字广播），我国的标准是 CMMB（China Mobile Multimedia Broadcasting，中国移动多媒体广播）和 DMB（Digital Multimedia Broadcasting，数字多媒体广播）。

网络电视或称 IPTV 使用 TCP/IP 协议传输广播电视信号和网络视频资源，实现了广播到交互、被动到主动的转变，可以按需观看、随看随停。智能电视、云电视等都是基于网络电视而开发的新型电视技术。

广播电视网是利用光缆、微波和卫星线路把各地有线电视网连接起来而构成的一种通信网络。有线电视网的发展可以划分为共用天线电视系统（Master Antenna TV，MATV）、电缆电视系统（Cable TV，CATV）、数字有线电视网络和下一代广播电视网络（Next Generation Broadcasting Network，NGB）四个阶段。

MATV 是利用一根性能良好的天线，将接收到的无线电视信号经过简单的放大处理，用同轴电缆传输到各个用户。MATV 解决了处于无线电视信号阴影区的用户无法收看无线电视信号的问题。

CATV 从信源系统、前端系统、干线传输系统、用户分配系统直到电视机都采用同轴电缆传输电视信号。传统的 CATV 是一个单向广播网络，网络中传输经过调制的模拟射频信号，不同的电视频道信号在网络中占用不同的频点，每个电视频道占用的频带宽度是相同的，例如，NTSC 制占用 6MHz，我国使用的 PAL 制占用 8MHz。

数字有线电视网络是一种双向传输的交互式数字电视系统，具备完善的网络管理功能，终端从单一的电视机发展到各种智能终端，传输业务也从单一的电视信号传输发展到多业务综合传输。

NGB 以三网融合为基础，将有线和无线相结合，为用户提供高清晰度电视、互联网接入和话音通信等服务。

5.1.2　有线电视网的组成结构

典型的有线电视网由信号源、前端、干线传输系统、用户分配网络和用户终端 5 部分组成，如图 5-1 所示。

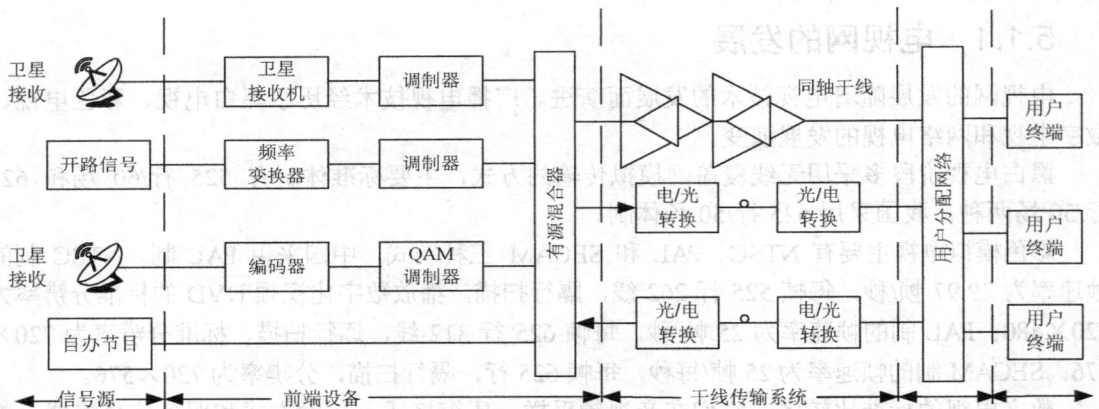

图 5-1　有线电视网组成结构

信号源是指提供给有线电视所需的各类优质信号的各种设备。有线电视的信号源包括卫星发射的卫星电视信号、地面转播车转播的电视信号、当地电视台发送的开路电视信号、当地微波台发射的微波电视信号、自办电视节目、由系统内传送的上行电视信号等。

前端是有线电视网络的信号处理中心，它对信号源输出的各类信号进行滤波、变频、放大、调制、混合等处理，采用频分多路复用技术，最终形成一路复合射频信号提供给传输系统。

干线传输系统和用户分配网络组成有线电视网的传输系统。干线传输系统采用光纤，用户分配网络目前正从同轴电缆转向光纤传输。

用户终端就是电视机，目前正从单一的电视机向多功能智能终端发展。

5.1.3 有线电视网的传输结构

早期有线电视网络是采用同轴电缆结构，是一种树型拓扑结构网络，电视信号从有线电视台出来后不断分级展开，最后到达用户电视机。

广播电视网络目前基本采用光纤和同轴电缆相结合的混合网络（Hybrid Fiber Coaxial，HFC）传输结构。HFC 由前端系统、光纤干线、用户同轴电缆分配网络三部分组成。前端负责收集来自卫星、无线广播和微波传送过来的电视信号，经调制和电-光转换后发送到光纤干线上，到用户区域后把光信号转换成电信号，经分配器分配后通过同轴电缆送到用户。

我国有线电视网的总体结构如图 5-2 所示。前端系统由一个总前端、多个主前端和众多的分前端组成，前端之间通常使用 SDH 网络连接。

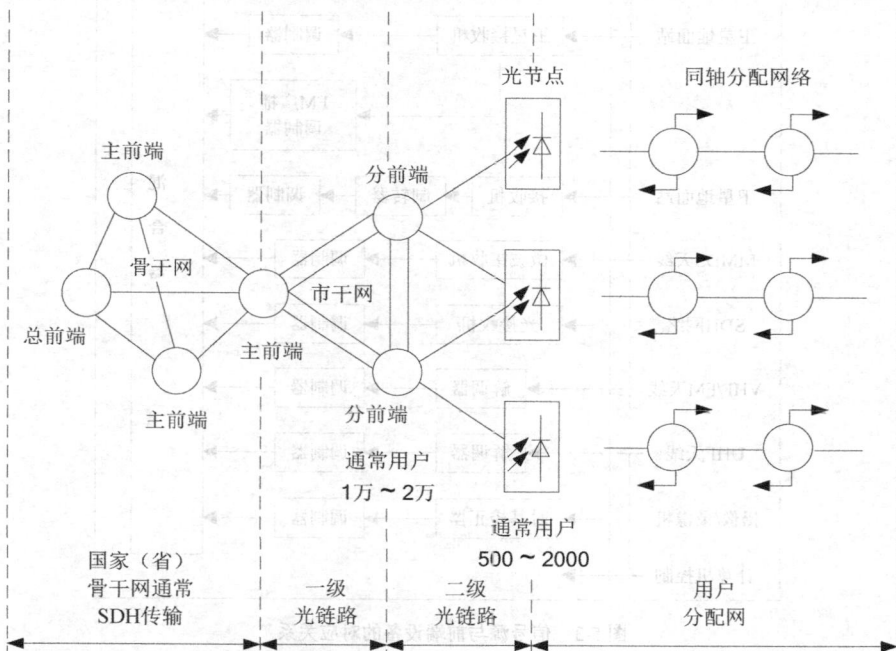

图 5-2 我国有线电视网的总体传输结构

主前端位于各省市有线电视网络公司，分前端位于各市县有线电视网络公司。光纤干线分为一级光链路干线和二级光链路干线两种。一级光链路是指主前端和分前端之间的光路，一般采用环型、网状型拓扑结构，以便提供冗余路由；二级光链路是指分前端到光节点之间的光路，一般采用星型拓扑结构，也可采用环型或网状拓扑结构实现路由冗余备份。用户分配网是指光节点到用户家中的同轴电缆分配网络，一般采用树型拓扑结构。

5.2 电视网的设备

有线电视网由信号源、前端、干线传输系统、用户分配网络和用户终端 5 部分组成，其设备也相应分成信号源设备、前端设备、干线传输设备、用户分配网设备和用户终端设备 5 大类。

5.2.1 信号源设备

信号源设备用于电视节目源信号的接收，包括卫星地面站、多路多点分配业务（multichannel multipoint distribution service，MMDS）天线、UHF/VHF/RF 天线、SDH 网元、摄像机、录像机和计算机等。不同信号源接收到的电视信号被送往不同的前端设备，如图 5-3 所示。

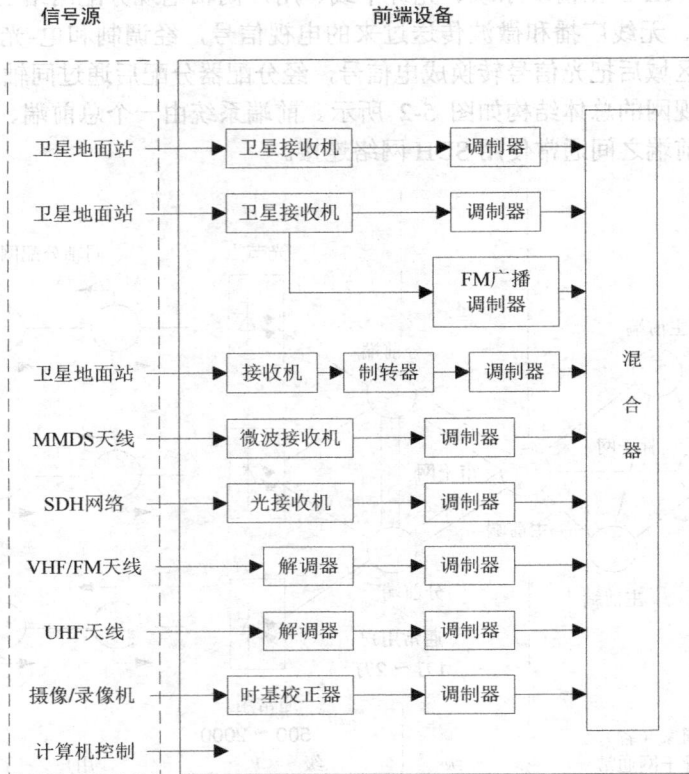

图 5-3 信号源与前端设备的对应关系

电视节目的来源主要有卫星电视广播系统接收的电视信号、无线电广播系统接收到的当地电视广播信号、上级电视台通过微波或光纤系统传输的节目信号、有线电视台内部制作的电视节目。

对于卫星系统传送的数字电视信号，可通过地面站天线系统接收；对于当地无线电广播系统发射的开路电视广播信号，可采用定向天线接收；对于数字微波系统传送的电视信号，可以利用数字微波站的相应接口设备将信号取出；对于光纤系统传送的数字电视信号，可利用光接收机进行光电转换，取出分配给本站的数字信号。

自办节目信号可从摄像机、录像机、VCD 或 DVD 等设备的输出接口直接取出视频、音频信号，目前的一些自办电视节目源也可能来自互联网或本地视频服务器。除了上述节目源设备外，自办节目设备还包括编辑机、特技机、字幕机、节目切换器和非线性编辑系统等。

非线性编辑系统将电视节目后期制作所用的切换机、数字特技、录像机、录音机、编辑机、调音台、字幕机、图形创作系统等设备集成在一台计算机中，用计算机来处理、编辑图像和声音。

5.2.2　前端设备

前端设备对来自信号源的节目信号进行处理，然后输出到传输干线上。前端可以输出到一条主干线上，也可以输出到多条主干线上。数字有线电视前端和模拟有线电视前端差别很大。

模拟前端设备实现信号放大、频谱变换、混合、干扰抑制等功能，主要由 3 个关键部分组成：调制器、变频器和信号混合器。模拟前端系统主要包括如下设备：放大器、频道转换器、频道处理器、调制器、混合器和导频信号发生器。我国已于 2015 年停播模拟电视。

数字前端的核心是解决各种信号对 HFC 网络的适配问题，主要功能包括节目组织、节目播出、系统管理和复用。

节目组织是对不同信号源的节目进行数字化、压缩和编码，统一为 MPEG2 传输流信源编码格式和异步串行接口（Asynchronous Serial Interface，ASI）信道编码格式。

节目播出解决节目的监视、调度和切换问题。数字电视也是按每 8MHz 带宽一个频道来传输的，可以利用一个多入多出的数字切换矩阵实现节目之间的切换以及节目与频道之间的调度。

系统管理包括条件接收系统（Conditional Access System，CAS）、用户管理系统和网络管理系统。条件接收系统对节目和数据进行加扰和加密，对用户进行授权管理；用户管理系统对用户信息、用户设备信息、订购信息、授权信息和财务信息等进行管理；网络管理系统对前端和网络设备进行规划、参数设置、故障报警等进行集中管理。

复用是指采用频分复用技术把来自不同信号源的电视节目调制到不同频道上。每个频道除了承载一套电视节目外，还需要把节目专用信息、业务信息、电子节目指南（Electronic Program Guide，EPG）和授权管理信息等复用到一起。

数字前端有两种形式：单机设备数字电视平台和集成式数字电视平台。集成式数字电视平台采用主板配模块化板卡的结构方式，根据不同的信号输入和处理要求，配置相应的功能卡，如卫星接收卡、IP 接口卡等。

单机设备数字电视平台的设备主要包括：数字卫星接收器、SDH 适配器、编码器、复用器、数字调制器、视频服务器、EPG 服务器和网络管理服务器等。

1. 数字卫星接收器

数字卫星接收器也称为综合接收解码器（Integrated Receiver Decoder，IRD），是卫星数字电视广播系统的室内设备，家用 IRD 其实就是卫星电视机顶盒。在卫星数字电视广播系统中，室外天线接收由卫星转发器发出的正交相移键控（Quadrature Phase Shift Keying，QPSK）信号，经位于天线焦点上的馈源收集增强，送入高频头对电信号进行低噪声放大和下变频，经功率分配器送入数字卫星接收器。

数字卫星接收器的原理如图 5-4 所示，包括调谐器、QPSK 解调器、前向纠错（Forward Error Correction，FEC）、MPEG2 传输流解复用、MPEG2 音视频解码和 D/A 变换器。

调谐器对来自高频头的信号进行再放大和选台，并经变频后送模拟 QPSK 同步解调，输出模拟的 I、Q 信号。

QPSK 解调器对模拟的 I、Q 信号进行 A/D 转换，转换成数字 I、Q 信号，再经数字式

QPSK 解调，进行 FEC 处理后，还原出 MPEG-2 传输流信号，即 TS 码流。TS 码流是按包发送的，每个包的长度为 188 字节，包括视频、音频、自定义信息等内容。

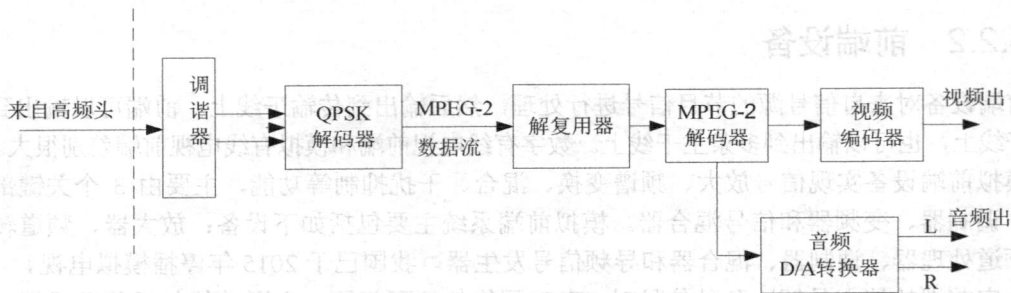

图 5-4　数字卫星接收器框图

解复用器对 MPEG-2 TS 码流进行分路，分解出视频信号、音频信号、同步控制及其他数字信号。TS 码流由多路被压缩的 MPEG-2 信号混合而成，每路速率小于 6Mbit/s。

MPEG-2 解码器完成视、音频数字信号的解压缩和解码，还原出完整的图像和伴音数字信号。

D/A 转换器包括视频编码器和音频 D/A 转换器。视频编码器将数字图像信号编码成模拟电视机可接收的电视信号；音频 D/A 转换电路将数字音频信号转换输出成左、右两路模拟音频信号。

2．SDH 适配器

有线电视台也可以从 SDH 骨干网接收数字电视信号。在 SDH 网中传输的数字电视信号为基带数字信号，通过 SDH 网络的 DS3 信道传输。SDH 适配器完成 ASI 接口的 TS 码流与 SDH 网络接口 DS3/E3 之间码流的相互转换。将 DS3 信道传输的 TS 码流接收下来并转换成 DVB-ASI 信号的设备称为 DS3 适配器。

3．编码器

编码器用于将模拟音视频信号压缩编码成 H.264/MPEG-2 格式，速率为 2～15Mbit/s，通常为 6Mbit/s，压缩数据输出格式为 ASI。编码器具有视频实时数字预处理、时基校正等功能。编码器有单节目编码器和多节目编码器两种。

4．复用器

复用器将所需要的节目从传输流中提出，然后将提取出的所有节目合成一个新的 TS 流，再加上附加信息，以便引导机顶盒的正常接收和解码。复用器的输入输出采用 DVB 标准的 ASI 接口，ASI 接口是一个多节目或单节目的传输流。复用器输出有用的数据，过滤掉空包和不需要的数据。复用器对来自不同端口的选定节目进行处理，产生或更新节目关联表、节目映射表和业务描述表，并将这些表插入到输出的多节目传输流中。TS 流的速率可达 72Mbit/s。

5．数字调制器

数字调制器或称正交调幅（Quadrature Amplitude Modulation，QAM）调制器接收来自编码器、复用器、DVB 网关、加扰器、视频服务器等设备的 DVB 传输流，通过 RS 编码、卷积交织和 QAM 调制等信道处理，提供中频或射频输出。中频信号适合在有限电视模拟网中传输。

6．矩阵切换器

矩阵切换器实现多路信号的切换选择，切换就是将一路信号替换为另一路信号。矩阵切换器由输入/输出单元、矩阵开关卡和控制单元组成。矩阵切换器其实就是一个矩阵结构的电子开关，它可以将每一路输出与不同的输入信号接通，又可以将一路输入接通到不同的输出。

典型的 ASI 矩阵切换器可以在保证前端系统正常运行的情况下，进行信源设备通路的切换，也可以接入网管系统和源信号检测系统。

7．加扰器

加扰器是运营商实现有条件收费管理的设备，它可以在条件接收系统的控制下对 TS 流中指定的节目或基本传输流进行加扰，使授权用户能够正常收看，非授权用户无权收看。

8．混合器

混合器负责将各调制器输出的射频信号进行频分复用。混合器按混合路数分为二混合、四混合等；按混合方式分为宽带混合器、频道混合器、频段混合器、频道频段混合器等；按电路结构分为滤波式、宽带传输线变压器式等。目前常用的是宽带混合器，由分支器或分配器反接而构成。

9．服务器

前端的各种服务器用于提供视频点播（Video on Demand，VOD）、电子节目指南和网络管理等功能。

VOD 系统由视频服务器、磁盘阵列、节目播放及控制设备、节目数据库、网络管理和计费软件等构成。

EPG 服务器存储所有的 EPG 内容和用户界面。用户通过机顶盒接收 EPG 信息，对播放的节目进行查询、检索和设定，并可随时查看与节目相关的信息。

网络管理服务器提供有限电视网的用户管理和业务运营支撑。与电信网类似，也采用 BOSS 系统。BOSS 系统涵盖了计费、结算、财务、业务管理和客服等各个方面，为有限电视网运营机构提供了一个综合的业务运营和管理平台。

5.2.3　干线传输设备

干线传输设备负责把前端输出的高频复合电视信号传输到用户分配网，传输线路主要有光纤、微波和同轴电缆三种方式。目前，同轴电缆已很少用于干线传输网络。

光纤干线传输设备主要有光发射机、光放大器和光接收机等。

1．光发射机

光发射机将有线电视的电信号转换为光信号，它是一个有源器件。电-光转换的调制方式有调幅-光强度（AM-IM）、调频-光强度（FM-IM）和脉码调制-光强度（PCM-IM）。

AM-IM 采用残边带调幅方法把模拟音视频信号调制到不同的高频副载波上，经混合器混合后得到一个宽带高频信号，再用该信号调制光信号的强度。

FM-IM 先让各音视频信号对 70MHz 的中频副载波进行调制，并上变频至不同的频道，再利用混合后的宽带高频信号去调制光信号的强度。

PCM-IM 先对音视频信号进行抽样、量化和编码转换为数字信号，再经过时分复用的合成器得到由多个频道信号组成的脉冲串，再用它控制光信号的强度，输出相应的光脉冲信号。

2．光放大器

光放大器通常放置在光纤线路的中间，用于延长光信号在光纤中的传输距离。除此之外，光放大器也可作为光增强器，放置在光发射机的输出端，用来提高光发射机的输出功率，还可以作为预放器，放置在光接收机的输入端，用来提高光接收机的灵敏度。

光放大器分为间接放大和直接放大两类。

间接放大是把光信号解调成电信号，再利用普通的电信号干线放大器把信号放大后再调制成光信号。在一条通信链路上，对模拟信号的放大也会同时放大噪声，故只能放大一次，对数字信号可以进行脉冲幅度再生、波形再生和再定时，可放大 100 次左右。

直接放大是利用输入的信号光去激励已经实现粒子数反转的激活物质，得到增强的光。它和激光的区别在于激光器的反馈较强，实现了光振荡，而放大器反馈较小，要抑制光振荡。直接放大的光放大器主要有半导体光放大器和光纤放大器两种。光纤放大器是在石英光纤的纤芯中掺入能实现粒子数反转的激活物质元素，在激光的作用下实现粒子数反转，然后在信号光的作用下产生受激辐射，把信号放大。目前常用的直接放大光放大器有掺铒光纤放大器（EDFA）和掺镨氟化物光纤放大器（PDFA）。

3．光接收机

光接收机用于把光纤上传输的光信号解调还原成电信号，它由光电检测组件和电放大器两部分组成。

光电检测组件由检波器和前置放大器组成。检波器的作用是把入射光转换成电流，其基本原理是利用半导体材料的光电效应把光信号转换成电信号。常用的检波器主要有 PIN 光电二极管和雪崩光电二极管（APD）。有线电视网一般采用 PIN 光电二极管。前置放大器用于放大光电流。

电放大器包括主放大器、均衡器、判决器和时钟恢复电路以及自动增益控制电路等。主放大器用于放大、控制信号幅度给判决电路；均衡器用于补偿，消除拖尾；判决器和时钟恢复电路用于恢复出 0、1 数字信号；自动增益控制电路利用反馈环路控制主放大器，使判决信号稳定。

有些光接收机中还设置了数据采集和控制部分，可利用微处理器对光接收机的各项参数进行调整和控制。

5.2.4　用户分配网设备

用户分配网负责把有线电视信号高效合理地分送到用户。电缆传输分配网络由分支线、分配线、用户引入线、分支放大器、分配放大器、分配器、分支器和用户终端盒组成。由干线传输的射频信号，通过干线分支器、分配器后，分成几路输出，送往各分支线路；各分支线路的信号再经过分支放大器提升后，通过用户分支器和分配器，送到用户终端盒。放大器是有源器件，分配器和分支器是无源器件。

1．放大器

放大器按其放置位置可分为前端放大器和线路放大器两大类。线路放大器又分为干线传输网使用的干线放大器和用户分配网使用的分配放大器、延长放大器和楼栋放大器等。放大器按是否具备双向传输功能分为单向放大器和双向放大器两类。随着通信网"光进铜退"，放大器已逐渐不再使用。

2．分配器

分配器的作用是将一路信号功率平均分配给几路，通常分为两路、三路或四路，分别称为二分配器、三分配器或四分配器，其表示符号如图 5-5 所示。如果将分配器的输入、输出端倒过来使用，则可将多路信号混合起来。

图 5-5　分配器的符号和四分配器实物图

分配器的输出无主次之分，各路输出均分能量，二分配器的分配损失大约为 3～4dB，三分配器的分配损失大约为 5～6dB，四分配器的分配损失大约为 7～8dB。

分配器的任一输出端口开路，会破坏其输出对称性，使系统阻抗不匹配，容易形成反射波影响整个系统的性能。分配器无反向隔离功能，支路信号容易对主路干扰，因此，在系统使用中，分配器的每一输出端都不要空载或短路，应该保证阻抗匹配。

3．分支器

分支器也称为定向耦合器，用于从一根同轴电缆中取出一部分信号功率馈送给用户终端盒。分支器有一个主路输入端、一个主路输出端和多个分支输出端。按照分支输出口的多少，分支器有一分支器、二分支器、四分支器等。一分支器和四分支器的符号表示如图 5-6 所示。有些分支器的输出口标注的不是"TAP"而是"BR"（Branch，分支）。分支器的"IN"或"OUT"口连接主干同轴电缆，"TAP"或"BR"口使用用户电缆直接连接电视机。

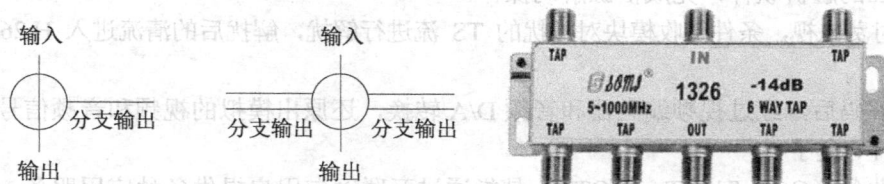

图 5-6　分支器的符号以及六分支器实物图

分支器的主路输出信号一般比分支输出信号大得多。主路输出口的损耗较小，一般为 0.5～3.5dB 左右。分支输出的能量较小，开路后对主路影响不大。在用户分配网中，分支器通常联成一串，用在用户接入口，而分配器通常采用树型联接，用在分配网中。

4．用户终端盒

用户终端盒是有线电视网中用的最多的部件，它是网络与用户设备之间的接口。用户终端盒分为单孔和双孔两种。双孔用户终端盒有两个插孔，利用带通滤波器分别输出电视信号和 FM 收音机 88～108MHz 的调频信号。

5.2.5　用户终端设备

传统单向有线电视网络的用户终端设备比较单一，主要有电视机和收音机。电视机包括黑白电视机、彩色电视机、数字电视机、云电视机和智能电视机等。

现代双向交互有线电视网的设备则多种多样，除了电视机和收音机外，还包括机顶盒、电缆调制解调器、计算机、手机、家庭网关、网络设备、智能家电等各种智能终端。

1．机顶盒

广电运营商提供的机顶盒是一种将数字电视信号转换成模拟电视信号的变换设备，以便用户能够用原来的模拟电视机收看数字电视节目，称为数字电视机顶盒。

数字电视机顶盒根据传输媒介的不同分为数字卫星机顶盒（DVB-S）、地面数字电视机顶盒（DVB-T）和有线电视数字机顶盒（DVB-C）；根据图像清晰度分为标清机顶盒和高清机顶盒；根据是否双向互动分为单向机顶盒和双向互动机顶盒。

有线数字机顶盒由高频头、信道解调器、信源解复用器、视频解码器、音频 D/A、音频解码器、嵌入式 CPU 系统和外围接口、条件接收模块等组成，其基本结构如图 5-7 所示。

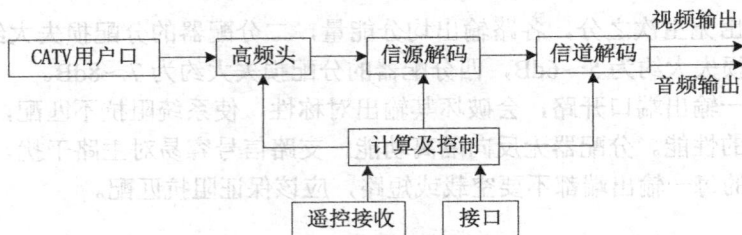

图 5-7　数字电视机顶盒结构

机顶盒的高频头接收来自有线电视网络的射频信号，通过 QAM 解调器完成信道解码，送出包含多路视频、音频信号和其他数据信息的 TS 流给 CPU 的解复用器。

CPU 内的解复用器分出各路数字电视节目，提取相应的 TS 流，送入 H.264/MPEG-2 解码器和对应的解析软件，完成信源解码操作。

对于付费电视，条件接收模块对加扰的 TS 流进行解扰，解扰后的清流进入 H.264/MPEG-2 解码器。

信源解码后，经过视频编码器和音频 D/A 转换，还原出模拟的视频和音频信号。

2．OTT 盒子

置顶业务（Over The Top，OTT）是指通过互联网向用户提供各种应用服务。从字面来看，OTT 是指信息流承载在运营商数据通路之上的服务，OTT 业务由厂商自己决定，如何管理用户以及怎么收费与"下面"承载数据流量的网络运营商无关。

OTT 盒子是机顶盒的演进，用于 OTT TV，它是目前除广电系统的数字电视机顶盒、电信运营商的 IPTV 机顶盒之外，众多厂商纷纷开发的第三种机顶盒。

OTT TV 是指基于互联网的视频服务，终端可以是电视机、计算机、机顶盒、智能手机等。因此，OTT 盒子不仅仅是电视机的外置设备，也是实现"三屏联动"的设备。

OTT 盒子是典型的嵌入式计算机系统，它将 Wi-Fi、存储和数字电视机顶盒集于一身。为用户提供电视、音乐、游戏、阅读和支付等各种功能。

3．电缆调制解调器

电缆调制解调器（Cable Modem，CM）用于连接计算机，为计算机通过有线电视网接入互联网提供服务。电缆调制解调器的主要功能是将数字信号调制到射频信号以及将射频信号中的数字信息解调出来。电缆调制解调器不仅包含调制解调部分，它还包括电视接收调谐、加密解密和协议适配等部分。电缆调制解调器主要存在两种不同的标准，一个是 ITU J.112 标准，另一个是 IEEE 802.14。

电缆调制解调器一般有两个接口，一个用来连接室内墙上的有线电视插口，另一个通过 RJ45 接口连接计算机或以太网交换机。有些电缆调制解调器也提供 USB 接口连接计算机。

为了在计算机上网的同时能够收看电视节目，电缆调制解调器接入方式还需要一个三端口的分支器，分别用来连接有线电视外线、电视机和电缆调制解调器，如图 5-8 所示。

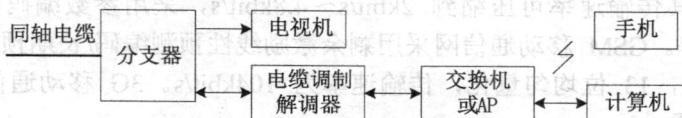

图 5-8　电缆调制解调器的连接

5.3　电视网关键技术

从电视网的运营角度来看，数字电视网技术按层次结构可分为系统技术、中间件技术和应用技术。系统技术包括条件接收技术、复用/解复用技术、用户管理技术、节目管理技术；应用技术包括视频点播技术、EGP 技术、数据广播技术和交互游戏技术等；中间件技术位于系统技术和应用技术之间，为双方提供开放式接口，是系统平台对综合业务开放的支撑技术。

从广播电视网的组成来看，电视网技术包括信源编码技术、信道编码技术、调制技术、复用技术、传输技术、接入技术、中间件技术等。

2013 年，北美专业网站 Fiececable 列出了 2013 年有线电视业的十大关键技术，分别是视频网关技术、交互式节目、高级广告、家庭自动化、家庭服务软件、以太网、Wi-Fi、移动视频、融合电缆接入平台（Converged Cable Access Platform，CCAP）和有线电缆数据服务接口规范 3.1（Data Over Cable Service Interface Specifications v3.1，DOCSIS 3.1）。

5.3.1　信源编码技术

信源编码就是用特定的 0、1 比特串代码来表示各种信息的一种技术。在通信系统中，通信双方必须采用相同的信源编码方案，双方可以事先约定，也可以在会话开始前的初始化过程中协商确定。对于数据、音频和视频通信来说，系统会针对其不同要求，采用不同的编码方案。

在数据通信中，信源编码的主要目的是对字符进行编码。字符编码就是将每一个字母、单字、数字和符号用二进制代码来表示，也称为通信代码或字符集。最初，不同的标准组织和国家定义了各自的二进制代码集，如美国的 ASCII 码、中国的 GB2312 汉字编码、统一码联盟的 Unicode 等。这些编码目前都已被纳入到了国际标准组织的 ISO 10646 编码体系中。

在音频通信中，音频编码对语音信号进行模/数转换，尽量去掉冗余信息，以减少存储空间和传输带宽。音频编码根据不同的质量等级，应用于数字电话、宽带语音、调频广播、高保真音频（Hi-Fi）和数字影院等场合。音频编码主要有波形编码、参数编码和感知编码等方法。

波形编码是最简单也是应用最早的语音编码方法，最基本的一种称为脉冲编码调制

（Pulse Coded Modulation，PCM）。目前电信网所有的信道结构都是基于 PCM 信号结构发展而来的。除了 PCM，属于波形编码的语音编码类型还有 CCITT-A 律、CCITT-μ 律、DPCM、ADPCM 和 ΔM 等。使用波形编码的标准还有 ITU 的 G.711、G.721、G.726、G.727等。波形编码具有实施简单、性能优良的特点，不足是编码带宽往往很难再进一步下降。

参数编码根据人类发音模型，分析并提取语音信号的特征参数，只传送能够合成语音信息的参数，接收方根据特征参数重建语音波形。典型的参数编码有线性预测编码（LPC）及其各种改进型，其传输速率可压缩到 2kbit/s～4.8kbit/s，采用参数编码的标准有 G.728、G.729、G.723.1 等。GSM 移动通信网采用剩余激励线性预测编码/长期预测（RELP/LPT），采样频率为 8kHz，13 位均匀量化，传输速率为 104kbit/s。3G 移动通信网采用 AAC+、EAAC+等语音编码。

音频感知编码基于人耳感知模型对语音信号进行变换处理，属于变换编码。常用的变换算法有快速傅里叶变换（FFT）、离散余弦变换（MDCT）、调制重叠变换（MLT）和小波变换等。一般认为变换编码在语音信号中作用不是很大，但在音频信号中它却是主要的压缩方法。MPEG、杜比立体声 AC-3、AVS 等编码标准都采用音频感知编码。有名的 MP3 指的是 MPEG-1 中的第 3 层音频压缩编码模式。

在电视网中，信源编码的主要目的是对数字电视图像的数据量进行压缩，从而降低信号传输速率，减少系统传输带宽。

视频信号由一幅幅活动的图像组成，视频编码首先对视频信号数字化，再去除冗余的信息，使每幅图像由一个个像素组成，每个像素由红、绿、蓝三色不同比例的混合形成各种彩色。像素的多少称为分辨率，用以表示图像的精密度。

目前世界上的视频编码有三大标准：ISO 的 MPEG 系列、ITU-T 的 H.26x 系列和中国的 AVS 系列。

1. MPEG

ISO 下属的活动图像专家组（Moving Picture Expert Group，MPEG）制定了 MPEG-1、MPEG-2、MPEG-4、MPEG-21 等视频压缩编码标准。MPEG-21 是建立在其他 MPEG 标准之上的一种"多媒体框架"，目标是将多媒体标准集成起来，协调和管理多媒体业务。

MPEG-1 用于 VCD、视频点播或利用 ADSL 上网的图像传输，传输速率为 1.5Mbit/s。文件后缀名格式有.mpeg、.dat 等。

MPEG-2 用于 DVD 和 HDTV，采用可变比特率技术，传输速率为 3M～100Mbit/s。文件后缀名为.mpg、.TS、.tp 等。

MPEG-4 是针对低传输速率（小于 64kbit/s）信道的音视频压缩编码，适合于交互式视频通信和远程视频控制。它是基于内容的压缩编码方法，将一幅图像按内容分割成字块，将感兴趣的物体从场景中截取出来进行编码处理。文件后缀名有.mp4、.DivX、.Xvid、.avi 等。

MPEG-4 将画面上的每个物件切割出来，称为视频对象平面（Video Object Plane，VOP），由许多个 VOP 组成一个画面。一个 VOP 是一个 VO 在特定时刻的快照，反映了该时刻 VO 的形状、纹理和运动参数，一般来说，一个 VOP 是一个任意形状的图像，对每个 VOP 分别压缩。

MPEG-4 编码器主要由形状编码、纹理编码和运动编码三部分组成。

形状编码用来说明视频对象的形状。MPEG-4 形状编码是对 VOP 的形状进行描述，主要有二值和灰度两种描述方式。二值方式用 0 和 1 表示 VOP 的形状，简单地将 VOP 的纹理区分为透明和不透明两种状态，该方式合成的视频 VOP 边缘会稍显僵硬；灰度方式用 0～255 表示 VOP 区域的像素不同透明度，在图像合成时可以取得更好的效果。当从图像序列中提取的 VOP 具有非矩形形状时，需要对其进行边界扩展，使其矩形边界都是 16 的倍数，同时保证扩展后的面积最小，然后进行形状编码。当提取的 VOP 为矩形时（矩形的长度和宽度都是 16 的倍数），则省略形状编码。

纹理编码用来描述视频对象的画面效果。MPEG-4 纹理编码主要采用的是基于方块的编码技术，它将 VOP 定界框内的像素或经运动补偿后的残差划分成若干 16×16 像素的 VOP 宏块，然后将宏块进一步划分成 8×8 的离散余弦变换（DCT）编码块，再对每个块进行 DCT 编码。

运动编码用来描述视频对象的运动趋势。MPEG 的主要特点就是利用运动估值和运动补偿来减少图像在时间方向上的冗余度。运动编码是一种帧间编码方法，它利用两帧之间的相似性，只传送运动矢量和帧间的预测差值，以减少空间冗余度，其原理如图 5-9 所示。换言之，如果知道画面哪部分在运动，运动的方向和位移是多少，则只需传送两帧之间的不同之处就可以了。

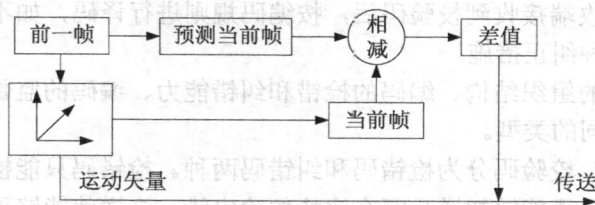

图 5-9 运动图像处理原理

MPEG-4 图像编码包含 3 种类型图像，帧格式分别为 I-VOP、P-VOP 和 B-VOP，分别对应 MPEG-2 的 I 帧、P 帧和 B 帧，一系列的 I 帧、P 帧和 B 帧组成一个图像组。MPEG 没有规定图像组的长度、包含的帧类型和个数等，这些均由设计者决定。

I-VOP 或 I 帧称为内部（Intra）图像，是完整的独立编码帧，只对本帧内的数据进行图像编码，不参照其他帧。MPEG 采用纹理编码来消除 I 帧图像数据间的空间冗余度。如果是运动视频，I 帧就是一连串相同画面的背景。在一个图像组内的第一个编码帧应为 I 帧。压缩比一般为 2:1～5:1。

P-VOP 或 P 帧为前向预测（Predict）编码图像。P 帧参考前一帧（I 帧或 P 帧）图像，采用两种参数来编码。一种是当前要编码的图像与参考图像之间的差值；另一种是运动矢量。P 帧压缩比高于 I 帧，可达 5:1～10:1。

B-VOP 或 B 帧称为双向预测图像。它根据一个过去的参考帧和一个将来的参考帧进行双向预测编码，其预测精度较高，压缩比可达 20:1～30:1。

2. H.26x

ITU-T 为不同的应用场合制定了 H.261、H.263、H.264 等一系列视频编码标准。

H.261 是最早的视频编码标准，用于在综合业务数字网（ISDN）上开展可视电话、视频会议，传输速率为 64kbit/s 的倍数。

H.263 最初是为速率低于 64kbit/s 的窄带视频通信而制定的，最后扩展为可以支持多种速率。

H.264/AVC 是 ITU-T 和 ISO/IEC 联合制定的视频编码标准，在 ISO/IEC 中该标准命名为高级视频编码（Advanced Video Coding，AVC），作为 MPEG-4 标准的第 10 个选项；在 ITU-T 中正式命名为 H.264 标准。在同等图像质量的条件下，H.264 的压缩比是 MPEG-2 的 2 倍以上，是 MPEG-4 的 1.5～2 倍。

3. AVS

中国的音视频编码标准（Audio Video coding Standard，AVS）与 MPEG-4、H.264 都属于第二代信源编码标准，三者在编解码、压缩上处于同一水平。AVS 比 H.264 算法更为简便，专利授权模式和收费都较为便利和低廉。2009 年 ITU 将 AVS、H.264、微软 VC-1 共同定为 IPTV（网络电视）国际标准中的三大视频编码格式标准。

5.3.2　信道编码技术

信道编码是一种具有检错或纠错能力的编码，它在信源编码的基础上按一定规律加入一些新的监督码元，以提高信息传输的可靠性。

信道编码也称为校验码或抗干扰码，它采用冗余编码方法，在所要传送的数据序列中，按一定的规则加入一些新的码元（称为校验位或监督位），使这些多余码元与数据码元之间建立某种相关关系。接收端接收到校验码后，按编码规则进行译码，如不符合编码规则，就判定为出错，并采取某种纠正措施。

信道编码根据编码的组织结构、编码的检错和纠错能力、编码的监督位与数据位之间的生成关系等可以分成不同的类型。

根据校验码的功能，校验码分为检错码和纠错码两种。检错码只能检错，不能纠错；纠错码不但能够发现差错，还能够知道是哪个比特传输出错，这样就能够采取措施把发生错误的比特纠正过来。

根据数据位和监督位的生成约束关系，校验码分为分组码和卷积码两种。分组码是对要传送的信息数据按适当的位数进行分组，编码时附加的监督位仅仅根据本组内的数据决定；卷积码的监督位不仅与本组的信息有关，而且还与前若干组的信息有关。

根据数据位和监督位的生成函数关系，校验码分为线性码和非线性码两种。线性码是指数据位与监督位之间的关系为线性关系，即满足一组线性方程式；非线性码的数据位与监督位之间是非线性关系。

根据校验码的结构，校验码分为系统码和非系统码两种。系统码的数据位在编码后保持原来的形式不变；非系统码的数据码元则改变了原来的位置，监督码元会散落在数据码元中。

信道编码的实现方案有很多，在计算机网络和电信网中，最常见的是线性分组码，如奇偶校验码、BIP 码、校验和、CRC 码、汉明码和 RS 码等。在数字电视网中，信道编码方案主要为 RS 码和卷积码。

RS 码是一种线性分组循环码，由 Reed 和 Solomon 提出，是 BCH 码的一种，BCH 是 Bose、Ray-Chaudhuri 和 Hocquenghem 三人的缩写。RS 码能够纠正多个错误，现在使用的 RS 码具有较强的纠错能力。对 MPEG-2 的每个传输包来说，RS 编码插入 16 字节的监督码元，使 188 字节的传输包变成 204 字节。利用 RS 码，接收端可纠正 8 个字节的随机错误的任意组合。

5.3.3　有线电视网传输技术

有线电视网干线传输技术主要有光纤传输、同轴电缆传输和微波传输三种。目前，光纤传输主要利用电信网的 SDH 或 OTN 传输网进行传输，原来干线传输系统中主流的光纤同轴电缆混合网（HFC）已退至用户分配网中。

除了利用现有的传输网外，对原有的单向传输的广播电视网络进行双向改造是迈向下一代广播电视网的途径之一。

HFC 网络经过双向改造后，不仅可以提供有线广播电视业务，也可以提供话音、数据和其他交互型业务。HFC 网的同轴电缆带宽高达 1GHz。按照中国国家标准 GY/T 106-1999《有线电视广播系统技术规范》的规定，5MHz～65MHz 频段为上行数据信道，采用 16QAM 调制和 TDMA 等技术，上行速率一般在 200 kbit/s 到 2 Mbit/s 之间，最高可达 10 Mbit/s。85MHz～108MHz 为调频（FM）广播。111MHz～862MHz 为模拟电视和数字电视频段，模拟电视信道采用残留边带调制技术提供普通模拟广播电视业务。数字电视信道采用 64QAM 调制和 TDMA 等技术提供数字电视和 VOD 等业务，下行速率一般在 3Mbit/s 至 10Mbit/s 之间，最高可达 36Mbit/s。860MHz～1GHz 频段为下行数据信道。

在 HFC 光纤上采用双向传输的方法有空分复用、时间压缩复用、波分复用和副载波复用。空分复用采用两根光纤分别传送上、下行信号；时间压缩复用采用单根光纤半双工通信方式；波分复用采用单根光纤，利用不同的光波波长调制上、下行信号进行双工通信；副载波复用采用单根光纤双工通信方式，上、下行信号被调制到不同的射频段，然后调制为同一波长的光信号在同一根光纤中传输。

5.3.4　有线电视网接入技术

对有线电视网进行双向改造，可以使有线电视网承担起互联网宽带接入网的功能。广电宽带接入网的主流方案有以下几种：CMTS+CM、PON+LAN 和 EPON+EOC。

1. CMTS+CM 接入技术

CMTS+CM 接入技术是基于 HFC 网络最传统的方案。HFC 传输线路由光纤干线、同轴电缆支线和用户配线组成，可分成前端、传输线路和用户端三个部分，以前端为中心，呈星型或树型分布，其典型结构如图 5-10 所示。

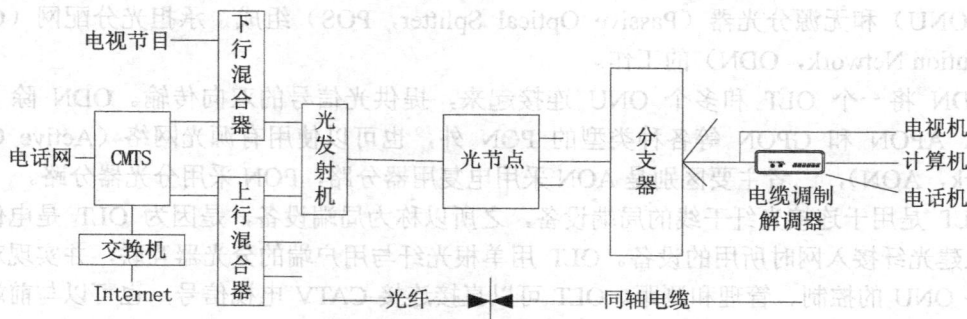

图 5-10　HFC 网络结构

在下行方向，模拟电视和数字电视、综合数据业务信号在前端进行综合，合用一台下行光发射机，采用振幅调制（AM）将下行信号先变成光信号，在干线上用一根光纤传输至用户区的光节点；光节点将光信号变成射频电信号发送到同轴电缆上，经分支器分配后通过同轴电缆送到用户。通常每一个光节点为 500 个用户服务。

在上行方向，从用户来的上行信号在光节点变换为上行光信号，通过上行光发射机和上行回传光纤传回前端。

在 HFC 网络中，前端配置有电缆调制解调器终端系统（Cable Modem Terminal System，CMTS）。CMTS 不仅提供用户接入互联网的通道，还能对电缆调制解调器（Cable Modem，CM）进行认证、配置和管理。CMTS 通过以太网交换机连接互联网，通过 VoIP 网关连接 PSTN，通过上变频器连接下行混合器。

用户可以通过机顶盒从 HFC 网络接收数字电视信号并传给电视机，通过电缆调制解调器连接计算机上网，电缆调制解调器也可以连接 IP 电话机提供电话服务。

在 CMTS+CM 接入技术中，除了前端的 CMTS 和用户端的 CM 外，没有其他有源的数据网设备，因此管理、维护比较方便。

2. PON+LAN 接入技术

无源光网络（Passive Optical Network，PON）+局域网（Local Area Network，LAN）是目前成本最低的接入技术。PON 是一种纯介质网络，网络中不含有任何电子器件和电源；局域网是一种范围较小的计算机网络。

在 PON+LAN 接入方案中，数据传输部分是和电视传输部分物理分开的，采用不同的设备、不同的线缆，实际上就是在原有的电视传输系统上另建一套双向系统。

PON+LAN 网络结构由前端设备、光分配网络和用户端设备三部分组成，采用电信网典型的光纤接入网（Fiber To The x，FTTx）结构，如图 5-11 所示。

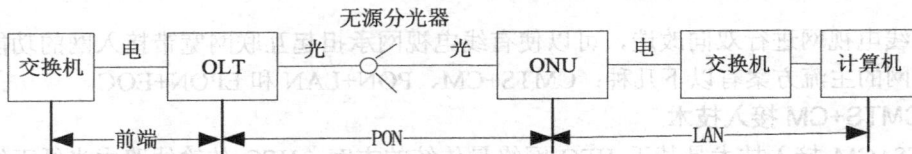

图 5-11 PON+LAN 接入网

PON 网络由光线路终端（Optical Line Terminal，OLT）、光网络单元（Optical Network Unit，ONU）和无源分光器（Passive Optical Splitter，POS）组成，承担光分配网（Optical Distribution Network，ODN）的工作。

ODN 将一个 OLT 和多个 ONU 连接起来，提供光信号的双向传输。ODN 除了使用 EPON、APON 和 GPON 等各种类型的 PON 外，也可以使用有源光网络（Active Optical Network，AON），二者主要区别是 AON 采用电复用器分路，PON 采用分光器分路。

OLT 是用于连接光纤干线的局端设备，之所以称为局端设备，是因为 OLT 是电信网交换局组建光纤接入网时所用的设备。OLT 用单根光纤与用户端的分光器互联，并实现对用户端设备 ONU 的控制、管理和测距。OLT 可以直接连接 CATV 电视信号，也可以与前端的交换机相连，接入互联网或 PSTN。

ONU 分为有源光网络单元和无源光网络单元两种，放在用户侧。ONU 由光接收机、上行光发射机和多个桥接放大器组成，实现光/电和电/光转换、音视频信号的数/模和模/数转换、多种业务接口、复用、网络监控、信令处理和维护管理等功能。

POS 是一个连接 OLT 和 ONU 的无源光纤分支器，它的功能是分发下行数据，并集中上行数据。一个 POS 的分光比一般为 8、16、32、64，并可以多级连接。

3．EPON+EOC 接入技术

除了 CMTS+CM 解决方案外，随着 FTTx 和局域网的广泛应用，以太网同轴电缆接入技术（Ethernet over COAX，EoC）逐渐成为下一代广播电视网的关键技术。EPON+EOC 成为非常适合 IP 业务的宽带接入技术。

EPON 的速率为 1Gbit/s，用于连接用户端的 GE 以太网。随着 10GE 以太网在用户端的普及，光纤接入网也在部署 10GEPON。EPON 和 10GEPON 目前统称为 EPON，典型的 EPON 网络结构如图 5-12 所示。

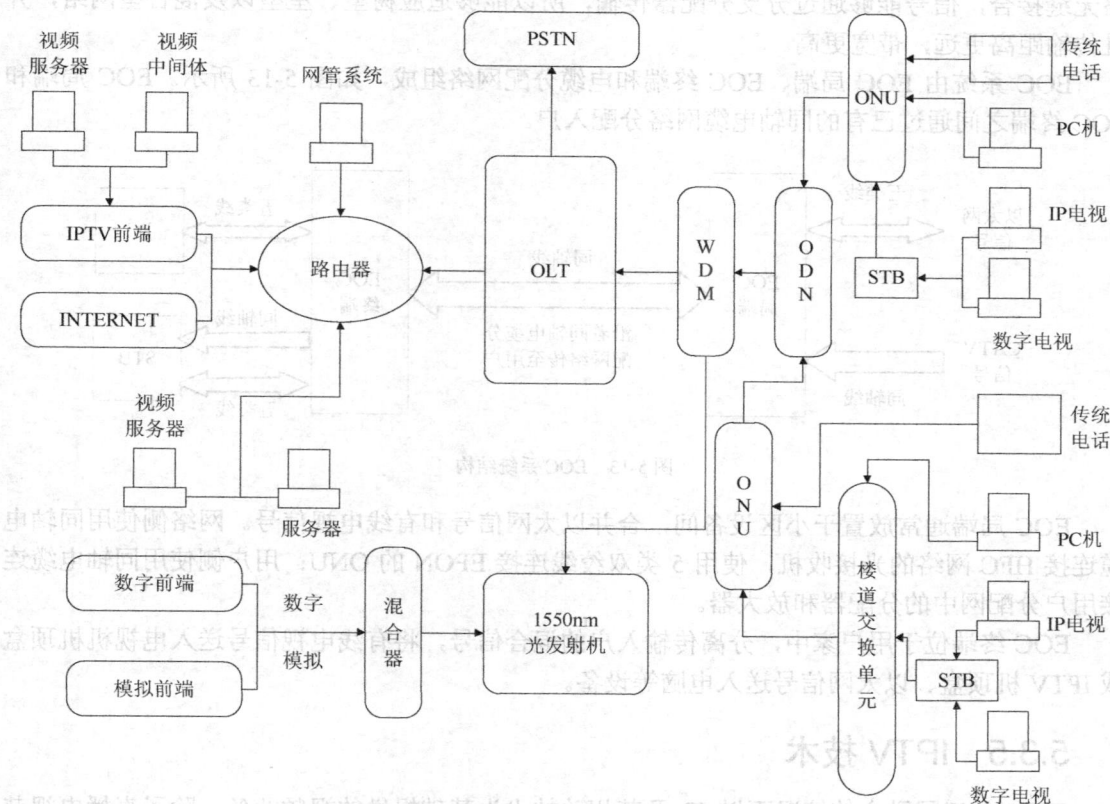

图 5-12　EPON 网络结构

EPON 使用单模光纤，在单纤上利用两个不同的波长（上行波长 1310nm，下行波长 1490nm）传输双向数据。OLT 到 ONU 的距离最大可达 20km。根据需要，OLT 可配置多种接口，如 1Gbit/s 或 10Gbit/s 的以太网、ATM、帧中继、SDH、E1 接口等；OLT 也可以配置多块光线路卡（Optical Line Card，OLC），用于与多个 ONU 连接。在 EPON 系统中，OLT 既是一个交换机或路由器，也是一个多业务提供平台。

对于 HFC 网络，可以利用 EPON+EOC 接入技术进行电视网双向改造。EoC 技术分为有源 EoC 和无源 EoC 两种。有源 EoC 又分成低频 EoC 和高频 EoC 两大类。

无源 EoC 不需要进行调制，它将以太网的基带数据信号利用频分技术直接混入有线电视系统进行传输，保留了以太网的帧格式，但传输距离短，抗干扰能力差，仅适合在没有信号分配器的同轴电缆中传输，不适合树型结构的有线电视网络，因此，无源 EoC 的应用受到一定限制。

有源 EoC 采用调制技术传输以太网数据信号，不再保持以太网的帧格式，但仍称为 EoC。有源 EoC 的技术方案主要有 HomePlug AV、Wi-Fi 降频和 HINOC 等。HomePlug AV 是由家庭电力线网络联盟推出的一种低频 EoC 解决方案；Wi-Fi 降频是在同轴电缆上应用 IEEE 802.11 无线局域网技术；HINOC（HIgh performance Network Over Coax，同轴电缆高性能网络）是我国具有自主知识产权的一种同轴电缆宽带接入技术。

有源 EOC 技术比无源 EOC 技术拥有很多优点，有源 EOC 技术可以跟 HFC 同轴分配网络无缝接合，信号能够通过分支分配器传输，所以能够适应树型、星型以及混合型网络，并且传输距离更远，带宽更高。

EOC 系统由 EOC 局端、EOC 终端和电缆分配网络组成，如图 5-13 所示。EOC 局端和 EOC 终端之间通过已有的同轴电缆网络分配入户。

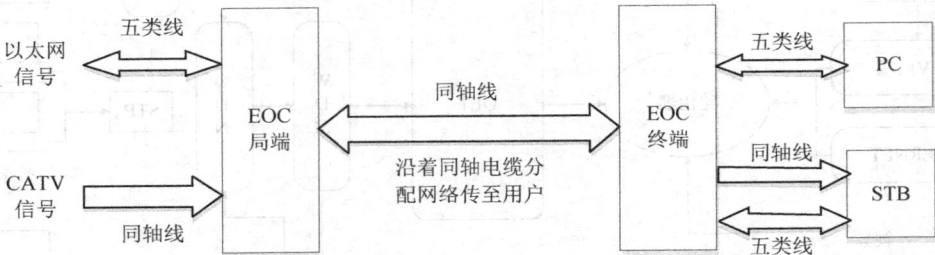

图 5-13　EOC 系统结构

EOC 局端通常放置于小区设备间，合并以太网信号和有线电视信号。网络侧使用同轴电缆连接 HFC 网络的光接收机，使用 5 类双绞线连接 EPON 的 ONU；用户侧使用同轴电缆连接用户分配网中的分配器和放大器。

EOC 终端位于用户家中，分离传输入户的混合信号，将有线电视信号送入电视机机顶盒或 IPTV 机顶盒、以太网信号送入电脑等设备。

5.3.5　IPTV 技术

IPTV 是三网融合的情况下以 IP 及其相关技术为基础提供的视频业务。除了直播电视节目外，IPTV 也提供视频点播、准视频点播、时移电视（可以对实时节目进行暂停、后退等操作）以及基于 IP 的视频聊天、语音业务和即时通信服务等增值业务。

IPTV 采用基于 IP 宽带网络的分布式架构，以流媒体内容管理为核心，包括 IP 骨干/城域网、宽带接入网和内容分发网。IPTV 系统的体系结构如图 5-14 所示，可以分为前端系统、承载网和用户端三个部分。

IPTV 前端系统由流媒体系统、用户管理系统、存储设备、编码器、信源转换设备等组成。IPTV 前端系统根据功能可以划分成节目源制作系统、运营系统和运营支撑系统三部分，如图 5-15 所示。

IPTV 前端系统把实时性的视频信号经过接收系统编码器编码输出的数字化文件按照实时广播或点播的要求分别送到广播流服务器或点播服务器，所点播的节目需要存储在存储设备中，流媒体服务器在用户管理系统的控制下把视频文件以视频流的方式传送到网络中去。

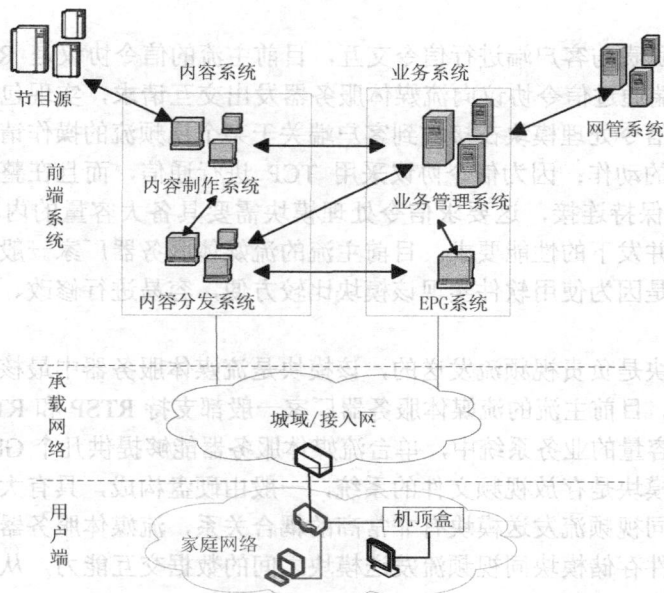

图 5-14 IPTV 系统体系结构

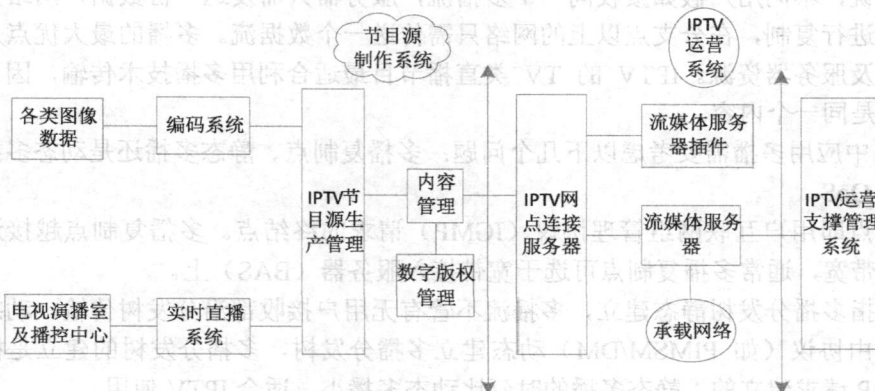

图 5-15 IPTV 前端系统的功能

IPTV 的关键技术包括编解码技术、流媒体传输技术、直播业务中的多播技术和内容分发网络（Content Delivery Network，CDN）技术等。

编解码技术关注音视频信源编码。

流媒体传输技术是实现 IPTV 的基础平台，主要设备为流媒体服务器。流媒体服务器的基本工作原理是接收用户的视频服务请求，提供适合格式的实时内容流，并根据用户的请求，实现即时的流传输控制，如暂停、快进、快退、停止等。设计流媒体服务器时需要在传输层和应用层之间增加一个通信控制层，利用相应的实时传输协议提供 QoS 保证，通常使用的协议有实时传输协议（Real-time Transport Protocol，RTP）、实时流协议（Real Time Streaming Protocol，RTSP）和资源预留协议（Resource Reservation Protocol，RSVP）等。

流媒体服务器通常包含三个主要功能模块：信令处理模块、视频流发送模块和视频文件存储模块。

信令处理模块负责与客户端进行信令交互，目前主流的信令协议是 RTSP、DSM-CC 和 MMS 协议。客户端通过信令协议向流媒体服务器发出交互请求，实现包括播放、暂停、快进、快退等操作；信令处理模块在接收到客户端关于某个视频流的操作请求后，调度视频流发送模块进行相应的动作；因为信令协议采用 TCP 进行通信，而且在整个点播过程中客户端同服务器端始终保持连接，这要求信令处理模块需要具备大容量的内存和快速的计算能力，才能够满足大并发下的性能要求。目前主流的流媒体服务器厂家一般都使用软件实现信令处理模块，主要是因为使用软件实现该模块比较方便，容易进行修改、升级，能够适应业务的不断发展。

视频流发送模块是负责视频流发送的，该模块是流媒体服务器中最核心的部分，也是技术含量最高的部分。目前主流的流媒体服务器厂家一般都支持 RTSP 和 RTP 两种形式的数据包封包方式，在大容量的业务系统中，单台流媒体服务器能够提供几个 Gbit/s 的服务能力。

视频文件存储模块是存放视频文件的系统，一般由硬盘构成，具有大容量、高性能的特点。这一模块往往同视频流发送模块有非常高的耦合关系，流媒体服务器厂家使用各种专有技术来提升视频文件存储模块同视频流发送模块之间的数据交互能力，从而提升整个系统的性能。

多播技术是指在 IP 网络中，数据包以尽力传送的形式发送到所有网络节点的某个确定子集。也就是说，不同用户假如接收同一个多播流，服务器只需发送一份数据，网络只需在用户的分支点进行复制，在分支点以上的网络只需传送一个数据流。多播的最大优点是节省了网络的带宽及服务器资源。IPTV 的 TV 类直播节目最适合利用多播技术传输，因为所有用户收看的都是同一个内容。

在 IPTV 中应用多播需要考虑以下几个问题：多播复制点、静态多播还是动态多播、多播治理和多播 QoS。

多播复制点即用户互联网组管理协议（IGMP）请求的终结点。多播复制点越接近用户越能节省网络带宽，通常多播复制点可选于宽带接入服务器（BAS）上。

静态多播指多播分发树静态建立，多播流不管有无用户接收都沿分发树传输。动态多播指利用多播路由协议（如 PIMSM/DM）动态建立多播分发树，多播分发树的建立是根据用户是否有 IGMP 请求建立的。静态多播的时延比动态多播小，适合 IPTV 使用。

多播治理包括对用户接收多播数据的可控治理、多播源的治理、多播分发范围的治理等，它是电信运营商开展多播类业务的前提条件。目前路由器设备具备一定的多播控制治理能力，宽带远程接入服务器（Broadband Remote Access Server，BRAS）已经提供了基于 RADIUS 协议的可控多播解决方案。缺点是这些技术缺乏统一的标准，缺少相应的专业治理系统。

多播 QoS 解决用户收看质量问题。多播是基于 UDP 协议的，这意味着多播没有丢包重传机制。国外电信运营商在利用多播开展 IPTV 业务时往往把 IPTV 的网络与普通 PC 上网业务分离，建立专门的多播通道，以此来保证多播的 QoS。

CDN 网络是叠加在骨干网/城域网之上的一种分布式覆盖网络，它将前端的 IPTV 音视频数据流文件等流媒体内容复制到位于网络边缘的宽带接入设备或边缘服务器中，然后通过宽带接入网传送到业务的终端，以减轻音视频流对骨干网/城域网的带宽压力，提高用户访问流媒体内容的响应速度和网络服务性能。

CDN 的基本工作原理是广泛采用各种高速缓存服务器，将这些缓存服务器分布到用户访问相对集中的地区或网络中。在用户访问网站时，利用全局负载均衡技术将用户的访问指向到离用户距离最近的缓存服务器上，由缓存服务器直接响应用户的请求，而不需要从中心节点取得媒体内容。假如缓存服务器中没有用户要访问的内容，它会根据配置自动到原服务器去抓取相应的内容并提供给用户。

CDN 应用在 IPTV 的点播功能中，由核心服务器、分布式缓存服务器及存储设备、重定向 DNS 服务器和内容交换服务器组成。

5.4　下一代广播电视网

中国下一代广播电视网（Next Generation Broadcasting，NGB）是以自主知识产权技术标准为核心、可同时传输数字和模拟信号、具备双向交互、多播、推送播存和广播四种工作模式、可管可控可信、全程全网的宽带交互式新型广播电视网络。

NGB 的核心传输带宽超过每秒 1Tbit/s、保证每户接入带宽超过每秒 40Mbit/s，可以提供高清晰度电视、数字音视频节目、高速数据接入和话音等"三网融合"的"一站式"服务。

NGB 有线广播电视网络由业务平台、传输网络、用户终端和运营支撑系统组成。

业务平台直接承载具体的业务。NGB 业务可分为五类：业务类、信息类、娱乐类、应用类、消息类。NGB 业务平台由 DVB 广播平台、互联网 IP 数据平台和融合通信平台组成。

传输网络提供物理通道，负责内容的交换和分发，由骨干传输网络、城域传输网络和用户接入网组成，比较典型的是 3TNet。3TNet 是我国"863"计划"十五"期间的一个项目，它是指 Tbit/s 的传输、Tbit/s 的交换/路由和 Tbit/s 的网络应用/运营支撑环境。

用户终端可以是普通电视机，也可以是各种云终端和智能终端。按照行业习惯，有线电视网自然以电视机为根本，把电视机作为用户一切信息的发源地和接收地。

运营支撑系统保证业务能够安全、可靠、稳定和灵活地运营。NGB 的运营支撑系统可以分为两类，一类是与电信网相同的业务运营支撑系统（BOSS），另一类是基于 IP 语音网络的 IP 呼叫中心（IP Call Center，IPCC）。

NGB 具有特点的相关技术包括双向改造、EoC、CDN、CMMB、IPQAM 等。前三者前面已经介绍过，下面简要介绍 CMMB 和 IPQAM。

5.4.1　CMMB

中国移动多媒体广播（China Mobile Multimedia Broadcasting，CMMB）是国内自主研发的第一套面向手机、PDA、MP3、MP4、数码相机、笔记本电脑等多种移动终端的电视广播系统，是在广播电视有线无线的传输覆盖网络上开发建设而成的。

CMMB 的技术体系是利用大功率 S 波段卫星信号覆盖全国，利用地面增补转发器，同频同时同内容转发卫星信号，覆盖卫星信号盲区，利用无线移动通信网络构建回传通道，从而组成单向广播和双向交互相结合的移动多媒体广播网络。

具体流程为：地面发射中心将信号发向 S 波段同步卫星后，同步卫星对接收到的信号进行转发，转发后的 S 波段信号直接被地面的接收终端接收下来，也可以通过增补转发器处理后被地面的接收终端接收下来。该卫星还通过分发信道将信号发送给增补转发器处理，通过增补转发器处理后转发，对卫星覆盖的阴影区域进行增补。

CMMB 规定了移动多媒体广播系统广播信道传输信号的帧结构、信道编码和调制，该标准适用于 30MHz 到 3000MHz 频率范围内的广播业务频率，通过卫星和/或地面无线发射电视、广播、数据信息等多媒体信号的广播系统，实现全国漫游。

5.4.2 IPQAM

IPQAM 用于网络扩容，它可以在下行带宽远远大于上行带宽时，用来保障用户的下行带宽。IPQAM 承担 IP 网络与 HFC 网络之间的网关角色，其作用如图 5-16 所示。

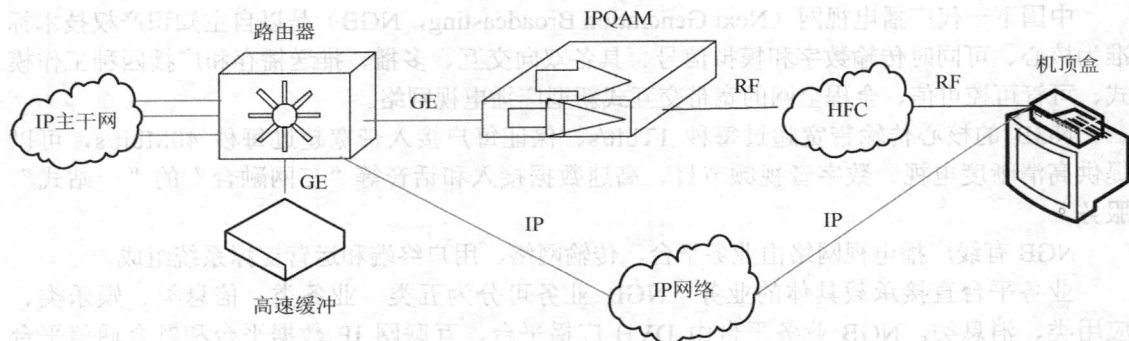

图 5-16 IPQAM 的作用

IPQAM 调制器通常为 8～24 路输出，能支持的用户数量有限，因此一般部署在小区的接入网中，其位置如图 5-17 所示。

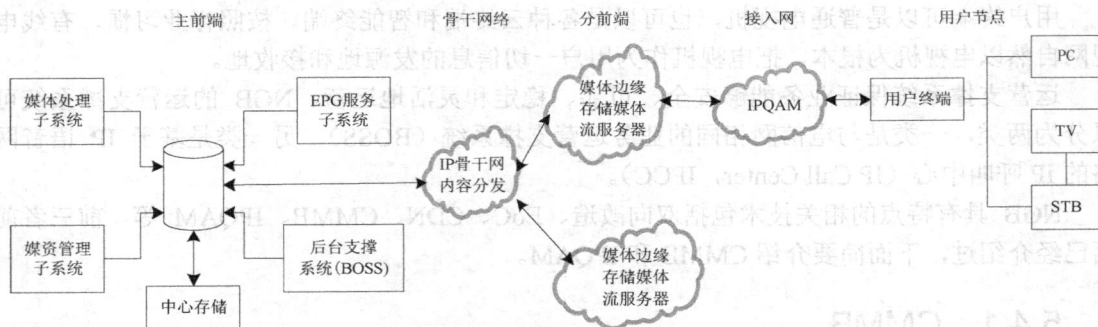

图 5-17 IPQAM 的位置

使用 IPQAM 能够实现控制信息与业务信息的分离传送。交互控制信息在 IP 网上传送，大数据量的业务信息通过 IPQAM 传送，这样既实现了数据高速下行传输，又避开了纯 HFC 网络无法回传的缺点。

传统 QAM 设备仅应用于 DVB 广播，ASI 信号源输入，每个 RF 端口输出一个 QAM 频道。IPQAM 设备可应用于 DVB 广播、VOD 点播，TS Over IP 信源输入，每个 RF 端口可输出一个以上相邻 QAM 频道。

在 IPQAM 组成的 VOD 系统中，IPQAM 设备将通过 IP 网传输的 TS 节目流重新复用到指定的多业务传输流中，通过复用、加绕，再进行 QAM 调制和频率变换，将输出射频信号传送出去。

以 VOD 系统为例，IPQAM 的工作原理如图 5-18 所示，其工作流程如下。

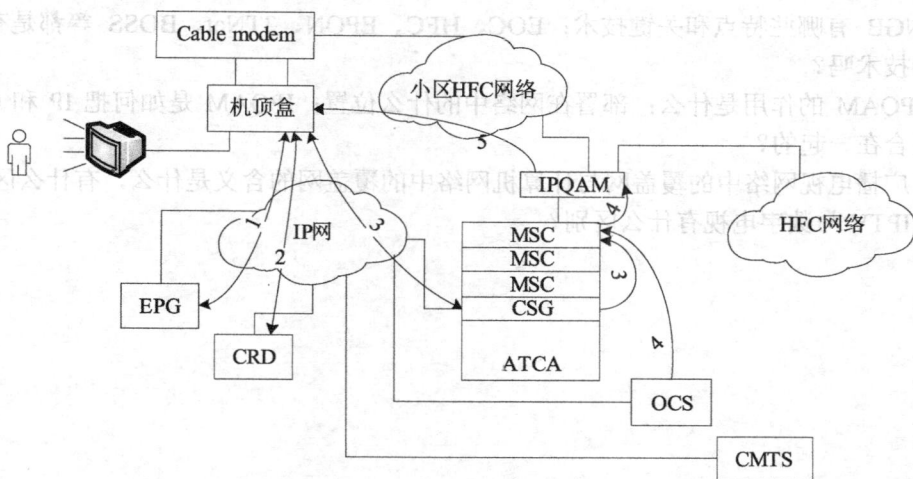

图 5-18　IPQAM 点播业务流程

（1）用户通过遥控器操作机顶盒，浏览 EPG，选择要点播的节目，EPG 告诉用户节目对应的内容路由导向器（Content Routing Director，CRD）的统一资源定位符（Uniform Resource Locator，URL）。

（2）用户向 CRD 请求播放节目，CRD 根据 STB 的区域信息地址（Region ID），选择对应的内容服务网关（Content Service Gateway，CSG），并返回给用户对应 CSG 的 URL。

（3）用户向 CSG 请求播放节目。CSG 根据用户点播的节目内容，将用户分配到本地某一个媒体服务控制器（Media Service Controller，MSC）设备上，并为用户分配一个 UDP 端口号，该端口号与 IPQAM 某一个要播放频点的一个时段对应。CSG 告诉 STB 在某一个频点的某一个时段准备接收节目。

（4）MSC 将节目通过 UDP 传输给 IPQAM 设备。如果节目不存在，将从原始内容服务（Original Content Service，OCS）通过代理方式发送。

（5）IPQAM 将 UDP 节目流转换为 HFC 信号，并将节目加载在对应频点的位置中，IPQAM 再将 HFC 信息混合调制到小区的 HFC 网络中，用户通过 STB 就可以收看到该节目了。

习　　题

1．画出广播电视网的组成结构图；广播电视网与有线电视网在组成结构图上有什么区别；用户分配网和干线传输网有什么不同？

2．前端设备的功能是什么，模拟前端和数字前端在设备上有什么不同？

3．根据发布厂商的不同，机顶盒分为哪几类，主要区别是什么？

4．数字电视的标准有哪些，我国常见的电视网设备采用哪个标准？

5. NTSC 制式和 PAL 制式有什么不同之处，我国采用什么制式？

6. AON 和 PON 有什么区别；EPON 与 GPON 有什么区别；画出 EPON 的网络结构图，简述 EPON 的传输原理。

7. EoC 与最初基于同轴电缆的以太网（10BASE-2、10BASE-5）有什么区别？

8. NGB 有哪些特点和关键技术；EOC、HFC、EPON、3TNet、BOSS 等都是有线电视网专有的技术吗？

9. IPQAM 的作用是什么；部署在网络中的什么位置；IPQAM 是如何把 IP 和 QAM 两种技术结合在一起的？

10. 广播电视网络中的覆盖网与计算机网络中的覆盖网的含义是什么，有什么区别？

11. IPTV 与数字电视有什么区别？

第 6 章

物联网

物联网是一种实现物-物、人-物信息交换的通信网络，通过信息世界与真实世界的融合互动，达到提高人们日常生活水平的目的。

物联网是信息技术发展到一定阶段后出现的集成技术，这种集成技术具有高度的聚合性和提升性，涉及的领域比较广泛，被认为是继计算机、互联网和移动通信技术之后信息产业最新的革命性发展。

6.1 物联网体系结构

物联网体系结构可分为感知层、传输层、处理层和应用层四层，分别对应数据从采集、传输、处理到应用的整个过程。

6.1.1 物联网的概念

2005 年，国际电信联盟（International Telecommunication Union，ITU）发布了《ITU 互联网报告 2005：物联网》，正式提出了物联网的概念。报告指出，世界上所有的物体，从轮胎到牙刷、从房屋到纸巾，都可以通过互联网主动进行信息交换。ITU 扩展了物联网的定义和范围，不再囿于无线射频识别和无线传感器网络，而是利用嵌入到各种物品中的短距离移动收发器，把人与人的通信延伸到人与物、物与物的通信。

物联网目前并没有一个确定的概念，泛在网、泛在传感网、M2M、语义传感网、语义Web、信息物理融合系统 CPS、下一代互联网等的目标都是物联网的研究范畴。物联网是一种迅速发展的新概念，人们对物联网的理解自然是仁者见仁，智者见智，重要的是掌握物联网发展阶段中现实与理想的平衡度。各行业、各学科都在延伸自己的范围，试图把物联网的概念纳入自己的领域。物联网概念的不确定性其实是一件好事，这可以把多种学科和行业引入物联网的研究和建设中，而不是把多种技术拒之门外。更重要的是，在科学技术快速发展的今天，一旦某种概念已经有了明确的定义，常常并不意味着成熟，而是意味着淘汰，这种情况从信息技术的循环演进中就可以看到。

物联网作为一个迅速发展的、众多行业参与的事物，其定义会随着行业的不同而不同，也会随着物联网的不同发展阶段而变化，没有一个公认的学术定义是正常的，其概念不外乎两个极端：从当前可实施的技术形态直至未来的理想形态。虽然物联网集成特征比较明显，但也不能认为物联网无所不包。物联网主要有如下三个本质特征。

（1）物品信息的自动采集和相互通信。物联网包括物与人通信、物与物通信的不同通信模式。物品的信息有两种，一种是物品本身的属性，另一种是物品周围环境的属性。物品本身信息的采集一般使用 RFID 技术，物品这时需要具备如下几个条件：唯一的物品编号；足够的存储容量；必要的数据处理能力；畅通的数据传输通路；专门的应用程序；统一的通信协议。可见，物联网中的每一件物品都需要贴上电子标签，物品实际上指的是产品。采集物品周围环境信息时一般使用无线传感器网络技术，通过传感器直接采集真实世界的信息。

（2）基于互联网。物联网广泛采用互联网协议、技术和服务，如 IP 协议、云计算等，互联网作为物联网的主要承载网络已成为共识。物联网是建立在特有的基础设施之上的一系列新的独立系统，利用各种技术手段把各种物体接入到互联网，实现基于互联网的连接和交互。互联网为将来物联网的全球融合奠定了基础。

（3）自动化和智能化。物联网为产品信息的交互和处理提供基础设施，但并不是把物品嵌入一些传感器、贴上电子标签就组成了物联网，物联网应具有自动识别、自动处理、自我反馈和智能控制的特点。

6.1.2　物联网分层体系结构

物联网体系结构可分为 4 层，从下到上分别为感知层、传输层、处理层和应用层，如图 6-1 所示。图中方框为每层涉及的一些常见术语或内容。

应用层	智能电网	智慧物流	精细农业	智能家居	智能交通
处理层	数据中心	云计算	数据库	搜索引擎	存储区域网
传输层	无线局域网	移动通信网	互联网	有线电视网	行业专网
感知层	RFID	传感器	执行器	二维码	家庭网络	无线传感器网络

图 6-1　物联网的体系结构

1. 感知层

感知层相当于人的神经末梢，负责物理世界与信息世界的衔接。感知层的功能是感知周围环境或自身的状态，并对获取的感知信息进行初步处理和判决，根据规则作出响应，并把中间结果或最终结果送往传输层。

感知层是物联网的前端，是物联网的基础，除了用来采集真实世界的信息外，也可以对物体进行控制，因此也称为感知互动层。

在建设物联网时，部署在感知层的设备有 RFID 标签和读写器、二维码标签和识读器、条码和扫描器、传感器、执行器、摄像头、IC 卡、光学标签、智能终端、红外感应器、GPS、手机、智能机器人、仪器仪表、内置移动通信模块的各种设备等。

感知层的设备通常会组成自己的局部网络，如无线传感器网络、家庭网络、身体传感器网络（Body Sensor Networks，BSN）、车联网等，这些局部网络通过各自的网关设备接入到互联网中。嵌入有感知器件和射频标签的物体组成的无线局部网络就是无线传感网（WSN）。

感知层建立的是物物网络，与通常的公众通信网络差别较大，这也体现在物联网的基础设施建设（建造大楼、安装设备、铺设线路等）中。物联网基础设施的建设主要集中在感知层上，其他层次的基础设施建设可以充分利用现有的 IT 基础设施。

2．传输层

传输层负责感知层与处理层之间的数据传输。感知层采集的数据需要经过通信网络传输到数据中心、控制系统等地方进行处理和存储，传输层就是利用互联网、传统电信网等信息承载体，提供一条信息通道，以便实现物联网让所有能够被独立寻址的普通物理对象互联互通的目的。

传输层面对的是各种通信网络。通信网络从运营商和应用的角度可以分为 3 大类：互联网、电信网和广播电视网。IPTV（网络电视）、手机上网已经司空见惯，说明这三种网络的实际部署和使用并不是相互独立的。三网融合在技术层面上已经不存在问题，从趋势上来说，三网将以互联网技术为基础进行融合。下一代互联网（NGI）、下一代电信网（NGN）和下一代广播电视网（NGB）将以 IP 技术为基础实现业务的融合。

从传输层的数据流动过程来看，可以把通信网络分为接入网络和互联网两部分。

接入网络为来自感知层的数据提供到互联网的接入手段。由于感知层的设备多种多样，所处环境也各异，会采用完全不同的接入技术把数据送到互联网上。

互联网就是利用各种各样的通信网络把计算机连接起来，达到实现信息资源共享的目的。互联网把所有通信网络都看作是承载网络，由这些网络负责数据的传输，互联网本身则更多地关注信息资源的交互。

对于长途通信来说，互联网（包括移动通信网）是利用电信网中的核心传输网和核心交换网作为自己的承载网络的。核心传输网和核心交换网利用光纤、微波接力通信、卫星通信等建造了全国乃至全球的通信网络基础设施。

在长距离通信的基础设施方面，互联网除了使用核心传输网、核心交换网、移动通信网等基础设施外，一些部门或行业也会利用交换机、路由器、光纤等设备建立自己独有的基础设施。

3．处理层

处理层为物联网的各种应用系统提供公共的数据存储和处理功能，在某些物联网应用系统中也称为支撑层或中间件层。处理层在高性能计算技术的支撑下，对网络内的海量信息进行实时高速处理，对数据进行智能化挖掘、管理、控制与存储，通过计算分析，将各种信息资源整合成一个大型的智能网络，为上层服务管理和大规模行业应用提供一个高效、可靠和可信的支撑技术平台。

处理层的设备包括超级计算机、服务器集群、海量网络存储设备等，这些设备通常放在数据中心里。数据中心也称为计算中心、互联网数据中心（Internet Data Center，IDC）或服务器农场等。数据中心不仅仅包括计算机系统、存储设备和网络设备，还包含冷却设备、监控设备、安全装置以及一些冗余设备。

处理层通过数据挖掘、模式识别等人工智能技术，提供数据分析、局势判断和控制决策等处理功能。

处理层大量使用互联网的现有技术，或者对现有技术进行提升，使之适应物联网应用的需要。因此，在不同的物联网层次体系结构中，也有人把处理层放在传输层中，统称为网络层。另一方面，处理层要为物联网的各行业的应用提供公共的数据处理平台和服务管理平台，因此，也有人把处理层的功能放在应用层。

4. 应用层

应用层利用经过分析处理后的感知数据，构建面向各类行业实际应用的管理平台和运行平台，为用户提供丰富的特定服务。

应用层是物联网与行业专业技术的深度融合。为了更好地提供准确的信息服务，必须结合不同行业的专业知识和业务模型，借助互联网技术、软件开发技术、系统集成技术等，开发各类行业应用的解决方案，将物联网的优势与行业的生产经营、信息化管理、组织调度结合起来，以完成更加精细和准确的智能化信息管理。例如对自然灾害、环境污染等进行预测预警时，需要相关生态、环保等多学科领域的专门知识和行业专家的经验。

互联网技术可以使物联网的行业应用不受地域的限制，互联网也能提供众多的数据处理公共平台和业务模式。

软件开发技术用于各行业开发自己的物联网应用程序，实现支付、监控、安保、定位、盘点、预测等各行业自己的特定功能。

系统集成技术将不同的系统组合成一个一体化的、功能更加强大的新型系统。物联网是物理世界和信息世界的深度融合，行业跨度较大。利用设备系统集成和应用系统集成等技术，有效地集成现有技术和产品，给各行业的物联网建设提供一个切实可行的完整解决方案。

物联网广泛应用于经济、生活、国防等领域。物联网的应用可分为监控型、查询型、控制型和扫描型等几种类型。监控型的具体例子有物流监控、污染监控等，查询型有智能检索、远程抄表等，控制型有智能交通、智能家居、路灯控制等，扫描型有手机支付、高速公路不停车收费等。

物联网应用的实现最终还是需要人进行操作和控制。应用层的设备包括人机交互的终端设备，如计算机、手机等。实际上，任何运行物联网应用程序的智能终端设备都可看作是应用层的设备，如可手持和佩戴的移动终端、可配备在运输工具上的终端等，通过这些终端，人们可以随时随地享受物联网提供的服务。

6.1.3 物联网的应用

物联网的应用领域非常广泛，遍及各行各业，智能电网、智能交通、环境保护、政府工作、公共安全、智能家居、安防报警、视频监控、智能消防、工业控制、环境监测、老人护理、个人健康、智慧校园等都是物联网应用的具体体现。物联网的应用技术与实际环境联系比较密切，在建设各种用途的物联网时，选用的感知设备、接入技术、承载网络等可能迥然不同。

1. 智能电网

智能电网也称为智能供电网络，是下一代电力生产、传输和分布的解决方案。当前的传统电网技术已经难以满足自身的维护管理，由于缺乏与用户的互动性，也难以满足现代生活和生产的各种电力需求。智能电网作为一种新型的电网模式，用来解决目前电力供应领域里所面临的资源短缺、信息交互不足、供给不平衡等问题。

智能电网是建立在集成的、高速双向通信网络的基础上，通过先进的感测技术、设备技术、控制方法和决策支持技术的应用，实现电网的可靠、安全、经济、高效和环保的目标。

可见，智能电网意味着一种基于计算机驱动的、自动的、双向供电的系统，可以提供实时的数据信息，通过这些实时信息，智能电网可以调控电力供给，满足各种电力需求。

智能电网源于智能能源技术的应用，智能能源技术是用于优化发电资源和电力传输技术。与传统电网相比，智能电网的特点有如下几项：自愈、激励和用户参与、抵御攻击、提供满足用户需求的电能质量、容许各种不同发电形式的接入、启动电力市场和资产的优化高效运行等。

智能电网是一个"自愈"性的网络，也就是说智能电网通过传感器设备和监控设备系统，持续地采集电网运行数据，通过智能电网中的宽带通信功能，将本地与远程设备之间的供电故障、电压过低、电能质量差、电路过载等供电问题发送到节点处理中心，根据决策支持算法，动态控制供电功率流，避免限制和中断电力供应，防止供电事故的发生，并当出现事故后尽快恢复供电服务。

供电企业可以采取分时电价等激励措施，鼓励家庭消费者错峰使用电量。在分时电价中，电价会随用电高峰和波谷浮动变化，消费者可以通过电力部门提供的一套在线电力查看接口，查看智能电网提供的各种电力信息和相应时段的电价，并且根据电价的变化，主动调整电量的使用。智能电网可以实现自动化的电力统筹功能，当电量需求接近饱和时，电网系统可以自动地执行一套预先设计好的计划，将电能从不是特别重要的应用中转输到电力紧张的电力应用中，尽量减少用电高峰期间投入额外的发电机等设施。智能电网可以抵御多种攻击，甚至是那些意志坚决或装备精良的破坏者的攻击，它能够抵御针对电网多个部分的并发攻击和多重的长时间的协同攻击。智能电网是一种非常不容易受到影响的、更加富有弹性的供电网络，这些特点使它不易成为恐怖分子袭击的目标。

智能电网将以不同的价格提供不同等级的电能质量，此外，电力系统中输电和配电时产生的电能质量问题将会被降至最低，由终端用户过载导致的冲击将会得到缓冲，从而阻止用户对电力系统中的其他终端用户造成影响。

智能电网还将能够使用清洁能源，吸收各种可再生能源和分布式发电设备的电力输入，通过一种非常简单的互联方式，把多种形式的发电站和蓄电系统无缝地集成起来。各种环保形式的能源，如风能、水电、太阳能等，在智能电网中将发挥出重要的作用。增强的输电系统可以满足将遥远的不同位置的用电设备和各种发电站以尽可能小的电能损耗连接起来。

智能电网通过增强输电途径、汇总需求响应等方式，促进其更大的市场参与性。智能电网通过错峰定价等激励措施，促使消费者调整自己的用电需求，并加强新技术的开发，从而降低能耗。

优化资产的一个重要途径是改善负载因素和降低供电系统损耗。此外，先进的信息技术将提供大量的数据和信息用于同现有的企业级系统进行整合，从而显著提高电力系统自身的处理能力，以优化整个电力系统的操作和维护过程。有了这一整套现代化信息技术以及大型管理决策系统的支持，智能电网的操作和维护方面的成本开支将会得到有效的管理。

整个智能电网体系分为智能输电配电系统、设备资产管理系统、信息技术支持系统和市场运维服务系统等几大组成模块，通过物联网技术，几大模块系统间紧密相连，如图 6-2 所示。

智能输电配电系统是整个智能电网的核心主体，包含发电、输电、变电和配电等几部分，各部分通过大量的传感器设备自组织成各种传感器网络。传感器不断收集供电设备的运行状态，通过传感器网络将收集的数据传递到信息化技术支持系统中的信息集成处理系统，供中央调度系统分析决策。

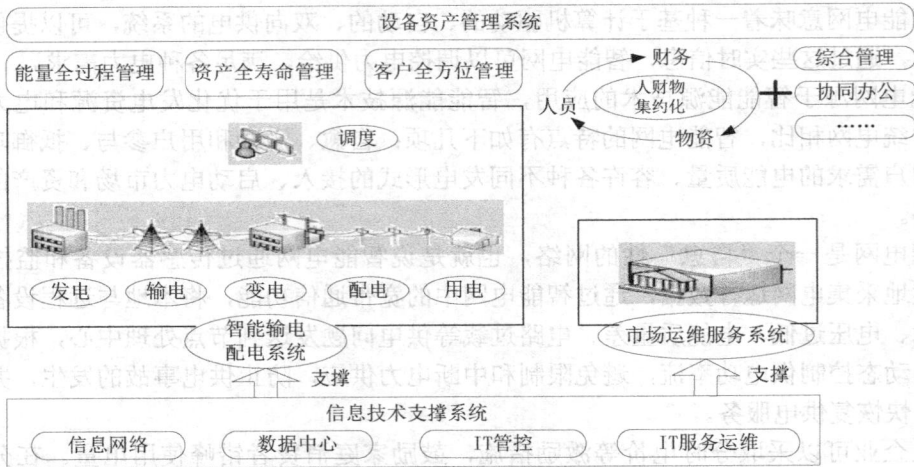

图 6-2　智能电网的组成

信息技术支持系统是整个智能电网体系的数据处理和决策支撑中心，该系统包含信息网络、数据中心、IT 管控和 IT 服务运维 4 部分，可实现信息标准化、信息集成、信息展现和信息安全等功能。信息化技术支持系统维护整个智能电网的运转状态和数据处理，它通过中央调度系统，统筹支配智能输电配电系统正常运转，智能监控电力负载，统筹输电配电，同时兼顾吸收调度各种分布的电源部分，如各种分立的小型风电系统、太阳能发电系统以及消费者富余的电能资源的加入。

设备资产管理系统包括全面风险管理、能量全过程管理和资产设备全寿命管理等部分，通过信息化技术支持系统收集设备的运行健康状况，管理整个电网各部分设备，保障资产安全健康。

市场运维服务系统面向用户，根据信息化技术支持系统监控的电网负荷状态，浮动调整电价，同时使用信息化技术支持系统提供的各种电力接口向用户提供管理电量资源的查询系统。电网用户通过查询系统提供的各种电力信息调配自身电力资源的使用，并可将自身富余的电力资源反过来卖给电网。此外，市场运维服务系统将在每个电网用户家中配置智能电表，供用户管理家庭电力资源的使用和家庭智能家电的运转，同时智能电表也可将用户接入到智能电网提供的四网融合方案中，使电网用户可以通过智能电表接入到由智能电网承载的互联网、电信网和广播电视网系统，从而降低未来社会的基础资源冗余度，避免重复性的设备资源消耗。

2．智能交通

智能交通系统（Intelligent Transportation Systems，ITS）是通过将传感器技术、RFID技术、无线通信技术、数据处理技术、网络技术、自动控制技术、视频检测识别技术、GPS 技术、信息发布技术等综合应用于整个交通运输管理体系中，从而建立起实时、准确、高效的交通运输控制和管理系统。ITS 的关键技术包括标识和传感技术、网络与通信技术、智能化软件与服务技术，其主要应用领域为交通管理、道路运输、设施建设与管理、运载工具管理等。智能交通系统的发展对建设安全、畅通、环保、节能的交通运输体系有着重要意义。

在交通系统中，凡是跟交通运输行业的信息化、智能化有关的内容都可以归为 ITS。智能交通系统的工作流程是：首先通过布设各种传感器，采集动态的交通信息；然后利用基于无线或有线的网络通信技术，传输和汇集源头数据；最后进行数据的融合处理，完成对交通基础设施和交通流量的监控管理，为出行者和管理者提供服务。

智能交通系统具有典型的物联网 4 层架构，由感知层、传输层、处理层和应用层组成，如图 6-3 所示。

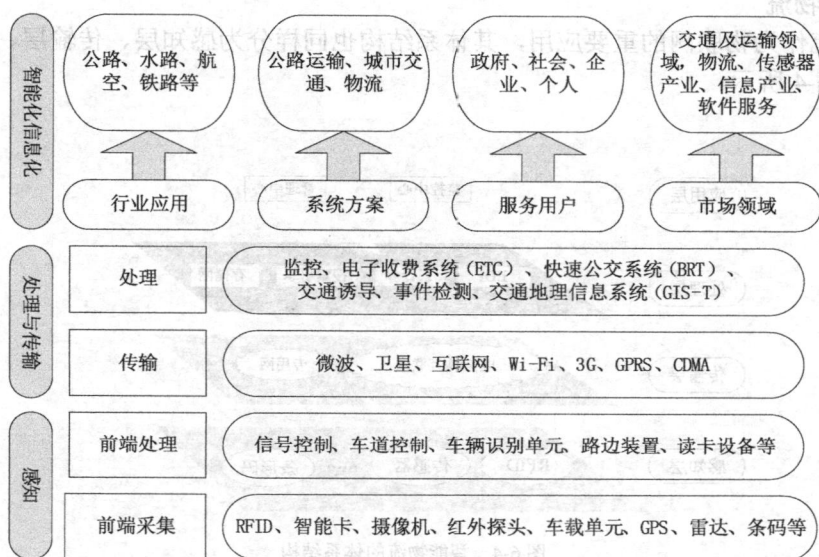

图 6-3　智能交通系统体系结构

感知层主要通过传感器、RFID、二维码、定位、地理信息系统等技术实现车辆、道路和出行者等多方面交通信息的感知，其中不仅包括传统交通系统中的交通流量感知，也包括车辆标识感知、车辆位置感知等一系列对交通系统的全面感知功能。常用的交通信息感知技术主要有标识技术、地理感知技术、交通流量采集技术等。交通流量采集技术主要有基于卫星定位、基于蜂窝网络和基于固定传感器（磁频线圈检测器、波频检测器和视频摄像头）等几种类型。

传输层主要实现交通信息的高可靠性、高安全性传输，这是智能交通系统中相对独立的部分。在智能交通系统的传输层中，互联网和移动通信网等公共通信网络是重要的核心网络；接入技术及各种延伸网（包括车路通信、车车通信等）等交通信息传输技术是主要的应用技术。其中接入技术主要分成有线接入和无线接入两类：有线接入主要包括光纤接入和铜线接入（如电话线和以太网）；无线接入一般包括成熟的蜂窝移动通信网络（如 GSM 和 3G）或者无线局域网技术。前者适用于固定位置部署的检测器（如部署在路口的摄像头和线圈检测器），而后者适用于移动感知设备（如 GPS 浮动车）。

处理层主要实现传输层与各类交通应用服务间的接口和能力调用，包括对交通流数据进行清洗、融合以及与地理信息系统的协同等。

应用层包含种类繁多的应用，既包括局部区域的独立应用（如交通信号的控制服务和车辆智能控制服务等），也包括大范围的应用（如交通诱导服务、出行者信息服务和不停车收费等）。以物联网城市停车收费管理系统的某解决方案为例，该解决方案采用无线传感技术组建各种停车场的停车收费管理系统，整个系统由停车管理、停车检测、车辆导航、车辆查询、车位预约、终端显示发布、客户关怀、系统远程维护八个子系统组成，可实现交通信号控制、车辆检测、流量检测、反向寻车、车辆离站感知等功能，可以将整个停车场的车位占用状况实时地显示给各位车主，并且可以进行停车引导，从而节省车主的停车时间，提高车位利用率。

3. 智能物流

智能物流作为物联网的重要应用，其体系结构也同样分为感知层、传输层、处理层和应用层，如图6-4所示。

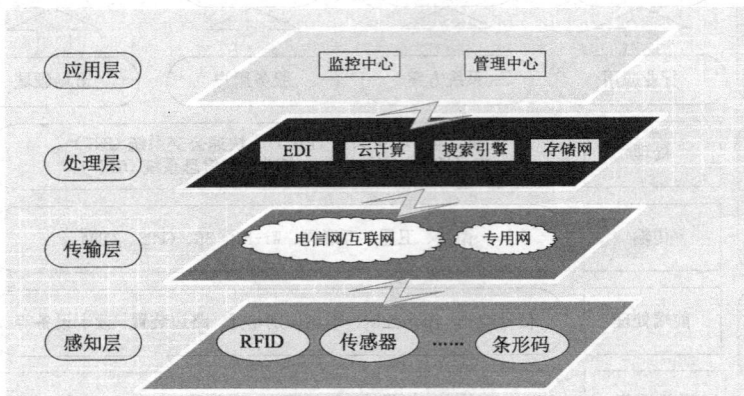

图6-4　智能物流的体系结构

（1）感知层。智能物流的感知层大量使用物品编码、自动识别和定位系统。对具体商品的标识是物流的第一步，只有识别才可能实现物品在物流链中的流通。目前，在物流系统中，条形码仍是应用最为普遍的物品编码系统。条形码可以用于标识物体、货物、集装箱、各种单据，甚至车辆、人员等信息，可以充当整个物流环节的链条。

传感器作为物联网的基础，也渐渐被引入物流系统中，用来感知货物（如食品）所处环境的温度、湿度，有利于货物的保存。同时，传感器可以感知运输车辆的重量，为控制管理中心判断车辆超载和货物送出情况提供实时准确的资料。

（2）传输层。传输层负责感知层与处理层之间的数据传输。互联网作为物联网的核心，在数据传输方面，有着不可替代的作用。由于货物的流动性，物流传输环节使用电信移动网络传输信息比较适合，随着电信移动网络传输速率的增加和覆盖范围的扩大，电信网络正在对物流互联网数据进行分流。

一些特殊场合会使用专用网络，例如军事后勤保障中的智能物流系统。面对现代化、信息化的战争形势，军用网络无疑负担起了快速、安全传输物流信息的重任。

（3）处理层。处理层在高性能计算技术的支撑下，通过对网络内的海量物流信息进行实时高速处理，对物流数据进行智能化挖掘、管理、控制与存储，为上层服务管理和控制建立起一个高效、可靠和可信的支撑技术平台，其中云计算、搜索引擎等为智能物流提供了新的支持手段。云计算可为海量物流数据处理提供一种高效的处理方式，搜索引擎可以帮助管理、监控中心人员从存储区快速提取调用物流信息。

（4）应用层。应用层为供货方和最终用户提供物流各环节的状态信息，为物流管理者提供决策支持。智能物流系统中的管理中心可以根据实时准确的物流数据，及时调度、调控物流的各个环节。例如，当温度传感器测得冷鲜肉所处环境温度偏高时，监控中心会得到警报，同时该冷藏室的冷藏系统会自动调整室内温度。

4．智能家居

智能家居源于 1984 年出现的智能大楼。智能家居以住宅为平台，利用综合布线技术、网络通信技术、安全防范技术、自动控制技术和音视频技术等，集成家居生活有关的设施，构建高效的住宅设施和家庭日程事务的管理系统，提升家居的安全性、便利性、舒适性和艺术性，并实现环保节能的居住环境。智能家居提供的功能如图 6-5 所示。

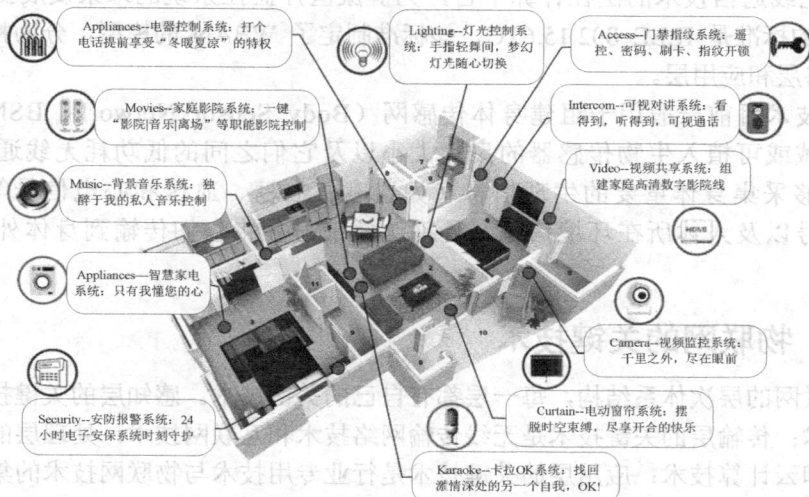

图 6-5　智能家居功能示意图

智能家居系统包含的主要子系统有家居布线系统、家庭网络系统、智能家居（中央）控制管理系统、家居照明控制系统、家庭安防系统、背景音乐系统、家庭影院与多媒体系统、家庭环境控制系统等八大系统。其中，智能家居控制管理系统、家居照明控制系统、家庭安防系统是必备系统，家居布线系统、家庭网络系统、背景音乐系统、家庭影院与多媒体系统、家庭环境控制系统为可选系统。

通俗地说，智能家居是融合了自动化控制系统、计算机网络系统和网络通信技术于一体的网络化智能化的家居控制系统。智能家居为用户提供了更方便的家庭设备管理手段，比如，通过无线遥控器、计算机或者语音识别等技术控制家用设备，使多个设备形成联动。同时，智能家居内的各种设备相互间也可以通信，不需要用户指挥也能根据不同的状态互动运行，从而给用户带来最大程度的高效、便利、舒适与安全。

5．智慧医疗

"看病难、看病贵"一直是困扰世界上大多数国家医疗改革的核心问题。要建立一个真正以人为本的健康医疗体系，必须使医疗服务的成本和质量平衡发展，而智慧医疗为此提供了可行性。

智慧医疗是通过物联网实现患者与医务人员、医疗机构、医疗设备之间的互动，及时采集医疗信息，准确、快速地进行处理，使整个医疗过程更加高效便捷和人性化。

　　智慧医疗涵盖了健康监控、疾病治疗、药品追踪等方面，涉及很多技术，其中独具特色的是医用传感器和无线传感器体域网技术。

　　医用传感器是指用于生物医学领域的传感器，是能感知人体生理信息并将其转换成与之有确定函数关系的电信号的一种电子器件，如体温传感器、电子血压计和脉搏血氧仪等。

　　体域网（Body Area Network，BAN）的范围只有几米，连接范围仅限体内、体表及其身体周围的传感器和仪器设备。无线体域网（Wireless BAN，WBAN）是人体上的生理参数收集传感器或移植到人体内的生物传感器共同形成的一个无线网络，其目的是提供一个集成硬件、软件和无线通信技术的泛在计算平台，为健康医疗监控系统的未来发展提供必备的条件。WBAN 的标准是 IEEE 802.15.6TG，该标准制定了 WBAN 的模型，分为物理层、数据链路层、网络层和应用层。

　　体域网技术目前一般用于组建身体传感网（Body Sensor Network，BSN）。BSN 特别强调可穿戴或可植入生物传感器的尺寸大小以及它们之间的低功耗无线通信。这些传感器节点能够采集身体重要的生理信号（如温度、血糖、血压和心电信号等）、人体活动或动作信号以及人体所在环境信息，处理这些信号并将它们传输到身体外部附近的本地基站。

6.1.4　物联网的关键技术

　　按照物联网的层次体系结构，每一层都有自己的关键技术。感知层的关键技术是感知和自动识别技术；传输层的关键技术是无线传输网络技术和互联网技术；处理层的关键技术是数据库技术和云计算技术；应用层的关键技术是行业专用技术与物联网技术的集成；另外还有一些各层共有的关键技术，如物联网管理和安全技术等。

　　欧洲物联网项目总体协调组 2009 年发布了"物联网战略研究路线图"报告，2010 年发布了"物联网实现的展望和挑战"报告，在这两份报告中，将物联网的支撑技术分为如下几种：识别技术；物联网体系结构技术；通信技术；网络技术；网络发现；软件和算法；硬件；数据和信号处理技术；发现和搜索引擎技术；网络管理技术；功率和能量存储技术；安全和隐私技术；标准化。

　　识别就是对有关事务进行归类和定性。在物联网中对人和物的识别都是自动进行的，这也是物联网与其他通信网络的最大区别。典型的自动识别技术有 RFID、NFC、光学识别、生物特征识别等。

　　物联网体系结构技术决定了物联网的总体特征，一个良好的体系结构应该能够准确地反映物联网行业的现实和进化，明确地指导物联网行业的分工与合作。与其他通信网络一样，物联网也采用分层体系结构思想对物联网的功能进行划分，只是目前划分层次和名称还没有一个统一的观点。也有人按功能域的思想提出了物联网域模型的体系结构。

　　通信技术尤其是无线通信技术是物联网的基础，重点关注的是频谱资源的有效利用、能耗的降低和数据传输速率的提高。

　　网络技术提供了物联网组网和数据传输功能，把传统的通信网络从局域网、城域网和广域网延伸到个域网、体域网和片上网络，重点关注的是短距离无线通信网络的组网技术和长途网络的数据承载技术，尤其是无线传感器网络和互联网接入技术。

网络发现技术为物联网的自动部署和各种网络的互联提供支撑。物联网是一种动态网络，节点是动态加入和离开的，诸如无线传感器网络常常会采用自组网络技术进行组网，物联网需要自主的网络发现机制、实时连接配置和映射功能等。

物联网软件包括操作系统、数据库管理、网络协议栈、中间件和应用软件等。软件的核心是算法，算法是对问题的解决策略给出的准确描述。物联网的各种技术存在各自特定的算法来有效地解决问题，如数据融合算法、数据挖掘算法、路由算法、定位算法等。

物联网硬件除了通信网常见的设备外，纳入了众多的感知层设备，其中的智能设备属于典型的嵌入式设备。嵌入式技术已经成为国内 IT 产业发展的核心方向，是物联网智能特点的实际体现。

数据和信号处理技术分别位于物联网的处理层和感知层。数据处理技术是物联网的中间件，使用云计算、普适计算等方法为各种应用提供公共的数据处理功能。物联网直接面对的信号处理技术一般为前端信号处理，如微弱信号处理技术、声纳信号处理技术等，更为广泛地也包括后端的数字信号处理（Digital Signal Processing，DSP）技术，如语音信号处理技术、图像信号处理技术以及数字信号处理器芯片等，也是物联网各种应用系统的基础技术。

发现和搜索引擎技术保证了物联网中自动生成的海量信息可以被自动、可靠和准确地发现和查找出来。物联网中的发现技术除了网络发现外，还包括设备发现、服务发现、语义发现、数据挖掘、定位技术等。搜索引擎除了能够搜索文本信息外，还能够搜索音频、视频、动画等多媒体信息和物品信息。

物联网的网络管理技术除了通常通信网络的性能管理、配置管理、故障管理、计费管理和安全管理这 5 大管理功能外，还需要重点考虑网络的生存管理、自组织管理和业务管理。

物联网终端设备运行和信号传输都需要功率控制，利用各种绿色 IT 技术和绿色通信技术，把物联网建设成环保型通信网络。能量存储技术不仅体现在智能电网的电力调配上，也体现在传感器节点和无源器件的运行中。

安全和隐私技术在物联网中比其他通信网络更为重要。物联网目前基本上还是一种行业专网，连接的设备种类繁多，而且利用开放的互联网进行数据传输，因此，物联网各个层次都需要安全技术来保障网络的信息安全和设备安全。

物联网的标准化影响着整个物联网发展的形式、内容与规模。物联网标准体系可分为感知层技术标准体系、传输层技术标准体系、处理层技术标准体系、应用层技术标准体系和公共类技术标准体系等 5 类。

6.2　自动识别技术

自动识别技术是一种机器自动数据采集技术，通过对某些物理现象或活动进行认定，自动获取被识别物品的相关信息，并通过特殊设备传递给数据处理系统来完成相关处理，实现对各种事物或现象的检测、分析和辨别，达到利用机器取代人来辨识的目的。

最典型的自动识别技术就是超市的购物结账系统。收银台通过扫描商品上的条码，就能自动得知商品的种类、价格等信息。除了条码识别外，二维码、无线射频识别（Radio Frequency Identification，RFID）、近场通信（Near Field Communication，NFC）、卡识别、指纹识别、语音识别等也是物联网应用常用的自动识别技术。

6.2.1　自动识别技术的分类和构成

自动识别技术有不同的分类方法，按照被识别对象的特征，自动识别技术分为数据采集技术和特征提取技术两大类。

数据采集技术的基本特征是需要被识别物体具有特定的识别特征载体，如唯一性的标签、光学符号等。按存储数据的类型，数据采集技术可分为光存储、磁存储和电存储 3 种。条码、二维码、光学字符识别（OCR）属于光存储；磁条、非接触磁卡属于磁存储；RFID、IC 卡等属于电存储。

特征提取技术则根据被识别物体本身的生理或行为特征来完成数据的自动采集与分析，如语音识别和指纹识别等。按特征的类型，特征提取技术可分为动态特征提取和静态特征提取两种。动态特征包括声音（语音）、键盘敲击和其他感觉特征等；静态特征包括化学感觉特征、物理感觉特征、生物抗体病毒特征、联合感觉系统等。

自动识别系统的构成如图 6-6 所示。识别装置读取被识别对象携带的自身标识信息，通过网络传输到计算机上的应用系统，应用系统对信息进行处理，给控制器发送相应的指令。简单的自动识别系统可能不需要复杂的传输网络或控制器。

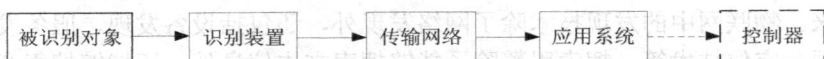

被识别对象 → 识别装置 → 传输网络 → 应用系统 ┈> 控制器

图 6-6　自动识别系统的总体构成

自动识别系统最主要的部分是识别装置，常见的识别装置是各种阅读器。识别装置具有信息自动获取和录入功能，根据不同类别的输入信息，组成单元也有所不同。对于有特定格式的输入信息，如条码、IC 卡，由于其信息格式固定且有量化的特征，组成单元较为简单。若输入信息为图像和波形，如指纹、语音等，由于该类信息没有固定格式，且数据量较大，则识别装置的组成和识别过程较为复杂。图形图像类自动识别装置一般由数据采集单元、信息预处理单元、特征提取单元和分类决策单元构成，其组成和识别过程如图 6-7 所示。

被识别对象 → 数据采集 → 信息预处理 → 特征提取 → 分类决策 → 已识别信息

图 6-7　自动识别过程

数据采集单元通常通过传感技术实现，通过传感器获取所需数据。采集技术可以分为两类：一种是被识别物体不参与识别的通信过程，物体的标签信息或特征信息被动地被阅读器读取；另一种是物体参与识别过程，通过电子标签与阅读器之间的通信，电子标签把物体信息传送给阅读器。信息预处理单元的目的是去除或抑制信号干扰。特征提取单元则是提取信息的特征，以便通过相关的判定准则或经验实行分类决策，最终通过通信接口把已识别的信息送往应用系统。

6.2.2　RFID

RFID 是 20 世纪 90 年代兴起的一种新型的、非接触式的自动识别技术，是物联网概念的起源。RFID 识别过程无需人工干预，可工作于各种恶劣环境，可识别高速运动物体，可同时识别多个标签，操作快捷方便。这些优点使 RFID 迅速成为了物联网的关键技术之一。

1. RFID 系统的构成

RFID 系统由电子标签、读写器、中间件和应用系统组成，如图 6-8 所示。RFID 就是在产品中嵌入电子标签，然后通过射频信号自动将产品的信息发送给扫描器或读写器进行识别，应用系统根据已识别出的电子标签信息做出相应的处理。

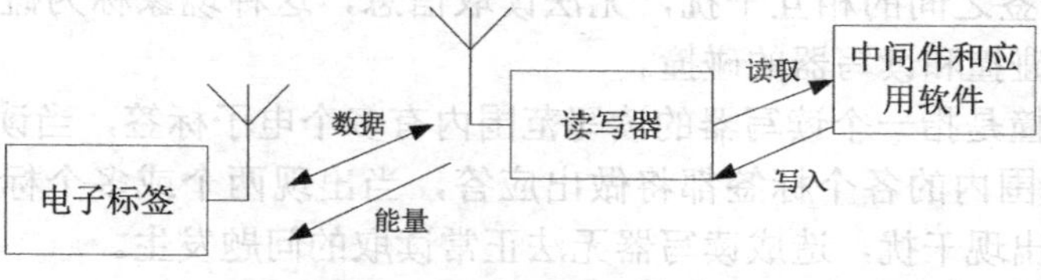

图 6-8　RFID 系统的构成

电子标签由天线和电子芯片组成，芯片中保存有约定格式的编码数据，用以唯一标识标签所附着的物体。标签根据是否有电源分为有源标签、半有源标签和无源标签三种。

读写器是读取电子标签数据和写入数据到电子标签的收发器，读写器通过无线射频通信读取标签中的物体信息，再通过接口线路把物体信息传送给计算机或网络。读写器功能不同，名称也有所不同，一般把单纯实现无接触读取电子标签信息的设备称为阅读器、读出装置或扫描器，把实现向射频标签内存中写入信息的设备称为编程器或写入器，综合具有无接触读取与写入射频标签内存信息的设备称为读写器或通信器。

RFID 中间件是一种独立的系统软件或服务程序，介于前端读写器硬件模块与后端数据库、应用软件之间，它是 RFID 读写器和应用系统之间的中介。应用程序使用中间件提供的通用应用程序接口（API），连接到各种各样新式的 RFID 读写器设备，从而读取 RFID 标签数据。RFID 中间件屏蔽了 RFID 设备的多样性和复杂性，能够为后台业务系统提供强大的支撑，大多数中间件由读写器适配器、事件管理器和应用程序接口 3 个组件组成。

应用系统由硬件和软件两大部分组成，通过串口或网络接口与读写器连接，主要完成数据信息的存储、管理以及对电子标签的读写控制。硬件部分主要为计算机，软件部分则包括各种应用程序和数据库等。数据库用于储存所有与电子标签相关的数据，供应用程序使用。

2. RFID 的能量传输

在 RFID 系统中，有源电子标签会主动发送某一频率的信号与读写器进行通信。无源电子标签没有电源供给，需要从读写器获取能量。

读写器及电子标签之间能量感应方式大致上可以分成两种类型：电感耦合及电磁反向散射耦合。一般低频的 RFID 系统大都采用电感耦合，而高频 RFID 系统大多采用电磁反向散射耦合。

耦合就是两个或两个以上电路构成一个网络，其中某一电路的电流或电压发生变化时，影响其他电路发生相应变化的现象。通过耦合的作用，能将某一电路的能量（或信息）传输到其他电路中去。

电感耦合是通过高频交变磁场实现的，依据的是电磁感应定律。当无源标签进入 RFID 系统的工作区域时，标签天线接收到读写器发送的电磁波，标签中的天线线圈就会产生感应电流，再经过整流电路就可以给标签的电路供电。

电磁反向散射耦合也就是雷达模型，当电磁波在传播过程中遇到电子标签时，其能量的一部分会被电子标签吸收，另一部分以不同强度散射到各个方向。电子标签利用不同的反射器结构反射电磁波，这些反射波就会作为电子标签的特定信息反射回发射天线，并被天线接收。对接收的信号进行放大和处理，即可得到电子标签的相关信息。

3. RFID 系统的防碰撞机制

在 RFID 系统的应用中，会发生多个读写器和多个电子标签同时工作的情况，这就会造成读写器和电子标签之间的相互干扰，无法读取信息，这种现象称为碰撞。碰撞可分为两种，即电子标签的碰撞和读写器的碰撞。

电子标签的碰撞是指一个读写器的读写范围内有多个电子标签，当读写器发出识别命令后，处于读写器范围内的各个标签都将做出应答，当出现两个或多个标签在同一时刻应答时，标签之间就会出现干扰，造成读写器无法正常读取的问题发生。

读写器的碰撞情况比较多，包括读写器间的频率干扰和多读写器——标签干扰。读写器间的频率干扰是指读写器为了保证信号覆盖范围，一般具有较大的发射功率，当频率相近、距离很近的两个读写器一个处于发送状态、一个处于接收状态时，读写器的发射信号会对另一个读写器的接收信号造成很大干扰；多读写器——标签干扰是指当一个标签同时位于两个或多个读写器的读写区域内时，多个读写器会同时与该标签进行通信，此时标签接收到的信号为两个以上读写器信号的矢量和，导致电子标签无法判断接收的信号属于哪个读写器，也就不能进行正确应答。

在 RFID 系统中，会采用一定的策略或算法来避免碰撞现象的发生，其中常采用的防碰撞方法有空分多址法、频分多址法和时分多址法。其原理分别对应移动通信网中的蜂窝制、FDMA 和 TDMA。实际中最常见的是利用时分多址法中的 ALOHA 算法对电子标签的通信过程进行控制。

6.2.3 生物特征识别

生物识别技术是指通过人类生物特征进行身份认证的一种技术。生物特征识别技术依据的是生物独一无二的个体特征，这些特征可以测量或可自动识别和验证，具有遗传性或终身不变等特点。

生物特征的涵义很广，大致上可分为身体特征和行为特征两类。身体特征包括指纹、静脉、掌型、视网膜、虹膜、人体气味、脸型，甚至血管、DNA、骨骼等；行为特征包括签名、语音、行走步态等。生物识别系统对生物特征进行取样，提取其唯一的特征，转化成数字代码，并进一步将这些代码组成特征模板。当进行身份认证时，识别系统获取该人的特征，并与数据库中的特征模板进行比对，以确定二者是否匹配，从而决定接受或拒绝该人。

在所有生物识别技术中，指纹识别是发展最早、应用最为广泛的一种。指纹是指人的手指末端正面皮肤上凸凹不平的纹线。虽然指纹只是人体皮肤的一小部分，却蕴含着大量的信息。起点、终点、结合点和分叉点，被称为指纹的细节特征点。指纹识别即通过比较不同指纹的细节特征点来进行鉴别。

指纹识别系统是一个典型的模式识别系统，包括指纹图像采集、指纹图像处理、特征提取和特征匹配等几个功能模块。

指纹图像采集可通过专门的指纹采集仪或扫描仪、数码相机等进行。指纹采集仪主要有光学指纹传感器、电容式传感器、CMOS 压感传感器和超声波传感器。

采集的指纹图像通常都伴随着各种各样的干扰，这些干扰一部分是由仪器产生的，一部分是由手指的状态，如手指过干、过湿或污垢造成的。因此，在提取指纹特征信息之前，需要对指纹图像进行处理，包括指纹区域检测、图像质量判断、方向图和频率估计、图像增强、指纹图像二值化和细化等处理过程。

对指纹图像进行处理后，通过指纹识别算法从指纹图像上找到特征点，建立指纹的特征数据。在自动指纹识别的研究中，指纹不按簸箕或斗分类，而是分成五种类型：拱类、尖拱类、左旋类、右旋类、旋涡类。对于指纹纹线间的关系和具体形态，又有末端、分叉、孤立点、环、岛、毛刺等多种细节点特征。对于指纹的特征提取来说，特征提取算法的任务就是检测指纹图像中的指纹类型和细节点特征的数量、类型、位置和所在区域的纹线方向等。一般的指纹特征提取算法由图像分割、增强、方向信息提取、脊线提取、图像细化和细节特征提取等几部分组成。

根据指纹的种类，可以对纹形进行粗匹配，进而利用指纹形态和细节特征进行精确匹配，给出两枚指纹的相似性程度。根据应用的不同，对指纹的相似性程度进行排序或给出是否为同一指纹的判定结果。

6.3　传感器网络

传感器网络是一种由传感器节点组成的网络，其中每个传感器节点都具有传感器、微处理器和通信接口电路，节点之间通过通信链路组成网络，共同协作来监测各种物理量和事件。

传感器网络可以使用各种不同的有线或无线通信技术，其中又以采用低功耗、短距离的移动通信网络构成的无线传感器网络最为引人注目。

6.3.1　传感器

传感器能够感知外界的各种物理量、化学量、机械量和生物量等，并将其按一定规律转换成电信号，以便进行进一步处理和传输。传感器在特定场合又称为变送器、编码器、转换器、检测器、换能器、一次仪表等。广义上讲，凡是输出量与输入量之间存在严格一一对应的器件和装置均可称为传感器。

传感器的结构组成如图 6-9 所示，分为敏感元件、转换元件和转换电路 3 部分。敏感元件能够直接感受被测量，并直接对被测量产生响应输出；转换元件将敏感元件的输出信息再转换成适合于传输或后续电路处理使用的电信号部分；转换电路用于将转换元件输出的电信号量转换成便于测量的电量。

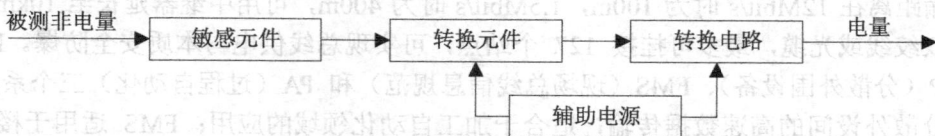

被测非电量 → 敏感元件 → 转换元件 → 转换电路 → 电量

辅助电源

图 6-9　传感器的构成

根据不同的被测对象、转换原理、使用环境和性能要求，传感器无须全部包含这 3 个部分。从能量的角度区分，典型的传感器结构类型有三种：自源型、辅助能源（带激励源）型和外源型。

自源型的传感器结构是最简单、最基本的传感器构成形式，只含有转换元件，主要特点是不需要外加能源，它的转换元件能从被测对象直接吸收能量，并转换成电量输出，但输出电量较弱。如热电偶、压电器件等。

带激励源型的传感器结构由转换元件和辅助能源两部分组成。辅助能源起激励作用，可以是电源或磁源，主要特点是不需要转换电路就可以有较大的电量输出。如磁电式传感器和霍尔式传感器等电磁式传感器。

外源型的传感器结构由转换元件、变换电路和外加电源组成。变换电路是指信号调制与转换电路，把转换元件输出的电信号调制成便于显示、记录、处理和控制的可用信号，如电桥、放大器、振荡器、阻抗变换器等。其主要特点是必须通过外带电源的变换电路，才能获得有用的电量输出，如典型的智能传感器。

传感器的种类很多。按被测量分为温度传感器、湿度传感器、压力传感器、速度传感器、加速度传感器、位移传感器、姿态传感器、接近传感器和密度传感器等；按信号转换原理分为电阻式、电容式、电感式、磁电式、压电式、光电式、热电式、应变式传感器等；传感器根据其应用场合分为医学传感器、汽车传感器、环境传感器、风速风向仪和陀螺仪等；传感器根据其功能特性和技术发展可分为传统传感器、微机电系统传感器、纳米传感器、多功能传感器和智能传感器等。

6.3.2　有线传感器网络

在组建有线传感网方面，现场总线是典型的组网技术之一。现场总线系统可以在一对导线上挂接多个传感器、执行器、开关、按钮和控制设备等，这对导线称为总线，它是现场设备间数字信号的传输媒介，是数字信息的公共传输通道。现场总线工作在生产现场前端，是专为现场环境而设计的，可支持双绞线、同轴电缆、光缆、射频、红外线、电力线等，具有较强的抗干扰能力。

现场总线是当今自动化领域技术发展的热点之一，被誉为自动化领域的计算机局域网。它应用在生产现场，可以在测量控制设备之间实现双向串行多节点数字通信，是一种开放式的底层控制网络。利用现场总线可以构成网络控制系统，把单个分散的测量控制设备编程为网络节点，通过现场总线把它们连接起来，相互沟通信息，共同完成自动控制的任务。

现场总线是 20 世纪 80 年代中期发展起来的。现场总线的标准不统一，目前国际上流行且较有影响的现场总线有 Profibus、FF、LonWorks、HART 和 CAN 等。

（1）Profibus 是德国国家标准 DIN 19245 和欧洲标准 EN 50170 的现场总线标准。Profibus 采用了 ISO/OSI 七层模型的物理层和数据链路层，传输速率为 9.6kbit/s～12Mbit/s，最大传输距离在 12Mbit/s 时为 100m，1.5Mbit/s 时为 400m，可用中继器延长至 10km，传输媒介是双绞线或光缆，最多可挂接 127 个站点，可实现总线供电与本质安全防爆。Profibus 分为 DP（分散外围设备）、FMS（现场总线信息规范）和 PA（过程自动化）三个系列。DP 型用于分散外设间的高速数据传输，适合于加工自动化领域的应用；FMS 适用于楼宇自动化、可编程控制器、低压开关等；PA 型则用于过程自动化的仪表设备。

（2）基金会现场总线（FF，Foundation Fieldbus）是由现场总线基金会开发的现场总线协议。FF 采用了 ISO/OSI 七层模型中的物理层、数据链路层和应用层，并在应用层上增加了用户层。用户层主要针对自动化测控应用的需要，定义了信息存取的统一规则，采用设备描述语言规定了通用的功能模块。基金会现场总线分低速 H1 和高速 H2 两种通信速率。H1 的传输速率为 31.25kbit/s，距离可达 1900m（可加中继器延长），可支持总线供电；H2 的传输速率有 1Mbit/s 和 2.5Mbit/s 两种，通信距离分别为 750m 和 500m。物理传输媒介可支持双绞线、光缆和无线。传输信号采用曼彻斯特编码。

（3）LonWorks 是由美国 Echelon 公司 1990 年推出的，它采用 ISO/OSI 模型的全部七层通信协议，使用面对对象的设计方法，通过网络变量把网络通信设计简化为参数设置，其通信速率从 300bit/s 至 1.5Mbit/s 不等，直接通信距离可达 2700m（78kbit/s，双绞线），支持双绞线、同轴电缆、光纤、射频、红外线、电力线等多种通信媒介，并开发了相应的本质安全防爆产品，被誉为通用控制网络，已被广泛应用在楼宇自动化、家庭自动化、保安系统、办公设备、交通运输、工业过程控制等行业。另外，在开发智能通信接口、智能传感器方面，LonWorks 神经元芯片也具有独特的优势。

（4）可寻址远程传感器高速通道（Highway Addressable Remote Transducer，HART）是由 1993 年成立的 HART 通信基金会发布的。它包括 ISO/OSI 模型的物理层、数据链路层和应用层，其特点是在现有模拟信号传输线上实现数字信号通信，属于模拟系统向数字系统转变过程中的过渡性产品。

（5）控制器局域网络（Control Area Network，CAN）是最有名的一种现场总线，它是由德国 Bosch 公司推出的用于汽车内部测量与执行部件之间的现场总线。汽车内的现场总线连同其他线缆俗称线束。CAN 总线规范现已被国际标准组织制定为国际标准 ISO 11898。CAN 协议分为两层：物理层和数据链路层。

物理层传输媒介为双绞线，速率最高可达 1Mbit/s，通信距离最长为 40m，直接传输距离最远可达 10km（速率为 5kbit/s 以下），可挂接设备数最多可达 110 个。

数据链路层包括媒介访问控制（MAC）子层和逻辑链路控制（LLC）子层。MAC 子层的功能主要是实现帧的传送，即总线仲裁、帧同步、错误检测、出错标定和故障界定。总线仲裁采用与以太网基本相同的 CSMA/CD（载波侦听多路访问/冲突检测）共享媒介控制方法。CAN 采用短帧结构，每一帧的有效字节数为 8 个，因而传输时间短，受干扰的概率低。当节点严重错误时，具有自动关闭的功能，以切断该节点与总线的联系，使总线上的其他节点及其通信不受影响，具有较强的抗干扰能力。LLC 子层的主要功能是为数据传送和远程数据请求提供服务，确认由 LLC 子层接收的报文实际已被接收，并为恢复管理和通知超载提供信息。

6.3.3　无线传感器网络体系结构

无线传感器网络参照互联网的 TCP/IP 参考模型，把无线传感器网络的协议体系结构从下到上分为五层：物理层、数据链路层、网络层、传输层和应用层，如图 6-10 所示。值得注意的是，无线传感器网络各层使用的协议与互联网协议并不相同。

物理层负责把用 0、1 表示的数据流调制成电磁波信号或把信号解调成数据，同时也负责射频收发器的激活和休眠、信道的频段选择等。物理层协议主要涉及无线传感器网络采用的物理媒介、频段选择和调制方式。目前，无线传感器网络采用的传输媒介主要

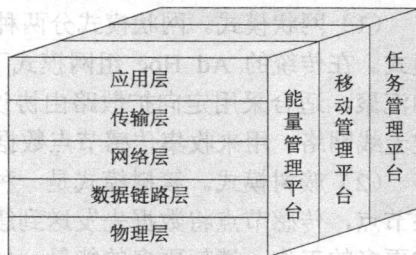

图 6-10　无线传感器网络的协议体系结构

有无线电、红外线和光波等，其中，无线电传输是目前无线传感器网络采用的主流传输方式。

数据链路层负责数据帧的定界、帧监测、媒介访问控制（MAC）和差错控制。帧定界就是从物理层来的数据流中判定出预先指定的数据格式。媒介访问控制协议就是解决各传感器节点同时发送信号时的冲突问题，无线传感器网络是一种共享媒介的网络，多个节点同时发送信号会造成冲突，MAC 协议就是提供一种无线信道的分配方法，以便建立可靠的点到点或点到多点的通信链路。差错控制保证源节点发出的信息可以完整无误地到达目标节点。

网络层负责路由发现和维护。通常，大多数节点无法直接与网关通信，需要通过中间节点以多跳路由的方式将数据传送至汇聚节点。网络层协议负责把各个独立的节点协调起来构成一个收集并传输数据的网络。在研究网络层相关技术时，经常将网络拓扑设计、网络层协议和数据链路层协议结合起来考虑。网络拓扑决定了网络的设计架构；网络层的路由协议决定了监测信息的传输路径；数据链路层的媒介访问控制用来构建底层的基础结构，控制传感器节点的通信过程和工作模式。

传输层主要负责数据流的传输控制，以便把传感器网络内采集的数据送往汇聚节点，并通过各种通信网络送往应用软件。传输层是保证通信服务质量的重要部分，它采用差错恢复机制，确保在拓扑结构、信道质量动态变化的条件下，为上层应用提供节能、可靠、实时性高的数据传输服务。

应用层协议与具体应用场合和环境密切相关，主要功能是获取数据并进行处理，为管理人员运营和维护无线传感器网络提供操作界面。

除了按层次划分的协议栈外，利用无线传感器网络各层协议提供的功能，还可以提供对整个 WSN 的管理平台。管理平台包括能量管理平台、移动管理平台和任务管理平台。能量管理平台用来管理传感器节点如何使用能源，不仅仅是无线收发器的休眠与激活，在各个协议层都需要考虑节省能量；移动管理平台用来检测和控制节点的移动，维护到汇聚节点的路由，还可以使传感器节点能够动态跟踪其邻居的位置；任务管理平台则是在一个给定的区域内平衡和调度监测任务。

管理平台还可以提供安全、QoS（服务质量）等方面的管理功能。总之，管理平台的主要作用是使传感器节点能够按照能源高效的方式协同工作，能够在节点移动的传感器网络中转发数据，并支持多任务和资源共享。

6.3.4　无线传感器网络组网技术

组建无线传感器网络首先要分析应用需求，如数据采集频度、传输时延要求、有无基础设施支持、有无移动终端参与等，这些情况直接决定了无线传感器网络的组网模式，从而也就决定了网络的拓扑结构。无线传感器网络的组网模式通常有如下几种。

（1）网状模式。网状模式分两种情况，一种是传统的 Ad Hoc 组网模式，另一种是 Mesh 模式。在传统的 Ad Hoc 组网模式下，所有节点的角色相同，通过相互协作完成数据的交流和汇聚，适合采用定向扩散路由协议；Mesh 模式是在传感器节点形成的网络上增加一层固定无线网络，用来收集传感节点数据，同时实现节点之间的信息通信和网内数据融合。

（2）簇树模式。簇树模式是一种分层结构，节点分为普通传感节点和用于数据汇聚的簇头节点，传感节点将数据先发送到簇头节点，然后由簇头节点汇聚到后台。簇头节点需要完成更多的工作、消耗更多的能量。如果使用相同的节点实现分簇，则要按需更换簇头，避免簇头节点因为过度消耗能量而死亡。簇树模式适合采用树型路由算法，适用于节点静止或者移动较少的场合，属于静态路由，不需要路由表，对于传输数据包的响应较快，但缺点是不灵活，路由效率低。

（3）星型模式。星型模式根据节点是否移动分为固定汇聚和移动汇聚两种情况。在固定汇聚模式中，中心节点汇聚其他节点的数据，网络覆盖半径比较小；移动汇聚模式是指使用移动终端收集目标区域的传感数据，并转发到后端服务器。移动汇聚可以提高网络的容量，但如何控制移动终端的轨迹和速率是其关键所在。

无线传感器网络中的应用一般不需要很高的信道带宽，却要求具有较低的传输时延和极低的功率消耗，使用户能在有限的电池寿命内完成任务。无线传感器网络的组建一般都采用低功耗的个域网（PAN）技术，一些低功耗、短距离的无线传输技术都可以用于组建无线传感器网络，如 IEEE 802.15.4 低速无线个域网、ZigBee 网络、蓝牙、超宽带 UWB、红外线 IrDA、低功耗的 IEEE 802.11 无线局域网、普通射频芯片等。基于普通射频芯片组网时，需要用户自己设计相应的 MAC 协议、路由协议等。目前无线传感器网络的典型组网技术是 ZigBee 网络。

1．ZigBee 网络的特点

ZigBee 网络是由 ZigBee 联盟制定的一种低速率、低功耗、低价格的无线组网技术，它的基础是 IEEE 802.15.4 标准。IEEE 802.15.4 是一种个域网标准，ZigBee 在 IEEE 802.15.4 的基础上增加了网络层和应用层框架，成为无线传感器网络的主要组网技术之一。

ZigBee 适合由电池供电的无线通信场合，并希望在不更换电池并且不充电的情况下能正常工作几个月甚至几年。ZigBee 无线设备工作在公共频段上（全球 2.4GHz，美国 915MHz，欧洲 868MHz），传输速率为 20～250kbit/s，传输距离为 10～75m，具体数值取决于射频环境以及特定应用条件下的输出功耗。ZigBee 有如下的技术特点。

（1）省电。ZigBee 网络节点设备工作周期较短、收发信息功率低并采用休眠模式使得 ZigBee 技术非常省电，从而避免频繁更换电池或充电，减轻网络维护的负担。

（2）廉价。ZigBee 协议栈设计简练，其研发和生产成本较低。普通网络节点硬件上只需 8 位微处理器、4kB～32kB 的 ROM，软件实现简单。

（3）可靠。采用碰撞避免机制，并为需要固定带宽的通信业务预留专用时隙，避免发送数据时的竞争和冲突。MAC 层采用完全确认的数据传输机制，每个发送的数据包都必须等待接收方的确认信息，从而保证了数据传输的可靠性。

（4）时延短。ZigBee 节点休眠和工作状态转换只需 15ms，入网约 30ms。与之相比，蓝牙技术为 3～10s。

（5）网络容量大。1 个 ZigBee 网络最多可以容纳 254 个从设备和 1 个主设备，1 个区域内最多可以同时存在 100 个 ZigBee 网络。不同的 ZigBee 网络可以共用一个信道，根据网络标识符来区分。

（6）安全保障。ZigBee 技术提供了数据完整性检查和鉴权功能，采用 AES-128 加密算法，各个应用可以灵活地确定安全属性，有效地保障网络安全。

2．ZigBee 网络的设备和拓扑结构

根据设备的通信能力，ZigBee 把节点设备分为全功能设备（Full-Function Device，FFD）和精简功能设备（Reduced-Function Device，RFD）两种。FFD 设备可以与所有其他 FFD 设备或 RFD 设备之间通信。RFD 设备之间不能直接通信，只能与 FFD 设备通信，或者通过一个 FFD 设备向外转发数据。RFD 设备传输的数据量较少，主要用于简单的控制应

用，如灯的开关、被动式红外线传感器等。

根据设备的功能，ZigBee 网络定义了三种设备：协调器、路由器和终端设备。协调器和路由器必须是 FFD 设备，终端设备可以是 FFD 或 RFD 设备。

每个 ZigBee 网络都必须有且仅有一个协调器，也称为 PAN 协调器。当一个全功能设备启动时，首先通过能量检测等方法确定有无网络存在，有则作为子设备加入，无则自己作为协调器，负责建立并启动网络，包括广播信标帧以提供同步信息、选择合适的射频信道、选择唯一的网络标识符等一系列操作。

路由器在节点设备之间提供中继功能，负责邻居发现、搜寻网络路径、维护路由、存储转发数据，以便在任意两个设备之间建立端到端的传输。路由器扩展了 ZigBee 网络的范围。

终端设备就是网络中的任务执行节点，负责采集、发送和接收数据，在不进行数据收发时进入休眠状态以节省能量。协调器和路由器也可以负责数据的采集。

ZigBee 网络有信标和非信标两种工作模式。在信标工作模式下，网络中所有设备都同步工作、同步休眠，以减小能耗。网络协调器负责以一定的时间间隔广播信标帧，两个信标帧之间有 16 个时隙，这些时隙分为休眠区和活动区两个部分，数据只能在网络活动区的各时隙内发送。在非信标模式下，只有终端设备进行周期性休眠，协调器和路由器一直处于工作状态。

ZigBee 网络的拓扑结构有星型、网状和簇树三种，如图 6-11 所示。在实际环境中，拓扑结构取决于节点设备的类型和地理环境位置，由协调器负责网络拓扑的形成和变化。

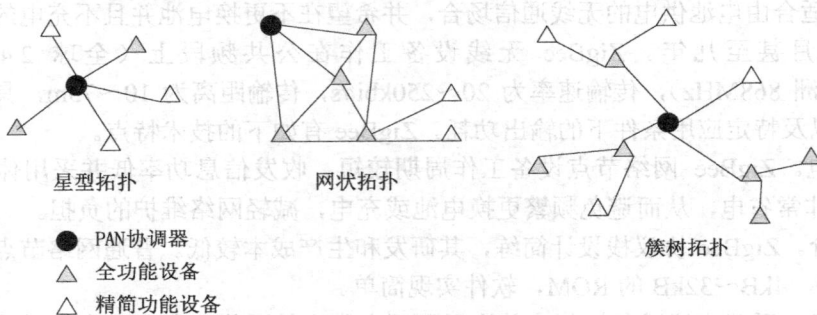

图 6-11 ZigBee 网络的拓扑结构

星型拓扑组网简单、成本低、电池使用寿命长，但是网络覆盖范围有限，可靠性不如网状拓扑结构，对充当中心节点的 PAN 协调器依赖性较大。

网状拓扑中的每个全功能节点都具有路由功能，彼此可以通信，网络可靠性高、覆盖范围大，但是电池使用寿命短、管理复杂。

簇树拓扑是组建无线传感器网络常用的拓扑结构，它是无线传感器网络中信息采集树的物理体现。在组建无线传感器网络时，协调器既是树根，又是汇聚节点；中间节点由 ZigBee 路由器担任；叶节点用于采集数据，由 ZigBee 终端设备担任，是典型的无线传感器节点。

3. ZigBee 协议栈

ZigBee 协议栈自下而上由物理层、媒介访问控制（MAC）层、网络层和应用层构成，如图 6-12 所示。其中，物理层和媒介访问控制层采用

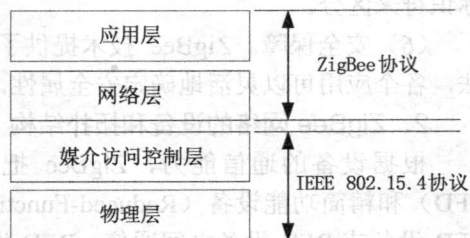

图 6-12 ZigBee 协议栈

IEEE802.15.4 标准，ZigBee 联盟在 IEEE 802.15.4 基础上添加了网络层和应用层协议。

ZigBee 协议定义了各层帧的格式、意义和交换方式。当一个节点要把应用层的数据传输给另一个节点时，它会从上层向下层逐层进行封装，在每层给帧附加上帧首部（在 MAC 层还有尾部），以实现相应的协议功能，如图 6-13 所示。

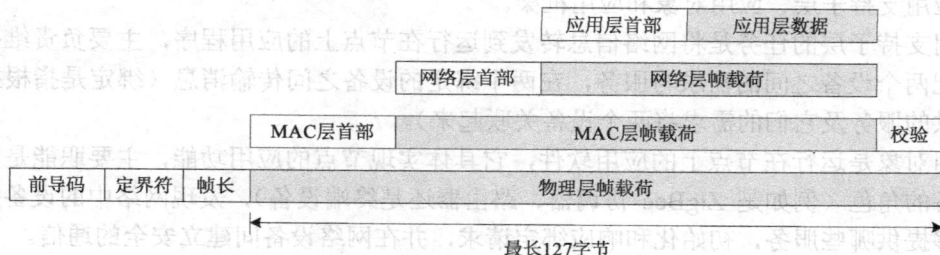

图 6-13　ZigBee 各层帧结构的封装关系

当节点从网络接收到数据帧时，它会从下层向上层逐层剥离首部，执行相应的协议功能，并把载荷部分提交给相邻的上层。

物理层规定了信号的工作频率范围、调制方式和传输速率。ZigBee 采用直接序列扩频技术，定义了三种工作频率。当采用 2.4GHz 频率时，使用 16 信道，传输速率为 250kbit/s；当频率为 915MHz 时，使用 10 信道，传输速率为 40kbit/s；当采用 868MHz 时，使用单信道，可提供 20kbit/s 的传输速率。

物理层协议数据单元中的前导码由 32 个 0 组成，接收设备根据接收到的前导码获取时钟同步信息，以识别每一位。定界符为 11100101（十六进制 0xA7，低位先发送），用来标识前导码的结束和载荷的开始。

媒介访问控制层提供信道接入控制、帧校验、预留时隙管理以及广播信息管理等功能。MAC 协议使用 CSMA/CA。一个完整的 MAC 帧由帧首部、帧载荷和帧尾三部分构成。帧首部包括帧控制信息、序号、目的网络标识符、目的节点地址、源网络标识符和源节点地址。节点地址有两种：64 位的物理地址或网络层分配的 16 位短地址。帧尾为 16 位的 CRC 校验码。

ZigBee 网络层主要实现节点加入或离开网络、接收或抛弃其他节点、路由查找及传送数据等功能。ZigBee 没有指定组网的路由协议，这样就为用户提供了更为灵活的组网方式。

ZigBee 网络层的帧由网络层帧头和网络载荷组成，如图 6-14 所示。帧头部分的字段顺序是固定的，但不一定要包含所有的字段。

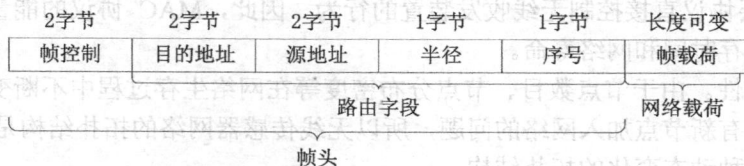

图 6-14　ZigBee 网络层帧结构

帧头中包括帧控制字段、目标地址字段、源地址字段、半径字段和序列号字段。其中帧控制字段由 16 位组成，包括帧种类、寻址和排序字段以及其他的控制标志位；目的地址字段用来存放目标设备的 16 位网络地址；源地址字段用来存放发送设备的 16 位网络地址；半径字段用来设定广播半径，在传播时，每个设备接收一次广播帧，将该字段的值减 1；序号字段为 1 个字节，每次发送帧时加 1；帧载荷字段存放应用层的首部和数据。

应用层定义了各种类型的应用业务，主要负责组网、安全服务等功能。应用层分为三个部分：应用支持子层、应用对象和应用框架。

应用支持子层的任务是将网络信息转发到运行在节点上的应用程序，主要负责维护绑定表，匹配两个设备之间的需求与服务，在两个绑定的设备之间传输消息（绑定是指根据两个设备提供的服务及它们的需求将两个设备关联起来）。

应用对象是运行在节点上的应用软件，它具体实现节点的应用功能，主要职能是定义网络中设备的角色（例如是 ZigBee 协调器、路由器还是终端设备），发现网络中的设备并检查它们能够提供哪些服务，初始化和响应绑定请求，并在网络设备间建立安全的通信。

应用框架是驻留在设备里的应用对象的环境，是设备商自定义的应用组件，给应用对象提供数据服务。应用框架提供两种数据服务：关键值配对服务（Key Value Pair，KVP）和通用消息服务。KVP 服务将应用对象定义的属性与某一操作（如"获取""获取回复""设置""时间"等）一起传输，从而为小型设备提供一种命令/控制体系。通用消息服务并不规定应用支持子层的数据帧的任何内容，其内容由开发者自己定义。

6.3.5　无线传感器网络通信协议

按照无线传感器网络的分层模型，其协议也相应地分为物理层、数据链路层、网络层、传输层和应用层协议。由于节能是无线传感器网络设计中最重要的方面，而传统无线通信网络的协议对功耗考虑较少，因此无线传感器网络需要特定的 MAC 协议、路由协议和传输协议。

1．MAC 协议

媒介访问控制（Medium Access Control，MAC）用于解决共享媒介网络中的媒介占用问题，也就是如何把共享信道分配给各个节点。无线传感器网络由于节点无线通信的广播特征，节点间信息传递在局部范围需要 MAC 协议协调其间的无线信道分配。无线传感器网络 MAC 协议的设计目标是充分利用网络节点的有限资源（能量、内存和计算能力）来尽可能延长网络的服务寿命，因此，与传统无线网络不同，无线传感器网络 MAC 协议的设计在网络性能指标上有如下特殊之处。

（1）能量有效性。能量有效性是无线传感器网络 MAC 协议最重要的一项性能指标，也是网络各层协议都要考虑的一个重要问题。在节点的能耗中，无线收发装置的能耗占绝大部分，而 MAC 层协议直接控制无线收发装置的行为。因此，MAC 协议的能量有效性直接影响网络节点的生存时间和网络寿命。

（2）可扩展性。由于节点数目、节点分布密度等在网络生存过程中不断变化，节点位置也可能移动，还有新节点加入网络的问题，所以无线传感器网络的拓扑结构是动态的。MAC 协议应当适应这种动态变化的拓扑结构。

（3）冲突避免。这是所有 MAC 协议的基本任务，它决定网络中的节点何时并以何种方式占用媒介来发送数据。在无线传感器网络中，冲突避免的能力直接影响节点的能量消耗和网络性能。

（4）信道利用率。信道利用率是指数据传输时间占总时间的比率。在蜂窝移动通信系统和无线局域网中，带宽是非常重要的资源，以便容纳更多的用户和传输更多的数据。在无线传感器网络中，处于通信状态的节点数量由一定的应用任务决定，因而信道利用率在无线传感器网络中处于次要的位置。

（5）时延。时延是指从发送端开始向接收端发送一个数据包，直到接收端成功接收这一数据包所经历的时间。在无线传感器网络中，时延的重要性取决于网络应用对实时性的要求。

（6）吞吐量。吞吐量是指在给定的时间内发送端能够成功发送给接收端的数据量。网络的吞吐量受到诸多因素的影响，其重要性也取决于网络的应用。在许多应用中，为了延长节点的生存时间，往往允许适当牺牲数据传输的时延和吞吐量等性能指标。

（7）公平性。公平性通常是指网络中各节点、用户和应用平等地共享信道的能力。在无线传感器网络中，所有的节点为了一个共同的任务相互协作，在特定时候，允许某个节点长时间占用信道来传送大量数据。因此，MAC 协议的公平性往往用网络能否成功实现某一应用来评价，而不是以每个节点能否平等地发送和接收数据来评价。

在上述所有指标中，节省能耗是重中之重。在无线传感器网络中，传感器节点通常靠干电池或纽扣电池供电，节点能量有限且难以补充。节点的能量消耗包括通信能耗、感知能耗和计算能耗，其中，通信能耗所占比重最大。传感器节点的无线通信模块通常具有发送、接收、空闲和休眠四种工作状态，其能耗依次递减，休眠状态的能耗远低于其他状态。因此，在 MAC 协议中，常采用"侦听/休眠"交替的策略，节点一般处于休眠状态，定时唤醒查看有无通信任务。

通信过程中的能耗主要存在于：冲突导致重传和等待重传；非目的节点接收并处理数据形成串扰；发射、接收不同步导致分组空传；控制分组本身开销；无通信任务节点对信道的空闲侦听等。因此，可以相应采取如下措施，以减少冲突、串扰和空闲侦听：通过协调节点间的侦听、休眠周期以及节点发送、接收数据的时机，避免分组空传和减少过度侦听；通过限制控制分组长度和数量减少控制开销；尽量延长节点休眠时间，减少状态交换次数。

能量、通信能力、计算能力和存储能力的限制决定了无线传感器网络的 MAC 层不能使用过于复杂的协议，应尽量简单、高效。根据 MAC 协议分配信道的方式可以将 MAC 协议分为竞争型、调度型和混合型等几种类型。

竞争型 MAC 协议简单高效，在数据发送量不大，竞争节点较少时，有较好的信道利用率，但竞争型 MAC 协议往往只考虑发送节点，较少考虑接收节点，因而时延较大。另一方面，控制帧和数据帧发生冲突的可能性随着网络通信量的增加而增加，致使网络的宽带利用率急剧降低，而重传也会降低能量效率。无线传感器网络的竞争型 MAC 协议有 CSMA/CA、S-MAC、T-MAC、PMAC、WiseMAC、Sift 等。

调度型 MAC 协议在节能上有优势，但需要严格的时间同步，不能适应无线传感器网络不断变化的拓扑结构，所以扩展性不好。调度型 MAC 协议有 TRAMA、SMACS、DMAC 等。

混合型协议能较好地避免共享信道的碰撞问题，有效地减少能量消耗，但对节点的计算能力要求较高，整个网络的带宽利用率不高，实现比较复杂。混合型 MAC 协议有 μ-MAC、ZMAC 等。

2. 路由协议

路由协议解决的是数据传输的问题，主要是寻找源节点和目的节点之间的优化路径，将数据分组从源节点通过网络转发到目的节点。传统的无线网络路由协议设计的主要目的是为网络提供高效的服务质量和带宽，但无线传感器网络路由协议的首要目标是高效节能，延长整个网络的生命周期，应具有能量优先、基于局部的拓扑信息、以数据为中心和应用相关四个特点。无线传感器路由协议可分为如下四类：以数据为中心的路由协议、基于簇结构的路由协议、基于地理信息的路由协议和基于 QoS 的路由协议。

以数据为中心的路由协议对感知到的数据按照属性命名，对相同属性的数据在传输过程中进行融合操作，以减少网络中冗余数据的传输。典型协议有基于信息协商的传感器协议（Sensor Protocols for Information via Negotiation, SPIN）、定向扩散协议（Directed Diffusion, DD）等。

簇结构路由协议是一种网络分层路由协议，重点考虑的是路由算法的可扩展性。它将传感器节点按照特定规则划分为多个集群（簇），每个簇由一个簇首和多个簇成员组成。多个簇首形成高一级的网络，在高一级的网络中，又可以分簇，从而形成更高一级的网络，直至最高级的汇聚节点。在这种结构（实际上就是多叉树结构，也称为簇树）中，簇首节点不仅负责管理簇内节点，还要负责簇内节点信息的收集和融合，并完成簇间数据的转发。通常情况下，每个簇都是基于节点的能量以及簇首的接近程度形成的。这种路由结构对簇首节点的依赖性较大，信息采集与处理均会大量消耗簇首的能量，簇首节点的可靠性与稳定性同样对全网性能有着很大的影响。簇结构路由协议使用的路由算法有 LEACH、PEGASIS、TEEN、APTEEN 和 TTDD 等。

基于地理位置的路由协议假设节点知道自身、目的节点或目的区域的地理位置，节点利用这些地理位置信息进行路由选择，将数据转发至目的节点。在路由协议中使用地理位置信息主要有以下两种用途：一是将地理位置信息作为其他算法的辅助，从而限制网络中搜索路由的范围，减少了路由控制分组的数量；二是直接利用地理位置信息建立路由，节点直接根据位置信息指定数据转发策略。基于地理位置信息的路由协议使用的路由算法有 GAF、GPSR 和 GEAR 等。

基于服务质量的路由协议在建立路由的同时，还考虑节点的剩余电量、每个数据包的优先级、估计端到端的时延，从而为数据包选择一条最合适的发送路径，尽力满足网络的服务质量要求。具体的协议有 SAR、SPEED 等。

3. 传输协议

传输层的主要目的是利用下层提供的服务向上层提供可靠、透明的数据传输服务，因此，传输层必须实现流量控制和拥塞避免的功能，以实现无差错、无丢失、无重复、有序的数据传输功能。无线传感器网络的传输层技术应该充分协同多个传感器节点，在满足可靠性的要求下，传输最少的数据，从而降低能量消耗。目前的无线传感器网络传输协议一般都采用以下几项技术。

（1）由传感器执行拥塞检测。源传感器根据自身的缓存状态判断是否发生拥塞，然后向汇聚节点发送当前的网络状态。

（2）采用事件到汇聚节点的可靠性模型。一些传输协议定义了衡量当前传输可靠性程度的量化指标，由汇聚节点根据收到的报文数量或其他一些特征进行估算，汇聚节点根据当前的可靠性程度及网络状态自适应地进行流量控制。

（3）消极确认机制。只有当节点发现缓存中的数据包并不是连续排列时，才认为数据包丢失，并向邻居节点发送否认数据包，索取丢失的数据包。

（4）局部缓存和错误恢复机制。每个中间节点都缓存数据包，丢失数据的节点快速地向邻居节点索取数据，直到数据完整后，该节点才会向下一跳节点发送数据。

以上几项技术可以保证传输协议利用较低的能量提供可靠的传输，并且具有良好的容错性和可扩展性。典型的无线传感器网络的传输协议有 PSFQ、ESRT 等。

PSFQ（Pump Slowly Fetch Quickly，缓发快取）传输协议可以把用户数据可靠、低能耗地由汇聚节点传输到目的传感器节点。在 PSFQ 中，汇聚节点以较长的发送间隔将分组顺序地发布到网络中，中间节点在自己的缓冲区中存储这些分组并转发到下游节点。中间节点如果接收到一个乱序的帧，不是立刻转发，而是迅速向上游邻居索取缺失的数据帧。该协议采用的是本地点到点逐跳的差错恢复机制，而不是端到端恢复机制。PSFQ 传输协议适用于要求可靠管理传感器网络的应用。

ESRT（Event-to-Sink Reliable Transport，事件到汇聚节点的可靠传输）传输协议是把源传感器节点获取的事件可靠、低能耗地传输到汇聚节点。ESRT 协议规定汇聚节点采用基于当前传输状态的动态流量控制机制，确保传输稳定在最优工作状态。传输开始时，汇聚节点发送控制报文，命令源传感器节点以预定的速率回送事件消息报文。在每个决策周期结束时，汇聚节点计算当前传输的可靠性程度，结合源传感器节点回送的拥塞标志位，判断当前的传输状态。汇聚节点将根据当前的传输状态和报告频率计算下一个决策周期内的报告频率。最后汇聚节点发送控制报文，命令源传感器节点以新的报告频率回送事件消息报文。ESRT 传输协议具有良好的伸缩性和容错性，它在网络拓扑变化或传感器网络的密度和规模增大时能够保持良好的性能，适用于无线传感器网络进行可靠监测的应用。

6.4　物联网承载和接入技术

物联网的传输层负责把感知层的数据传送到处理层，其功能可分为两部分：接入和传输。首先把智能终端设备通过各种接入技术连接到承载网络中，然后利用承载网络把数据送往数据处理中心。

从物联网传输层的数据流动过程来看，可以把通信网络分为接入网络、移动通信网络、核心传输网络、核心交换网络和互联网。除接入网络，其他几种都处于城域网或广域网范围内，这几种网络的关系如图 6-15 所示。

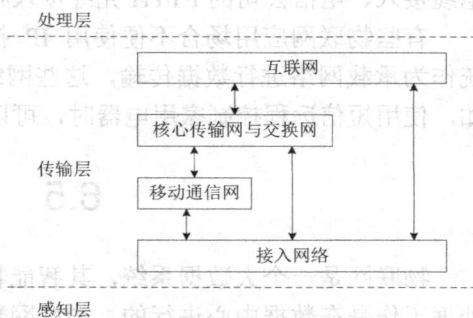

图 6-15　物联网传输层的接入网络和承载网络

6.4.1　承载网络技术

物联网的承载网络就是互联网，但物联网的建设目前处于初级阶段，有些应用系统局限于局部网络或行业网络范围内，远程通信则使用行业专网或公用电信网络，并未接入互联网，严格地讲，这些系统称为物联网应用比较勉强，但现阶段业内仍把它们纳入物联网范畴。因此，目前物联网的承载网络有 3 种：互联网、电信网和行业专网。行业专网包括有线电视网、铁路通信网和军用网络等，这些网络也可以作为互联网的承载网络。

物联网的最终目的是利用互联网构建一个全球性的网络，但目前通信网络的种类繁多，性能不一，IP 技术是目前把众多异构网络连接在一起的唯一切实可行的方法。以 IP 整合物联网和互联网，可以对众多的通信网络有一个较为清晰的划分。已有的公众通信网基础设施可以作为物联网和互联网的基础网络，是物联网和互联网数据传输的承载网络。实际上，电信网的核心网络是互联网的主要承载网络，也是物联网远程数据传输的承载网络。

6.4.2　物联网接入技术

物联网感知层设备接入到承载网络大致可分为 4 种情况：利用各种无线 IP 接入技术无缝接入互联网；利用各种有线接入技术接入互联网；传感器网络通过网关接入互联网；物联网中的设备节点直接接入公共移动通信网络或行业专网。

无线 IP 接入技术是物联网主要的接入方式。Wi-Fi（IEEE 802.11）、蓝牙（IEEE 802.15.1）、UWB（IEEE 802.15.3a）、WiMAX（IEEE 802.16）以及 MBWA（IEEE 802.20）等无线传输技术都可以作为物联网的 IP 接入技术。这些无线网络技术使用场合不同，Wi-Fi 用于组建无线的计算机局域网；蓝牙为设备之间的数据传输提供一条无线数据通道；UWB 用于连接高速多媒体设备；WiMAX 用于城域网之间的数据传输；MBWA 则能提供比 3G 速度更快的无线 IP 接入带宽；值得注意的是，ZigBee（IEEE 802.15.4）用于传感器网络，不能用作无线 IP 接入技术，需要通过网关接入到互联网。

利用公用移动通信网络也可以接入互联网。基于移动通信网络的无线 IP 接入技术主要有 GPRS、CDMA 1X、3G 和 4G 等，这些技术由 ITU-T 制定标准。

有线接入技术主要有宽带网络公司的以太网双绞线接入、广电部门的 HFC 或 EoC 同轴电缆接入、电信公司的 FTTH 光纤接入和电力部门的 PLC 接入等。

有些物联网应用场合不便使用 IP 接入技术，而是使用公共移动通信网络或数字集群系统作为承载网络进行数据传输，这些网络不是 IP 网络，无法采用上述的 IP 接入技术。例如，使用短信远程控制家用电器时，可以直接利用 GSM 模块收发数据。

6.5　数据处理技术

物联网是一个大数据系统，其智能特征体现在对数据处理的程度上，物联网的很多数据处理工作是在数据中心进行的。物联网数据处理的具体技术包括搜索引擎、数据库、数据挖掘、云计算和海量数据存储等。

搜索引擎是指根据一定的策略、运用特定的计算机程序从互联网上搜集信息，在对信息进行组织和处理后，为用户提供检索服务，将用户检索的相关信息展示给用户的系统。物联网的搜索将不只是基于文字关键词的文档搜索，搜索引擎将走向多元化和智能化，从传统的文字搜索，逐渐向图片、音频、视频、实时等领域扩展。

数据库是存储在一起的相关数据的集合，是一个计算机软件系统，通过对数据进行增、删、改或检索操作，实现数据的共享、管理和控制功能。物联网的数据是海量的，很多是实时的，这就要求物联网能够提供分布式数据库系统、实时数据库系统、分布式实时数据库系统等。

数据挖掘就是从数据库海量的数据中提取出有用的信息和知识。数据挖掘是知识发现的重要技术，数据挖掘并不是用规范的数据库查询语言（如 SQL）进行查询，而是对查询的内容进行模式的总结和内在规律的搜索，从中发现隐藏的关系和模式，进而预测未来可能发生的行为。

6.5.1 数据中心

数据中心通常是指可以实现信息的集中处理、存储、传输、交换和管理等功能的基础设施，一般含有计算机设备、服务器、网络设备、通信设备和存储设备等关键设备。

一个完整的数据中心由支撑系统、计算设备和业务信息系统三个逻辑部分组成。支撑系统主要包括建筑、电力设备、环境调节设备、机柜系统、照明设备和监控设备；计算设备主要包括服务器、存储设备、网络设备和通信设备等，支撑着上层的业务信息系统；业务信息系统是为企业或公众提供特定信息服务的软件系统，信息服务的质量依赖于底层支撑系统和计算设备的服务能力。

依据业务信息系统在规模类型、服务的对象、服务质量等方面的要求不同，数据中心的规模、配置也有很大的不同。按照服务的对象来分，数据中心可以分为企业数据中心（Enterprise Data Center，EDC）和互联网数据中心（Internet Data Center，IDC）。

企业数据中心是指由企业或机构构建并所有，服务于企业或机构自身业务的数据中心。它为企业、客户及合作伙伴提供数据处理、数据访问等信息服务。

互联网数据中心由服务提供商所有，此类数据中心必须具备大规模的场地及机房设施，高速可靠的内外部网络环境以及系统化的监控支持手段。

业界通常采用等级划分的方式来规划和评估数据中心的可用性和整体性能。国内标准 GB50174-92《电子计算机机房设计规范》主要从机房选址、建筑结构、机房环境、安全管理及供电电源质量要求等方面对机房分级，包括 A（容错型）、B（冗余型）、C（基本型）三个级别。目前，世界上使用最广泛的数据中心标准是美国 TIA-942 标准。TIA-942《数据中心的通信基础设施标准》根据数据中心基础设施的可用性、稳定性和安全性，将数据中心分为四个等级：TierⅠ、TierⅡ、TierⅢ和TierⅣ。

等级 1 的数据中心由一条有效的电力和冷却分配通路组成，没有多余的组成部分，能提供 99.671%的可用性；等级 2 的数据中心由一条有效的电力和冷却分配通路组成，带有多余的组成部分，能提供 99.749%的可用性；等级 3 的数据中心由多条有效的电力和冷却分配通路组成，但是只一条道路活跃，有多余的组成部分，并且同时是可维修的，能提供 99.982%的可用性；等级 4 的数据中心由多条有效的电力和冷却分配通路组成，有多余的组成部分，并且是故障容错，能提供 99.995%可用性。

6.5.2 网络存储

对于物联网的海量数据来说，单一磁盘、磁带或磁盘阵列的存储系统已经无法满足，物联网存储系统已转向各种网络存储技术。

网络存储技术将"存储"和"网络"结合起来，通过网络连接各存储设备，实现存储设备之间、存储设备和服务器之间的数据在网络上的高性能传输，主要用于数据的异地存储。网络存储有以下方式：直接附加存储（Direct Attached Storage，DAS）、网络附加存储（Network Attached Storage，NAS）、存储区域网（Storage Area Network，SAN）和云存储。

1. 直接附加存储

DAS 存储设备是通过电缆直接连接至一台服务器上，I/O 请求直接发送到存储设备。DAS 的数据存储是整个服务器结构的一部分，其本身不带有任何操作系统，存储设备中的信息必须通过系统服务器才能提供信息共享服务。

DAS 的优点是结构简单，不需要复杂的软件和技术，维护和运行成本较低，对网络没有影响，但它同时也具有扩展性差、资源利用率较低、不易共享等缺点。因此，DAS 存储一般用于服务器在地理分布上很分散，通过 SAN 或 NAS 在它们之间进行互联非常困难或存储系统必须被直接连接到应用服务器的场合。

2. 网络附加存储

在 NAS 存储结构中，存储系统不再通过 I/O 总线附属于某个服务器或客户机，而直接通过网络接口与网络直接相连，由用户通过网络访问。NAS 实际上是一个带有服务器的存储设备，其作用类似于一个专用的文件服务器。这种专用存储服务器去掉了通用服务器的大多数计算功能，而仅仅提供文件系统功能。与 DAS 相比，数据不再通过服务器内存转发，而是直接在客户机和存储设备间传送，服务器仅起控制管理的作用。

3. 存储区域网

存储区域网是存储设备与服务器通过高速网络设备连接而形成的存储专用网络，是一个独立的、专门用于数据存取的局域网。SAN 通过专用的交换机或总线建立起服务器和存储设备之间的直接连接，数据完全通过 SAN 网络在相关服务器和存储设备之间高速传输，对于计算机局域网（LAN）的带宽占用几乎为零，其连接方式如图 6-16 所示。

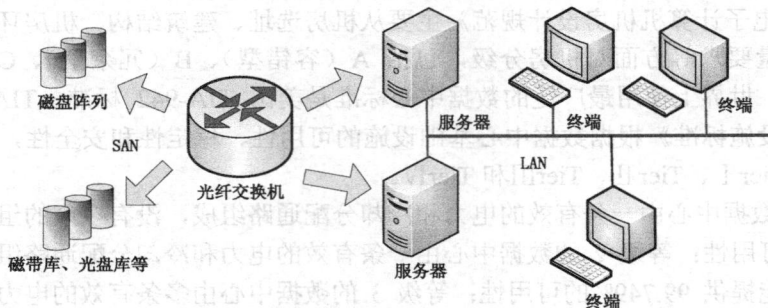

图 6-16　SAN 的网络连接方式

SAN 按照组网技术主要分为三种：基于光纤通道的 FC-SAN、基于 iSCSI 技术的 IP-SAN 和基于 InfiniBand 总线的 IB-SAN。图中 LAN 部分一般采用以太网交换机组网。

在 SAN 方式下，存储设备已经从服务器上分离出来，服务器与存储设备之间是多对多的关系，存储设备成为网上所有服务器的共享设备，任何服务器都可以访问 SAN 上的存储设备，提高了数据的可用性。SAN 提供了一种本质上物理集中而逻辑上又彼此独立的数据管理环境，主要应用于对数据安全性、存储性能和容量扩展性要求比较高的场合。

4. 云存储

云存储是在云计算的基础上发展而来的，它是指通过集群应用、网格技术或分布式文件系统等功能，将网络中大量各种不同类型的存储设备通过应用软件集合起来协同工作，共同对外提供数据存储和业务访问的存储系统。云存储承担着最底层的数据收集、存储和处理任务，对上层提供云平台、云服务等业务。

与传统的存储设备相比，云存储是一个由网络设备、存储设备、服务器、应用软件、公用访问接口、接入网和客户端程序等多个部分组成的复杂系统。各部分以存储设备为核心，通过应用软件对外提供数据存储和业务访问服务。云存储服务主要面向个人用户和企业用户，通常由具有完备数据中心的第三方提供，企业用户和个人可通过云服务将数据托管给第三方。

6.5.3　计算模式

计算模式包括主机计算、移动计算、网格计算、云计算、普适计算等。主机计算由单一计算机完成数据处理任务，不属于网络计算。移动计算强调的是无线环境下的数据传输和资源共享，为移动用户提供优质的信息服务。物联网目前最为关注的是云计算和普适计算。

云计算是一种基于互联网的计算模式，也是一种服务提供模式和技术。云计算使得整个互联网的运行方式就像电网一样，互联网中的软硬件资源就像电流一样，用户可以按需使用，按需付费，而不必关心它们的位置和它们是如何配置的。云计算通过虚拟化技术将物理资源转换成可伸缩的虚拟共享资源，按需分配给用户使用。

云计算是物联网的关键技术之一。企业在建设物联网时，可以不必建设自己的 IT 基础设施，数据处理所需的服务器、存储设备等可以向 IT 服务提供商租用。在云计算模式下，IT 服务商提供的不是真实的设备，而是计算能力和存储能力，这样，企业就不用建设和维护自己的服务器机房。而这些只不过是云计算的一个方面。

普适计算就是把计算能力嵌入到各种物体中，构成一个无时不在、无处不在而又不可见的计算环境，从而实现信息空间与物理空间的透明融合。普适计算就是让每件物体都携带有计算机和通信功能，人们在生活、工作的现场就可以随时获得服务，而不必像现在需要人们对计算机进行操作。计算机无处不在，但却从人们的意识中消失了。物联网的发展使普适计算有了实现的条件和环境，普适计算又扩展了物联网的应用范围。

习　题

1．如何理解物联网、传感网和互联网三者之间的关系？

2．自动识别技术在物联网中的作用是什么；二维码和条码识别系统通常分别用于哪些领域？

3．以声纹识别为例，描述自动识别的过程。

4．RFID 系统由哪几部分组成，各部分的主要功能是什么；无源部件是如何获取电源能量的，部件之间是如何进行数据传输的？

5．列出 RFID、NFC、卡识别、生物特征识别、OCR 的应用实例。

6．什么是传感器，举出在日常生活中用到的一些传感器实例；传感器一般由哪几个部分构成，各部分的功能是什么；常见的传感器有哪些？

7．WSN、Ad hoc 网络和 Wi-Fi 网络之间的关系是什么？IEEE 802 制定的无线网络标准主要有哪些？各种的使用场合有什么不同？

8．无线传感器网络的协议层次是如何划分的，每层的主要研究内容是什么？

9．请画出使用 LLC 协议进行互连的 ZigBee 网络的协议栈，并简述各层的功能。

10．无线传感器网络 MAC 协议有什么不同，其性能指标有哪些？按照信道分配的方式将 MAC 协议进行分类，并简要阐述各种类型协议的基本思想。

11．传感器网络的路由协议和互联网的路由协议有什么不同，其主要任务是什么？简述传感器网络的路由协议类型。

12．计算模式有哪些；云计算按服务类型可以分为几大类？

13．数据中心在物联网应用中的作用是什么；网络存储的相关技术有哪些？

第 7 章
移动通信网

移动通信网就是通信双方至少有一方可以随意移动并能进行信息交换的通信系统。电信运营商经营的固定电话网称为公用交换电话网（PSTN），经营的移动电话网称为公用陆地移动网络（Public Land Mobile Network，PLMN）。目前，移动通信网的主营业务已从话音业务转向数据业务，移动互联网方兴未艾。

7.1 移动通信网概述

移动通信网的发展较快，模拟移动通信网早已被淘汰，目前正在全面部署第四代移动通信网，第五代移动通信网也在快速研制之中。从通信行业来看，移动通信网是整个电信网的一部分，可看成是电信网的业务网。从计算机行业来看，随着通信网的 IP 化，移动通信网所承担的角色正逐步作为一种无线接入技术，成为互联网的一部分。

7.1.1 移动通信网的分类

移动通信网按照用途、频段、制式、入网和技术发展方式等有不同的分类方法。按信道中的传输信号分为模拟移动通信网和数字移动通信网；按服务对象分为公用和专用；按组网形式分为大区制和蜂窝制；按多址接入方式分为频分多址（FDMA）、时分多址（TDMA）、码分多址（CDMA）和正交频分多址（Orthogonal Frequency Division Multiple Access，OFDMA）等；按系统组成结构分为蜂窝移动通信网、无线局域网、无线集群通信系统和卫星移动通信网等；按技术发展分为第 1～5 代移动通信网等。

无线局域网通常用于组建计算机网络，电信运营商目前使用无线局域网作为一种无线数据接入技术。下面简单介绍蜂窝移动通信网络、卫星移动通信网络和无线集群通信系统。

1. 蜂窝移动通信网络

移动通信网按照基站的覆盖方式可分为单区制和多区制，常见的通信铁塔就是基站，用于负责通信的联络和控制。

如果整个用户服务区只有一个基站，则称为单区制或大区制，基站使用全向天线，天线高度约为几十米至百余米，发射功率较大，覆盖范围半径为 30km～50km。由于移动通信网使用的无线电频段被限制在一定范围内，每个用户的带宽已确定，因此大区制系统所能容纳的用户（即手机）数量就被限制在一定范围内，通常约为几十个至几百个。

如果整个服务区划分为若干小区，每个小区设一个基站，则称为多区制。一个小区分配一组信道，按需划定，覆盖半径一般为 1 千米至几十千米。因为这些小区采用正六边形结构，形成蜂窝状分布，故称蜂窝移动通信网络。

蜂窝制是一种为增加移动电话业务容量而发展起来的技术，其最大好处是可以重复使用频率。目前为了扩大通信容量，发射机/接收机系统的功率限制在 100W 以内，通信范围减小为几千米。这样组成一个一个的小区，每个小区工作在指定的频率。为了避免干扰和串话，相邻小区分配不同频率，相离比较远的小区可以使用相同的频率，如图 7-1 所示。频率虽然相同，但由于距离比较远，发射机的功率又小，信号到达对方小区时已经非常弱了，不会产生干扰。

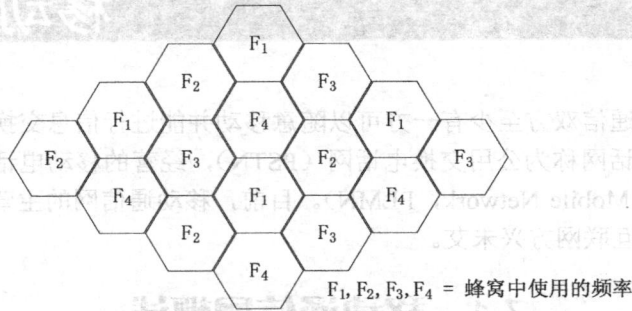

F_1, F_2, F_3, F_4 = 蜂窝中使用的频率

图 7-1 蜂窝移动通信网络的频率分配

蜂窝网络按小区覆盖范围又分为宏蜂窝、微蜂窝和微微蜂窝几种。

宏蜂窝小区的覆盖半径为 1～25km，发射功率一般在 10W 以上。宏蜂窝是第二代移动通信网络小区的主要组成部分。

如果把基站天线的发射功率降低到 2W，蜂窝覆盖范围则只有 100m～1km，称为微蜂窝。微蜂窝最初用于解决无线电信号难以覆盖的盲点区和阴影区，目前市区的一些热点地区也在使用微蜂窝，小区覆盖半径一般在 200 米左右，天线高度在 15 米左右。

微微蜂窝的覆盖半径只有 10～30m，基站发射功率仅几十毫瓦，主要解决室内覆盖问题。

2．卫星移动通信网络

卫星移动通信网络主要由空间系统、地球站系统、跟踪遥测及指令系统和监控管理系统四大部分组成。

空间系统按卫星所用轨道可分为静止轨道（Geostationary Earth Orbit，GEO）、中轨道（Medium Earth Orbit，MEO）和低轨道（Low Earth Orbit，LEO）三种。

GEO 的卫星位于距地球 36000km 的地球同步轨道上。GEO 的优点是组网经济，只用 3 颗卫星就可以实现全球通信；缺点是长距离造成的信号衰减和传输时延都比较大，无法满足实时语音业务对时延的要求。

MEO 卫星高度在 5000～12000km 左右。典型的 MEO 有美国的全球定位系统（Global Positioning System，GPS）；中国的北斗导航卫星系统由 5 颗 GEO 卫星和 27 颗 MEO 卫星组成。

LEO 由轨道高度在 700～1500km 的卫星群（称为星座）构成，最具代表性的 LEO 是铱（Iridium）系统和全球星（Globalstar）系统；另外，白羊（Arics）系统、低轨卫星（Leo-Set）系统、柯斯卡（Coscon）系统和卫星通信网络（Teledesic）等也属于 LEO。铱系统由围绕地球的 66 颗通信卫星组成，人们可以使用手持设备进行全球性的语音和数据通信。铱系统原先规划 77 颗通信卫星，所以用原子序为 77 的铱来命名，虽然最后组网卫星只有 66 颗卫星，但却保留了铱系统的名称。

　　地球站由天线馈线设备、发射设备、接收设备和信道终端设备等组成。在数据通信方面比较典型的有甚小口径天线地面站（Very Small Aperture Terminal，VSAT），也称为小站。VSAT 终端的数据传输速率可达到 2Mbit/s 以上。

　　跟踪遥测及指令系统对卫星进行跟踪测量，控制卫星准确入轨，并对在轨卫星的通信性能及参数进行业务开通前的监测和校正。

　　监控管理系统对在轨卫星进行业务开通前后的例行监测和控制，以确保通信卫星正常运行和工作。

　　卫星移动通信网络按卫星组成结构可分为单层卫星网和多层卫星网两种。对于卫星网络来说，网络层的路由技术要充分考虑网络拓扑的频繁变化，传输层协议要充分考虑环路时延较长的因素。

　　单层卫星网是指由单一星座的卫星组成的网络。卫星星座是指由多颗卫星按照一定的规则和形状构成的可提供一定覆盖性能的卫星集合，卫星之间保持固定的时空关系。假设 N×M 颗卫星按 Walker 星座组成一个 LEO 卫星网络，组网形式为 N 个轨道平面，每个轨道包含 M 颗卫星。Walker 星座是指卫星轨道为圆形轨道，各轨道平面平均分布，而且轨道平面中的卫星也是均匀分布。在 LEO 卫星网络中，每颗卫星可以分别与同轨道平面内前后两颗卫星建立星际链路，也可以分别与左右相邻轨道平面的两颗卫星建立星际链路。轨内星际链路通常是稳定、永久保持的，而轨间星际链路随相邻的两颗卫星的位置变化而周期性地打开和关闭，造成网络拓扑频繁变化。

　　多层卫星网由 LEO、MEO 和 GEO 卫星组成，MEO 层卫星覆盖 LEO 层卫星，GEO 卫星覆盖 LEO 卫星，每个层都能够实现全球覆盖。同层内的卫星通过星际链路实现通信。GEO、MEO 和 LEO 卫星通过轨间链路通信。地面网关与覆盖它的 LEO 卫星通过用户数据链路进行通信。多层卫星网络的拓扑结构变化更加剧烈。

　　卫星网的路由算法可分为以下 5 类：基于虚拟拓扑的路由算法、基于覆盖域划分的路由算法、基于数据驱动的路由算法、基于虚拟节点的路由算法和基于移动代理的路由算法。

　　基于虚拟拓扑的路由算法就是根据卫星网运行的周期性和可预见性特点，将卫星网系统的星座周期划分为若干个时间片，在每个时间片内，网络拓扑结构被看作是一个虚拟的固定拓扑，其链路代价可看作是固定值，从而可以采用最短路径算法找到最优路径。

　　基于覆盖域划分的路由算法是将地球表面划分成不同的区域，并给各个区域赋予不同的固定逻辑地址。

　　基于数据驱动的路由算法是根据有无数据报发送来决定网络拓扑的更新。没有数据发送时不进行路由更新，各节点所维护的网络拓扑信息在没有数据发送时一直保持不变，数据报头部携带有本地拓扑变化信息，当节点发现自己对网络的拓扑视图与前继节点对网络的拓扑视图不一致时，就触发网络拓扑更新。

　　基于虚拟节点的路由算法是对基于覆盖域划分路由算法的改进，它将卫星网模型化为一个由虚拟卫星节点组成的网络，分配固定的地理坐标，依据物理位置与虚拟节点地理坐标的距离关系，把真实卫星映射到距离最近的虚拟节点。

　　基于移动代理的路由算法是利用移动代理在卫星网上将一个区域的路由信息传递到另一个区域。代理是指能够代表用户完成特定任务的软件实体。移动代理具有主动性、自治性和移动性等特点，它可自主地在异构网络中按照一定的规程移动，收集路由更新所需要的代价和卫星纬度等信息，当条件满足时，更新路由表。

3. 无线集群移动通信系统

无线集群移动通信系统是一种专用的移动通信网，主要为户外移动用户提供生产调度和指挥控制等通信业务，属于较高层次的专用业务移动通信系统。

在简单的专用业务移动通信系统中，系统由若干个使用同一频率的移动电台组成，其中，一个移动台充当调度台，用广播方式向其他所有移动台发送消息，以进行指挥与控制。无线集群系统为半双工通信方式，移动台采用单工的"按讲"方式，即按下"按讲"开关，发射机才工作，而接收机总是工作的。

在集群通信系统中，系统可用信道为全体用户共用，众多用户通过智能化的频率管理技术、自动处理和共同使用相对数量有限的通信信道。中国集群通信系统标准为 SJ/T 11228-2000《数字集群移动通信系统体制》。

集群通信系统的网络拓扑为星型结构，由调度台、交换控制中心、基站和移动台组成，如图 7-2 所示。调度台、基站和控制中心可设在同一地点，也可分别设在不同地点，它们之间可通过无线或有线传输电路连接，还可以通过电话网用户线或中继线与 PBX 或市话端局连接。

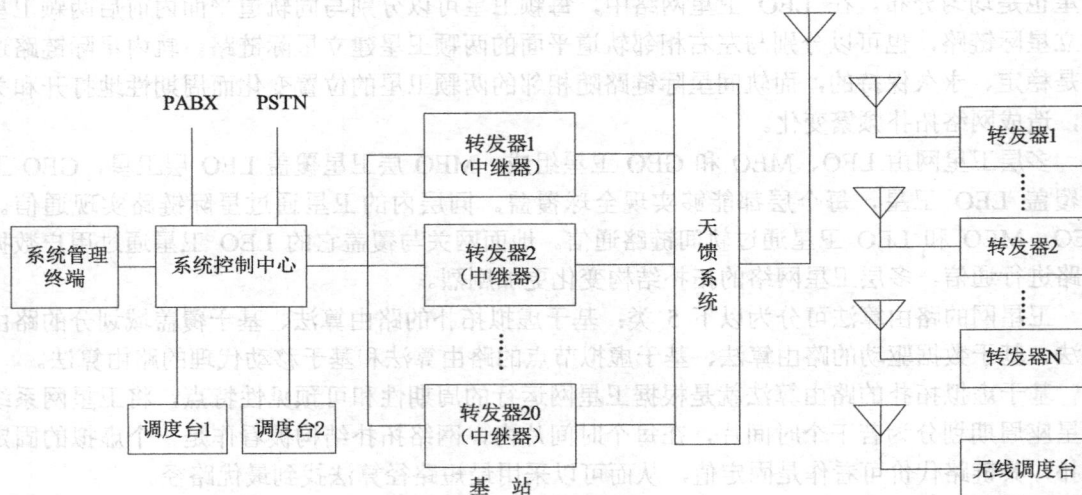

图 7-2 集群通信系统的组网形式

调度台对移动台进行指挥、调度和管理，分有线和无线调度台两种，负责单呼、组呼、全呼、紧急告警/呼叫、多级优先、私密电话和记录等调度管理功能。

交换控制中心控制和管理系统中的每个信道，负责把空闲信道动态分配给发起呼叫的用户，监视通话状态，并在通话完成后将该信道收回。

基站负责无线电信号的发射和接收，并通过无线或有线传输电路连接到交换控制中心。基站由若干转发器和天馈系统组成。转发器就是一个全双工的收发信机；天馈系统则有发信机合路器、收信机分路器、馈线、发信天线和收信天线。单基站集群系统通常有 5～20 个信道，每个信道有一个转发器。

移动台包括手持机和车载台等，由收发信机、控制单元、天线和电源组成。每个移动台具有一个识别码，控制中心通过移动台识别码监控该移动台的通话状况。

集群系统目前正在向多媒体通信方向发展，其他网络也在提供集群通信业务。基于蜂窝移动通信网络推出手机对讲（Push to Talk Over Cellular，POC）业务就是将集群通信中的对讲功能（Push to Talk，PTT）引入到公用蜂窝移动通信网络中，允许用户与一个或多个用户采用对讲机方式进行语音通信。微信中的对讲机功能则是基于互联网实现的置顶业务（Over The Top，OTT）。

7.1.2　移动通信网的发展演变

公用移动通信网根据空中接口的技术发展情况划分为 1～5 代，称为第一代网络（1st Generation，1G）～第 5 代网络（5th Generation，5G）。

第一代移动通信网络（1G）是模拟通信网络，仅限于语音通信。实际部署的 1G 网络有美国的高级移动电话业务（Advanced Mobile Phone System，AMPS）和英国的全接入通信系统（Total Access Communications System，TACS）等。1G 网络已被淘汰，中国在 2001 年关闭了 1G 网络，移动通信网全面转向数字通信网络。

2G 网络采用电路交换技术，实际部署的 2G 网络主要有全球移动通信系统（Global System for Mobile Communication，GSM）、136 号暂定标准（Interim Standard 136，IS-136）和 95 号暂定标准（Interim Standard 95，IS-95）。GSM 和 IS-136 采用频分多址和时分多址技术；IS-95 采用码分多址（Code Division Multiple Access，CDMA）技术，基于 IS-95 标准的各种 CDMA 产品总称为 cdmaone。中国移动公司部署的是 GSM 网络，中国联通公司部署的是 CDMA 网络。

2.5G 网络是在电路交换的 2G 网络之上部署分组交换设备以提高 2G 网络的数据传输速率。典型的 2.5G 网络是基于 GSM 网络的通用分组无线业务（General Packet Radio Service，GPRS），理论速率可达 172.2kbit/s。GPRS 允许移动台使用多个时隙传输分组数据，这些时隙也可以传输标准的电路交换的语音业务。

2.75G 网络是为了进一步提高 2G 网络和 2.5G 网络的数据吞吐量而部署的。典型的 2.75G 网络有基于 GSM/GPRS 网络的增强型数据速率 GSM 演进（Enhanced Data Rate for GSM Evolution，EDGE）和基于 IS-2000 的 cdma2000 1x。EDGE 的理论速率最高为 384kbit/s；cdma2000 是 3G 标准，但是 cdma2000 1x 的数据传输速率只有 144Kbit/s，没有达到 ITU-R 提出的国际移动电话系统-2000（International Mobile Telecom System-2000，IMT-2000）规定的 3G 速率标准。

3G 网络采用分组交换技术，其核心技术都基于 CDMA，标准由 IMT-2000 规定，欧洲电信标准协会（ETSI）称其为通用移动通信系统（Universal Mobile Telecommunication System，UMTS），具体的标准化工作由第三代合作伙伴计划（3rd Generation Partnership Project，3GPP）和 3GPP2 两个组织负责。3GPP 负责从 GSM 向 IMT-2000 的演进，3GPP2 负责从 CDMA 向 IMT-2000 的演进。ITU-R 规定的 3G 标准有 3 个，分别是 WCDMA、cdma2000 和 TD-SCDMA。中国移动采用 TD-SCDMA，中国联通采用 WCDMA，中国电信采用 cdma2000。对于是否部署 3G 网络，在我国争议了较长一段时间，目前看来，3G 网络在我国基本上是一个过渡网络，尤其是 TD-SCDMA 已经面临关闭的局面。

4G 网络全面采用 IP 交换技术，可以实现互联网的无缝接入，也使得移动通信网络的重心从承载网络转移至接入网络。2012 年 ITU-R 通过将长期演进技术升级版（Long Term

Evolution-Advance，LTE-Advanced）和无线城域网升级版（Wireless MAN-Advanced，即 IEEE 802.16m）技术规范确立为 IMT-Advanced（即 4G）国际标准。

5G 网络目前还没有进入商业部署阶段，其设想是利用几 Gbit/s～几十 Gbit/s 的高速数据传输速率为互联网和物联网服务。5G 目前还没有具体的国际标准。

7.1.3 移动通信网组成结构

移动通信网主要由移动台、基站系统、交换系统和运维中心 4 部分组成，如图 7-3 所示。移动台到基站为无线通信，其他都是有线通信。

1．移动台

移动台是用户使用的终端设备。移动台有车载式、手持式、便携式、船舶以及特殊地区需要的固定式等类型。它由移动用户控制，与基站间建立双向无线通信。移动台主要完成语音编码、信道编码、信息的调制解调、信息加密和信息的发送与接收等功能。随业务不同，移动台的配置有所不同，但一般都有显示屏、键盘、送话器和受话器等。

图 7-3 移动通信网的组成

移动台通常由移动终端（手机）和用户识别模块（Subscriber Identity Module，SIM，即电话卡）两部分组成。每个移动台都有唯一的一个设备识别号，存储在 SIM 卡中。

在 3G 中，移动台被称为用户设备（User Equipment，UE），由移动设备（Mobile Equipment，ME）和 UMTS 用户模块（UMTS Subscriber Module，USIM）组成。

2．基站

基站（Base Station，BS）是位于同一位置所有无线电设备的总称。BS 是移动台与交换系统的接口设备，一般由多个信道收信机、发信机和天线系统组成，其主要功能是发送和接收射频信号，在有些系统中还具有信道分配和小区管理等控制功能。一个 BS 一般为一个或数个小区服务。

在 GSM 网络中，BS 称为基站子系统（Base Station Subsystem，BSS），一个 BSS 包括一个或多个基站收发信台（Base Transceiver Station，BTS）和一个基站控制器（Base Station Controller，BSC）。BSC 控制 BTS 工作，BTS 负责与移动台进行无线通信。

在 3G 中，基站系统称为通用陆地无线接入网（Universal Terrestrial Radio Access Network，UTRAN），由无线收发信基站（Node-B，节点 B）和无线网络控制器（Radio Network Controller，RNC）组成。

3．交换系统

交换系统也称为网络系统，构成 PLMN 的核心网部分，主要完成网络交换功能、用户数据管理、用户移动性管理和安全性管理，由移动交换中心（Mobile Switching Centre，MSC）和各种数据库组成。

MSC 是移动通信网的核心，一般包括控制管理模块、交换单元和接口电路，主要完成移动台登记和寻呼、移动呼叫接续、路由选择、越区切换控制、无线信道资源和移动性管理等功能。MSC 也是 PLMN 与 PSTN、ISDN、分组交换网（PDN）等固定网之间的接口设备。

数据库存放用户注册信息、位置信息、移动台设备信息等。数据库可以放置在归属网络中，也可以放置在访问网络中。归属网络就是用户订购和登记移动通信业务的本地网络，访问网络就

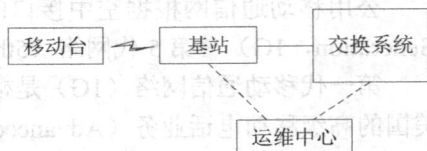

是用户漫游到外地所接入的移动网络。目前的趋势是用户的所有信息都存放在归属网络中。

在 GSM 网络中，数据库主要有归属位置寄存器（Home Location Register，HLR）和访问位置寄存器（Visitor Location Register，VLR）等。在 3G 网络中，HLR 和 VLR 的功能被归属用户服务器（Home Subscriber Server，HSS）所取代。MSC 从各种数据库中取得处理用户呼叫请求所需的数据，并根据其最新数据更新数据库。

4．运维中心

运营维护中心（Operation & Maintenance Center，OMC）主要对整个移动网络进行管理和监控。OMC 可以对网内各种设备进行功能监视、系统自检、故障诊断、报警、故障处理、备用设备激活、话务量统计、计费数据记录以及各种信息的收集、分析和显示等。

7.1.4　移动通信网区域划分

一家电信运营商为了向公众提供陆地移动通信业务而建立和经营的某种制式的蜂窝移动通信网络称为公共陆地移动网络（Public Land Mobile Network，PLMN）。以 GSM 网络为例，PLMN 网络区域从小到大可划分 6 个区域：小区、基站区、位置区、MSC 服务区、服务区和系统区，如图 7-4 所示。

小区就是蜂窝区，是一个特定 BTS 所覆盖的区域。每个小区有一个小区全球识别码（Cell Global Identifier，CGI）。小区越小，频率利用度越高，设备投资越高，越区切换越频繁。

基站区就是基站管辖的区域。基站如果采用全向天线，则基站区只含有一个小区，基站位于小区中央；如果采用扇形定向天线，则基站区含几个小区，基站位于公共顶点。

位置区由若干基站区组成，在位置区里，移动台可任意移动，不需要进行位置更新。每个位置区有一个位置区域识别码。

图 7-4　PLMN 网络覆盖区域划分

MSC 服务区是由一个 MSC 控制的区域，一个 MSC 服务区代表一个移动本地网。凡是在该区的移动台均在该区的 VLR 登记。由于一个 PLMN 存在若干个 MSC，故 MSC 服务区也应进行编号，以便识别和管理。一个 MSC 服务区由若干个位置区组成，通常一个或几个 MSC 对应一个 HLR。

PLMN 覆盖区是指由一家电信公司负责经营的移动通信业务区域，一般由若干个 MSC 服务区组成，可实现自动漫游。

GSM 服务区也称为系统区，系统区中的无线接口完全相同，采用同一制式。系统区由若干个互连的 PLMN 组成，可以涵盖一个或几个国家的地域。

7.1.5　移动通信网编号计划

在移动通信网中，由于用户的移动性和通信安全性，对用户的识别和管理比固定网络要复杂得多。移动通信网的编号计划由 ITU-T E.164 标准规定。

移动通信网涉及的用户及其设备的编号有国际移动用户识别码、移动台目录号码、移动台漫游号码、临时移动用户识别码和国际移动设备识别号 5 种号码。

1．国际移动用户识别码

国际移动用户识别码（International Mobile Subscriber Identification，IMSI）实质上就是手机卡号，用于识别移动用户，存储在手机的 SIM 卡中。移动台以此号码发起入网请求或位置登记，MSC 以此号码查询用户数据。此号码也是 HLR 和 VLR 的主要检索参数。IMSI 不用于拨号和选路，不在空中无线信道上传送。

IMSI 最长为 15 位十进制数字，组成结构为：IMSI＝MCC＋MNC＋MSIN。其中 MNC＋MSIN 组成唯一的国内移动用户识别码（NMSI）

MCC 为国家码，由 ITU-T 分配，与数据网分配的国家码相同，中国为 460。

MNC 为 PLMN 网号，通常为 2 位。中国移动为 01，中国联通 GSM 网为 02，中国电信 CDMA 网为 03。

MSIN 为移动用户号码，通常为 10 位，是某一 PLMN 内移动台的唯一标识。

识别移动网和移动用户的数字长度由各国自行规定，基本要求是当用户漫游至国外时，国外被访问的移动网最多只分析 IMSI 的 6 位数字就可判断移动用户的归属地。

2．移动台目录号码

移动台目录号码（Mobile Station Directory Number，MSDN）是固网用户呼叫移动用户时拨打的被叫移动用户电话号码。在 GSM 网络中，MSDN 称为移动用户国际 ISDN/PSTN 号码（Mobile Subscriber International ISDN/PSTN number，MSISDN）。在 CDMA 系统中，称为移动用户号码簿号码（Mobile Directory Number，MDN）。

MSDN 的结构为：MSDN＝CC＋NDC＋SN。

CC 为国家码，即国际长途电话通信网中的国家码，中国为 86。

NDC 为国内移动网接入号码。中国移动 GSM 网为 135～139，中国联通 GSM 网为130～132，中国电信 CDMA 网为 133 和 153。

SN 为用户号码，我国采用 8 位等长编号，前 4 位为 HLR 标识码，后 4 位为移动用户号码。

每个移动台可以是多种业务终端，一个 IMSI 相应可以有多个 MSDN，MSC 依据 IMSI 受理用户的通信业务并计费。当拨叫某移动用户时，MSC 将请求 HLR 或 VLR 将 MSDN 转换成 IMSI，再用 IMSI 进行寻呼。

3．移动台漫游号码

移动台漫游号码（Mobile Station Roaming Number，MSRN）是分配给来访用户的临时号码，供 MSC 进行路由选择。由于移动台的位置是不确定的，MSDN 只反映它的归属地，当移动台进入另一个 MSC 管辖的区域时，该 MSC 的 VLR 要根据当地编号计划为移动台动态分配一个 MSRN，并经由 HLR 告知归属地 MSC，以建立至该移动台的路由。当此移动台离开该区后，VLR 和 HLR 都要删除这个 MSRN，以便再分配。

4．临时移动用户标识

临时移动用户标识（Temporary Mobile Subscriber Identity，TMSI）是为网络安全设计的。由于 IMSI 是唯一识别一个用户的号码，如果被截取，会被不法分子利用，所以 IMSI 不在空中无线信道上传送，而是用 TMSI 替代。TMSI 由 VLR 分配，是动态变化的，只在本地有效，由此可以保护 TMSI。

5．国际移动设备标识（IMEI）

国际移动设备标识（International Mobile Equipment Identity，IMEI）是唯一标识移动台设备的号码，又称移动台电子序列号。该号码由制造商永久性置入移动台，用户和运营商都不能改变，防止有人使用非法的移动台进行呼叫。ITU-T 建议 IMEI 最大长度为 15 位，其中型号 6 位，制造商 2 位，设备序号 6 位，1 位保留，我国 GSM 采用此结构。对于 CDMA 系统，移动设备标识号称为电子序号（Electric Serial Number，ESN），由 32bit 组成。每个双模手机分配一个唯一的 IMEI。

7.1.6 移动通信网与其他网络的互联

公共移动通信网络是电信网的一部分，我国三大电信运营商都具有自己的移动通信网 PLMN 和固定通信网 PSTN，PLMN 和 PSTN 的关系如图 7-5 所示。

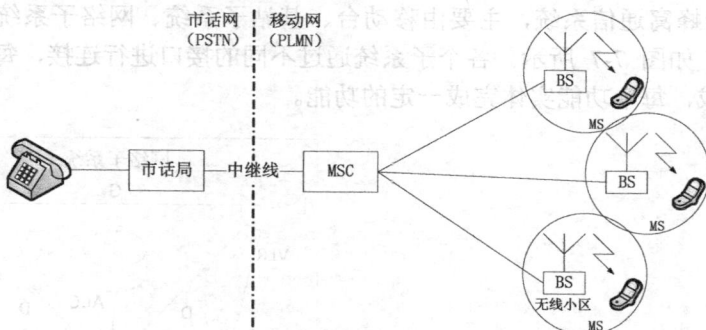

图 7-5　PLMN 和 PSTN 的关系

固定网络与移动网络的融合（Fixed Mobile Convergence，FMC）是对电信运营商的基本要求，FMC 就是基于统一的核心网为用户提供多种方式的接入。FMC 可以使用户在一个号码、一个终端、一个账单的前提下，在办公室或家里使用固定网络进行通信，而在户外则通过移动网络进行通信。

目前的核心网可以分为两大部分：基于分组交换的分组域和基于电路交换的电路域。移动通信网与 PSTN、IP 等其他网络的互联如图 7-6 所示。

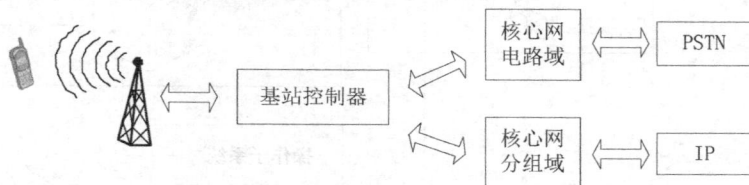

图 7-6　移动通信网与其他网络的互联

位于核心网中的关口局（Gateway MSC，GMSC）负责与其他网络的连接。GMSC 主要起汇接功能，当本地用户拨打其他运营商用户电话时，会由端局（MSC）将呼叫路由至关口局，再由关口局将呼叫路由至相应运营商的关口局。关口局可以独立设置，也可以兼设。关口局对网络间的来去话进行计费，是互联双方网间结算的计费点。

7.2　2G 网络

第二代移动通信网的典型代表是 GSM 网络，它是由欧洲邮电管理会议 CEPT 的移动通信特别小组（Group Special Mobile，GSM）规划的一个公共移动电话通信系统，后改称全球移动通信系统（Global System for Mobile Communications，仍缩写为 GSM）。

GSM 网络包括两个并行的系统：900MHz 的全球移动通信系统（GSM900）和 1800MHz 数字蜂窝系统（Digital Cellular System at 1800MHz，DCS1800）。

GSM 网络是电路交换网络，GPRS 网络通过在 GSM 网络上部署一些分组交换设备，使整个网络升级为 2.5G 网络。2.75G 的增强型数据速率 GSM 演进（Enhanced Data Rate for GSM Evolution，EDGE）技术是 GPRS 的扩展，采用 8PSK 调制技术，速率可达 384kbit/s。

7.2.1　GSM 网络结构

GSM 是一种蜂窝通信系统，主要由移动台、基站子系统、网络子系统和操作子系统等多个子系统组成，如图 7-7 所示。各个子系统通过不同的接口进行连接，每个子系统又由若干个功能实体构成，每个功能实体完成一定的功能。

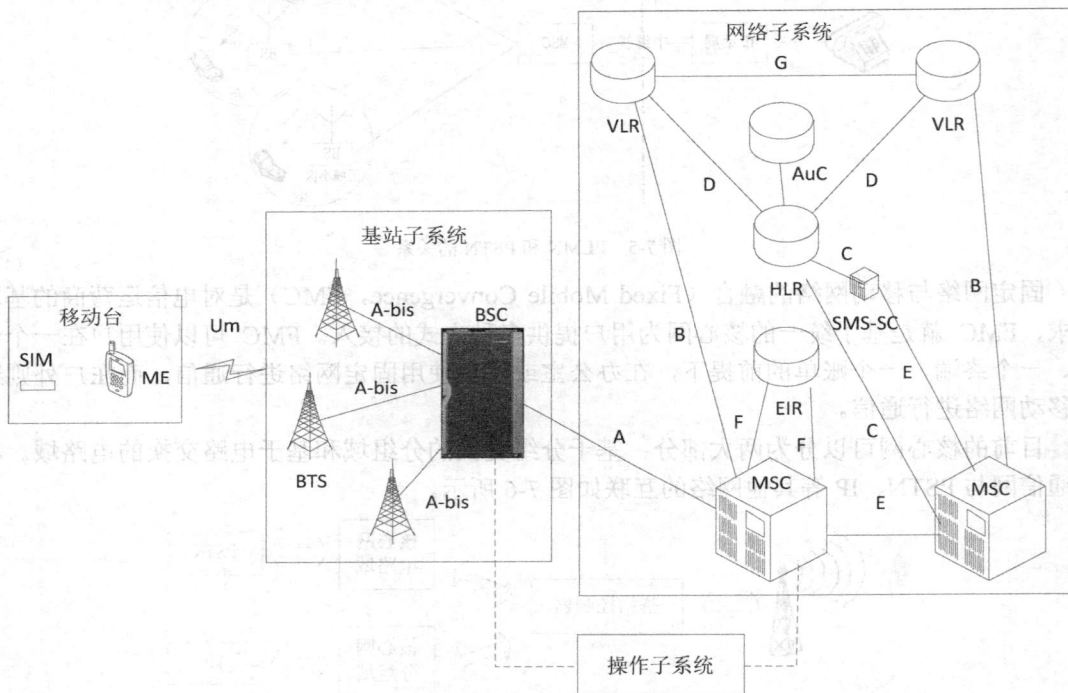

图 7-7　GSM 网络结构

1. 移动台

GSM 移动台（Mobile Station，MS）由两部分组成：移动设备（Mobile Equipment，ME）和用户识别模块（Subscriber Identity Module，SIM）。通常 ME 为手机，SIM 为手机卡。

ME 是 MS 的主体，完成语音编码、信道编码、信息加密、调制解调、信号收发等功能。

SIM 则包含所有与用户有关的无线接口一侧的信息，也含有鉴权和加密实现的信息，通过这些信息可以验证用户身份，防止非法盗用。

2. 基站子系统

基站子系统用于连接 GSM 网络的固定部分和无线部分。一方面，基站子系统通过无线接口直接与移动台相连，负责空中无线信号的收发和管理；另一方面，基站子系统与网络子系统中的移动交换中心有线连接，实现正常的网络通信。

基站子系统包含的功能实体有以下两种：基站收发信台（BTS）和基站控制器（BSC）。

BTS 包括基带单元、载频单元和控制单元三部分。它由 BSC 控制，属于基站系统的无线部分，服务于小区的无线收发信设备，完成 BSC 与无线信道之间的转换，实现 BTS 与 MS 之间通过空中接口的无线传输及相关的控制功能。

BSC 是 BSS 的控制部分，在 BSS 中起交换作用。BSC 一端可与多个 BTS 相连，另一端与 MSC 和操作维护中心相连。BSC 面向无线网络，主要负责完成无线网络、无线资源管理及无线基站的监视管理，并完成对基站子系统的操作维护功能。

3．网络子系统

网络子系统主要包含有 GSM 网络的交换功能和用于用户数据的移动性管理、安全性管理所需要的数据库功能，它对 GSM 移动用户之间的通信和 GSM 移动用户与其他通信网用户之间的通信进行管理。

GSM 网络交换的功能实体为移动业务交换中心（MSC）。MSC 提供交换功能，把移动用户与固定网用户连接起来，或把移动用户互相连接起来。

GSM 网络所用的数据库功能实体有归属位置寄存器（Home Location Register，HLR）、访问位置寄存器（Visitor Location Register，VLR）、设备识别寄存器（Equipment Identity Register，EIR）和鉴权中心（Authentication Centre，AuC）等。MSC 从三种数据库（归属位置寄存器、访问位置寄存器和鉴权中心）中取得处理用户呼叫请求所需的全部数据。

归属位置寄存器是一个位置数据库，是 GSM 网络的中央数据库，可视为静态用户数据库。归属是指移动用户开户登记的所属区域。一个 HLR 能够控制若干个移动交换区域或整个移动通信网。HLR 用于存储在该地区开户的所有移动用户的用户数据，包括移动用户识别号码、MS 类型和参数、用户服务类别、补充业务以及和移动通信有关的用户位置信息、路由选择信息等，移动用户的计费信息也由 HLR 集中管理。HLR 可以集中设置，亦可分设于各 MSC 中。

访问位置寄存器是一个动态数据库，用来存储进入其覆盖范围内的移动用户信息。VLR 通常与 MSC 设置在一起，为 MSC 处理所管辖区域中 MS 的呼叫提供用户参数及位置信息（如用户号码、所处位置区域识别）等。MS 进入非归属区的移动电话局业务区时，就成为一个访问者，访问者通常称为"漫游用户"。VLR 存储进入本地区的所有访问者的有关用户数据，这些数据是从移动用户的归属位置寄存器处获取并存储的。当 MSC 要处理访问者的去话或来话呼叫时，就从 VLR 中检索进入其覆盖区的移动用户的全部有关信息，这使得 MSC 能够建立呼入/呼出呼叫。一旦移动用户离开该 VLR 的控制区域，则在另一个 VLR 重新登记。

设备识别寄存器用来存储有关移动设备的国际移动设备识别号（IMEI），完成对移动设备的识别、监视和锁闭等功能。设备识别寄存器按 MS 设备号记录 MS 的使用合法性等信息，通过核查白色清单、黑色清单、灰色清单这三种表格，分别列出准许使用、出现故障需监视、失窃不准使用的 IMEI，供系统鉴别管理用。

鉴权中心存储移动用户合法性检验的数据和算法，主要存储三个参数（随机号码、响应数和密钥），用于安全及保密管理，对用户鉴权，对无线接口的语音、数据、信号信息进行加密，防止无权用户接入系统，保证无线接口的通信安全。

4．操作子系统

操作子系统管理整个 GSM 网络，包括告警管理以及反映网络性能的一些测量和统计报告。运维中心（OMC）就属于 OSS。

7.2.2 GSM 接口

在图 7-7 中，除了表示几个子系统及其包含的功能实体外，还标识了各个子系统间的连接接口。GSM 网络定义了许多接口，如 A 接口、Abis 接口和 Um 接口等，另外还包括网络子系统内部的许多其他接口。

（1）A 接口。A 接口定义为网络子系统与基站子系统间的通信接口，从系统上来讲，就是移动交换中心 MSC 与基站控制器 BSC 之间的接口。A 接口的物理链路采用标准的 2.048Mbit/s 的数字传输链路实现，用于传输管理信息，包括移动台管理、基站管理、移动性管理、接续管理等信息。

（2）Abis 接口。Abis 接口定义了基站子系统中基站控制器 BSC 和基站收发信台 BTS 之间的通信标准。BSC 与 BTS 之间采用标准的 2.048Mbit/s PCM 数字链路来实现。此接口支持所有面向用户提供的服务，并支持对 BTS 无线设备的控制和无线频率的分配。

（3）Um 接口。Um 接口（空中接口）定义为移动台与基站收发信台 BTS 之间的通信接口。用于移动台与 GSM 网络的固定部分之间的互通，物理链路是无线链路。此接口传递的信息主要包括无线资源管理信息、信息移动性管理信息和接续管理信息等。

（4）其他接口。GSM 网络还包括许多其他接口，如 MSC 与 VLR 间的 B 接口、MSC 与 HLR 间的 C 接口、VLR 与 HLR 间的 D 接口、MSC 与 MSC 或短信服务中心（SMS-SC）间的 E 接口、MSC 与 EIR 间的 F 接口、VLR 间的 G 接口等。

7.2.3 GSM 的无线传输信道

GSM 网络的无线接口即 Um 接口，是系统最重要的接口。无线接口也就是常说的空中接口，它关系着 GSM 网络的无线传输方式及其特征。

GSM 网络采用频分双工的工作方式。传输信号时需要两个独立的信道，一个信道传输下行信息，一个信道传输上行信息，两个信道之间有一个保护频段。例如，GSM900 的上行频段是 890～915MHz，下行频段是 935～960MHz，上下行频率间隔 45MHz。两个信道频率对称，以防止临近的接收机和发射机之间产生干扰。

GSM 网络是采用时分多址（TDMA）方式进行通信的无线数字通信系统。在时分多址方式中，每一个通信信道被分成 8 个时隙，每一时隙为一个用户可用的独立信道，称为物理信道，因此，一个通信信道（频点）最多可有 8 个用户同时使用。由于这种通信信道的划分是按时间来进行的，因此被称为时分多址方式。在 GSM 网络中，由若干个小区构成一个区群，区群内不能使用相同的频道。每个小区含有多个载频，每个载频上含有 8 个时隙，即每个载频有 8 个物理信道，一个物理信道就是一个时隙。

在 GSM 网络中，除了物理信道，还定义了逻辑信道。根据物理信道上传送的消息类型，物理信道可映射为不同的逻辑信道，物理信道支撑着逻辑信道。逻辑信道是根据 BTS 与 MS 之间传递的信息种类进行定义，这些逻辑信道的信息附着在物理信道上传送。

逻辑信道分为两大类：业务信道和控制信道。业务信道用于传送话音，包括上行信道和下行信道；控制信道用于传送信令或同步数据，分为广播、公共和专用控制信道三种。

广播控制信道都是下行信道，分为频率校正信道、同步信道和广播控制信道三类。频率校正信道用于校正 MS 频率；同步信道携带 MS 的帧同步（TDMA 帧号）和 BTS 的识别码信息；广播控制信道用于广播每个 BTS 的通用信息（小区特定信息）。

公共控制信道包含寻呼信道、随机接入信道和允许接入信道三种。寻呼信道是下行信道，用于寻呼 MS；随机接入信道是上行信道，MS 通过此信道申请分配一个独立专用控制信道，作为对寻呼的响应或 MS 主叫/登记时的接入；允许接入信道为下行信道，用于为 MS 分配一个独立专用控制信道。

专用控制信道全部为上、下行双向信道，它包括独立专用控制信道、慢速随路控制信道和快速随路控制信道三种类型。专用控制信道用来传送呼叫建立过程中的系统信令，如登记和鉴权信息等，也可以传送移动台接收到的关于服务及邻近小区信号强度的测试报告等。

7.2.4 GSM 无线接口协议

GSM 无线接口 Um 的协议体系结构从上到下分为 3 层：物理层、数据链路层和信令层，如图 7-8 所示。

物理层确定无线电参数，按频率和时隙，将无线电频谱划分成若干个物理信道，然后在物理信道上定义逻辑信道。GSM 采用频分复用技术将 25MHz 频段分为 125 个载频，每个载频再采用时分复用技术分为 8 个时隙，这样 GSM 共有 1000 个物理信道。一个 TDMA 帧有 8 个时隙，每个时隙包含 156.25bit，称为突发脉冲序列，共有 5 种格式，分别用于话音传输、频率校正、同步码、接入和空闲。

信令层	呼叫接续管理（CM）
	移动性管理（MM）
	无线资源管理（RR）
数据链路层	LAPDm
物理层	UmL1

图 7-8 GSM 网络无线接口协议模型

数据链路层采用 LAPDm 协议为信令层提供可靠的数据传输链路。LAPDm 协议属于 HDLC 家族，但与其他 LAP 协议不同的是，LAPDm 的传输单元为固定的 23 个字节的块，没有 F 标志，也没有帧校验字段。帧定界和校验功能由物理层的定位和信道纠错编码完成。

信令层提供呼叫接续管理、移动性管理和无线资源管理等信令功能。呼叫接续管理负责呼叫控制，包括补充业务和短信业务的控制；移动性管理实现移动用户位置更新、鉴权、开机接入、关机退出、TMSI 重新分配和设备识别等功能；无线资源管理负责无线信道的分配、释放、切换、性能监视和控制。

7.2.5 GPRS 网络

GPRS 网络通过利用 GSM 网络中未使用的 TDMA（时分多路复用）信道，采用分组交换技术，提供 115.2kbit/s、最高为 171.2kbit/s 的空中接口传输速率。

GPRS 将数据封装成一定长度的分组，每个分组的前面有一个分组头，分组头中包含有该分组发往何处的地址标志。数据传送之前并不需要预先分配信道建立连接，而是在每一个分组到达时，根据分组头中的地址信息，临时寻找一个可用的信道将该分组发送出去。在这种传送方式中，数据的发送和接收方同信道之间没有固定的占用关系，信道资源可以看作是由所有的用户共享使用，这就是所谓的分组交换技术。GPRS 使若干移动用户能够同时共享一个无线信道，一个移动用户也可以使用多个无线信道，当用户不发送或接收数据包时，仅占很小一部分网络资源。

GSM 是 2G 网络，采用电路交换技术，适合话音传输。电路交换就是网络为通信双方分配一条独享的专用信道，通信完毕后再收回信道资源。GPRS 是在 GSM 电路交换网络的基础上，通过新增分组交换设备来提供数据业务，因此，GPRS 被当作 2.5G 技术。GPRS 系统本身采用 IP 网络结构，为用户分配独立地址，其组网结构如图 7-9 所示。

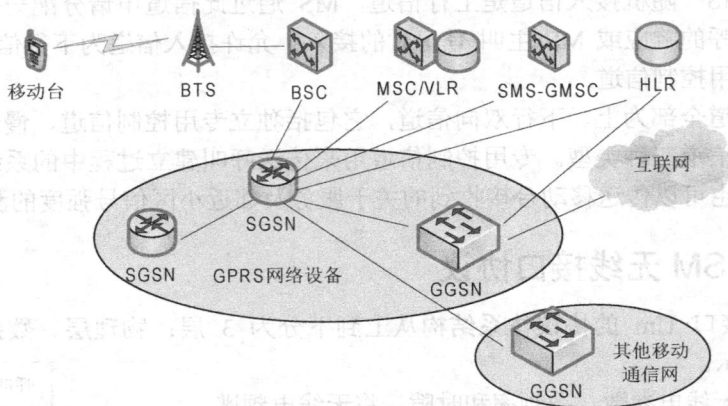

图 7-9　GPRS 的组网结构

　　其中，移动台、基站、基站控制器、移动业务交换中心、归属位置寄存器、访问位置寄存器等都沿用了 GSM 网络的设备。相比 GSM 网络，GPRS 网络新增的设备包括 GPRS 寄存器和 GPRS 支持节点。

　　GPRS 寄存器是一个新的数据库，它与 GSM 网络原有的归属位置寄存器放在一起，存储路由信息，并将用户标识映射为互联网 IP 地址。

　　GPRS 支持节点分为两种，GPRS 服务支持节点（SGSN）和 GPRS 网关支持节点（GGSN），它们对移动基站和外部分组网络间的数据分组进行路由和传输。

　　SGSN 与基站控制器 BSC 相连，进行移动数据的管理，如用户身份识别以及加密操作；SGSN 通过 GGSN 提供 IP 数据报到无线单元的传输通路和协议变换等功能；另外，SGSN 还与移动交换中心以及短消息服务接口局相连，用来支持数据业务与电路业务的协同工作和短信的收发。

　　GGSN 起到路由器的作用，负责 GPRS 网络与外部数据网的连接，它与其他 SGSN 设备协同工作，实现数据的接入和传送等功能。GGSN 与 SGSN 之间采用 GPRS 通道协议（GPRS Tunnel Protocol，GTP）进行信息传输，与互联网之间的接口采用 IP 协议。

7.3　3G 网络

　　第三代移动通信网络（3G）是指将无线通信与互联网等多媒体通信结合在一起的蜂窝移动通信系统，它能够处理图像、音乐、视频流等多种媒体形式，提供包括网页浏览、电话会议、电子商务等多种信息服务。3G 在室内、室外和行车环境中能够支持的传输速率至少分别为 2Mbit/s、384kbit/s 和 144kbit/s。

　　3G 网络的基础是码分多址（Code Division Multiple Access，CDMA）扩频通信技术。在 CDMA 中，每一个比特时间划分成 m 个短的时间间隔，称为码片，每个用户分配一个唯一的 m 位码片序列，各个站点之间的码片序列是正交或准正交的，从而在时间、空间和频率上都可以重叠。如果一个站点想要发送比特 1，就发送它自己的 *m* 位码片序列；假如要发送 0，就发送其码片序列的反码。因此，在 CDMA 中发送数据所占的带宽是原始数据所占带宽的 m 倍，这就是扩频技术。

7.3.1　3G 网络标准

3G 标准有 4 个：WCDMA、TD-SCDMA、cdma2000 和 WiMAX。在中国，中国移动的 3G 网络采用 TD-SCDMA，中国联通采用 WCDMA，中国电信采用 cdma2000。WiMAX 是 IEEE 推出的宽带 IP 城域网，目前已作为 3G 和 4G 网络标准。下面简单描述前 3 个 3G 标准。

1. WCDMA

WCDMA（宽带码分多址）是基于 GSM 网发展的 3G 技术规范。宽带是指 WCDMA 的频点带宽为 5 MHz，有别于北美的窄带 CDMA 技术。例如 cdma2000 1x，其频点带宽仅为 1.25 MHz。WCDMA 最早由欧洲提出，目前是世界范围内使用最广泛的 3G 技术。

WCDMA 标准由 3GPP 组织制定，目前已有四个版本，即 R99、R4、R5 和 R6。R99 的主要特点是无线接入网采用 WCDMA 技术，核心网分为电路域和分组域，分别支持话音业务和数据业务，最高下行速率可达 384kbit/s。R4 是向全分组化演进的过渡版本，与 R99 相比，其主要变化是在电路域引入软交换的概念，将控制和承载分离，话音通过分组域传递。另外，R4 中提出了信令的分组化方案，包括基于 ATM（异步传输模式）和 IP 的两种可选形式。R5 和 R6 是全分组化的网络。R5 提出了高速下行分组接入（HSDPA）的方案，可使最高下行速率达到 14.4Mbit/s。R6 提出了高速上行分组接入（HSUPA）的方案，可使最高上行速率达到 5.76Mbit/s。

WCDMA 基于 GSM 核心网，它能够架设在现有 GSM 网络上，对系统提供商而言可以较轻易地过渡，具有先天市场优势。WCDMA 采用直接序列扩频码分多址（DS-CDMA）和频分双工通信的工作方式，频点带宽为 5MHz，码片速率高达 3.84Mcps，是 cdma2000 码率 1.2288Mcps 的 3 倍以上。

WCDMA 系统可以划分为核心网（CN）、无线接入网络（UTRAN，即 UMTS 陆地无线接入网，UMTS 是基于 WCDMA 制定的移动通信技术标准）和终端用户设备（User Equipment，UE）三大部分，如图 7-10 所示。

核心网除了可接入 WCDMA 无线网络外，还可以接入 GSM 无线网络，它负责处理 WCDMA 系统内用户的语音呼叫、数据连接及与外部网络的交换和路由。

无线接入网络用于处理所有与无线有关的功能，主要功能有无线资源管理与控制、接入控制、移动性

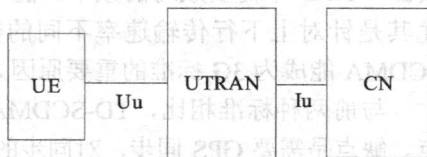

图 7-10　WCDMA 系统总体结构

处理、功率控制、随机接入的检测和处理、无线信道的编/解码等。由于采用了 UTRA（UMTS 的陆地无线接入）技术，所以称为 UTRAN。UTRAN 由两部分组成：NodeB 和无线网络控制器（Radio Network Controller，RNC）。NodeB 是 3G 网络的无线通信基站，由控制子系统、传输子系统、射频子系统、中频/基带子系统、天馈子系统等部分组成。无线网络控制器是 3G 网络中的基站控制器，用于为 NodeB 提供移动性管理、呼叫处理、链接管理和切换机制。

WCDMA 系统中的用户终端设备 UE 可以类比 GSM 中的 MS，通常为手机。

核心网、无线接入网络和终端用户设备三大部分由两个开放的接口 Uu 和 Iu 连接起来。其中 Uu 接口是空中接口，连接 UE 和 UTRAN；Iu 接口是有线接口，连接 UTRAN 和 CN。

2．cdma2000

cdma2000 是由窄带 CDMA IS-95 技术发展而来的 3G 网络，其标准由 3GPP2 组织制定，演进的途径为 cdmaOne、cdma2000 1x、cdma2000 3x 和 cdma2000 1x EV。cdma2000 1x 为 2.5G 技术，它之后均属于 3G 技术，不过出现了两个分支：一个是 cdma2000 标准定义的 3x，即将 3 个 CDMA 载频进行捆绑，以提供更高速的数据；另一个是 1x EV，包括 1x EV-DO 和 1x EV-DV，其中 1x EV-DO 系统主要为高速无线分组数据业务设计，能够提供混合高速数据和话音业务。目前，3GPP2 主要制定 cdma2000 1x 的后续系列标准，即 1x EV-DO 和 1x EV-DV 的相关标准。

cdma2000 和 WCDMA 在原理上没有本质的区别，都起源于 CDMA（IS-95）技术。cdma2000 的优点是完全兼容原来的 CDMA 系统，为技术的延续性带来了明显的好处，同时也使 cdma2000 成为从第二代向第三代移动通信过渡最平滑的选择。缺点是频率资源浪费大，而且它所处的频段不符合 IMT-2000（国际电信联盟提出的第三代国际移动电话系统，工作频段为 2000MHz）规定的频段。

3．TD-SCDMA

时分同步 CDMA（Time Division - Synchronous CDMA，TD-SCDMA）是由中国提出的国际标准，被列入 3GPP 的 R4 版本，其特点是不经过 2.5G 的中间环节，直接向 3G 过渡，非常适用于 GSM 网络向 3G 的升级。

TD-SCDMA 采用 FDMA（频分多址）、TDMA、CDMA 相结合的多址接入方式，同时，还采用了智能天线、联合检测、接力切换、同步 CDMA、软件无线电、低码片速率、多时隙、可变扩频系统、自适应功率调整等技术，在频谱利用率、对业务支持的灵活性、频率的灵活性及成本等方面具有独特优势。

TD-SCDMA 系统全面满足 IMT-2000 的基本要求。TD-SCDMA 可在 1.6MHz 的带宽内提供最高 384kbit/s 的用户数据传输速率。与 cdma2000 和 WCDMA 采用的频分双工模式 FDD 不同，TD-SCDMA 采用时分双工模式 TDD。第三代移动通信大约需要 400MHz 的频谱资源，TDD 不需要成对的频率，能节省未来紧张的频率资源，同时，成本比 FDD 系统低，尤其是针对上下行传输速率不同的数据业务来说，TDD 更能显示其优越性，这也是 TD-SCDMA 能成为 3G 标准的重要原因之一。

与前两种标准相比，TD-SCDMA 具有系统容量大、频谱利用率高、抗干扰能力强等优点。缺点是需要 GPS 同步，对同步的要求较高；只有 16 个码，码资源有限；抗快衰落（快衰落是一种由多径传播造成的信号幅度快速起伏的现象）能力较弱，对高速移动的支持也较差。

7.3.2 后 3G 网络

3.5G 是 3G 的升级网络，其技术也是基于 3G 网络而衍生的，主要功能是在 3G 网络的基础上提升带宽和数据传输速率。

3.5G 的关键技术是高速分组接入（High Speed Uplink Packet Access，HSPA）技术。HSPA 技术分为高速下行分组接入技术 HSDPA 和高速上行分组接入技术 HSUPA。

HSDPA 和 HSUPA 是在 WCDMA 的基础上发展而来的。在 WCDMA 的 R99 和 R4 版本

中，WCDMA 系统能够提供的最高上下行速率分别为 64kbit/s 和 384kbit/s。为了能够与 CDMA 1X EV-DO 抗衡，WCDMA 引入了 HSPA 技术，其中，HSDPA 是在 3GPP 的 R5 规范中引入的，HSUPA 是在 R6 规范中引入的。

HSDPA 的上行速率为 384kbit/s，下行速率为 14.4Mbit/s，主要采用了自适应编码调制（AMC）、混合自动请求重传（HARQ）和快速调度等技术。通过将部分无线接口控制功能从无线网络控制器转移到基站中以及新的自适应调制与编码，HSDPA 实现了更高效的调度以及更快速的差错检测和重传机制。

HSUPA 的上行速率为 5.76Mbit/s，下行速率为 14.4Mbit/s，采用的关键技术与 HSDPA 类似，在基站中实现了更快速的上行链路调度以及更快捷的重传控制。

除中国联通的 WCDMA 网络外，中国移动的 TD-SCDMA 网络也采用了 HSPA 传输技术。TD-SCDMA 在 3GPP 的 R5 版本引入了 HSDPA，在 R7 版本引入了 HSUPA，其基本原理和关键技术与 WCDMA 的 HSPA 技术是大体相同的。

目前，HSPA 技术在全球已经基本普及，大量的终端都已支持 HSPA 技术。为了提高数据业务性能，HSPA 技术还在继续发展，其后续技术称为 HSPA+技术，又称为 HSPA Evolution。除了致力于提升数据业务的速率以外，HSPA+还考虑了向 IP 技术的过渡，全面支持 VoIP（即 IP 电话）技术，强化了多媒体广播业务。

7.3.3　3G 网络的演进

后 3G 移动通信技术种类有很多，最主要的就是 LTE（Long Term Evolution，长期演进）技术。LTE 具有 100Mbit/s 的数据下载能力，被视作从 3G 向 4G 演进的主流技术，被看作"准 4G"技术，俗称 3.9G。各种 3G 制式演进到 LTE 的过程如图 7-11 所示。

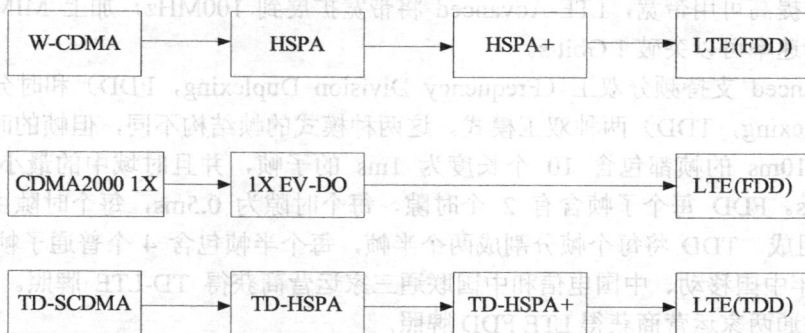

图 7-11　各种 3G 制式演进到 LTE 的过程

3GPP LTE 项目的主要性能指标包括：在 20MHz 频谱带宽下，能够提供下行 100Mbit/s、上行 50Mbit/s 的峰值速率；改善小区边缘用户的性能；提高小区容量；降低系统延迟；支持 100km 半径的小区覆盖；能够为 350km/h 的高速移动用户提供大于 100kbit/s 的接入服务；支持成对或非成对频谱，并可灵活配置 1.25 MHz 到 20MHz 多种带宽等。

7.4　4G 网络

根据国际电信联盟的规定，第四代移动通信（4G）技术应满足以下条件：固定状态下，

数据传输速度必须达到 1Gbit/s；移动状态下，数据传输速度可达到 100Mbit/s。

目前，产业和学术界普遍认为，4G 技术是基于 IP 的；具有超过 2Mbit/s 的非对称数据传输能力，在移动环境下速率达 100Mbit/s，在静止环境下速率达 1Gbit/s 以上；能够支持下一代网络的各种应用（如移动高清电视）；能在固定和移动之间方便切换；能在任何地方接入互联网；可提供信息通信以外的定位、定时、数据采集、远程控制等综合功能。

4G 网络已全面转向 IP 互联网协议，关键技术有正交频分复用（OFDM）、多入多出（MIMO）技术和软件无线电技术等。软件无线电技术就是利用数字信号处理软件来实现无线传输的部分功能。

7.4.1 4G 网络标准

2010 年，国际电信联盟无线通信部门（ITU-R）第 5 研究组（国际移动通信工作组）在重庆召开的会议上，决定将 ITU 收到的 6 个 4G 标准候选提案融合为两个——LTE-Advanced 和 WiMAX（IEEE 802.16m）。值得注意的是，移动通信网络通常是依据核心技术的不同而划代的，例如，3G 网络主要采用 CDMA 码分多址接入技术，4G 网络主要采用正交频分多址接入（Orthogonal Frequency Division Multiple Access，OFDMA）技术，而 4G 标准 IMT-Advanced 却是以性能参数来区分划代的。IMT-Advanced 标准要求 4G 在使用 100MHz 信道带宽时，频谱利用率应达到 10（bit/s）/Hz，理论传输速率应达到 1Gbit/s。

LTE-Advanced 是在 LTE 基础上的平滑演进，且后向兼容 LTE 标准。LTE-Advanced 的下行峰值速率为 1Gbit/s，上行峰值速率为 500Mbit/s，下行链路的频谱效率提高到 30bit/s/Hz，上行提高到 15bit/s/Hz，并且支持多种应用场景，提供从宏蜂窝到室内场景的无缝覆盖。

LTE-advanced 引入频点捆绑（载波聚合）技术，即把几个基于 20MHz 的 LTE 设计捆绑在一起。通过提高可用带宽，LTE-Advanced 将带宽扩展到 100MHz，加上 MIMO 技术的配合，最高下行速率可以突破 1 Gbit/s。

LTE-advanced 支持频分双工（Frequency Division Duplexing，FDD）和时分双工（Time Division Duplexing，TDD）两种双工模式。这两种模式的帧结构不同，但帧的时间长度都为 10ms，每个 10ms 的帧都包含 10 个长度为 1ms 的子帧，并且时域中的最小单位都是 1/（15×2048）ms。FDD 每个子帧含有 2 个时隙，每个时隙为 0.5ms，每个时隙由一定数量的 OFDM 符号组成。TDD 将每个帧分割成两个半帧，每个半帧包含 4 个普通子帧和 1 个特殊子帧。2013 年中国移动、中国电信和中国联通三家运营商获得 TD-LTE 牌照。2015 年中国电信和中国联通两家运营商获得 LTE FDD 牌照。

WiMAX（IEEE 802.16m）是一种宽带无线接入技术，传输速率为固定状态下 1 Gbit/s，移动状态下 100 Mbit/s。其频谱利用率最高达到 10 bit/s/Hz，在广播、多媒体和 VoIP 业务方面性能优异。

从技术特性上看，LTE-Advance 支持大范围的网络覆盖，适合于移动通信系统的大面积覆盖。而 WiMAX 速度快，移动性好，适合部署无线局域网或者无线城域网。

7.4.2 4G 网络关键技术

4G 网络关键技术包括正交频分复用（Orthogonal Frequency Division Multiplexing，OFDM）、多入多出（Multiple Input Multiple Output，MIMO）技术、智能天线、软件无线电

技术、软切换、高性能接收和移动 IP 技术等。

1．OFDM 技术

4G 网络以 OFDM 为核心技术。OFDM 是基于物理层的一种多载波调制技术。其核心思想是将信道分成若干个正交子信道，每个子信道上进行窄带调制和传输，这样减少了子信道之间的相互干扰。每个子信道上的信号带宽小于信道的相关带宽，因此每个子信道上的频率选择性衰落是平坦的，大大消除了符号间干扰。

2．MIMO 技术

多天线收发技术可以大大增加无线通信系统的性能，它利用空间中增建的传输信道，在发送端和接收端能够多天线或天线阵列同时发送信号。由于各发射天线同时发送的信号占用同一频带，所以并未增加带宽，因而能成倍地提高系统的容量和频谱利用率。

3．智能天线技术

自适应阵列智能天线，利用基带数字信号处理技术，通过先进的算法处理对基站的接收和发射波束进行自适应赋形，从而降低干扰。其优点是：能够提高输入信号的信噪比，识别不同入射方向的直射波和发射波，具有较强的抗多径衰落和同信道干扰的能力；增强了系统抗频率选择性衰落的能力；智能天线自适应调节天线增益，可以很好地解决远近效应的问题。同时可以降低系统的整体造价，具有一定经济效益优势，可广泛应用到未来的移动通信系统中。

4．软件无线电技术

所谓软件无线电是将标准化、模块化的硬件功能单元经过一个通用的硬件平台，利用软件加载的方式来实现各种类型的无线电通信系统，是一种具有开放式结构的新技术，使无线通信系统具有软件可移植性和功能可编程性，使系统互联和功能升级非常方便。

5．软切换技术

切换技术应用于移动终端在不同小区、不同频率之间的通信或者信号降低信道选择等情况，是提高移动通信可靠性的关键技术。切换技术主要有软切换和硬切换。在 4G 中，软切换将广泛使用，并朝着软硬切换结合的方向发展。

6．高性能接收技术

为了实现 4G 移动通信系统性能指标，需要配备高性能的接收机。根据 Shannon 定理，对于现有的 3G 系统，如果信道带宽 5MHz，数据速率为 2Mbit/s，所需要的信噪比为 1.2dB；如果是 4G 系统，在 5MHz 的带宽上传输 20Mbit/s 的数据，则要求的信噪比是 12dB。由于 4G 系统的数据速率较高，对接收机的性能也是一个挑战。

7．移动 IPv6

4G 通信系统选择了采用基于 IP 的全分组方式传送数据流，因此 IPv6 技术将成为下一代网络的核心协议。选择 IPv6 协议主要基于两点考虑，一点是足够的地址空间，另外一点是支持移动性管理，这两点是 IPv4 不具备的。除此以外，IPv6 还能够提供较 IPv4 更好的 QoS 保证及更好的安全性。

7.4.3　LTE 组网结构

与所有的移动通信网络一样，LTE 网络也由 3 部分组成：演进型分组核心网（Evolved Packet Core，EPC）、演进型 UMTS 陆地无线接入网（Evolved UMTS Terrestrial Radio Access

Network，E-UTRAN）和用户设备（UE）。如图 7-12 所示，LTE-Uu 为用户到基站之间的空中接口，X2 为基站之间的通信接口，S1 为基站与分组核心网之间的通信接口。

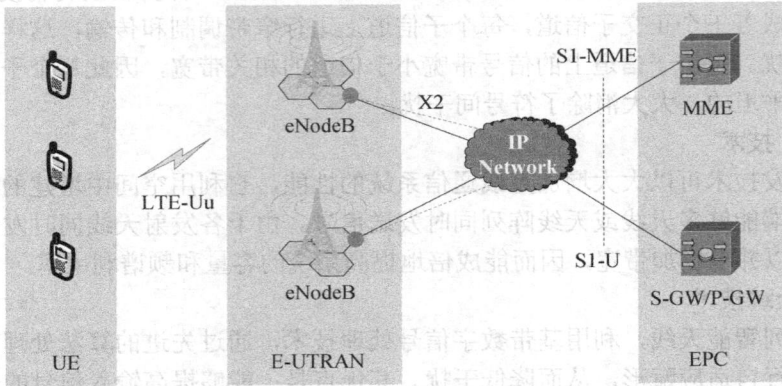

图 7-12　LTE 网络结构

用户设备通常为手机，在 3G/4G 网络中称为 UE，在 GSM 网络中称为 MS。

E-UTRAN 也缩写为 eRAN，由 eNodeB（也简写为 eNB）和接入网关（aGW）两部分组成。aGW 是一个边界节点，通常也把它看作是核心网的一部分。eNodeB 是 4G 网络的基站，相比 3G 网络中的 NodeB，eNodeB 除了具有原来 NodeB 的功能外，还承担了 3G 网络中无线网络控制器的大部分功能。eNodeB 的功能包括自动重发请求（Automatic Repeat ReQuest，ARQ）差错控制、无线资源控制、无线接入许可、接入移动性管理、小区无线资源管理、IP 头压缩和用户数据流加密等。eNodeB 合并了 3G 网络中的 NodeB 和 RNC 节点，减少了通信协议的层次，这就是所谓的网络扁平化。eNodeB 和 eNodeB 之间通过 X2 接口直接互连，组成网格（Mesh）网络方式，如图 7-13 所示。

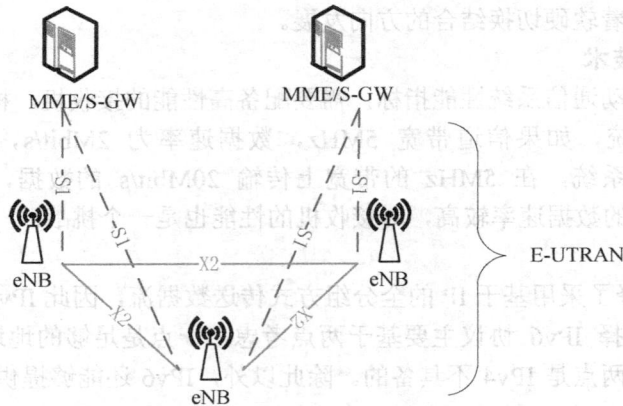

图 7-13　基站之间的互连

EPC 由 3 部分组成：移动性管理设备（Mobility Management Entity，MME）、业务网关（Serving GateWay，S-GW）和分组数据网关（PDN GateWay，P-GW）。4G 核心网秉承了控制与承载分离的理念，将 3G 网络分组域中的 GPRS 服务支持节点（Serving GPRS Support Node，SGSN）的移动性管理、信令控制功能和媒体转发功能分离出来，分别由

MME 和 S-GW 两个网元来完成，其中，MME 负责移动性管理、鉴权和信令处理等功能，S-GW 负责媒体流处理、路由转发和计费等功能。P-GW 承担原来 3G 网络中的网关 GPRS 支持节点（Gateway GPRS Support Node，GGSN）职能，负责与其他各种数据网络的连接。

由此可见，与 3G 网络相比，4G 网络结构有如下几个不同之处。

（1）4G 网络取消了 RNC 网元，将其功能分散到了 eNodeB 和 MME/S-GW 上。eNodeB 直接通过 S1 接口与 MME、S-GW 互通，简化了移动通信网络的结构，降低了用户可感知的时延，大幅提升用户的移动通信体验。

（2）实现了控制与承载的分离，MME 负责移动性管理、信令处理等功能，S-GW 负责媒体流处理及转发等功能。

（3）核心网取消了电路域，全部采用 IP 技术，实现了网络全 IP 化，能够支持各类技术的统一接入，实现固网和移动融合（Fixed Mobile Convergence，FMC），灵活支持 VoIP 及基于 IP 多媒体子系统的（IP Multimedia Subsystem，IMS）业务，逐步趋近于典型的 IP 宽带网结构。

（4）接口连接方面，引入 S1-Flex 和 X2 接口，移动承载需实现多点到多点的连接，X2 是相邻 eNB 间的分布式接口，主要用于用户移动性管理；S1-Flex 是从 eNB 到 EPC 的多到多动态接口，主要用于提高网络冗余性以及实现负载均衡。

7.4.4 LTE 空中接口协议

空中接口协议主要用来建立、重配置和释放各种无线承载业务。LTE 协议栈分为用户平面协议栈和控制平面协议栈。用户平面用于承载用户业务，负责用户数据的发送和接收；控制平面用于承载信令，负责用户无线资源的管理、无线连接的建立、业务的 QoS 保证和最后的资源释放。

LTE 空中接口的用户面协议栈如图 7-14 所示，从下到上共分为 4 层：物理层（PHY）、媒介访问控制层（MAC）、无线链路控制层（Radio Link Control，RLC）和分组数据汇聚协议层（Packet Data Convergence Protocol，PDCP）。用户平面的协议栈主要完成头压缩、调度、加密等功能。PDCP、RLC 和 MAC 这三层相当于 ISO OSI 七层模型中的数据链路层。

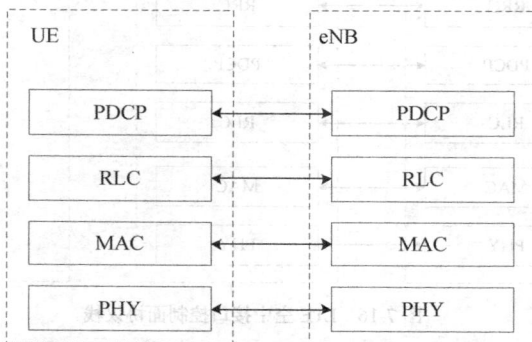

图 7-14 LTE 空中接口用户面协议栈

物理层提供数据传输的物理信道，负责信号编码/解码、调制/解调、多天线的映射以及其他典型的物理层功能。

MAC 层实现与数据处理相关的功能，包括逻辑信道与传输信道之间的映射、混合自动重传请求（Hybrid Automatic Repeat reQuest，HARQ）功能、数据调度和逻辑信道的优先级管理等。HARQ 是将前向纠错编码和自动重传请求相结合而形成的一种差错控制技术。LTE 包括三种信道：物理信道、传输信道和逻辑信道。逻辑信道定义传输信息的类型，传输信道采用特定的数据格式对逻辑信道的信息进行处理，物理信道提供具体信号传输方法。传输信道是 MAC 层和物理层的业务接入点，逻辑信道是 MAC 层和 RLC 层的业务接入点，如图 7-15 所示。

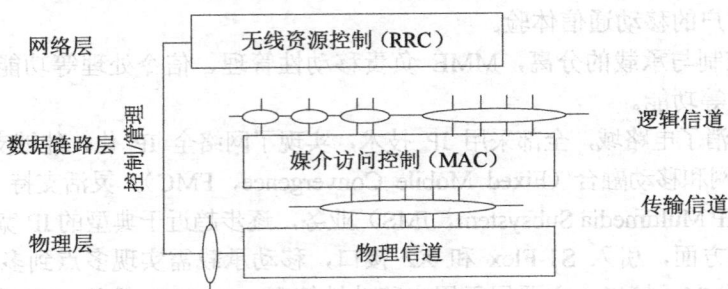

图 7-15　LTE 的三种信道

RLC 层的功能包括数据包的封装/解封、ARQ 过程、数据的重排序、协议错误检测和恢复等。

PDCP 层完成报头压缩、完整性保护和加密等功能。

LTE 空中接口的控制面协议栈如图 7-16 所示，除了具备上面用户平面的 4 层协议外，还包括无线资源控制层（Radio Resource Control，RRC）和非接入层（Non Access Stratum，NAS）。这两层相当于 OSI 七层模型的网络层。

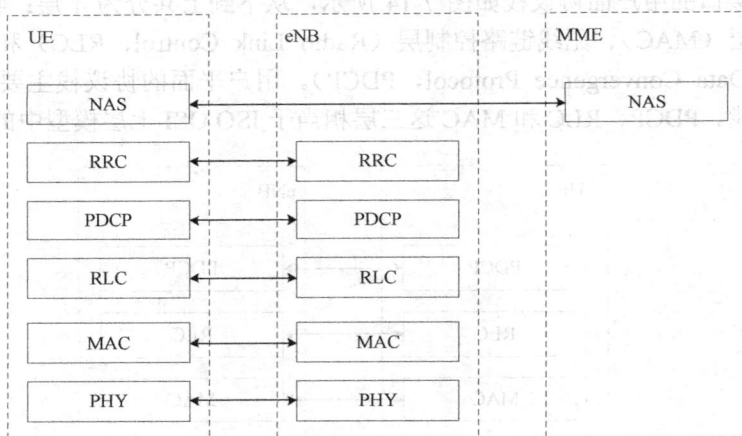

图 7-16　LTE 空中接口控制面协议栈

RRC 主要负责接入层的管理和控制，完成广播、寻呼、RRC 连接管理、无线承载（Radio Bearer，RB）管理、移动性功能、UE 测量报告和 UE 控制等功能。

NAS 位于 UE 和 MME 内，主要负责非接入层的管理和控制，包括 EPC 承载管理、鉴权、产生空闲状态下的寻呼消息、移动性管理和安全控制等。

7.4.5　LTE 基站与核心网接口协议

基站与核心网之间的接口是 S1，协议栈同样分为两个平面接口：用户平面接口 S1-U 和控制平面接口 S1-MME。

S1-U 是基站 eNodeB 与核心网业务节点 S-GW 之间的用户平面接口，其协议栈如图 7-17（a）所示。S1-U 提供用户数据包的非保障传输，在 IP 网络上采用 GPRS 用户平面隧道协议（GPRS Tunneling Protocol for User Plane，GTP-U）来传输用户平面的数据包。

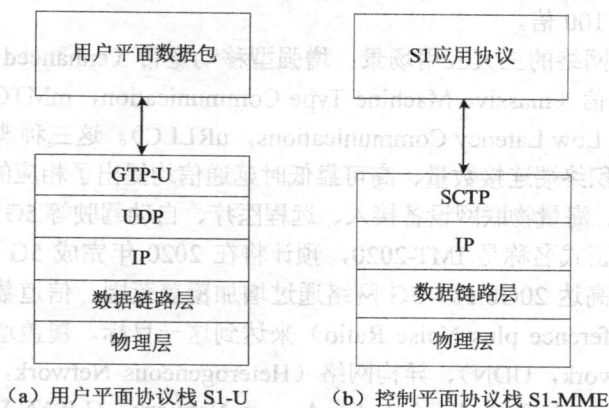

（a）用户平面协议栈 S1-U　　　（b）控制平面协议栈 S1-MME

图 7-17　基站与核心网之间的协议栈

S1-MME 是 eNodeB 与 MME 之间的接口，如图 7-17（b）所示。与用户平面协议栈相比，相同之处是都采用 IP 传输，不同之处是控制平面采用了比较可靠的流控制传输协议（Stream Control Transmission Protocol，SCTP）来传输上层的网络控制信息，即 S1 应用协议所代表的信令，而用户平面则是采用不可靠的 UDP 协议来传输用户数据。

7.4.6　LTE 基站与基站接口协议

LTE 基站与基站之间的接口为 X2，其协议栈如图 7-18 所示，同样分为用户平面 X2-U 和控制平面 X2-C 两个平面，分别用于提供 eNB 之间的用户数据传输和信令传输。

与 LTE 基站与核心网之间的 S1 接口协议栈相比，X2-U 与 S1-U 完全一样，X2-C 与 S1-MME 除了上层应用协议不同外，其余也完全相同。X2 应用协议（X2-AP）提供 UE 的切换控制、用户平面隧道控制、负载管理和错误指示等。

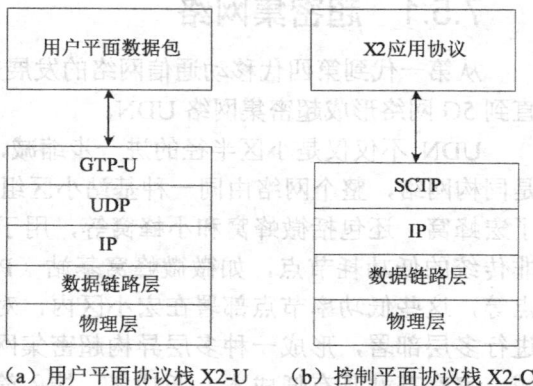

（a）用户平面协议栈 X2-U　　（b）控制平面协议栈 X2-C

图 7-18　基站与基站之间的协议栈

7.5　5G 网络

5G 网络作为新一代移动通信网络还没有一个确切的定义，按照惯例，移动通信网是根据空中接口的不同而划代的，而目前对 5G 的定义主要是从网络融合的角度定义的，即，5G 网络应该是一个真正意义上的融合网络，是现有无线接入技术和多种新型无线接入技术结合后的新型解决方案的总称，受移动互联网和物联网两大驱动力的影响，5G 网络将从人与人通信延伸到人与物、物与物通信。

5G 在数据流量、传输速率、传输时延、频谱效率和设备连接支持数量等方面都比 4G 提高很多。相比 4G 网络，5G 的数据流量将增长 1000 倍，峰值传输速率将达到 10Gbit/s，典型用户速率可达 100Mbit/s，端到端时延缩短 5～10 倍，平均频谱效率提升 5～10 倍，同时接入的终端数量提高 100 倍。

ITU 定义了 5G 网络的三大应用场景：增强型移动宽带（enhanced Mobile BroadBand，eMBB）、海量机器通信（massive Machine Type Communication，mMTC）和超可靠低时延通信（Ultra-reliable and Low Latency Communications，uRLLC）。这三种典型应用场景对终端上网峰值速率、单位面积终端连接数量、高可靠低时延通信均提出了相应的技术指标，从而满足增强现实、视频直播、海量物联网设备接入、远程医疗、自动驾驶等 5G 时代的典型应用。

中国 5G 技术的正式名称是 IMT-2020，预计将在 2020 年完成 5G 标准，2022 年进入商用阶段，速率可能会高达 20Gbit/s。5G 网络通过增加覆盖范围、信道数量、频带带宽和信干噪比（Signal to Interference plus Noise Ratio）来达到这一目标。覆盖增强技术包括超密集网络（Ultra-Dense Network，UDN）、异构网络（Heterogeneous Network，HetNet）和高级集中式无线接入网（Advanced Centralized-Radio Access Network，C-RAN）等。增加信道数量或利用率的频效提升技术包括大规模 MIMO、滤波器组多载波（Filter Bank Multi Carrier，FBMC）调制和同时同频全双工通信（Co-frequency Co-time Full Duplex，CCFD）、终端直通（Device-to-Device，D2D）等。增加频宽的频谱拓展技术包括认知无线电、毫米波和可见光通信等。增加 SINR 的能效提升技术包括干扰管理和绿色通信技术等。

下面简要介绍 UDN、D2D 和 C-RAN 等 5G 网络的关键技术。这些技术并非 5G 网络独有，只是在 5G 网络的发展中使用越来越频繁。

7.5.1 超密集网络

从第一代到第四代移动通信网络的发展来看，小区半径越来越小，小区密度越来越大，直到 5G 网络形成超密集网络 UDN。

UDN 不仅仅是小区半径的进一步缩减，而是一个多层异构网络。1G、2G 和 3G 网络是同构网络，整个网络由同一种基站小区组成；4G 网络出现了异构网络的概念，网络中除了宏蜂窝，还包括微蜂窝和小蜂窝等，用于覆盖人员密集的地区；在 5G 网络中，引进了非传统的低功耗节点，如微微蜂窝基站（Picocell）、家庭小区基站（Femtocell）和中继节点等，这些低功率节点部署在宏小区内，对室内及热点地区形成重叠覆盖，与宏基站一起进行多层部署，形成一种多层异构超密集网络。微微蜂窝基站通常部署在用户密度大的区域。家庭基站具有低成本、低功率、接入简单、即插即用的特点，通常部署在社区、办公室等室内场景。

UDN 微型基站的发射功率在 10～100mW 之间，一般能够支持 4～6 个用户，用户最大移动速度为 10km/s，基站覆盖范围通常为 50～200m，随着技术的发展，覆盖范围会进一步缩小到10m。

　　UDN 有封闭模式、开放模式和混合模式 3 种应用模式，分别对应家庭部署、热点部署和企业部署。

　　封闭模式部署的是家庭基站，家庭基站属于用户的私有基站，用户可以直接在室内自主部署，基站的鉴权列表中只有授权用户，只为本地的封闭用户群提供服务，拒绝其他用户终端的接入请求。

　　在开放模式中，基站通常由运营商安装，为所有用户服务，用户具有相同的优先级，通常部署在地铁站、飞机场或商务中心等人流密集或远离宏基站的热点区域，用于平衡与分流宏小区的负载。

　　在混合模式中，基站为高优先级授权用户提供服务，同时在资源充足的条件下也允许一些非授权用户的接入，这类基站通常比工作在封闭模式的基站有更强的服务能力，支持更多用户。如在一个企业安装一个微型基站，企业的员工可以使用它进行通信，当有客户来企业洽谈时，客户也应该能够接入该微型基站，获得比在宏小区下更高质量的通信服务。

　　UDN 的网络结构如图 7-19 所示。在现有网络下，UDN 属于 E-UTRAN。3GPP TS 36.300 规定了家庭基站 HeNB 和家庭基站网关 HeNB GW 能够通过 S1 接口接入到核心网的 MME 和 S-GW，家庭基站之间或家庭基站与其他基站之间能够通过 X2 接口进行通信。家庭基站网关通过光纤链路或数字用户线接入到网络运营商的核心网中。

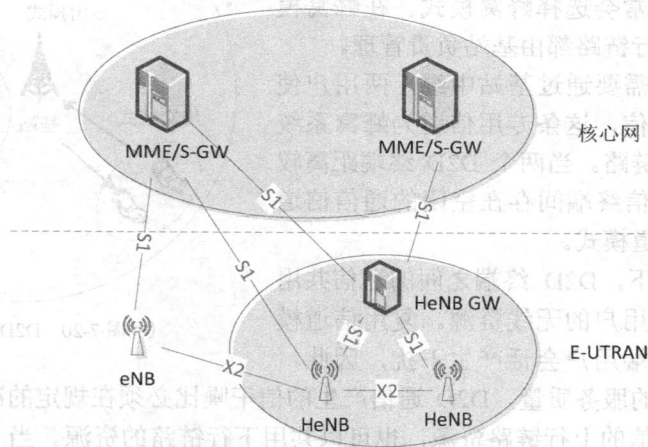

图 7-19　UDN 网络架构

　　UDN 需要妥善处理干扰抑制和移动性管理等各种挑战，为用户提供可靠、连续的服务。UDN 是一种多层异构网络，这种多层网络主要存在两大类干扰：层内干扰和层间干扰。层内干扰是处于同一层的小小区之间的干扰；层间干扰位于小小区与宏小区之间。本质上，这两种干扰都是因频率复用距离过小而导致的同频干扰。

　　在 UDN 中，一个用户设备可以从多个基站接收信号，用户可以自主地选择自己接入到哪层网络或哪个基站下，使自身获得最好的性能。用户移动性管理的基础是如何制定网络选择或者切换的准则，使网络性能达到最优。

7.5.2　D2D 技术

　　终端直通技术是对传统蜂窝网络的改善。在传统蜂窝网络中，两个用户终端通信时所传输的数据都必须经过基站进行转发。如果两个相距很近的用户终端需要进行通信，就可以考虑让这两个终端直接进行通信，所传输的数据不再经过基站进行转发。

D2D 通信可以在小区基站的链路控制下，利用基站分配的无线资源和发射功率值进行直接通信。D2D 技术能够增加蜂窝系统的频谱利用效率、减轻蜂窝小区基站的负荷、降低终端发射功率、提升系统整体吞吐量，在一定程度上解决蜂窝网络频谱资源匮乏的问题。

D2D 技术可分为带内 D2D 和带外 D2D 两种。带内 D2D 利用蜂窝网络自身的频谱资源，终端之间通过复用小区资源直接进行通信；带外 D2D 利用不同于蜂窝链路的非认证频谱，以便消除与蜂窝链路之间的干扰问题。进行带外 D2D 通信的设备必须至少具备 2 个无线接口，例如一个无线接口是 LTE，另一个是 Wi-Fi，此时，该用户能够同时进行 D2D 通信和蜂窝网络通信。

带外 D2D 的工作模式分为可控和自治两种。可控 D2D 的通信过程由基站控制，自治 D2D 的通信过程则不受基站的控制。

带内 D2D 用户可以采用三种工作模式进行端到端通信：蜂窝模式、专用信道模式和复用信道模式。如图 7-20 所示。

蜂窝模式就是传统的蜂窝通信模式，即通过基站的中继来实现两用户之间的信息传输。当两个用户的距离较远时，通常会选择蜂窝模式。在蜂窝模式下，上行链路和下行链路都由基站负责管理。

专用信道模式不需要通过基站中继，两用户使用专用的信道直接通信，这条专用信道为蜂窝系统中的一条上行或下行链路。当两个 D2D 终端距离较近，并且在 D2D 通信终端间存在空闲的通信信道时，可以采用专用信道模式。

在复用信道模式下，D2D 终端之间的通信共用小区内其他蜂窝通信用户的无线资源。复用信道模式会对原有的蜂窝终端用户会话产生干扰，因此，

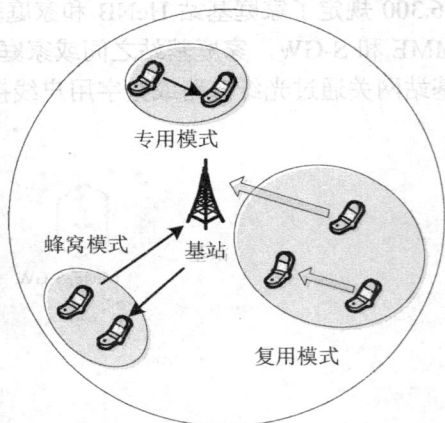

图 7-20　D2D 工作模式

为保证原有蜂窝用户的服务质量，D2D 通信产生的信干噪比必须在规定的准入域之内。D2D 通信可以共用蜂窝通信的上行链路资源，也可以共用下行链路的资源。当 D2D 通信共用蜂窝通信用户的上行通信链路资源的时候，在蜂窝通信链路中受到干扰的是基站，此时可以通过限制 D2D 通信的最大发射功率来减小对蜂窝通信的干扰。当 D2D 通信共用蜂窝通信用户的下行通信链路资源的时候，受到干扰的是蜂窝小区内处于任意位置的蜂窝通信用户，此时可以通过功率控制和无线资源分配限制 D2D 通信与蜂窝通信之间的干扰。

D2D 用户会根据网络负载情况进行模式选择，当小区负载较低，在满足小区用户通信后有剩余的频谱资源时，可分配正交频谱资源给 D2D 通信，二者不会相互干扰。当小区负载较高时，D2D 通信复用小区用户的资源，此时 D2D 通信和小区通信将相互干扰，基站通过控制 D2D 通信所分配的资源和发射功率来控制对小区带来的干扰。进一步的选择算法是哪种模式的速率大或者频率效率高，就选择哪种模式。

当 D2D 通信模式选择蜂窝模式时，会从空闲的上行信道和下行信道中各自选择任意一条信道作为通信信道，完成传统蜂窝模式的通信，此时的 D2D 终端与传统蜂窝网络下的终端通信模式没有任何差别。

当 D2D 通信模式选择专用模式时，会从空闲的上行信道和下行信道中选择任意一条信道实现两个 D2D 终端间的通信。

当 D2D 通信模式选择复用模式时，为便于对复用的信道控制，会从传统的蜂窝通信中选择上行链路进行复用，此时，D2D 终端会对基站及被复用的蜂窝终端产生干扰，因而需要对普通蜂窝终端和 D2D 终端的发射功率进行控制，以确保用户的通话服务质量。

D2D 的通信过程是在基站的控制下进行的，当用户终端设备 UE1 想要与 UE2 进行通信时，通信会话的建立过程如下。

（1）UE1 向基站发送与 UE2 之间进行 D2D 通信的会话请求报告。

（2）基站根据 D2D 对网络通信的影响，判断是否允许这两个终端进行 D2D 直接通信。

（3）如果判断结果显示这两个终端可以进行 D2D 通信，那么基站就会分别向 UE1 和 UE2 发送测量请求，让这两个终端检测它们之间的通信环境。

（4）这两个终端相互发送探测信号，测量相互之间的信道状态信息，然后把测量结果发送给基站。

（5）如果基站检测结果显示 D2D 模式可以取得比普通蜂窝通信模式更好的系统性能，那么基站就会给这两个用户终端分配无线资源和配置相应的发送功率。

（6）这两个终端进行 D2D 直接通信。

5G 网络中的 D2D 技术研究焦点是组网增强技术，如联合编码技术、多天线技术和中继技术等。

7.5.3 C-RAN

云无线接入网（Cloud Radio Access Network，C-RAN）或者高级集中式无线接入网是中国移动通信研究院提出的一种未来无线接入网形态，被认为是有望解决 5G 网络服务需求问题的核心技术方案之一，以帮助网络运营商应对移动互联网带来的各种挑战。

C-RAN 是分布式基站体系结构的一种演化形态，其基本思想是将基带处理资源集中起来，形成一个基带资源池并对其进行统一管理和动态分配。C-RAN 是基于集中化处理，协作式无线电和实时云计算构架的绿色无线接入网架构，采用基于云计算的开放平台和实时虚拟化技术实现动态资源共享，提供多厂商和多技术环境支持。由于采用协作化技术，可以有效减少系统能量消耗，提高频谱效率，降低组网成本。

C-RAN 的组网思路是通过采用低成本高速光传输网络，直接在集中式网络中心节点与远端接收天线之间传输无线数据信号，构建一个覆盖范围达到数百个发射基站的无线通信系统，覆盖面积甚至可以达到上百平方千米。

C-RAN 由分布式射频拉远单元（Remote Radio Unit，RRU）、光纤回程链路和虚拟基带池组成，其网络架构如图 7-21 所示。

C-RAN 采用分布式基站架构，将基站分为室内

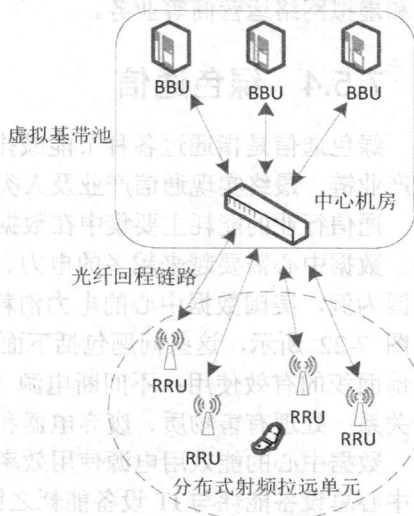

图 7-21　C-RAN 网络架构

基带处理单元（Building Baseband Unit，BBU）和RRU两部分。RRU只负责数字/模拟变换后的射频收发功能，放置在室外或楼顶；BBU集中了所有的数字基带处理功能，包括机架和处理板等设备，放置在机房。

在传统的RRU结构中，每个BBU具有自己独立的机房，一个BBU可以带多个RRU，每个RRU都有自己固定归属的BBU。在C-RAN中，多达几十到几百个BBU被集中部署在一个大型中心机房里，组成一个BBU池，BBU池内的各个BBU通过内部互联机构快速交换调度信息、信道信息和用户数据；对于典型TD-LTE宏基站，集中式交换矩阵需要支持300个TD-LTE载波；如果集中化基带池的覆盖范围进一步提高到15km×15km，集中式基带池可能需要支持多达1000个基站的载波处理能力。受电信号高速差分传输的速度和距离限制，传统BBU架构无法简单通过扩大背板尺寸来提供这样大的交换容量，只能借鉴数据中心存储区域网（SAN）的分布式交叉互联思想，采用Infinite Band技术或高速网络交换机连接多个BBU，将它们构成一个集中式的BBU池。

C-RAN架构中的RRU不再属于任何一个固定的BBU，基带计算资源不再单独属于某个BBU，而是属于整个资源池。相应地，资源分配也不再像传统网络那样在单独的基站内部进行，而是引入实时云计算，将BBU池虚拟化，形成一个虚拟基带池，资源分配在"池"的层次上进行。在云构架集中式基带池内，实时虚拟操作系统统一管理和分配所有物理处理器的处理资源，根据各个虚拟基站的业务负载情况，调配资源池的处理资源，进行信号处理、编解码、加解密和运维管理等基带处理功能，以满足各个虚拟基站的需求。通过BBU之间的协作，虚拟基带池模糊化了小区的概念。

RRU与BBU之间通过光纤回程链路（backhaul）连接起来。回程链路是指从接入网或小区站点到交换中心的连接线路。在C-RAN中，光纤回程链路可以是点到点光纤、WDM或OTN等。BBU每个RRU上发送或接收信号的处理都可以在BBU基带池内一个虚拟基带处理单元内完成，而这个虚拟基带的处理能力是由实时虚拟技术分配基带池中的部分处理能力构成的。

在5G网络中，基于C-RAN无线接入网架构不仅可以使得基带池虚拟化，还可以进一步利用后台云服务器形成不同的虚拟专用网，用来支持虚拟物联网、虚拟置顶业务（OTT）网和虚拟网络运营商等业务。

7.5.4 绿色通信

绿色通信是指通过各种节能减排手段打造高效、低耗、无污染、可回收的环境友好型通信产业链，最终实现通信产业及人类社会的可持续发展。

通信行业的能耗主要集中在数据中心、网络传输和基站3个方面。

数据中心需要越来越多的电力、冷却和占地面积来容纳服务器、存储器和网络部件。以美国为例，美国数据中心的电力消耗为美国电力总消耗量的3%左右。数据中心的绿色问题如图7-22所示，这些问题包括下面几个方面：发电导致的温室气体排放；IT设备的冷却；占地面积的有效使用；不间断电源（UPS）的供电、备电系统、发电、输电、电力成本和供需关系；处理有害物质、废弃电器和电子设备的处理和回收利用。

数据中心的能效用电源使用效率（Power Usage Effectivenes，PUE）来评价。PUE是数据中心总设备能耗与IT设备能耗之比，基准是2，越接近1表明一个数据中心的能效水平越好，绿色化程度越高。目前小型数据中心的PUE在2左右，大型数据中心在1.5左右。

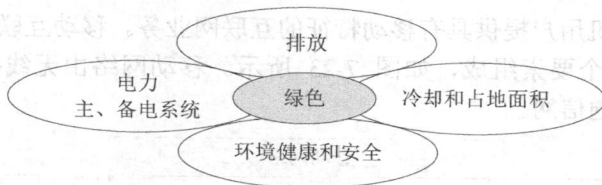

图 7-22　数据中心的绿色问题

网络传输和接入设备的利用率是衡量其能效的一个很重要的方面，例如，我国近年来大量建设的 PON 设备开通率低于 40%。为了通信网络的可靠和可扩展性，在建设网络尤其是电信网时都会部署一些冗余设备，这一方面形成了所谓的"电信级网络"的高品质，另一方面也造成大量的诸如"暗光纤"等现象的存在。

基站能耗是移动通信网的耗能大户，例如，中国移动通信公司 2012 年的基站总数为 107 万个，整个移动网络的能耗接近 150 亿千瓦时，基站能耗占了 50% 以上。

目前对于 5G 网络基站能耗的研究多为提高能效和降低干扰，最常用的手段有基站休眠、智能载波调整和动态调压技术等。

基站休眠是当基站的覆盖范围内没有用户需要服务时，基站可以进入休眠模式。基站交替性地处于休眠与探测状态。在休眠状态中，基站的空口不可用，以减少不必要的功率损耗；在探测状态中，基站会探测在自己的覆盖区域内是否有激活用户出现，若有需要提供服务的用户，基站进入激活状态与用户取得连接。

智能载波调整技术能够根据基站业务量的变化动态调整基站输出的载波数，适时关闭非工作载波，减小非工作载波的控制信道的功率开销。

动态调压技术主要通过跟踪负载的变化，采用分级可变电压，对功放供电电源进行智能控制。

在绿色通信中引入合同能源管理机制是大势所趋。合同能源管理是一种节能投资方式，它可以用所减少的能源费用支付节能项目的全部投资。实行合同能源管理可以大大降低用能单位节能改造的资金和技术风险，充分调动用能单位节能改造的积极性。这种奖励机制有时比单纯地推进技术改造更为行之有效。

7.6　移动互联网

移动互联网是指利用智能移动终端通过各种无线网络进行数据交换的电信基础网络。移动互联网是移动通信网和互联网从技术到业务的融合，它以 IP 技术为核心，可同时提供语音、传真、图像、多媒体等高品质电信服务。移动互联网的核心是互联网，是互联网的补充和延伸，但也继承了移动通信网的实时性、隐私性、便捷性和可定位等特点。

移动互联网除了能在移动环境下提供传统互联网的业务，如网页浏览、文件下载、在线游戏等，还能提供基于位置的服务（Location Based Services，LBS）、手机电视等业务。

7.6.1　移动互联网的组成

移动互联网是架构在移动通信网络之上的互联网，是电信运营商进军互联网的结果，以此来摆脱电信网被管道化的窘境，即随着电信网中数据业务对话音业务量的超越，电信网的作用越来越被看作仅仅是互联网的承载网络。移动互联网就是电信运营商利用自己的无线接入优势，为大量的手机用户提供具有移动特征的互联网业务。移动互联网由移动终端、移动网络和互联网业务三个要素组成，如图 7-23 所示。移动网络由无线接入网和核心网络组成，属于典型的移动通信网。

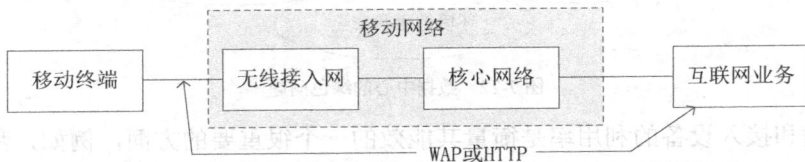

图 7-23　移动互联网的组成结构

移动终端可为手机、便携式计算机等任何可移动计算设备，涉及手机卡、操作系统、音视频编码、软件标准等方面，研究内容包括能耗控制、基于地理位置的资源搜索、移动社交网络、人机交互界面和移动应用开发等。

无线接入网提供无线 IP 接入技术，如 GPRS、CDMA1x、3G、4G 等，涉及移动通信网的基站收发器和基站控制器。目前电信网络运营商也越来越多地提供 Wi-Fi 接入。对于多接口异构网络的接入，研究内容包括地址选择机制、数据流重定向、负载均衡和带宽聚合等。

核心网络是一个有线长途通信网络，可以是采用 7 号信令系统 MAP（移动应用部分）协议的电路交换网络，也可以是采用分组交换技术的 NGN（下一代网络）。3G、4G 网络的核心网络采用的是 IP 交换网络，实现了与互联网的无缝连接。

互联网业务具有社交性、本地化和移动性三大特征，研究内容包括用户行为、服务聚合和体验质量等。移动终端利用无线应用协议（Wireless Application Protocol，WAP）浏览 Web 服务器上的网页内容。目前随着手机处理能力的增强，移动互联网已经越来越多地直接采用 HTTP 协议。

7.6.2　移动互联网的体系结构

目前，移动互联网的参与者已不仅仅是电信运营商，互联网公司和终端设备制造商也开始向移动互联网领域扩展，提出了各种移动互联网的体系结构。这些体系结构表面看可能差异很大，但其共同点都是采用分层的网络协议设计，通过中间件技术在移动应用程序与TCP/IP 协议之间提供适配性。比较典型的体系结构是由无线世界研究论坛（Wireless World Research Forum，WWRF）和开放移动体系结构（Open Mobile Architecture，OMA）组织分别给出的移动互联网参考模型。

以 WWRF 为例，WWRF 认为移动互联网应该是一种自适应、个性化、知晓周围环境的服务。WWRF 给出的移动互联网参考模型如图 7-24 所示。

在该模型中，各应用程序通过开放的应用程序编程接口（API）获得用户交互支持或移动中间件的服务。

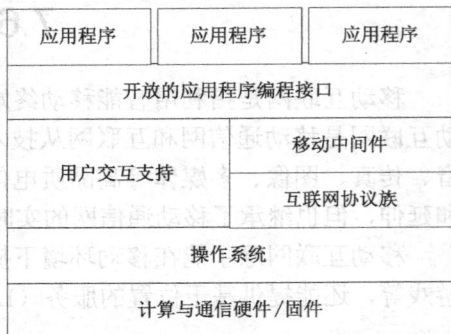

图 7-24　WWRF 的移动互联网参考模型

移动中间件层由多个通用服务元素构成，包括建模服务、存在服务、移动数据管理、配置管理、服务发现、事件通知和环境监测等。互联网协议族就是由 IETF 制定的 TCP/IP 模型中的各种协议，如 SIP、HTTP、DNS、TCP、UDP、IPv6、RSVP 等。操作系统层负责与硬件资源的交互，包括应用程序接口、内存管理、资源管理、文件系统、进程管理、设备驱动等。硬件与固件由内存、外部存储设备、网络接口和传感器等组成，这些组成单元通过总线进行互联。

7.6.3　服务质量和体验质量

目前，"一切基于 IP（或 All IP）"已经是各种通信网的必然选择，但 IP 的尽力而为型服务也凸显出其在服务质量方面的天然缺陷。人们已经习惯了电信运营商在话音业务的服务质量，当电信网转向 IP 技术后，如何保证各种多媒体业务的服务质量（Quality of Service，QoS）和用户的体验质量（Quality of Experience，QoE），已成为电信运营商重点解决的问题。

服务质量是指发送和接收信息的用户之间、用户与传输信息的网络之间关于信息传输的质量约定。ITU-T E.800 对 QoS 的定义是：决定用户对服务满意程度的业务性能的综合效果。服务质量包括用户和网络两个方面。

从用户角度来说，服务质量是用户对网络提供的业务性能的满意程度，如图像的清晰程度、等待响应的耐心程度等，是一种主观指标。业界越来越倾向于把这种主观指标单独称为体验质量。ITU 对 QoE 的定义是：终端用户对一项应用或服务的总体可接受性的主观感知。

从网络角度来说，网络只能识别客观指标，如带宽、延时和丢失率等参数，需要把用户 QoE 的主观感受映射成相应的网络性能参数，网络通过这些参数来提供不同的 QoS 等级。由于网络的每个层次都有自己的性能参数，如物理层的采样率、链路层的连接失败率、网络层的分组丢失率、传输层的平均往返时间等，因此，QoS 常常需要各层的配合，甚至跨层配合。

1．QoS 的评价指标和实现方法

IP 协议仅能提供无差别、尽力而为的服务，无法提供可区分的、保证的服务，因此，利用 IP 提供多媒体通信必须解决 IP 的 QoS 问题。IP QoS 是指 IP 分组通过网络时的性能，这种性能可通过一系列可度量的参量来描述。IP QoS 的目标是提供端到端的服务质量保证，提高网络资源利用率。

QoS 的关键指标主要包括可用性、吞吐量、时延、时延变化和数据包丢失率等。ITU-T Y.1541 定义了 4 种网络性能参数作为 QoS 的评价指标：IP 分组丢失率（IPLR）、IP 分组传送时延（IPTD）、IP 分组时延抖动（IPDV）和 IP 分组差错率（IPER）。

Y.1541 根据这 4 种网络性能参数的不同，将 IP QoS 分为 6 类，分别用于不同的业务类型。第 0 和第 1 类用于对时延抖动敏感的实时业务，如 IP 语音；第 2 和第 3 类用于对时延抖动不敏感事务数据业务，如信令传送；第 4 类对应仅要求低数据丢失率的批量数据业务或视频流业务；第 5 类则对应传统的尽力而为的 IP 数据业务。

IP QoS 的实现需要路由器的支持，路由器必须能够处理不同业务类型的 IP 分组，进而相应控制网络上的传输时延、时延抖动和分组丢失率等特性。QoS 对业务性能的保证应该是端到端的、连续的和可预测的，对不同类型和不同等级的业务应用能够提供不同的性能保证。

互联网中 IP QoS 的实现方式主要有以下两种基本类型：集成服务和区分服务。

集成服务（IntServ）属于资源预留类型，即依照应用程序的服务质量需求，事先规划和预留网络资源。在 IPv4 网络中，常使用资源预留协议（Resource Reservation Protocol，RSVP）提供集成服务类型的 QoS 保证。在 RSVP 中，用户发送信息时，发送端给接收端发送一个路径消息，以指定通信的特性。沿途的每个中间路由器可以拒绝或接受信息请求，如果接受，则为该业务流分配带宽和缓冲区空间，并把相关的业务流状态信息装入路由器中，路由器为每一个业务流维护状态，同时基于这个状态执行数据报的分类、流量监管和排队调度等。

区分服务（DiffServ）属于优先等级化类型，是指网络依据事先规划好的分类规则将业务分组分类，再根据分类后的优先等级处理业务分组。在 IPv6 分组的首部，专门有一个区分服务字段，用于将用户的数据流按照服务质量的要求划分成不同的等级。在区分服务机制下，用户和网络管理部门之间需要预先商定服务等级合约（Service Level Agreement，SLA），根据 SLA 的值，用户的数据流被赋予一个特定的优先等级，当分组流通过网络时，路由器会采用相应的方式来处理流内的分组。

2．QoE 的评价体系

QoE 是一种以用户需求为中心的服务评价指标，能够直接反映用户对服务的满意程度。QoE 和 QoS 之间既有联系又有区别。QoE 采用端到端方法对系统的整体服务做出主观判断，而 QoS 是在系统性能评价指标的基础上，对系统服务做出的客观判断。

QoE 的评价方法有主观评价方法、客观评价方法和主客观结合的评价方法。

主观评价方法是直接收集用户反馈，从中得到业务质量的统计数值。这种方法的优点是测量结果精确，但测量过程对于环境的要求较高。

客观评价方法是通过比较用户接收信号与发送业务信号之间的失真程度，来评价业务的用户体验质量。这种方法的缺点是只考虑了业务和网络的影响因素，而忽略了用户的主观感受。现有的客观评价方法主要有建立在层次分析法、心理学、机器学习、随机模型和移动内容价值链等之上的评价方法。

主客观结合的方法是根据用户反馈来实时矫正评价模型，从而达到与真实用户体验质量较为符合的评价结果。主客观评价法是目前 QoE 评价方法的研究焦点。

3．移动互联网的 QoS 技术

移动网络本身有很多提供 QoS 保证的方法。物理层主要是通过降低误码率来提高信道容量，如信道编码、调制技术等。链路层侧重于无线资源的管理和利用，包括无线媒体接入控制协议、无线连接的呼叫接纳控制、无线连接的调度等。网络层主要是通过本地重传、路由优化等提供 QoS 保证，具体有快速无缝的越区切换、动态路由和带宽分配等。

在移动互联网中，除了更复杂的无线传输信道外，还要考虑由越区切换和动态网络引起的 QoS 的问题。越区切换会导致移动终端更换默认网关（即下一跳路由器），这段时间移动终端接收不到数据包。在 IPv6 中，当发现接收到的路由前缀发生了变化，移动终端就会知道自己已经移动到了新的网络中。动态网络表现在当移动终端到达新网络后，网络拓扑也随之变化，移动终端的数据包会重新选择路由。

移动互联网的 QoS 解决方案主要基于 IP QoS 的实现技术，对集成服务和区分服务进行改进和扩展，使之适应移动环境。

针对集成服务，人们提出了移动主机资源预留协议（RSVP with Mobile Hosts，MRSVP）、动态资源预留协议（Dynamic RSVP，DRSVP）等，以解决 RSVP 协议在移动环境下的缺陷；MRSVP 协议通过预测主机未来可能到达的位置，并在这些位置提前预留资源，从而保证移动主机的服务质量，解决了 RSVP 无法感知主机移动的缺陷；DRSVP 协议使用户能够根据网络带宽的变化，动态调整服务质量的要求，解决了 RSVP 在无线链路中即使预留了资源，也会因干扰和衰落导致带宽不确定的问题。

针对区分服务，主要改进了其没有信令、不能动态配置服务质量参数等缺陷。

还有一些移动互联网的 QoS 解决方案是把集成服务和区分服务综合起来，在核心网络上采用区分服务，在无线接入网上采用集成服务。

7.6.4 移动 IP 技术

移动互联网离不开移动 IP 技术的支持。移动 IP 技术是一种在互联网上提供透明移动功能的解决方案，使主机在切换链路后也能保持正常的通信。在 TCP/IP 协议中，为了维持分组的通信路由，主机 IP 地址对应的网络前缀应该与它在互联网中连接点（通常为路由器）的网络前缀一致。如果主机改变了与互联网的连接点，为了使主机有继续通信的能力，在不改变现有 IP 协议的基础上，有以下两种解决方案。

（1）每次改变连接点后，改变主机的 IP 地址。这会造成主机通信中断。

（2）改变连接点后，不改变主机的 IP 地址，但在整个互联网中加入该主机的特定路由。这会造成路由器的路由表膨胀。

移动 IP 技术对现行的 IP 协议进行了扩展，提出了移动 IP 协议，以支持主机的跨子网移动，从而解决了上述问题。

针对 IPv4 和 IPv6，移动 IP 协议也有两个相应的版本。移动 IPv4 协议和移动 IPv6 协议的工作原理基本相同，都是在不改变移动主机 IP 地址的条件下，采用代理+隧道的方法来转交移动主机漫游时的数据包。下面以移动 IPv6 协议为例，介绍移动 IP 技术涉及的术语概念和工作过程。

1. 移动 IP 技术的术语

在移动 IP 技术中，涉及的网络有家乡网络和外地网络，涉及的地址有家乡地址和转交地址，涉及的设备实体有移动节点和家乡代理，涉及的事务有注册和绑定，涉及的技术有隧道、源路由和路由优化。这些术语的含义如下。

（1）移动节点。是指可以在子网间移动的通信设备，在移动时能够在不改变 IP 地址的情况下不中断正在进行的通信。移动节点可以是移动主机、移动路由器或是一个移动的网络。

（2）家乡网络。用户注册接入的本地网络运营商管理的 IP 网络。

（3）外地网络。用户漫游到外地时所接入的当地 IP 网络。

（4）家乡地址。在家乡链路上分配给移动主机的唯一可路由的单播地址，用作移动主机的固定地址。移动主机家乡地址的网络前缀与家乡网络的网络前缀相同。当使用多个家乡网络前缀时，移动主机可以有多个家乡地址。

（5）转交地址。移动主机访问外地网络时通过地址自动配置机制获得的新 IP 地址，新地址使用外地网络的网络前缀。移动主机同时可以有多个转交地址，各转交地址可以有不同的网络前缀，其中向移动主机的家乡代理注册的那个转交地址作为主转交地址。

（6）家乡代理。移动主机在家乡网络时所连接的路由器。当移动主机离开家乡网络时，移动主机要向家乡代理注册移动主机当前的转交地址。家乡代理根据该转交地址，将其他主机发给移动主机家乡地址的分组，转发给移动主机。移动 IPv6 提供动态家乡代理地址发现机制，当家乡代理重新配置或被其他路由器取代后，移动主机能够向新的家乡代理注册其转交地址。移动 IPv4 协议还有一个外地代理，而移动 IPv6 没有外地代理。

（7）隧道。家乡代理与漫游到外地（实际上是按路由器划分区域的）的移动主机之间的通道。家乡代理通常采用 IP 封装 IP 的方法，把其他主机发送给漫游主机的分组封装起来，再转交给漫游主机。

（8）源路由。利用 IPv6 的扩展首部中的路由首部，指定传输 IPv6 分组时要经过的路由器列表。移动 IPv6 此时把转交地址看作是一个中间路由器的地址。

（9）绑定和注册。绑定是在移动主机的家乡地址与转交地址之间建立关联。注册是移动主机向家乡代理发送绑定更新的过程，以便家乡代理获知绑定的生存时间，并配置隧道等。移动 IPv6 还包括通信节点注册，也就是说，除了家乡代理可以建立移动主机家乡地址与转交地址的绑定外，通信节点也可以建立移动主机家乡地址与转交地址的绑定，通过源路由技术直接与移动主机通信，从而避免三角路由（通信节点→家乡代理→移动主机），实现路由优化。

2．移动 IP 的工作过程

移动 IP 的工作机制包括家乡代理注册、绑定管理、三角路由、家乡代理发现等。具体的工作过程如下。

（1）当移动主机处于家乡网络时，其他主机与移动主机按正常的 IPv6 协议进行通信。

（2）当移动主机移动到外地网络时，利用 IPv6 的邻居发现协议，得知已到外地网络，然后利用地址自动配置方法，获得外地链路上的新的 IPv6 地址，即转交地址。

（3）移动主机将转交地址通知其家乡代理。在保证安全的前提下，也可以通知通信伙伴。如果家乡代理有变化，则采用家乡代理发现机制动态配置新的家乡代理的 IP 地址。

（4）家乡代理利用代理邻居发现机制，截获家乡链路上发给移动主机的分组，封装后，通过隧道转发给主转交地址上的移动主机。

（5）通信伙伴若不知道移动主机的转交地址，则不用做任何处理，仍然使用移动主机的家乡地址进行三角路由通信。通信伙伴若知道移动主机的转交地址，则采用源路由技术直接与移动主机通信。

习　题

1．移动通信网与电信网的关系是什么，移动通信网与 Wi-Fi 网络的关系是什么？

2．从第 1 代到第 5 代移动通信网络的划分标准是什么，1G～5G 网络之间的主要区别是什么？

3．3G 网络的标准有哪些；4G 网络的标准有哪些；我国三大电信运营商建设的移动通信网分别采用哪种标准？

4．卫星通信网络分为哪几类；卫星网络中的星座指的是什么；卫星通信网络的路由选择算法有什么特点？

5．GSM 网络由哪些部分组成；采用哪种接入方式；GPRS 网络和 GSM 网络之间的关系是什么？

6．画出 4G LTE 网络组成结构图，简述各组成部分的功能。

7．LTE 网络中的 X2 接口和 S1 接口有什么区别？

8．LTE 网络的空中接口协议分为哪几层；各层功能是什么；空中接口传输的话音和上网数据都是 IP 数据包吗？

9．什么是 D2D 技术；带外 D2D 和带内 D2D 技术有什么区别；能否用 Wi-Fi 技术实现 D2D 通信？

10．什么是绿色通信，移动通信网中的绿色通信技术有哪些？

11．QoS、QoE 和 NP 三者之间的关系是什么？

12．在移动 IP 技术中，当用户终端移动到另一个网络时，终端的 IP 地址有无变化；双方是如何保持通信过程不中断的？

第 8 章

网络安全技术

网络安全涉及网络技术、通信技术、计算机科学、密码技术、信息安全技术、应用数学、数论、信息论等多种学科。从本质上来讲，网络安全的核心是网络上的信息安全，网络安全就是通过有效的技术手段，确保信息在网络上传播时的保密性、完整性、可用性、真实性、可控性和可审查性。

据统计，全球约 20 秒钟就有一次计算机入侵事件发生，互联网上的防火墙约 1/4 被突破。中国国家互联网应急中心（CNCERT）的数据显示，2015 年我国境内共发现 10.5 万余个木马和僵尸网络控制端，控制了 1978 万余台主机。

通信网络种类不同，安全措施和重点也不同。如何保护网络中的软件、硬件和数据，确保网络信息不会因为偶然或者恶意的原因而遭到破坏、更改和泄露，已成为网络运营商必须解决的问题。

8.1 网络安全概述

网络安全是物理安全、运行安全、信息安全的统一。物理安全确保网络基础设施中的环境、设备和介质不被破坏；运行安全确保网络的软、硬件设备正常运作；信息安全确保信息在采集、处理、传输和储存过程中不被泄露、窃取和篡改。网络安全的研究内容包括网络攻击、安全防御措施、攻击检测、应急处理和灾难恢复等。

8.1.1 网络安全评估准则

信息技术和分布式计算需要可信网络的保证。网络是否安全，安全程度如何，用户能否信任网络，对此问题应该制定一套安全评估准则，以帮助用户鉴别和解决网络中存在的安全问题。比较有名的安全评估准则有美国国防部和国家标准技术研究所的可信计算机安全评估准则（Trusted Computer System Evaluation Criteria，TCSEC）和国际标准信息技术安全评估通用准则 ISO/IEC 15408（Common Criteria，CC）。

TCSEC 将安全等级划分为 4 类 7 级，由低到高依次是 D 级、C1～C2 级、B1～B3 级和 A 级。

D 级是无保护级，这种系统不符合安全要求，不能在多用户环境下处理信息。

C 级是自主保护级，具有一定的保护能力，能够对用户的责任和动作进行审计，具备自主访问控制策略。

B 级是强制保护级，具有相当的抗渗透能力和系统恢复能力。系统实体具有安全标记，系统开发者应提供实体的安全策略模型和安全规则，并且应提供访问监控器正确运行的证据。

A 级是验证保护级，要求用形式化设计规范和验证方法对系统进行分析，以确保系统实体按设计要求来实现。

CC 的评估等级从低到高分为 EAL1、EAL2、EAL3、EAL4、EAL5、EAL6 和 EAL7 共 7 个等级。CC 的每一级均需评估 7 个功能类，分别是配置管理、分发和操作、开发过程、指导文献、生命期的技术支持、测试和脆弱性评估。

EAL1 为功能测试级，适用于在对正确运行要求有一定信心的场合，此场合下认为安全威胁并不严重，如个人信息保护。

EAL2 为结构测试级，在交付设计信息和测试结果时，需要开发人员的合作。但在超出良好的商业运作的一致性方面，不需要花费过多的精力。

EAL3 为系统测试和检查级，在不大量更改已有合理的开发实现的前提下，允许一位尽责的开发人员在设计阶段从正确的安全工程中获得最大限度的保证。

EAL4 为系统设计、测试和复查级，开发人员从正确的安全工程中获得最大限度的保证，这种安全工程基于良好的商业开发实践，这种实践虽然很严格，但并不需要大量专业知识、技巧和其他资源。在经济合理的条件下，对一个已经存在的生产线进行翻新时，EAL4 是所能达到的最高级别。

EAL5 为半形式化设计和测试级，开发人员能从安全工程中获取最大限度的安全保证，该安全工程是基于严格的商业开发实践，靠适度应用专业安全工程技术来支持的。EAL5 以上的级别是军用信息设备以及用于公开密钥基础设施的信息设备应达到的标准。

EAL6 为半形式化验证设计和测试级，开发人员通过安全工程技术的应用和严格的开发环境获得高度的认证，保护高价值的资产能够对抗重大的风险。

EAL7 为形式化验证设计和测试级，适用于风险非常高或有高价值资产值得更高开销的地方。

8.1.2 网络安全模型

网络安全模型是对网络安全过程的抽象描述。一个好的网络安全模型，可以合理地指导网络安全工作的部署和管理。网络安全模型有很多，可分为静态安全模型和动态安全模型两种。

典型的网络静态安全模型如图 8-1 所示，由用户主体、安全机制、信息通道、可信任的第三方和攻击者几部分组成。

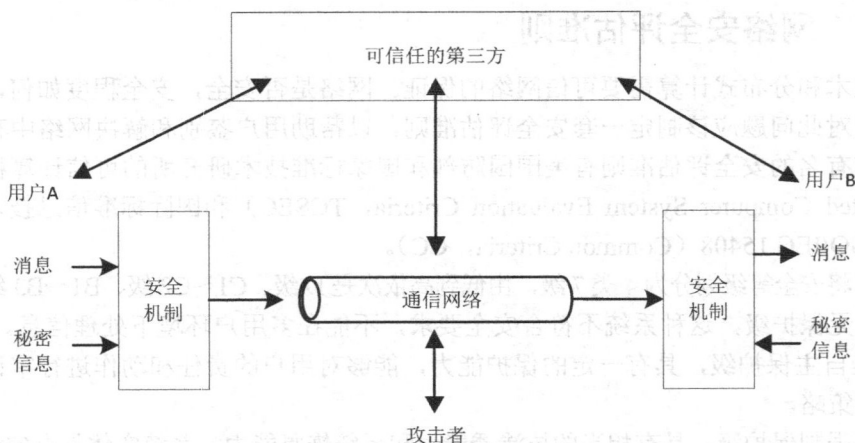

图 8-1　网络安全模型

用户 A 给用户 B 发送的消息经安全机制转换成受保护的加密消息，这些受保护的加密消息在信息通道中传输时要应对攻击者的各种破坏。为了实现安全传送，可能需要可信任的第三方，例如，第三方可能会负责向两个主体分发保密信息，而向其他主体保密；或者需要第三方对两个主体间传送信息真实性的争议进行仲裁。在互联网中，发放数字证书的认证中心（Certificate Authority，CA）就是典型的可信任的第三方。

上述模型指出了设计网络安全服务的 4 个基本任务：①设计执行与安全性相关的转换算法，该算法必须使攻击者不能破坏算法以实现其目的；②生成算法使用的保密信息；③开发分发和共享保密信息的方法；④指定两个用户主体要使用的协议，并利用安全算法和保密信息来实现特定的安全服务。

静态安全模型对动态的安全威胁没有足够的描述和应对措施，无法完全适应分布式、动态变化的网络安全，于是动态网络安全理论逐步形成，其基本思想就是由防护（Protection）、检测（Detection）和响应（Response）组成一个完整的、动态的安全循环，在核心安全策略（Policy）的指导下保证网络系统的安全。比较典型的动态安全模型有美国国防部提出的 PDRR（防护、检测，响应，恢复）及其改进型，如 P^2DR（策略、防护、检测，响应）、MP^2DR^2（M 指管理）和 AP^2DR^2 等。以 AP^2DR^2 动态安全模型为例，该模型的组成如图 8-2 所示。

AP^2DR^2 动态安全模型中的各字母表示模型的组成功能，具体含义如下。

A（Assessment，风险评估）：通过风险评估，掌握网络安全面临的风险信息，进而采取必要的处置措施，提升网络安全水平。

P（Policy，策略）：策略根据评估结果为安全管理提供管理方向和支持手段。所有的防护、检测、响应和恢复都是依据安全策略做出的。

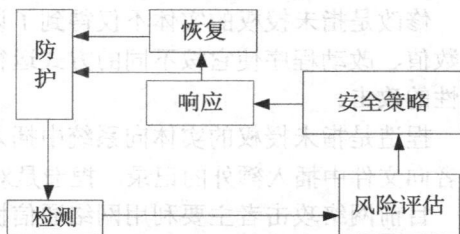

图 8-2　AP^2DR^2 模型示意图

P（Protection，防护）：选择适当的安全设备和安全技术，如：防火墙、数据加密以及各种认证技术等。防护是预先阻止进攻。

D（Detection，扫描、检测）：利用动态安全产品进行有效的检测和记录，如：实时入侵检测工具可以动态地发现非授权入侵行为，还可以及时发现主页遭到的破坏；利用安全漏洞检测工具进行检查，可以发现网络系统安全配置中的问题。

R（Response，反应）：根据检测结果及时做出响应，如：动态调整防火墙、当发现主页篡改时及时恢复主页内容、重新对系统的安全配置进行调整等。响应由一个特殊的部门负责，我国第一个计算机紧急响应小组 CCERT 主要服务于中国科研教育网。目前负责整个中国互联网的是中国国家互联网应急中心（CNCERT）。

R（Recovery，恢复/备份）：对主页内容或系统进行结构化的备份，如果安全事件造成了一定后果，需要及时进行恢复。

AP^2DR^2 的各个部分组成了一个完整的、动态的安全循环。简单地讲，AP^2DR^2 模型是在网络风险评估的基础上，在整体安全策略的控制和指导下，综合运用防护工具（如防火墙、操作系统身份认证、加密等手段），利用检测工具（如漏洞检测、入侵检测等系统）了解和评估系统的安全状态，通过适当的反应将系统调整和恢复到安全状态，并通过对安全事件的相关性的分析和评估，预报未来安全事件发生的可能性及范围。

动态网络安全模型侧重对网络进行动态的安全风险评估，通过定期对网络进行安全分析和安全测试，分析网络的安全风险，调整网络的安全策略，修补网络的安全漏洞。

定期安全分析的内容包括：对网络的拓扑结构和环境的变化进行定期的分析，并且及时调整安全策略；定期分析有关网络设备的安全性，检查配置文件和日志文件；定期分析操作系统和应用软件，一旦发现安全漏洞及时修补。

定期安全测试的内容包括利用安全扫描工具测试网络系统是否具有安全漏洞以及是否可以抵御黑客攻击等，从而判定系统的安全风险。

8.1.3　网络安全攻击的类型

网络安全攻击是指任何对网络实施的非授权行为，可分为中断、截取、修改和捏造等几种情况。

中断是指系统资源遭到破坏或变得不能使用，例如，对一些硬件进行破坏、切断通信线路或禁用文件管理系统。中断是对网络可用性的攻击。

截取是指未授权的实体得到了资源的访问权。未授权实体可能是一个人、一个程序或一台计算机。例如，为了捕获网络数据的窃听行为，以及在未授权的情况下复制文件或程序的行为。截取是对保密性的攻击。

修改是指未授权的实体不仅得到了访问权，而且还篡改了资源。例如，在数据文件中改变数值、改动程序使它按不同的方式运行、修改在网络中传送的消息的内容等。修改是对完整性的攻击。

捏造是指未授权的实体向系统中插入伪造的对象。例如，向网络中插入欺骗性的消息，或者向文件中插入额外的记录。捏造是对真实性的攻击。

目前网络攻击者主要利用网络通信协议自身存在的缺陷或因安全配置不当而产生的安全漏洞进行攻击。目标系统被攻击或者被入侵的程度依赖于网络攻击者采用的攻击手段。网络攻击可分为被动攻击和主动攻击两大类，如图8-3所示。

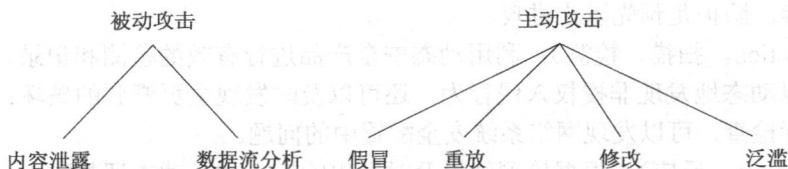

图8-3　主动攻击和被动攻击

另外，从网络高层协议的角度，网络攻击还可以分为服务攻击与非服务攻击两大类。服务攻击是针对某种特定网络服务的攻击，如电子邮件、文件传输、网站浏览等服务的专门攻击；非服务攻击不针对某项具体应用服务，而是基于网络层等低层协议而进行的，如源路由攻击和地址欺骗等。

1．被动攻击

被动攻击是指攻击者简单地监视所有信息流以获得某些秘密。这种攻击可以是基于网络（跟踪通信链路）或基于系统（用秘密抓取数据的特洛伊木马代替系统部件）的。这种攻击是最难被检测到的，对付这类攻击的重点是预防，主要手段有数据加密等。

被动攻击主要的攻击方式是网络监听，又可以分为两类：消息内容获取和业务流分析。

业务流分析也称为通信量分析。

网络监听依赖于各种监听设备和数据包嗅探软件，如 Sniffer、WireShark 等抓包软件，这些软件可以将网络接口设置为监听模式，截获网上传输的数据包，通过解析数据包，获取消息内容，设法取得目标主机的超级用户权限。

即使采用了加密技术，也可以利用监听工具进行数据流分析，通过观察数据包交换的频度和长度，确定通信位置和通信主机的身份，进而帮助攻击者猜测正在进行的通信特性，然后进行攻击。例如，猜测公司间的合作关系、用户所浏览的网站等。

在共享媒介的广播网络中进行网络监听比较容易，在交换式的点对点网络中利用 ARP 欺骗等手段也可以进行监听。黑客一般都是利用网络监听来截取用户口令。比如当黑客占领了一台主机之后，想将战果进一步扩大到这个主机所在的整个局域网的话，监听往往是选择的捷径。

2．主动攻击

主动攻击是指攻击者试图突破网络的安全防线。中断、修改和捏造都属于主动攻击。这种攻击涉及到数据流的修改或创建错误的数据流，此类攻击无法预防但却易于检测，故对付的重点是测而不是防，主要手段有防火墙、入侵检测技术等。

主动攻击包括数据流的假冒、重放、修改和泛滥等。

假冒是一个实体假装成另一个实体。假冒攻击通常包括一种其他形式的主动攻击。例如，在发送身份验证序列时，可以捕获身份验证序列并重新执行，这样，通过扮演具有特权的实体，几乎没有特权的实体获得了额外的特权。

重放涉及被动捕获数据单元及其后来的重新传送，以伪装用户进行通信。

修改消息意味着改变了真实消息的部分内容，或将消息延迟或重新排序，导致未授权的操作。

泛滥意味着网络上充斥着大量垃圾信息，导致网络性能下降甚至拒绝服务。

拒绝服务（DoS）攻击即攻击者想办法让目标主机停止提供服务或停止资源访问。资源包括磁盘空间、内存、进程甚至网络带宽等，当这些资源被耗尽时，用户就无法进行正常访问。最常见的 DoS 攻击有网络带宽攻击和连通性攻击。带宽攻击指以极大的通信量冲击网络，使得所有可用网络资源都被消耗殆尽，最终导致合法的用户请求无法通过；连通性攻击是指用大量的连接请求冲击计算机，使得所有可用的操作系统资源都被消耗殆尽，最终计算机无法再处理合法用户的请求。其原因是系统要为每条 TCP 连接分配一定的缓冲区、带宽等资源，这是由于网络协议本身的特性和安全缺陷造成的，系统无法绕开，因此，拒绝服务攻击也成为攻击者的终极手法。最常见的分布式拒绝服务（DDoS）攻击就是所谓"F5"攻击，即大量用户浏览同一网站时频繁按 F5 键，刷新网页，造成网站资源耗尽，使其他用户无法访问该网站。

3．主动攻击和被动攻击的比较

主动攻击具有与被动攻击相反的特点。虽然很难检测出被动攻击，但可以采取措施防止它的成功。相反，很难绝对预防主动攻击，因为这样需要在任何时候对所有的通信工具和路径进行完全的保护。防止主动攻击的做法是对攻击进行检测，并从它引起的中断或延迟中恢复过来。因为检测具有威慑的效果，它也可以对预防做出贡献。

入侵者对目标进行攻击或入侵的目的大致有两种：第一种是使目标系统数据的完整性失效或者服务的可用性降低。为达到此目的，入侵者可以采用主动攻击手段入侵并影响目标信息基础设施。第二种是破坏目标的秘密。入侵者采用被动的攻击手段，即不用入侵目标，通过传感器对开放的网络产生影响。为此，入侵者可以采用的主动攻击手段是入侵并观察。入侵者也可以以被动攻击手段及观察、建模推理达到其目的。入侵者无论采用什么手段，其行为的最终效果是干扰目标系统的正常工作、欺骗目标主机、拒绝目标主机上合法用户的服务直至摧毁目标系统。

8.1.4　网络安全策略

网络安全策略是网络安全模型中的一个重要组成部分。目前，信息网络面临来自多方面的信息安全威胁。影响网络安全的因素可能是有意的，也可能是无意的；可能是人为的，也可能是非人为的；可能是外来黑客对网络系统资源的破坏，也可能是内部人员对系统资源的非法利用或误用。面对层出不穷的网络安全威胁，加强网络安全防范策略是毋庸置疑的。

通过实施各种访问控制策略、信息加密策略和网络管理策略，可以有效地提高网络的安全级别。

1．访问控制策略

访问控制的主要任务是保证网络资源不被非法使用和访问，它是保证网络安全最重要的核心策略之一。最基本的访问控制是入网访问控制，例如，用户使用移动通信网时必须具备合法的 SIM 卡，使用 Wi-Fi 时必须知道 AP 的密码，使用宽带网络访问互联网时必须具备合法的账户和密码。

除了入网访问控制提供的第一道防线外，访问控制策略还可能部署在各个层次，例如，典型的互联网访问控制策略有网络权限控制（用户对网络资源的访问权限使用一个访问控制表来描述，从而可以验证用户的身份和使用权限，防止用户越权操作）、目录级安全控制（对目录和文件的读、写、创建、删除、修改权限等）、网络服务器安全控制（设置口令锁定服务器控制台、设定服务器登录时间限制和关闭的时间间隔等）、网络监控（如果非法访问的次数达到设定数值就自动锁定该账户）、网络端口和节点的安全控制（对交换机端口、用户 IP 地址、用户 MAC 地址甚至用户账号进行组合绑定）和防火墙控制（限制外部非法用户访问内部网络资源和内部非法向外部传递未授权的数据信息）等。

2．信息加密策略

信息加密的目的是保护网内的数据、文件、口令和控制信息，保护网上传输的数据。网络加密常用的方法有链路加密、端点加密和节点加密三种。链路加密是保护网络节点之间的链路信息安全，在帧或传输信号上加密；端点加密是对源端用户到目的端用户的数据提供保护，在计算机上加密；节点加密在路由器里装有加、解密的保护装置，由这个装置来完成一个密钥向另一个密钥的变换，除了在保护装置内，路由器内部不会出现明文。

3．网络安全管理策略

网络安全技术的解决方案必须依赖安全管理规范的支持。在网络安全中，除采用技术措施之外，加强网络的安全管理，制定有关的规章制度，对于确保网络安全、可靠地运行将起到十分有效的作用。

网络的安全管理策略包括：确定安全管理等级和安全管理范围；制定有关网络操作使用规程和人员出入机房管理制度；制定网络系统的维护制度和应急措施等。

8.2　密码学基础

密码学是保密学的一部分。保密学是研究密码系统或通信安全的科学，它包含两个分支：密码学和密码分析学。密码学是对信息进行编码实现隐蔽信息的一门学问；密码分析学是研究分析破译密码的学问。

密码系统通常从以下 3 个独立的方面进行分类。

（1）按将明文转换成密文的操作类型可分为：置换密码和易位密码。

（2）按密钥的使用个数可分为：对称密码体制和非对称密码体制。

（3）按明文的处理方法可分为：分组密码和序列密码。

8.2.1　密码系统模型

密码系统模型如图 8-4 所示，该系统包括以下几个部分：明文消息 M、密文消息 C、密钥 K、密钥生成算法 G、加密算法 E、解密算法 D。其中密钥 K 分为加密密钥 K_1 和解密密钥 K_2 两种。

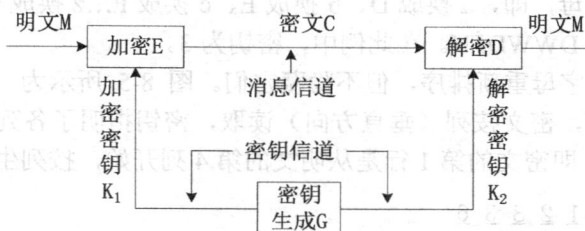

图 8-4　密码系统模型

用户发送的明文消息 M 经过加密算法 E 的运算后，转换成密文 C 在消息信道中传输，到达目的地后使用解密算法 D 恢复出原始的明文消息 M。密钥是加密算法的输入参数，密钥常常并不直接对应用户输入的密码或口令，很多情况下需要复杂的密钥生成算法来产生加密/解密算法所需的密钥。加密算法是一种变换函数，输入参数是明文和密钥，根据密钥对明文进行一系列的移位和替换操作。解密算法是加密算法的逆运算。

若加密密钥 K_1 和解密密钥 K_2 为同一个密钥，就把这种加密技术称为对称加密技术，也称为单密钥加密技术或常规加密技术。若加密密钥 K_1 和解密密钥 K_2 不同，就把这种加密技术称为非对称加密技术或公钥加密技术。

从通信网络的传输方面，数据加密技术可分为以下 3 类：链路加密方式、节点到节点方式和端到端方式。

链路加密方式是一般网络通信安全主要采用的方式。它对网络上传输的数据报文进行加密。不但对数据报文的正文进行加密，而且把路由信息、校验码等控制信息全部加密。所以，当数据报文传输到某个中间节点时，必须被解密以获得路由信息和校验码，进行路由选择、差错检测，然后再被加密，发送到下一个节点，直到数据报文到达目的节点为止。

节点到节点加密方式是为了解决在节点中数据是明文的缺点，在中间节点里装有加、解密的保护装置，由这个装置来完成一个密钥向另一个密钥的变换。因而，除了在保护装置内，即使在节点内也不会出现明文。但是这种方式和链路加密方式一样，有一个共同的缺点：需要目前的公共网络提供者配合，修改网络中的交换节点，增加安全单元或保护装置。

在端到端加密方式中，由发送方加密的数据在没有到达最终目的节点之前是不被解密的。加、解密只在源、宿节点进行。因此，这种方式可以实现按各种通信对象的要求改变加密密钥以及按应用程序进行密钥管理，而且采用这种方式可以解决文件加密问题。链路加密方式和端到端加密方式的区别是：链路加密方式是对整个链路的通信采用保护措施，而端到端方式则是对整个网络系统采取保护措施。因此，端到端加密方式是将来的发展趋势。

8.2.2　置换密码和易位密码

所有加密算法都是建立在两个通用原则之上的：置换和易位。置换是将明文的每个元素（比特、字母、比特或字母的组合）映射成其他元素；易位是对明文的元素进行重新布置。没有信息丢失是基本的要求（也就是说，所有操作都是可逆的）。大多数系统（指产品系统）都涉及到多级置换和易位。在置换密码中，每个或每组字母由另一个或另一组伪装字母所替换。最古老的一种置换密码是由 Julius Caesar 发明的凯撒密码，这种密码算法对于原始消息（明文）中的每一个字母都用该字母后的第 n 个字母来替换，其中 n 就是密钥。例如使加密字母向右移 3 个字母，即，a 换成 D、b 换成 E、c 换成 F…z 换成 C，这样，明文 attack 加密后形成的密文就是 DWWDFN。在此例中，密钥为 3。

易位密码只对明文字母重新排序，但不隐藏它们。图 8-5 所示为一种列易位密码，明文按行（水平方向）书写，密文按列（垂直方向）读取，密钥指明了各列的读取顺序。在本例中，密钥为 74512836，即密文的第 1 行是从明文的第 4 列开始，按列生成密文。

```
列序号： 7 4 5 1 2 8 3 6
        p l e a s e t r
        a n s f e r o n          明文：
        e m i l l i o n          pleasetransferonemilliondollar
        d o l l a r s t          stomyswissbankaccountsixtwotwo
        o m y s w i s s
        b a n k a c c o          密文：
        u n t s i x t w          afllsksoselawaiatoossctclnmomant
        o t w o a b c d          esilyntwrnntsowdpaedobuoeriricxb
```

图 8-5　易位密码例子

要破译易位密码，破译者首先必须知道密文是用易位密码写的。通过查看 E、T、A、O、I、N 等字母的出现频率，容易知道它们是否满足明文的普通模式，如果满足，该密码就是易位密码，因为在这种密码中，各字母就表示其自身。

破译者随后猜测列的个数，即密钥的长度，最后确定列的顺序。在许多情形下，从信息的上下文可猜出一个可能的单词或短语。破译者通过寻找各种可能性，常常能轻易地破解易位密码。

置换和易位可以用简单的电路实现。图 8-6（a）所示的设备称为 P 盒（P 是 Permutation 的缩写，即"变序"），它用来改变 8 位输入线的输出排列。如果这 8 位从上到下指定为 01234567，则该 P 盒的输出为 36071245。通过适当的内部布线，可以让 P 盒作任意变序。

图 8-6（b）所示的 S 盒实施置换。在本例中，输入了 3 比特的明文，输出了 3 比特的密文。S 盒分为 3 段：3-8 译码器；P 盒；8-3 编码器。3-8 译码器的 3 比特输入选择从第 1 站伸出的 8 根线中的一根，将其置为 1，其它均置为 0。第 2 站是一个 P 盒。第 3 站把所选的输入线按二进制重新编码。按照图中的布线，如果 8 个八进制数 01234567 一个接一个地输入，那么输出序列将变成 24506713。即 2 替换 4、4 替换 1，如此类推。同样，P 盒通过适

当地布线可以实现任何替换。

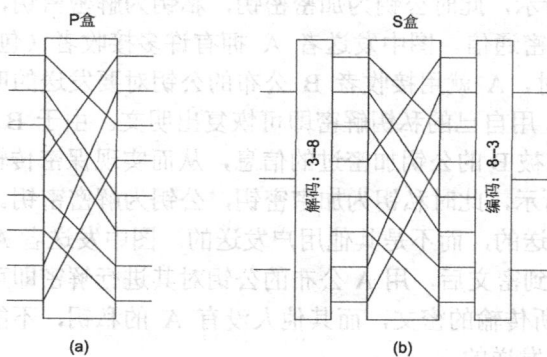

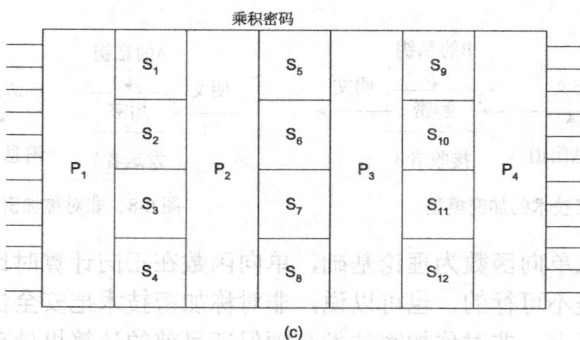

图 8-6　乘积密码的基本元素 (a) P 盒；(b) S 盒；(c) S-P 网络

只有把一串盒子如图 8-6（c）所示的那样连接起来，组成乘积密码，或称为 S-P 网络，上述的基本元素的真正效力才能显露出来。在本例中，第 1 站对 12 根输入线作置换处理。从理论上讲，第 2 站可以为一个 S 盒，它把 12 比特数映射为另一个 12 比特数。但是，这样的一个 S 盒需要 2^{12} = 4096 根跨接线。将 12 比特的输入分成 4 个 3 比特组，各组独立地进行置换处理，则需要的跨接线较少。尽管这种方法没有通用性，却非常奏效。在乘积密码中配置足够多的站，可以使输出成为输入的非常复杂的函数。

8.2.3　对称加密和非对称加密

在大多数情况下，加密技术是保证信息机密性的唯一方法。如果按照收发双方密钥是否相同来分类，可以将加密技术分为对称加密技术和非对称加密技术两种。

对称加密技术的优点是加密算法相对简单，但也应该足以抵抗攻击者对已知明文类型的破译，能经受住时间的检验和攻击。对称加密技术必须保证密钥的安全，如果有人发现了密钥并知道了算法，则使用此密钥的所有通信便都是可读取的，因此，密钥管理成为系统安全的重要因素，其密钥必须通过安全的途径传送。

非对称加密技术最大的特点是将加密和解密所用的密钥分开，也就是有两个密钥。这两个密钥有一个密钥是公开的，称为公钥，另一个密钥是用户私有的，不公开，称为私钥。由于两个密钥中的一个密钥是公开的，所以非对称加密技术也称为公钥加密技术。至于是加密密钥公开还是解密密钥公开，则取决于非对称加密技术的工作模型是加密模型还是认证模型。在加密模型中，加密密钥公开。在认证模型中，解密密钥公开。

加密模型如图 8-7 所示，此时公钥为加密密钥，私钥为解密密钥，这样，通信双方无须事先交换密钥就可进行保密通信。图中发送者 A 拥有许多接收者（包括 B）的公钥，当 A 需要向 B 发送机密信息时，A 就用接收者 B 公布的公钥对要发送的明文消息进行加密。当接收者 B 接收到密文后，用自己的私钥解密即可恢复出明文。由于 B 的私钥只有 B 自己知道，因此只有 B 才能解密被 B 的公钥加密过的信息，从而实现保密传输。

认证模型如图 8-8 所示，此时私钥为加密密钥，公钥为解密密钥。认证模型用于鉴定一条消息是由特定的用户发送的，而不是其他用户发送的。图中发送者 A 用其私钥对明文进行加密并发送给 B，B 接收到密文后，用 A 公布的公钥对其进行解密即可恢复出明文。由于只有 A 才能从该明文生成所传输的密文，而其他人没有 A 的私钥，不能生成这条密文，因此 B 可以认定该消息是由 A 发送的。

图 8-7 非对称加密技术的加密模型　　　　图 8-8 非对称加密技术的认证模型

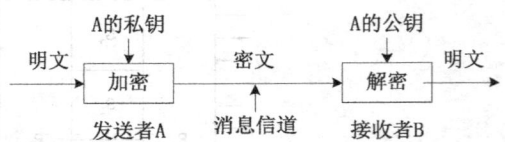

非对称加密技术以单向函数为理论基础，单向函数在正向计算时比较容易，但其求逆计算在现有计算条件下是不可行的，也可以说，非对称加密技术把安全性押在加密和解密的运算量完全不对等的情况上。非对称加密技术必须保证目前的计算机处理能力无法从公钥或密文分析出明文，而使用私钥加密时又非常容易。

非对称加密技术的优点是可以适应网络的开放性要求，密钥管理问题也较为简单，尤其可方便地实现认证和数字签名，但其算法复杂，加密数据的速率较低。

在实际应用中，人们通常将对称加密技术和非对称加密结合在一起使用，例如，利用对称加密技术来加密信息，而采用非对称加密技术来传递密钥。

在现代密码学中，加密技术的安全性依赖于密钥的安全性，而不依赖于算法的安全性。这也就是说，只要密钥不公开，即使加密算法公开并被分析，不知道密钥的人也无法解密。算法不需要保密的事实意味着制造商能够开发出实现数据加密算法的低成本芯片，使之广泛应用到其他产品中。

8.2.4　分组密码和流密码

分组密码（block cipher）也称为块密码，它把消息分成固定长度的块，一次处理一个输入块，每个输入块生成一个输出块。

流密码（stream cipher）也称为序列密码，它对输入元素进行连续处理，每次生成一个输出块。

1. 分组密码

分组密码的工作流程如图 8-9 所示，它将明文消息分成若干个长度为 m 比特的等长组，各组分别在长为 x 比特的加密密钥控制下进行变换，并输出长为 n 比特的等长组作为密文消息。若 $n>m$，则称为有数据扩展的分组密码；若 $n<m$，则称为有数据压缩的分组密码。通常

情况下 $n=m$。

图 8-9　分组密码工作流程

分组密码的设计遵循两个原则：扩散和混淆。扩散是指明文和密钥的每一比特都尽可能多地影响密文比特数量，使得明文和密钥的任一比特的变化，都会引起密文的较大变化，以防止统计分析攻击；混淆是指在加密变换过程中明文、密钥和密文之间的关系尽可能复杂化，以防止攻击者分析出密钥。为了利用少量的软硬件资源实现较好的扩散和混淆，通常在密钥的控制下，设计一个简单、易于实现的函数，采用多次迭代的方式进行加密变换，该函数称为轮函数。分组密码的安全性取决于分组的长度、密钥的长度和轮函数的质量。

在分组密码中，消息被分成若干个连续的块，在实际应用中，如何使用同一个密钥对消息的多个块进行加密或解密，这取决于分组密码的工作模式。分组密码的常用工作模式有 5 种：电子密码本（Electronic Code Book，ECB）模式、密码分组链接（Cipher Block Chaining，CBC）模式、密码反馈（Cipher Feedback，CFB）模式、输出反馈（Output Feedback，CFB）模式和计数器（Counter，CTR）模式。

在 ECB 模式下，加密系统直接将明文消息分成若干个固定长度的明文块，并逐个对每个明文块进行加密。ECB 模式操作简单快速，其特点是确定性和独立性。确定性是指在相同密钥下对同一消息每次加密的结果（即密文块）是相同的，因此 ECB 主要用于加密内容较短且随机的数据，如密钥；独立性是指每个消息块的加密是各自独立的，因此可通过并行处理来提高运算速度，并且某个消息块在加密过程中出现的错误只会影响该块的解密结果。

在 CBC 模式下，每一个密文块的产生不仅依赖于它所对应的明文块，而且依赖于前一个消息块进行加密后的密文块。CBC 采用了一种反馈机制将所有密码分组链接起来，具有以下特点：随机性和差错传递。在随机性方面，CBC 模式中引入了初始向量 IV，在每次加密时都使用一个新的 IV。IV 无须保密，可以跟密文一起传输，但是必须是不可预知的。因此，由于 IV 的随机性使得第一个密文块被随机化，同样，后续的每一个密文块都因前一个密文块的随机性而被随机化。误差传递指的是对每一个消息块的正确加密或解密都要求它前面密文块是正确的，因此 CBC 不能进行并行运算，并且某一个密文块的错误会影响本密文块和后一个密文块共两个密文块。CBC 模式有利于隐蔽明文的数据模式，可以阻止数据块的重放、插入或删除等攻击。在手机上网的 WAP 协议中，采用的就是 CBC 模式。

密码反馈模式把分组密码算法运用在流密码上，实质上是一种自同步的流密码。与 CBC 一样，都是密文反馈，都会传播差错。与 CBC 不一样的是，CBC 在接收完整个数据块之后才能进行加密，而密码反馈模式可以在比数据块小的多的单元里进行处理。

输出反馈模式与密码反馈模式非常相似，实质上是一种同步流密码，但克服了差错传播。

计数器模式基于一个计数器，它将计数器的初始非保密值作为基础分组密码算法的输入，并且每处理一个块计数器加 1。计数器模式可采用并行运算，也不传播差错，其实现难点在于如何产生计数序列并保证同步。

2. 流密码

流密码的加密过程是把明文数据流同密钥流进行逐位模 2 加（即异或运算），生成密文流发送给接收者。接收者用相同密钥流进行逐位解密来恢复出明文。流密码的加解密过程如图 8-10 所示。

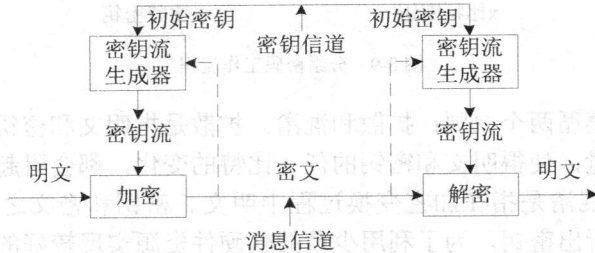

图 8-10　流密码原理框图

流密码的安全性主要依赖于密钥流。密钥流是一个伪随机序列，由少量的制乱素（密钥）通过密钥流生成器而产生。收发双方产生的密钥流是同样的，并且加密密钥流与明文流之间、解密密钥流与密文流之间要保持对应的同步关系。

流密码的优点是处理速度快，实时性好，错误传播小，不易被破译，适用于军事、外交等保密信道。流密码的缺点是明文扩散性差，插入信息的敏感性差，需要密钥同步。

流密码强度完全依赖于密钥流产生器所生成序列的随机性和不可预测性。因此其核心问题就是密钥流生成器的设计，而保持收发两端密钥流的精确同步则是实现正确解密的关键技术。

根据加密器中记忆元件的存储状态是否依赖于所输入的明文，流密码分为同步流密码（Synchronous Stream Cipher，SSC）和自同步流密码（Self- Synchronous Stream Cipher，SSSC）两种形式。

同步流密码密钥流的产生是独立于明文和密文的。自同步流密码与同步流密码的区别是其密钥流的产生除与密钥本身有关外，还与已经产生的固定位数的密文字符有关，因此它是一种有记忆能力的流密码。

同步流密码必须保持两端精确同步才能正常工作，一旦失步就不能正确解密，只有等到重新同步后才能恢复。但是这也有利于同步流密码系统进行主动攻击（如对消息插入、删除等）的检测。此外，在同步流密码中的传输错误只影响相应位的恢复消息，即没有错误传播。自同步流密码采用了移位寄存器，所以会有有限的错误传播，当错误密文移出移位寄存器时，则又可以进行正确解密。

8.3　加密算法

加密算法是加密技术的核心内容。好的加密算法能够有效隐藏用户的身份，防止密文被破解，同时可以通过必要的验证信息对所传输的数据进行校验，判断数据是否被篡改和伪造。

针对对称加密技术和非对称加密技术，相应地，也有对称加密算法和非对称加密算法两类算法。

8.3.1　对称加密算法

对称加密技术依赖于强大的加密算法，但其安全性取决于密钥的保密性，而不是算法的保密性。攻击者即使知道了算法，并且拥有一些密文和生成密文的明文，也不能译出密文或发现密钥。算法不需要保密的事实意味着制造商能够开发出实现数据加密算法的低成本芯片，这些芯片应用广泛，可以被结合到其他许多产品中。

常见的对称加密算法有数据加密标准（Data Encryption Standard，DES）、三重 DES（3DES）、RC6（Rivest Cipher 第 6 版）、国际数据加密算法（International Data Encryption Algorithm，IDEA）和高级加密标准（Advanced Encryption Standard，AES）等。

（1）DES。DES 是对称加密算法的典型代表，其他算法基本都是在 DES 算法的基础上改进的。DES 算法是一种分组密码，明文消息分成 64 位的明文块，使用异或、置换、代换和移位操作四种基本运算，进行 16 次循环得到密文。

DES 的加密原理是使用一个 56 位的密钥以及附加的 8 位奇偶校验位，使用 Feistel 迭代结构产生最大 64 位的分组大小。DES 将加密的文本块分成两半，使用子密钥对其中一半应用循环功能，然后将输出与另一半进行异或运算，再将这两半进行交换，如此处理直到最后一个循环，不再进行交换操作。

DES 算法面对的主要安全威胁是蛮力攻击，也称为穷举法，即攻击者彻底搜索整个密钥空间，通过重复尝试各种密钥直至破解为止。随着计算机系统能力的提高，这种破解方法对 DES 算法的威胁也越来越大，但总体来说，DES 算法的安全性是比较高的，目前的破解方法只有穷举法一种。

（2）3DES。3DES 也称为 TDEA（Triple DES，DES 算法本身称为 DEA，即数据加密算法）。3DES 是 DES 算法的扩展，它使用 3 个子密钥，并执行 3 次 DES 算法，即对数据进行三次加密，以增强 DES 的保密强度。3DES 的密钥总长度为 168 位，如果 3 个 56 位的子密钥都相同，则 3DES 向后兼容 DES。

（3）RC6。RC6 是由 RSA 公钥算法的创始人之一 Ron Rivest 设计的一种基于参数变量的对称分组加密算法，其参数变量有 3 个，分别为数据块长度、迭代次数和密钥长度。整个算法由 3 部分构成，分别为密钥扩展算法、加密算法和解密算法，使用了模加、模减、模乘、异或、循环右移和循环左移共 6 种基本运算方法。

（4）IDEA。IDEA 算法也是在 DES 算法的基础上发展而来的，主要解决了 DES 密钥短的问题。IDEA 算法的密钥长度是 128 位，数据块长度为 64 位。该算法采用一系列加密轮次，每次加密都使用从完整的加密密钥中生产的一个子密钥，将子密钥分别与数据块进行运算。IDEA 使用了打乱和扩散等操作，主要有 3 种运算：异或、模加、模乘，容易用软件和硬件实现。

（5）AES。AES 是美国联邦政府采用的一种分组密码加密标准，目的是替代 DES 算法。通过征集，最后从 RC6、Rijndael、SERPENT、Twofish 和 MARS 这 5 个候选算法中选出 Rijndael 算法作为 AES 密码体制算法。由于 AES 算法具有很好的抵抗差分密码分析及线性密码分析的能力，现已成为对称加密技术中最流行的算法之一。

AES 算法的设计策略是宽轨迹策略，与其他分组密码算法相同，由密钥扩展算法、加密算法和解密算法三部分组成，基本的设计原则是打乱和密钥扩散。该算法在设计时，有三条标准，一是能够抵御已知明文的差分和线性攻击，二是确保运算速度快、编码紧凑，三是算法的执行过程简单。

AES 加密数据块分组长度必须为 128 比特，密钥长度可以是 128 比特、192 比特或 256 比特。在利用 AES 算法进行数据加密的过程中包含有多轮的重复和变换，一般有密钥扩展、初始轮、重复轮和最终轮等几个步骤。

8.3.2 非对称加密算法

非对称加密算法是建立在数学函数基础上的，而不是建立在位方式的操作上的。非对称加密算法可用于数据完整性、数据保密性、发送者不可否认、发送者认证等方面。常见的非对称加密算法有 RSA（Ron Rivest、Adi Shamirh 和 Len Adleman 三个开发者姓氏的首字母）算法、椭圆曲线算法、El Gamal 算法和 Diffie-Hellman 算法等。

（1）RSA。RSA 公钥算法是非对称加密算法的典型代表，它是第一个既能用于数据加密也能用于数字签名的算法。该算法是目前国际上公钥算法的推荐标准，受到广泛的承认。

RSA 算法的加密思想主要基于大整数的质因子难以分解的特点。RSA 基于欧拉定理和费马定理，它利用了如下的基本事实：寻找大素数是相对容易的，而分解两个大素数的积在计算上是不可行的。

RSA 通常利用大于 512 比特的长度可变的密钥和分组，在分组中明文块的长度应小于等于加密密钥长度，而密文长度等于解密密钥长度。具体地讲，RSA 的加密思想基于数论中关于素数的事实，将两个大素数相乘后，若要对其进行因式分解极其困难，因此可以将乘积作为密钥。由于 RSA 算法需要对大数进行计算，硬件或软件实现的效率都比较低，不适合对长明文进行加密，因此常用来对密钥进行加密，通常与对称密码体制结合使用。

RSA 算法的简要加密过程是，首先生成一对 RSA 密钥，其中一个作为私钥，由用户保存；另一个作为公钥，可对外公开或在网络服务器中注册。所生成的密钥位数越多，破解就越困难，安全性就越高，通常要求 RSA 密钥的长度至少为 500 位，一般推荐使用 1024 位。在数据传送时，先通过对称加密算法将对话密钥加密，之后仅利用 RSA 密钥加密对话密钥和信息摘要，通过两类算法的结合，减少因加密产生的计算量。

RSA 算法的安全性无法从理论上进行证明，它依赖于大数分解，又无法确切说明其破解的难度与大数分解的难度等价。它的主要缺点有三个，一是密钥的生成非常麻烦，又由于素数产生技术的限制条件，无法做到每次的密码都是不同的；二是分组长度太大，运算速度较慢，而且目前的发展趋势仍是长度继续增加，这不利于数据格式的标准化；三是 RSA 密钥长度随着保密级别提高，增加很快。在面对攻击方面，RSA 算法对选择密文攻击和公共模数攻击的抵抗性较弱，安全性会受到较大影响，这种安全性方面的问题主要是来自于公钥的公开性，无法从算法的角度给予有效的解决方案，通常的解决方法是采用好的公钥协议和不对未知文档随意进行签名。

（2）椭圆曲线算法。椭圆曲线指的是由韦尔斯特拉斯方程所确定的平面曲线。椭圆曲线离散对数问题的特点是，当给定素数和椭圆曲线后，计算指定的正整数非常困难，可以基于此提出一种加密算法，这就是椭圆曲线算法，又称 ECC 算法。

椭圆曲线算法是代替 RSA 算法的强有力的竞争者。这主要体现在以下四个方面：一是安全性能高，在与 RSA 安全强度相同的情况下，采用椭圆曲线算法所需的密钥位数要少得多；二是计算量小，运算速度快，尤其在处理私钥时，椭圆曲线算法的处理速度比 RSA 快得多；三是存储空间占用小，ECC 的密钥尺寸和系统参数都比较小，需要的存储空间也就相对较小；四是带宽要求低。

（3）El Gamal 算法。该算法基于公钥密码体制和椭圆曲线加密体系，既能应用于数据加密也可以用于数字签名，其核心是基于计算有限域上离散对数这一难解性问题。

在 El Gamal 算法中，密文长度是明文长度的两倍，且每次加密后会在密文中生成一个随机数。El Gamal 算法初始需要一个素数和两个随机数产生密钥对，且选取的素数必须足够大。

（4）Diffie-Hellman 算法。该算法只用于密钥的交换，而不是对消息数据进行加密和解密。当通信的双方通过该算法确定要使用的密钥后，需要使用其他加密算法来进行消息的加密和解密。该算法的特点是，两个用户可以在以前没有任何密钥的情况下通过不安全的传输信道交换密钥。

Diffie-Hellman 算法是基于计算离散对数的难度，这与 El Gamal 的基础是相同的。在使用该算法时，会有两个全局公开的参数：一个素数及其一个整数原根。当两个用户需要交换密钥时，其中一个用户会选择一个随机数作为他的私钥，同时利用另一个用户的公钥产生两用户之间的共享密钥。由于计算离散对数几乎是不可能的，只有指定的接收方才能顺利确定密钥，其他用户无法解读报文。

Diffie-Hellman 算法的最吸引人之处在于除了全局参数外，它不需要事先的基础结构，另外，该算法仅在需要的时候才产生密钥，减小了因长期存储密钥而增加的被破解的可能性。该算法的不足是由于没有提供双方身份的任何信息，在进行密钥交换时需要进行大量密集的计算，易受到阻塞性攻击和中间人的攻击。

8.4　密钥管理

密钥是进行数据加密时的必要元素之一，也是决定系统安全性的重要因素，若管理系统的密钥泄露，将会直接导致加密系统的失效。因此，需要完善的管理体制对系统的密钥进行管理。一个好的密钥管理系统需要做到保密密钥不被窃取、密钥有使用范围和使用时间的限制、密钥的分配和更换对用户是透明且安全的。

8.4.1　密钥管理过程

密钥管理涵盖了密钥的整个生存周期，涉及密钥的生成、分发、验证、使用、备份、更新以及销毁等多个方面。下面对密钥管理过程中的各个阶段进行简要概述。

（1）密钥生成。此阶段需要使用密钥生成算法来生成密钥，如果生成的密钥强度不一致，则称该算法生成的为非线性密钥空间，否则，称为线性密钥空间。一般来讲，密钥长度应该足够长，以增加攻击者使用穷举法对密码进行破解的难度。对称加密算法生成的密钥一般属于线性密钥空间，而非对称加密算法对应非线性密钥空间。生产的密钥有可能需要密钥登记，并将产生的密钥与特定的应用绑定在一起。

（2）密钥分发。密钥的分发或交换包括密钥的分配和传递两个阶段。密钥的分配是指使用者获得一个密钥的过程，密钥的传递是指密钥在信道中的传送。密钥分发不仅包括保密密钥的分发，也包括公钥的分发。

（3）密钥验证。如果密钥在传递过程中发生了差错，会影响接收方对消息进行解密，又由于系统中对报文的处理过程是自动进行的，差错不易被发现。因此，通常需要在传递密钥时附带一个由该密钥加密的密文，其明文内容是接收者预知的，通过附加的数据信息对密钥进行验证，确保密钥的正确性。实际使用时，可将用户的某个标识作为明文内容，加密后作为附加信息。

（4）密钥存储。密钥的存储需要安全可靠的存储介质和安全严密的访问控制机制。主密钥是最高级的密钥，主要用于对其他密钥进行保护，具有安全性要求最高和生存期长的特点，而且只能以明文的形式存储，故通常将其存储在专用密码装置中。

（5）密钥更新。当密钥的使用期限已到或怀疑密钥泄露时，就需要对密钥进行更新。密钥更新越频繁，系统就越安全，但是频繁地进行新密钥的分发非常困难。一种容易的解决办法是从旧的密钥中产生新的密钥。

（6）密钥备份。密钥备份可以采用密钥托管、密钥分割、秘密共享等方式。密钥托管主要指的是通过密钥托管中心对密钥进行备份保管，一旦用户的密钥丢失，用户可以向密钥托管中心索取密钥。此外，也可以通过智能卡实现密钥的临时托管。密钥分割的思想是将密钥分割成许多碎片，只有当这些碎片组合到一起，才会实现密钥的功能。秘密共享方法基于秘密共享协议，只有参与者同时协作才能得到秘密消息。

（7）密钥的销毁。密钥不能无限期地使用，当密钥过期时，就需要对该密钥进行彻底的销毁，并更换新密钥。密钥销毁需要彻底清除密钥的一切存储形态和相关信息，彻底杜绝该密钥被重用的可能。涉及密钥产生、分配、存储、备份和工作状态的各种相关信息都需要被销毁。通常，计算机会对密钥在磁盘的实际存储位置进行多次重写覆盖，并同时删除密钥副本和临时文件。

8.4.2　保密密钥的分发

保密密钥的分发方法有很多种，例如，手工分发、利用旧密钥加密新密钥后再分发、利用公钥加密技术分发、利用 KDC（密钥分发中心）技术分发、利用 CA（证书权威机构）技术分发等。

由于对称加密技术的加密速度比较快，因此，常使用对称加密技术对消息本身加密，而利用公钥加密技术分发会话密钥，如图 8-11 所示。当发送者 A 与接收者 B 要进行秘密会话时，A 首先需要把会话密钥传递给 B，于是 A 利用 B 的公钥对会话密钥进行加密，再发送给 B。当以后 A 和 B 进行通信时，就利用会话密钥对所传输的信息进行加密和解密。每次会话连接都使用新的会话密钥。这样做可以避免通信双方在发送和接收信息时一直采用相同的密钥，并且比单纯使用公钥密码系统进行加密和解密要简单快速。

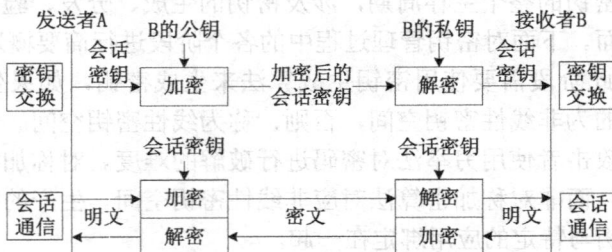

图 8-11　利用公钥加密技术分发保密密钥

8.4.3　公钥的分发

虽然公钥是公开的，分发公钥不需要保密，但公钥的完整性必须得到保证，不能允许攻击者用别的值冒充公钥。因此，公钥需要以某种特定的方式来分发，应该遵循公钥基础设施

（Public Key Infrastructure，PKI）、PKIX（互联网 PKI）、WPKI（无线 PKI）等规范。

PKI 是一种建立在公钥密码理论、目录服务和数字证书技术基础上的具有通用性的安全服务框架，用于帮助用户建立和管理相互信任的关系。在 PKI 系统中，公钥是由数字证书来分发的。

数字证书是一条数字签名的消息，它通常用于证明某个实体的公钥的有效性，由可信任的第 3 方（通常为 CA）签发和管理。数字证书具有固定的数据格式，内容包括证书序列号、证书持有者名称（ID）、持有者公钥、有效期、CA 名称及其数字签名。假定一个用户提前知道 CA 的真实公钥，用户就能检查证书的签名的合法性。如果检查正确，用户就相信那个证书携带了要鉴别成员的一个合法的公钥。数字证书的类型有很多种，影响最广的是 ITU-T X.509 公钥证书和属性证书。属性证书不包含公钥信息，只包含证书持有者名称、CA 名称、签名算法、有效期和属性等信息。它是一种轻量级数字证书，有效期较短，利用属性来定义每个证书持有者的权限、角色等信息，从而对信任度进行一定程度的管理。

一个基本的 PKI 系统至少包括认证机构、注册机构、策略管理、密钥和证书管理四个内容。可以将 PKI 看成是由安全策略和一套软硬件系统组成的集合。典型的 PKI 系统架构包括支持 PKI 系统运行的软硬件系统、PKI 策略、认证中心、注册机构、证书签发机构、PKI 应用接口和 PKI 应用等基本结构。

支持 PKI 系统运行的软硬件系统主要包括认证服务器、目录服务器、PKI 平台等。PKI 策略主要包括制定认证策略、运行制度、安全策略、安全级别、服务对象、认证规则、管理原则和框架、定义各认证中心间的关系、遵循的技术标准以及相关的法律法规等内容。

PKI 提供了一种在具有开放性和危险性的网络环境中保障各类信息安全的解决方案，其基本服务包括认证、数据完整性、数据保密性、不可否认性、公正及时间戳等，典型应用有 VPN、安全电子邮件、Web 安全、网上银行和移动支付等。

8.5　认证技术

认证技术是能够提供信息完整性、防止抵赖和防止篡改等功能的一种安全技术。认证技术是从密码技术的基础上发展而来的，密码技术中的加密技术用于防止第三方进行截取、窃听等被动攻击，而认证技术的作用是确保报文发送者和接受者的真实性以及报文的完整性，阻止第三方进行冒充、篡改、重放等主动攻击。

认证技术主要包括身份认证、消息认证和数字签名等，这些技术的基本功能是相同的，区别在于认证的对象、功能和应用。

互联网常用认证协议有 RADIUS 认证授权协议、X.509 认证交换协议、Diffie-Hellman 认证交换协议和 PPP 口令认证协议等，另外用于 IP 安全的 IPsec 协议和用于电子邮件加密的 PGP 协议等也包含了认证协议在内；局域网使用的认证协议为 IEEE 802.1i；2G 和 3G 移动通信网则使用了基于对称加密技术的认证协议，采用"挑战-响应"认证机制，每次认证时鉴权中心都给移动端发送一个不同的随机数，作为"挑战"字串，移动端收到这个"挑战"字串后，计算散列函数做出"响应"。用户在登记、开机和位置更新时都要进行认证。

8.5.1　身份认证

除了基于数学的对称加密技术和非对称加密技术之外，还有一类非数学的密码技术，包括信息隐藏、量子密码和基于生物特征的识别技术等，身份认证就常常采用这类技术。

在现实生活中，个人身份的确认主要通过各种证件来实现，如身份证、户口本等。在计算机网络中，身份认证技术是用于确认操作者身份的过程，即证实用户的真实身份与其所声称的身份是否相符的过程。

1. 身份认证系统

在身份认证的过程中，主要有三个角色：示证者、验证者和攻击者。身份认证系统主要完成验证者的角色。在某些必要情况下，身份认证系统可能需要另外的可信赖者，对认证过程中产生的纠纷进行调解。

身份认证系统主要包含三个组成要素：认证服务器、用户端软件和认证设备。

认证服务器负责进行用户身份认证的具体工作，在服务器上存放有用户的私有密钥、认证方式和其他用户认证的信息。

用户端软件为用户登录系统提供操作界面，用户端必须与认证服务器运行相同的认证协议。

认证设备是用户用来产生或计算密钥的软硬件设备，如 IC 卡、指纹扫描仪等。

在计算机网络中，当一个用户需要访问某个受限制的网络资源时，首先向身份认证服务器申请，提交其用户名和密码；服务器响应后，对该用户的信息进行审查，审查若通过，则授予该用户相应的权利；用户在得到相应的权利后，可以访问相应资源。由此可见，一个典型的认证过程可分为 3 个部分：认证、授权和审核，如图 8-12 所示。

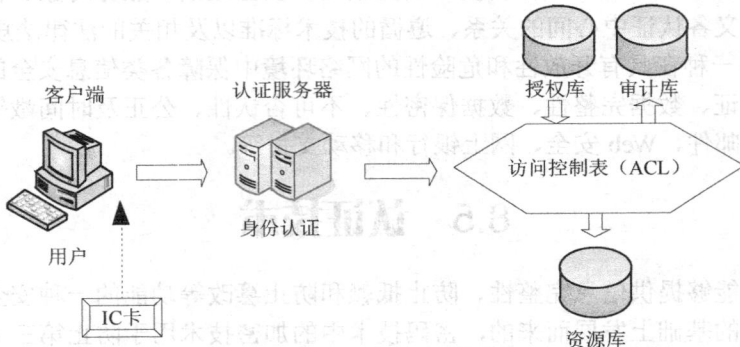

图 8-12　典型的身份认证过程

认证部分主要通过标识和鉴别用户身份，防止他人冒充合法用户进行资源访问。当用户身份的合法性得到证实后，授予该用户相应的权利，允许该用户执行与其身份相符的有关操作。为便于后期核查责任，防止抵赖，系统会将该用户所做的操作进行如实地记录，用于审核。

2. 身份认证技术

身份认证技术可基于下面 3 种因素来实现：一是用户所知道的秘密或信息，如密码、账号、数字证书等；二是用户所携带的物品，如身份证、护照、智能卡、SIM 卡等；三是用户本身特征，如指纹、声音、笔迹、视网膜等。

口令机制是最简单、最普遍的身份识别技术，通过用户名/口令来实现，例如系统登录时需输入用户名和密码。该机制具有共享秘密的属性，是相互约定的代码，只有用户和系统拥有该信息。口令有时由用户选择，有时由系统进行分配。

在安全性要求比较高的场合，如网上银行，常采用一次性口令认证技术来提高口令机制的安全性。一次性口令规定用户每次登录时使用不同的口令，防止攻击者通过一次成功的口令窃取而永久地获得系统访问权。一次性口令在每次登录时加入了不确定因素，例如，每次登录的口令是账号、密码和时间的某种函数。另外，手机密码短信、基于时间同步的每 60 秒变换一次的硬件令牌等都属于一次性口令认证技术。

IC 卡认证技术是基于半导体技术实现的，用户从可信的发行者处获取 IC 卡，IC 卡上的用户身份信息可以从连接到计算机的读卡器读出来。公交车收费的公交卡、一卡通中的校园卡等都属于 IC 卡认证技术。

基于用户特征的认证技术属于典型的自动识别认证技术，认证设备包括指纹扫描仪、视网膜扫描仪、声音验证设备、手型识别器等，安全性比较高。系统通过设备采集用户的特征信息，并与系统中存储的数据进行比对，进而完成识别。

8.5.2　消息认证

消息认证是指通过对消息进行加密或变换使得接收者可以确定消息的真实性。消息认证包括消息完整性认证、消息的源和宿认证以及消息的序号和操作时间认证等。

消息认证的主要目的是防止信息在传输或存储过程中被篡改，包括对消息进行内容修改、顺序修改和计时修改。在税务系统和银行支付密码等领域中有重要应用，如进行票据防伪。

一个基本的消息认证系统如图 8-13 所示。信源作为消息的发送者，会通过一个公开的无扰信道将消息发送给接受者，即信宿。接受者在收到消息的同时会验证消息是否来自合法的发送者，同时还需验证消息是否经过篡改。攻击者指的是在系统中截收和破译信道中传送信息的分析者，作为攻击者还能够对消息的接收者进行欺骗。认证编码器和认证译码器是用来具体实现认证函数功能的。

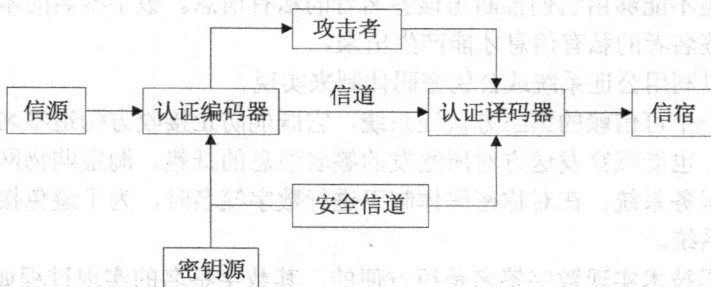

图 8-13　基本消息认证系统模型

在消息认证中的两个关键元素是认证符和认证函数。认证符是用来认证消息的值，由消息的发送方产生，并发送给消息接受方；认证函数是产生认证符的函数，也就是实际产生认证符的方法，具体可分为 3 类：消息加密、消息认证码（Message Authentication Code，MAC）和 Hash 函数。

消息加密是对整个消息进行加密，然后把密文作为认证符。

消息认证码是消息 M 和密钥 K 的公开函数，产生一个固定长度的值作为认证符，称为消息认证码 MAC=f(K，M)，附加在消息之后。接收方收到消息后，利用相同的密钥 K 进行 MAC 的计算，若计算所得的 MAC 与接收到的值相等，则表示该消息是真实可信的。MAC 函数与加密函数类似，都需要明文、密钥和算法的参与，区别在于 MAC 算法不要求可逆性，加密算法则必须是可逆的。

Hash 函数又称为哈希函数、散列函数、杂凑函数等，它是一个将任意长的消息映射为定长的 Hash 值（也称为散列值）的公开函数，消息中任意位的变化都会导致该散列值的改变。这种方法以散列值作为认证符，也称为消息摘要。

使用 Hash 函数的消息认证算法有消息摘要算法第 5 版（Message Digest Algorithm 5，MD5）、安全散列算法（Secure Hash Algorithm，SHA-1）、RIPEMD-160 等。Hash 函数的一个重要特性是单向性，即从 M 计算得到散列值容易，而从散列值求 M 则在计算上是不可能的。Hash 函数与消息认证码的相同之处是都产生一个固定的值，区别在于生成消息摘要不需要使用密钥。目前，在网络上发布文件尤其是大文件时，常会附带公布文件的 MD5 值，其目的就是让用户可以使用 MD5 这种散列函数算法去验证文件的完整性。

8.5.3　数字签名

数字签名技术利用消息认证和用户身份认证来防止通信双方的抵赖行为，它能够向公正的第三方提供消息真实性的证据，从而解决通信双方存在的纠纷。

数字签名技术应该满足以下要求：接收方能够确认发送方的签名，但不能伪造；发送方发出签名的消息后，就不能再否认他所签发的消息；接收方对已收到的签名消息不能否认，即有收报认证；第三方可以确认收发双方之间的消息传送，但不能伪造这一过程。

数字签名技术用 0、1 数字串代替了现实生活中的手写签名，广泛应用于商业通信系统，如网上银行、网上购物和办公自动化等系统。

1．数字签名过程

数字签名过程分为两部分：对数据单元的签名和验证签过名的数据单元。在签名过程中，使用签名者的私有（即独有的和机密的）信息进行签名；在验证过程中，所有规程和信息是公开的，但是不能够由它们推断出该签名者的私有信息。数字签名的本质特征是，该签名只能通过使用签名者的私有信息才能产生出来。

数字签名可以利用公证系统或公钥密码体制来实现。

公证系统是一个可信赖的第三方认证系统，它既能防止接收方伪造签名或否认收到过发给它的签名消息，也能戳穿发送方对所签发的签名消息的抵赖。淘宝购物网上的支付宝系统就是典型的公证服务系统。在对称密码体制下进行数字签名时，为了避免接收者伪造签名，必须引入第三方系统。

利用公钥密码技术实现数字签名是很方便的，其数字签名的实现过程如图 8-14 所示，通常使用密钥来生成签名信息。当 A 向 B 发送消息 M 时，A 会将签名与消息一起发送。当 B 接收到该消息后，会根据消息及其签名对消息内容的完整性进行验证。可以看出，公钥数字签名采用的就是公钥加密技术的认证模型，签名算法也就是加密算法和解密算法。

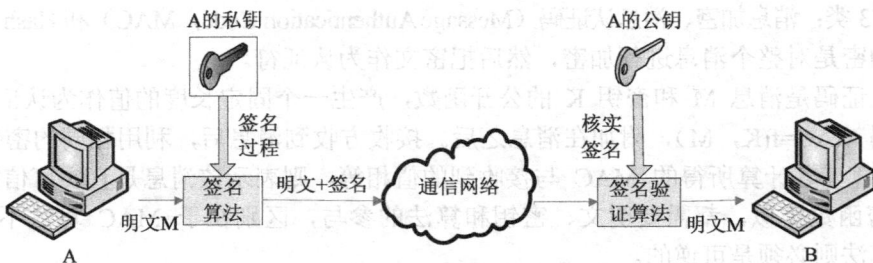

图 8-14　典型的数字签名过程

在图 8-14 中，仅对消息进行签名，并未对消息本身进行保密，当攻击者截获到密文且知道消息发送方时，就可以获得 A 的公钥，从而获取密文内容。为了实现秘密通信和数字签名的双重功能，可采用图 8-15 的实现过程。

图 8-15　具有保密性的数字签名

数字签名与消息认证不同的是，在消息认证中，接收方能够验证消息的发送者以及消息是否被篡改，可以有效地防止第三者对通信过程的破坏，但是消息认证不能够防止收发双方的抵赖和欺骗，数字签名能够解决收发双方之间的纠纷。

2．数字签名算法

数字签名算法就是指在实现数字签名时所使用的加密或解密算法。普遍使用的签名算法绝大多数基于以下三个数学计算难题：大整数因子分解问题，代表算法为 RSA；离散对数问题，代表算法为 EL Gamal；椭圆曲线上的离散对数问题，代表算法为 ECDSA。

美国政府指定的数字签名标准（Digital Signature Standard，DSS）就是建立在 El Gamal 公钥算法的基础之上。与 RSA 相比，DSS 在生成密钥时速度更快一些，在生成签名时的性能差不多，但进行签名验证时要慢得多。

3．特殊数字签名技术

在一些特殊的应用场合需要对普通的数字签名技术加以改进，这些特殊的签名技术有盲签名、一次签名、群数字签名、多重数字签名等。

盲签名是指对所有签署的信息不可见，主要应用于电子货币和电子选举等领域。其基本思想是，通过盲变换将明文信息进行改变，再由签名者进行签名，之后再由签名者进行解密变换得到签名。常见盲签名协议有完全盲签名协议和半盲签名协议，采用的算法有基于 RSA 的盲签名算法、基于 DSS 基本盲签名算法和基于 DSS 变体的盲签名算法等。

一次签名是指算法的参数只能用于签名一个消息，但可以进行若干次验证，如 Lamport 数字签名方案和 Bos-Chaum 签名方案等。

群数字签名根据是否有群管理员，是否分割消息，成员能否匿名等分成很多种类。在使用群数字签名时，群中的各个成员可以以群的名义匿名地签发消息。群数字签名可采用的算法有基于 RSA 密钥分割技术的群数字签名和基于 RSA 密钥非分割技术的群数字签名等。

多重数字签名指签名者按照一定顺序对消息进行签名，它比单一的数字签名要复杂，其整个操作过程包括可信中心的操作计算、签名者进行签名的计算和验证者进行验证的计算。

8.6　互联网安全协议

互联网遵循 TCP/IP 参考模型，数据包在网络上传输的安全性取决于网络互联层、运输层和应用层的安全保障。互联网提供的安全协议有很多种，这里只介绍 3 种常用的互联网安全协议：IP 安全（Internet Protocol Security，IPSec）协议、传输层安全（Transport Layer Security，TLS）协议和超文本传输安全协议（Hypertext Transfer Protocol over TLS，HTTPS）。IPsec 协议用来保障网络互联网层的安全，TLS 协议用来保障传输层的安全，HTTPS 协议用来保障应用层 Web 服务的安全。

8.6.1　IPSec

IPv4 协议没有考虑安全性问题，攻击者很容易截获、篡改和重放 IP 数据报。为了弥补 IPv4 在安全方面的先天不足，IETF 制定了一套称为 IPSec 的安全协议标准。IPSec 是保护 IP 协议的网络层协议族，其目的是将安全特征集成到 IP 层，为 IP 协议提供具有较强互操作能力、高质量和基于密码的通用安全服务。IPSec 在 IPv6 中是必选的，而在 IPv4 中是可选的。

IPSec 提供的安全服务包括访问控制、无连接完整性、数据起源认证、抗重放攻击、机密性。不同于传输层或应用层的安全协议，IPSec 是在 IP 层实现的，可以为任何用户（如 ICMP）或上层协议（如 TCP、UDP 等）提供通用的安全服务。

IPSec 是一组协议，目前主要应用于构建企业级 VPN，其体系结构如图 8-16 所示，可分为安全协议和密钥管理协议两部分。

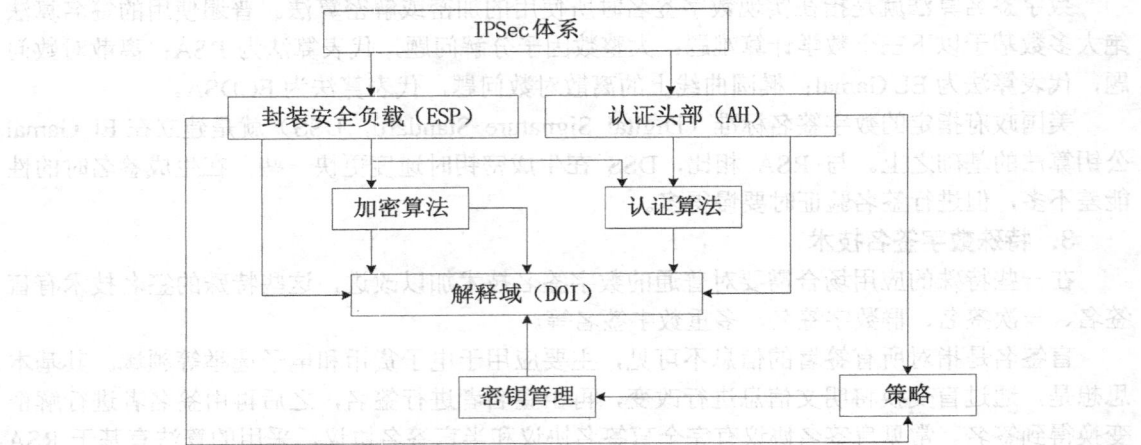

图 8-16　IPSec 协议体系结构

1．安全协议

安全协议通过认证头部（Authentication Header，AH）和封装安全负载（Encapsulating Security Payload，ESP）实现通信保护机制。安全协议涉及加密算法和认证算法。为了使通信双方能正常通信，实现 AH 和 ESP 的通信双方必须遵守共同的解释规则，保持相同的解释域（Domains Of Interpretation，DOI）。当需要在 IPSec 中加入新的算法时，必须完成两个主要工作，一是扩展 DOI，二是在协商过程中修改相应算法字段。

AH 协议为 IP 通信提供数据完整性认证、数据源认证和抗重放攻击保护，但是不提供数据机密性保护。AH 协议的认证算法有两种：一种是基于对称加密算法（如 DES），另一种是基于散列算法（如 MD5 或 SHA-1）。

ESP 协议比 AH 协议复杂，它除了提供数据源认证和数据完整性保护外，还对 IP 数据报提供数据机密性保护。其中，数据机密性是 ESP 协议的基本功能，而数据源身份认证、数据完整性检验以及抗重放攻击保护都是可选的。ESP 协议将需要保护的用户数据进行加密后再重新封装到新的 IP 数据报中，从而实现对用户数据内容的保护。

2. 密钥管理协议

密钥管理协议通过互联网密钥交换（Internet Key Exchange，IKE）完成安全参数的协商。IKE 属于一种混合型协议，由 Internet 安全关联、密钥管理和密钥交换协议组成。

安全关联（Security Association，SA）是指安全服务与它服务的载体之间的一个逻辑连接关系。AH 和 ESP 的实现都需要 SA 的支持，而 IKE 的主要功能就是建立和维护 SA。如果要用 IPSec 建立一条安全的传输通路，通信双方需要事先协商好将要采用的安全策略，包括使用的加密算法、鉴别算法、各算法的密钥、初始向量和密钥的生存期等。当双方协商好使用的安全策略后，通常就说双方建立了一个 SA。安全协议通过安全参数索引（Security Parameters Index，SPI）查找对应的 SA，然后依照 SA 中的安全参数完成通信双方的安全通信。

IKE 协议本身也是一种常规用途的安全交换协议，可以用于策略的协商，帮助验证加密资源的建立，它能适用于 SNMPv3、OSPFv2 等多方面的需求。如果某协议需要用到 IKE，则需要针对该协议定义各自的解释域 DOI。

IKE 支持多种认证方法，认证双方通过预共享密钥认证、公钥加密和数字签名机制进行协商，并对认证协议达成一致意见。预共享密钥是指相同的密钥被预先安装在各自的主机上。IKE 对包含预共享密钥的数据计算其散列值，并把该值发送给对方来实现相互认证。如果接收方可以独立地使用预共享密钥来产生相同的散列值，就表明对方和自己共享同一密钥，从而实现了对对方的认证。IKE 的公钥加密只支持 RSA 公钥加密算法，数字签名支持 RSA 公钥加密算法和数字签名标准 DSS。

3. IPSec 的工作模式

根据 IPSec 的不同应用，IPSec 协议具有传输模式和隧道模式两种工作模式。

传输模式用于端到端的安全传输。在传输模式中，AH 或 ESP 的首部被插在 IP 首部（包括选项或扩展首部）之后，但在传输层协议之前，以便保护净荷的完整性和机密性。

隧道模式主要用于网络和网络之间的安全通信。在隧道模式中，AH 或 ESP 的首部被插在 IP 首部之前，另外生成一个新的 IP 首部放在前面，隧道的起点和终点的网关地址就是新 IP 首部的源 IP 地址和目的 IP 地址。

8.6.2　TLS/SSL

传输层安全协议 TLS 是由 IETF 标准 RFC 2246 制定的，用于保护互联网上基于 C/S 模式的应用程序的通信安全。TLS 是在安全套接层（Secure Socket Layer，SSL）协议的基础上发展而来的，已基本取代了 SSL，只是目前的很多应用程序显示还是 SSL。

TLS 协议位于 TCP/IP 模型的传输层与应用层之间，它的目的是为客户端和服务器之间的通信提供安全保证，包括通信双方的互相认证、消息完整性的验证和用户数据的加密等安全措施。TLS 协议分为两层：TLS 记录协议和TLS 握手协议。TLS 协议的体系结构如图 8-17

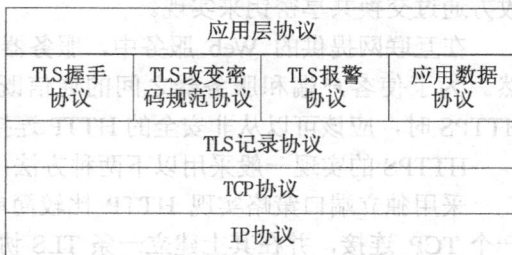

应用层协议			
TLS握手协议	TLS改变密码规范协议	TLS报警协议	应用数据协议
TLS记录协议			
TCP协议			
IP协议			

图 8-17　TLS 协议体系结构

所示，其中 TLS 记录协议有 4 种类型的用户，除了 TLS 握手协议外，还有 TLS 报警协议、TLS 更改密码规范协议和应用数据协议。

TLS 记录协议建立在传输层的 TCP 协议之上，为高层协议提供数据封装、压缩、加密等基本功能的支持。也就是说，TLS 只支持使用 TCP 的应用层协议，如 HTTP、telnet、SMTP 等，不支持使用 UDP 的应用层协议，如 SNMP、SIP 等。

TLS 握手协议建立在 TLS 记录协议之上，用于在实际数据传输开始前，通信双方进行身份认证、协商加密算法、交换加密密钥等。

TLS 改变密码规范协议用于从一种加密算法转变为另一种加密算法。该协议只包含一条消息，只有一个字节，值为 1。在握手协议中，当安全参数协商一致后，发送此消息。它可由客户端或服务器发出来，通知接收方实体将在后续的记录中采用最新协商的密码规范和密钥进行保护。

TLS 报警协议用于传输报警消息及其报警的严重性，包括报警级别和报警含义说明两部分。报警级别分为一般报警和致命报警两类。一般报警包括证书错误、不支持证书、证书已吊销、证书过期、关闭通知、用户终止等。致命报警包括意外消息、错误记录、解密失败、解压缩失败、握手失败、非法参数、未知 CA、协议版本不符等。对于一般报警的处理可根据实际情况灵活进行，而对于致命错误则必须立即终止当前连接，对应该会话的其他连接可以继续，但是会话标识符无效，以免利用此失败的连接来建立新的连接。

应用数据协议用于直接把应用数据传递给 TLS 记录协议。

8.6.3 HTTPS

浏览网页所用的 HTTP 协议采用明文传输，如果不采取任何措施，当用户在网页中输入账号和密码登录网站时，利用 WireShark、Sniffer 等抓包软件，就可以从捕获到的 HTTP 的POST 报文中看到用户的账号和密码。因此，为了保护 HTTP 协议的数据在传送过程中的安全，必须使用安全的 HTTP 协议，即超文本传输安全协议（HyperText Transfer Protocol over TLS，HTTPS）。HTTPS 由 RFC 2818 定义，默认端口号为 443。

HTTPS 协议的体系结构如图 8-18 所示。可以看出，HTTPS 就是经过 TLS 加密后的HTTP，实际上 TLS 的最初版本 SSL 就是为保护 HTTP 而专门设计的。HTTPS 可以与 HTTP 模型共存，基于 HTTP 的应用程序可以不加修改地运行在 HTTPS 之上。

HTTPS 使用 TLS 在发送方对 HTTP 原始报文进行加密，然后在接收方进行解密。加密和解密需要发送方和接收方通过交换共享密钥来实现。

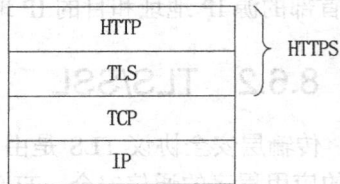

图 8-18　HTTPS 协议的体系结构

在互联网提供的 Web 服务中，服务器可能使用 HTTPS，也可能使用 HTTP，客户端亦然。为了使客户端和服务器之间的通信既可以选择 HTTPS，又可以选择 HTTP，在实现HTTPS 时，应该可以从非安全的 HTTP 连接切换到安全的 HTTPS 连接。

HTTPS 的实现一般采用以下两种方法：独立端口策略和磋商升级策略。

采用独立端口策略实现 HTTP 比较简单。利用 HTTPS 的默认端口 443，客户端先创建一个 TCP 连接，并在其上建立一条 TLS 协议通道，然后再在 TLS 应用数据协议通道上传输原始的 HTTP 报文。

独立端口策略的缺点是自动性较差。由于浏览器默认的是 HTTP 协议，服务器端口号为80，因此，当用户浏览网页的中途想以安全方式访问服务器时，网页必须提供一个超链接，用户单击之后，浏览器再用 443 端口建立一条新的 TCP 连接，以便进行 HTTPS 通信。

磋商升级策略对安全连接和非安全连接都使用同一个端口，也就是在原来协议的端口上去实现安全连接，即升级到 HTTPS 后也使用端口 80。请求升级的一方可以是客户端，也可以是服务器。

客户端请求升级分为两种：可选择升级和强制升级。可选择升级时，客户端简单地在其HTTP 请求中包含首部信息 Upgrade: TLS/1.0。值得注意的是，这个请求包含头信息 Host。如此，服务器就知道客户端打算与之交互的是哪一个主机或虚拟主机。服务器在接收到该请求报文后，服务器可能仍然会以 HTTP 方法进行响应或者接受请求进行升级。强制升级时，客户端通过发送一个 OPTIONS 请求来强制服务器进行协议升级。

同样地，服务器请求升级也可以通过两种方式来实现：可选择升级通告和强制升级通告。

磋商升级策略的最大优点是不需要分配额外的端口，缺点是需要应用层协议提供磋商机制。

8.7　网络安全应用技术

网络安全防护技术有很多，针对不同的应用场合，会实施特定的网络安全技术。常见的网络安全应用技术有虚拟专用网、防火墙、入侵检测、防病毒技术等。

8.7.1　VPN

虚拟专用网（Virtual Private Network，VPN）是将物理分布在不同地点的网络或计算机通过公用网络连接而成的一种逻辑上专用的虚拟子网。VPN 的目的是既要使用公用网络，又不想对外泄露所传输的数据。

VPN 能够利用公共的通信网络资源提供数据传输的安全性。对于想要通过互联网与分布在各地的分支机构、合作机构或移动用户进行通信的企业来说，VPN 能够显著降低企业的联网成本，并且便于扩充和管理，是非常便利和经济的一种组网方法。

在电信网上实现 VPN 时，需要将进行机密数据传输的两个端点均连接在公用电信网上，当需要进行机密数据传输时，通过端点上的 VPN 设备在公用电信网上建立一条虚拟的专用网络通道，并且所有数据均经过加密后再在网上传输，这样就保证了机密数据的安全传输。

在互联网上实现 VPN 时，用户计算机安装有 VPN 客户端软件，利用互联网安全协议，在客户端和 VPN 服务器（也称为 VPN 网关）之间建立一条机密的数据通道。

实现 VPN 需要用到的技术有隧道技术、加密技术、密钥管理技术、认证技术和 QoS 技术等，以防止数据被泄漏、篡改和复制，并保证数据通过网络时的性能。VPN 隧道是在两个VPN 节点之间建立的一个虚拟链路通道，其中主要的参数是两个 VPN 节点的 IP 地址、隧道名称和双方的密钥。

根据实现技术的不同，VPN 的类型主要包括 IPSec VPN、PPTP VPN、L2TP VPN、MPLS VPN、SSL VPN 等几类。

在 Windows 7 系统下的控制面板中设置 VPN 的方法是，单击 "网络和 Internet" → "网络和共享中心" → "设置新的连接或网络" → "连接到工作区" → "使用我的 Internet 连接（VPN）"，输入 VPN 服务器的 IP 地址、用户名和密码，单击 "创建"，就可以创建一条 VPN

连接。右击 VPN 连接名查看属性，可以看到系统支持的 VPN 类型。

1．PPTP VPN

点到点隧道协议（Point to Point Tunneling Protocol，PPTP）是一种基于 IP 网络的 VPN 技术，它在 IP 网络上建立一条 PPP（点到点协议）会话隧道。PPP 协议提供数据链路层的功能，常用于拨号上网和宽带上网环境，这也同样限制了 PPTP VPN 的使用场合。

PPTP 协议假定在 PPTP 客户机和 PPTP 服务器之间已经存在可用的 IP 网络，因此，在使用 PPTP VPN 时，PPTP 客户机必须首先登录 ISP 的网络接入服务器，以建立 IP 连接，然后再利用 TCP 传输 PPTP 包，在 PPTP 客户机与 PPTP 服务器之间建立 VPN 隧道。建立好隧道后，就可以利用 TCP/IP 协议传输用户的机密信息了。由此可见，PPTP 需要维持两个 IP 网络状态。

PPTP 通过 PPTP 控制连接数据包来创建、维护和终止一条隧道。PPTP 控制连接数据包由 IP 首部、TCP 首部、PPTP 控制信息、帧头和帧尾字段组成，使用 TCP 传输，PPTP 服务器的 TCP 端口号为 1723。PPTP 控制信息字段包含 PPTP 呼叫控制和管理信息，用于维护 PPTP 隧道。通过周期性发送请求/应答包，来检测出 PPTP 客户机与 PPTP 服务器之间可能出现的连接中断。

PPTP 在利用 PPP 帧对用户数据进行封装，PPP 帧的有效载荷用来传输用户数据时，需要进行加密处理。IP 数据报在 PPTP 隧道中传输的封装格式如图 8-19 所示。

帧头	新IP首部	GRE首部	PPP首部	加密后的IP数据报	帧尾

图 8-19　在隧道中传输的 PPTP 数据包格式

如果使用以太网传输，帧头和帧尾就是 MAC 帧的帧头和帧尾；如果使用拨号连接，帧头和帧尾就是 PPP 的报头和报尾。GRE（通用路由封装协议）可以在任意一种网络层协议上封装其他任意一个网络层协议。需要加密的 IP 数据报包括首部和数据。新 IP 首部的协议号是 47。

PPTP 数据包的封装过程为：IP 实体→VPN 连接接口加密、添加 PPP 首部→PPTP 添加 GRE 首部→IP 实体再次添加 IP 首部→本地连接接口添加帧头、帧尾。

2．L2TP/IPSec VPN

第 2 层隧道协议（Layer 2 Tunneling Protocol，L2TP）与 PPTP 一样，都属于第 2 层隧道技术，使用 PPP 协议对数据进行封装，然后在网络上传输。

L2TP 与 PPTP 的不同之处有如下几点。

（1）PPTP 要求网络为 IP 网络，L2TP 可以在 IP 网络、帧中继网络、X.25 网络或 ATM 网络上使用。

（2）PPTP 使用单一隧道，L2TP 使用多隧道。

（3）PPTP 建立隧道时使用 TCP，L2TP 建立隧道时使用 UDP。

（4）PPTP 需要另外的加密、认证协议，L2TP 可以提供隧道认证，但 L2TP/IPSec VPN 则是由 IPSec 提供隧道认证。

3．SSTP VPN

安全套接字隧道协议（Secure Socket Tunneling Protocol，SSTP）提供一条基于 SSL 的 VPN 隧道。

SSTP 仍然使用 PPP 协议进行封装。用户数据在 SSTP VPN 中传输时封装关系如图 8-20 所示。可以看出，SSTP VPN 实际上是在 HTTPS 上建立了一条隧道，利用 SSL 对数据进行加密和隧道认证。

SSTP VPN 可以解决 PPTP 或 L2TP VPN 的一些问题，如不能通过 Web 代理、防火墙和 NAT 路由器等，但 SSTP 只适用于远程访问，不能支持站点与站点之间的 VPN 隧道。

在实际应用中，SSTP VPN 可以为移动用户从外网访问企业内网提供安全访问通道。通常企业内部的资源服务器向外网用户提供一个虚拟的 URL 地址，当用户从外网访问企业内网资源时，发起的连接被 SSL VPN 网关获得，通过认证后映射到不同的应用服务器，采用这种方式能够屏蔽内部网络的结构，不易遭受来自外部的攻击。

4．IKE2 VPN

IKE2 VPN 就是常说的 IPSec VPN。IKE2 是对 IKE 协议族的统一和简化，它使用单一的 RFC 4360 文档定义了完整的协议。

IPSec VPN 属于第 3 层隧道技术，采用 IP 封装 IP 的方式，也就是 IPSec 工作模式中的隧道传输模式。

IPSec VPN 的应用广泛，其应用场合可分为以下 3 种情况。

（1）网关到网关。适合把企业各个分支机构的局域网通过互联网连接起来。

（2）计算机到计算机。两个计算机之间的通信由两个计算机之间的 IPSec 会话保护，而不是网关。

（3）计算机到网关。外网计算机与内网计算机之间的通信由网关和外网计算机之间的 IPSec 进行保护。

图右侧流程图：

IP数据包 → PPP → SSTP → HTTPS → TCP → IP数据包 → 数据链路层

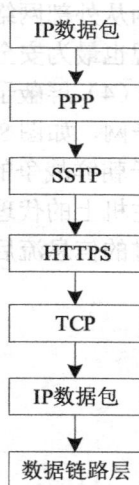

图 8-20　SSTP VPN 中传输时封装

8.7.2　防火墙

在网络中，防火墙是指一种将互通的内部网与互联网从逻辑上分开的隔离技术。防火墙在两个网络通信时执行一种访问控制策略，允许其认为安全的数据和用户访问内部网络，同时阻挡其认为不安全的因素访问内部网。防火墙是构建企业内部网（Intranet，也称为内联网）的必备要素。

1．防火墙的体系结构

由于不同内部网的安全防护政策、防护措施及防护目的不同，防火墙的配置和实现方式也千差万别。这里介绍几种常见的防火墙体系结构，它们是屏蔽路由器、双宿主网关、屏蔽主机网关和屏蔽子网网关。

（1）屏蔽路由器。屏蔽路由器在连接内、外网的普通路由器上添加一些安全控制功能，检查所有通过的数据包。屏蔽路由器的缺点是不能识别不同的用户，而且一旦被攻破后很难发现，因此，屏蔽路由器常与其他防火墙体系结构一起部署。

（2）双宿主网关。双宿主网关是用一台装有两块网卡的计算机（称为堡垒主机）做防火墙。堡垒主机的两块网卡分别与内网和外网相连，一方面充当路由器，另一方面，充当应用代理服务器，同时维护事件日志，如软件更新、数据拷贝或远程访问等事件日志。

（3）屏蔽主机网关。屏蔽主机网关由屏蔽路由器和堡垒主机组成。屏蔽路由器部署在内、外网之间，堡垒主机部署在内网中。通常在屏蔽路由器上设立过滤规则，并使堡垒主机成为从外部网络唯一可直接到达的主机，使内网其他主机免于外部攻击。屏蔽主机网关易于实现也最为安全。

（4）屏蔽子网网关。屏蔽子网网关使用两台屏蔽路由器，在内、外网之间再设立一个隔离子网，如图 8-21 所示。该隔离子网称为 DMZ（De-Militarized Zone，非军事区，其名称来源于朝鲜战争的三八线）。有的隔离子网中还设有一个堡垒主机，作为唯一的可访问点；堡垒主机上的代理服务器提供了内、外网的交互访问；屏蔽路由器过滤掉所有不能识别或禁止通过的信息流后，将其他信息流转发到堡垒主机上，由其上的代理仔细检查。

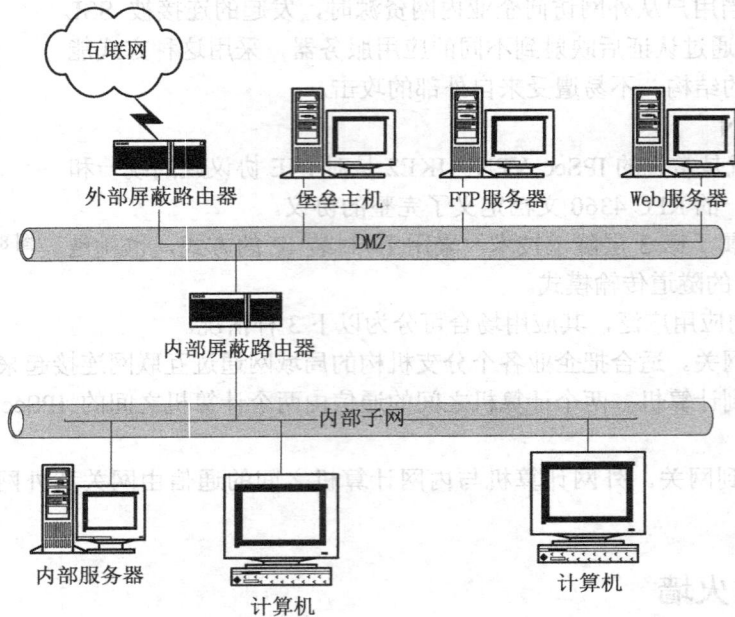

图 8-21 屏蔽子网体系结构

2．防火墙的安全策略

防火墙有两种基本的安全策略：允许任何服务除非被明确禁止；禁止任何服务除非被明确允许。第一种的特点是"疑罪从无"，即"在被判有罪之前，任何嫌疑人都是无罪的"，它好用但不安全。第二种是"宁枉勿纵"，即"宁可错杀三千，也不放过一个"，它安全但不好用。大多数防火墙会在两种策略之间采取折中的办法，但一般偏向第二种。

防火墙的安全策略可以从如下几个方面来考虑。

（1）服务控制。确定允许和禁止的服务以及如何使用服务。防火墙可以根据 IP 地址和 TCP 端口号来过滤通信量，允许已认证的用户从外网访问某些内部主机和服务，允许或禁止内部用户访问指定的互联网主机和服务。

（2）方向控制。确定特定服务或某种操作允许通过防火墙的方向。例如，SIP 协议的会话邀请报文只能从内网发往外网，或者与外网进行文件传输时，只能下载，不能上传。

（3）用户控制。根据请求访问的用户来确定是否提供该服务。这个功能通常用于控制防火墙内部的用户，也可以用来控制从外部用户进来的通信量。后者需要某种形式的安全认证技术，比如 IPSec 就提供了这种技术。

（4）行为控制。控制如何使用某种特定的服务。例如防火墙可以从电子邮件中过滤掉垃圾邮件，也可以限制外部用户只能访问本地 Web 服务器中的一部分信息。

3．防火墙的分类

根据防火墙所采用的核心技术，防火墙可分为包过滤防火墙和代理服务器防火墙两大类。值得注意的是，所有防火墙都是基于包过滤技术实现的。

（1）包过滤防火墙。包过滤防火墙通过检查每个数据包的首部信息，并与预先设置的过滤规则进行比较，如果规则允许，则放行该数据包，否则丢弃该数据包，如果没有找到匹配的过滤规则，包过滤防火墙按照默认的规则处理数据包。

包过滤防火墙的在检查数据包的首部时，只是简单地根据预先定义好的过滤规则决定对数据包采取的动作，并不关心服务器与客户机之间的连接状态，是一种无状态防火墙。

对包过滤防火墙的一种改进形式称为状态检测防火墙，这是一种有状态的包过滤防火墙，它除了有一个过滤规则集外，还要动态跟踪每一个会话连接，提取有关的通信和应用程序的状态信息，构成当前连接的状态链表。当一个会话经过防火墙时，防火墙把数据包与过滤规则集、状态链表进行比较，只允许与二者都匹配的数据包通过。

（2）代理服务器防火墙。代理服务器防火墙能防止内、外网用户直接建立联系，对于外部用户，只能看到代理服务器，而内部用户感觉不到代理服务器的存在。代理服务器防火墙一般由多宿主主机（主机上至少插有两块网卡）担任，主要工作在应用层，它能理解应用层的协议，能进行较复杂的访问控制，实现细粒度的注册和审核，提供很好的登录能力、访问控制和地址转换功能，并且能够记录通过防火墙的信息，以便于网络管理员监控系统。

对代理服务器防火墙的一种改进形式称为自适应代理防火墙。通常来说，包过滤防火墙速度快，而代理服务器防火墙安全性高，自适应代理防火墙则综合了这两种防火墙的优势。它由两个要素组成：自适应代理服务器与动态包过滤器。这种防火墙在初始的安全检查中仍工作在应用层，以保证防火墙的最大安全性。当通信身份得到认证，建立安全通道之后，网络数据包就可以重定向至网络层。这种技术能在确保安全性的基础上，提高代理服务器防火墙的性能。

8.7.3　入侵检测

在计算机网络中，入侵是指违背网络安全策略并试图破坏资源的完整性、机密性和可用性的行为集合。入侵行为可分为尝试性闯入、伪装攻击、安全控制系统渗透、泄漏、拒绝服务和恶意使用等六种类型。

入侵检测就是通过收集和分析操作系统、系统程序、应用程序和网络数据包等信息从而发现入侵行为的一种技术。判断入侵的依据是，对目标的操作是否超出了目标的安全策略范围。

1．入侵检测系统的模型

入侵检测系统（Intrusion Detection System，IDS）是一种对网络活动进行实时监测，在发现可疑活动时发出警报或者采取主动反应措施的网络安全设备。

一种通用的入侵检测系统抽象模型如图 8-22 所示，该模型主要分为 5 个部分：主体行为、审计记录、活动档案、异常记录和规则集处理引擎。

主体行为是指在目标系统上活动的实体的行为，通常指用户行为。

审计记录由<主体，活动，对象，异常条件，资源使用情况，时间戳>六元组构成。主体通常指用户；活动是主体对对象的操作，对操作系统而言，这些操作包括登录、退出、读、写、执行等；对象是指资源；异常条件是指系统对主体的异常活动的报告，如违反系统读写权限；资源使用情况指的是系统的资源消耗情况；时间戳指活动发生的时间。

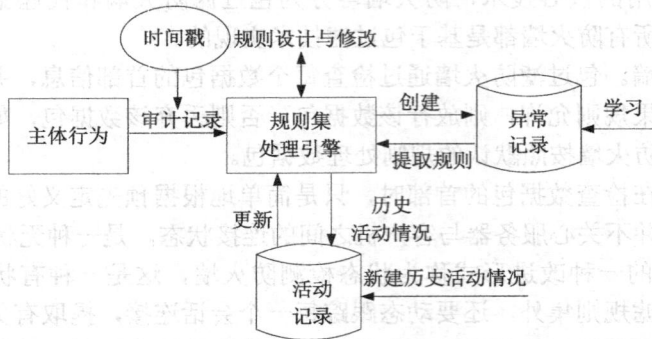

图 8-22　入侵检测通用模型

活动档案保存系统正常活动的相关信息。

异常记录保存异常事件的发生情况，可通过自我学习确定哪些活动属于异常事件。

规则集处理引擎用于处理活动规则。活动规则是一组根据产生的异常记录来判断入侵是否发生的规则集合。一般采用系统的正常活动模型为准则，根据专家系统或统计方法对审计记录进行分析和处理，如果确实发生入侵，将进行相应的处理。

入侵检测系统的工作过程可分为信息收集、分析处理和入侵响应三部分。

信息收集是指收集系统、网络、数据和用户活动的状态和行为。收集的信息源有系统或网络的日志文件、网络流量、系统目录和文件的异常变化、程序执行中的异常行为。

分析处理是指判断某个活动是否为入侵行为，所用的检测技术将在后面讲述。

入侵响应是指对入侵行为作出响应动作，包括简单报警、断开连接、封锁用户、改变文件属性甚至回击攻击者。

2．入侵检测系统的分类

入侵检测系统的分类方法有很多种，可以根据所采用的手段、策略、体系结构、检测原理、对抗措施等进行分类。

根据入侵检测的手段，入侵检测系统可分为基于主机和基于网络两种。前者通过监视与分析主机的审计记录检测入侵，后者则通过侦听网络数据分析可疑现象。

根据系统检测频率，可分为实时连续入侵检测系统和周期性检测系统。

根据对抗措施，可分为主动系统和被动系统。前者采取切断连接或预先关闭服务、注销可能的攻击者的登录等主动措施对抗攻击，后者仅产生报警信号。

根据检测策略，可分为基于特征检测和基于异常检测两种。下面介绍这两种入侵检测系统。

（1）基于特征检测的入侵检测系统。特征攻击是一种对已知的系统弱点进行常规性攻击的方法，特征检测也称为滥用检测或误用检测，它是对利用已知的系统缺陷和已知的入侵方法进行入侵活动的检测。目前大多数入侵检测系统属于这种类型。

基于特征的检测方法是：首先定义一个入侵特征模式库，内容包括网络数据包的某些首部等信息，检测时判别这些特征模式是否在收集的数据包中出现。

这种入侵检测系统的优势是能够准确检测已知的入侵行为，缺点是不能检测未知的入侵，也不能检测已知入侵的变种，因此可能发生漏报。

（2）基于异常检测的入侵检测系统。异常入侵是由用户的异常行为和对计算机资源的异常使用而产生的。异常检测需要建立目标系统及其用户的正常活动模型，然后基于这个模型对系统和用户的实际活动进行审计，以判定用户的行为是否对系统构成威胁。

基于异常入侵的检测方法是：首先定义一组系统正常情况的数值，如内存利用率、文件校验和等，然后将系统运行时的数值与所定义的正常情况进行比较。基于异常的检测无法准确判别出攻击的方法，但是可以判别更广泛、甚至未发现的攻击，不过也会发生误报。

3．入侵检测的分析方法

对收集到的信息进行分析有很多种方法，这些分析方法决定了入侵检测系统的实现模型。入侵检测系统常用的检测分析方法有专家系统、模式匹配、状态转换、统计分析和神经网络等几种。基于特征检测的入侵检测系统使用专家系统、模式匹配、状态转换等方法；基于异常检测的入侵检测系统使用统计分析、神经网络等方法。

（1）专家系统。早期的入侵检测系统多采用这种技术，在这些系统里，入侵行为被编码成专家系统的规则。这些规则既可识别单个审计事件，也可识别表示一些入侵行为的一系列事件。专家系统可以解释系统的审计记录，并判断这些记录是否满足所描述的入侵行为的规则。这种方法的缺点是：使用专家系统来表示一系列规则不太直观；规则的更新较困难，必须有专业人员参与。

（2）模式匹配。模式匹配就是将收集到的信息与数据库中存放的已知的入侵模式进行比较，从而发现违背安全策略的行为。模式匹配的优点是方法通用、简单。缺点是编写复杂的入侵描述匹配规则时，需要的工作量较大。

（3）状态转换。这种方法类似于有限状态机，它主要使用状态转换表来表示和检测入侵。入侵行为是由攻击者进行的一系列操作，这些操作可以让系统从某些初始状态迁移到一个危害系统安全的状态，每次转换都是由某个事件触发的。根据事件导致的系统状态转换的迁移模型来判断某个操作是否属于入侵行为。

（4）统计分析。这种方法首先要建立一个统计特征轮廓，它通常由主体（用户、文件、设备等）特征变量的频度、均值、方差、被监控行为的属性变量的统计概率分布以及偏差等统计量来描述。典型的系统主体特征有：系统登录与注销时间、资源被占用的时间以及处理机、内存和外设的使用情况等。这种方法的优点是可以检测未知的入侵行为，缺点是误报、漏报率高。

（5）神经网络。神经网络具有自学习、自适应的能力，只要提供系统的审计数据，神经网络就会通过自学习能力从中提取正常的用户或系统活动的特征模式，而不需要进行大量的统计分析。这种方法的优点是避开了选择统计特征的困难问题，使如何选取一个主体属性的子集问题变成了一个不相关的事。

8.7.4　防病毒技术

计算机病毒是指编制或在计算机程序中插入的破坏计算机功能或者损坏数据，影响计算机使用，并能自我复制的一组计算机指令或程序代码。一般来说，任何符合以上定义的计算机指令代码片段，都应被称为计算机病毒。

在计算机网络中，病毒除具有传统的隐蔽性、可复制法、传播性等特点外，还具有无国界性、无地域性、种类翻新迅速、传播速度快、扩散面广、破坏性强等特点。

计算机病毒包括系统病毒、蠕虫病毒、木马病毒、后门病毒、间谍软件等多种恶意代码。

系统病毒是感染操作系统的".exe"".com"".dll"等程序文件，并通过这些文件进行传播。

蠕虫病毒是一段独立的程序，不需要宿主程序，它利用操作系统和应用程序的漏洞进行主动攻击，主要依靠网络电子邮件、P2P软件等进行复制和传播。

木马病毒不会自我繁殖，它通过伪装成合法程序来吸引用户下载执行，从而破环、窃取计算机上的用户信息，甚至让攻击者远程控制用户的计算机。

后门病毒是指程序员故意留在程序中以便日后可以对此程序进行隐蔽访问的后门。后门是一个软件模块的秘密入口，用于程序开发期间对软件模块的测试、更改和优化。软件在交付给用户之前应该去掉后门。

间谍软件是一种能够在用户不知情的情况下，在其计算机上安装后门、收集用户信息的软件。

防病毒技术可分为病毒预防技术、病毒检测技术和病毒清除技术三部分。

病毒预防技术通过磁盘引导区保护、加密可执行程序、读写控制、系统监控等手段防止计算机病毒对系统的传染和破坏。

病毒检测技术根据病毒的关键字、特征程序段内容、病毒特征、传染方式、文件长度的变化、程序自校验等方法判定出病毒。

病毒清除技术就是在检测出病毒后，把病毒从系统中删除。

计算机网络防病毒技术的设计原则主要有两条：木桶原则和最小占用原则。

木桶原则源自木桶理论，即整个网络系统对病毒的防御能力取决于最薄弱的环节，所以网络防病毒技术应该对网络系统形成统一的、完整的病毒防御力。

最小占用原则是指在保证网络防病毒技术发挥正常功能的前提下，尽量少占用CPU、内存、网络带宽等资源。

习　题

1．举例说明网络安全的保密性、完整性、可用性、真实性和可控性；如何评估一个网络的安全程度？

2．网络攻击分为哪几类，如何应对；在拒绝服务攻击中，是什么原因导致服务器拒绝服务的？

3．什么是假冒、中断、重放、截取和篡改攻击？

4．简述对称加密和非对称加密的特点及其使用场合。

5．非对称加密是否比对称加密更安全，分发密钥更容易？

6．什么是分组密码的工作模式，为什么具有多种工作模式；简述CBC工作模式的加密/解密过程。

7．认证、鉴别和识别有什么区别？

8．伪基站攻击为何能够得逞？

9．为什么说"挑战-响应"认证机制是一种零知识证明方式？

10．什么是VPN，VPN通常是如何实现的？

11．什么是防火墙，防火墙分为哪几类，分别工作在网络的哪一层；防火墙与入侵检测系统有什么区别？

第 9 章

未来网络

建设未来网络的步骤可分为三个阶段：下一代网络、覆盖网络和未来网络。第一阶段是部署下一代网络，利用现有通信网络基础设施，实现各种网络的无缝连接，为用户提供综合业务；第二阶段利用覆盖网络的形式在全 IP 通信网络的基础上部署未来网络的相关技术；第三阶段是抛弃 IP 技术，采用全新的面向内容的未来网络体系结构。

9.1　网络的发展趋势

目前通信网络正在快速地向宽带化、扁平化、IP 化、智能化、移动化、虚拟化和绿色化方向上发展，而参与的行业也越来越多。

9.1.1　网络的宽带化

网络宽带是指网络的数据传输速率，宽带网络是指数据传输速率达到一定指标的通信网络，这个指标每隔一段时间就会提高一些，例如，美国每隔 4 年就会调整一次宽带基准。因此，宽带网络是一个相对的、与时俱进的概念。

我国网络宽带化的进程并不乐观。2015 年我国宽带网络网速世界排名第 75 位，固定宽带网络平均下载速率为 7.90 Mbit/s。2016 年我国成为世界上最大的光纤国家，固定宽带网络平均下载速率达到 9.46Mbit/s。在 2016 年第 2 季度的世界网速报告中，世界平均网速是 6.1Mbit/s，中国平均网速为 5.2Mbit/s，世界排名为第 86 位；世界峰值速率是 36Mbit/s，中国是 35.4Mbit/s，世界排名第 85 位。

最初提出宽带网络概念时，只要互联网接入速率超过 64kbit/s、有线电视网超过 470MHz 就可以称为宽带网络。美国联邦通信委员会（Federal Communications Commission，FCC）2010 年的宽带标准是下载速率为 4 Mbit/s、上载速率为 1Mbit/s，2015 年调整为实际下载速率至少为 25 Mbit/s、实际上载速率至少为 3Mbit/s。

网络宽带化主要面向接入网，也就是面向用户的"最后一公里"。然而，随着光纤接入技术的部署和置顶业务（Over The Top，OTT）的兴起，网络带宽瓶颈已逐渐转向本地网和骨干网。骨干网和本地网的网络利用率高达 90%，基本上是满负荷运行，而跨 ISP 网络延迟更为严重，80%处于非健康状态。

接入网的宽带化在有线接入和无线接入方面都取得了较大的进步。在有线接入方面，表现为光纤接入取代了铜线接入，尤其是 FTTH 取代了 ADSL。在无线接入方面，一是移动通信网更新换代，从 2G 的 GPRS 直到 3G、4G 和 5G 的无线 IP 接入；二是把 Wi-Fi 直接引入到移动通信网中作为接入技术。

本地网的宽带化表现为互联网行业和通信行业的激烈竞争。一方面通信行业把长途核心网技术部署到本地网中，如部署基于 SDH 技术的多业务传输平台（Multi-Service Transfer Platform，MSTP）和基于以太网技术的弹性分组环（Resilient Packet Ring，RPR）城域网等。另一方面，宽带网络公司通过自己铺设光纤，把以太网技术引入到城域网中，建设 ISP 自有的本地网络，尽量减少对电信运营商网络的依赖。

骨干网的宽带化表现为使用全光通信的全光网络（All Optical Network，AON）替代使用光-电-光通信的 SDH 网络。SDH 网络的宽带化经历了 2.4Gbit/s 到 10Gbit/s 的演进，目前部分区域已部署了 40GBit/s。光传送网（Optical Transport Network，OTN）或自动交换光网络（Automatically Switched Optical Network，ASON）目前已部署到 100Gbit/s 的速率，未来将达到 400Gbit/s。

9.1.2　网络的扁平化

网络扁平化就是打破原来的多级多层的网络结构，尽量简化网络层次，使网络节点处于平等地位。网络扁平化可以减少网络节点，优化网络结构，提高网络运营效率。

最早的网络扁平化是从 PSTN 开始的。PSTN 最初为 5 级等级结构，从大区交换中心到端局分为 5 级，分别为 C1～C5 级；之后 C1 和 C2 合并为 DC1 级，C3 和 C4 合并为 DC2 级，PSTN 演变为 3 级结构；目前 PSTN 采用无级结构。

IP 网络扁平化的关注重点有两方面，一是数据中心网络的扁平化，二是城域网的扁平化。

数据中心的网络通常分为 3 层：接入层、汇聚层、核心层。接入层连接所有的服务器；汇聚层用于接入层的互联以及防火墙、负载平衡等业务的部署；核心层用于汇聚层的互联，并提供数据中心与外部网络的 3 层互联功能。这种网络结构跨区域的通信性能受限于核心层设备，可通过减少网络层次来解决。具体做法是去掉汇聚层，把核心层交换机与接入层交换机直接连接起来，从而降低跨区数据传输的时延。

城域网在组网结构上也分为 3 层：接入层、汇聚层、核心层。接入层连接本市的用户，核心层连接省或地区的接入层。城域网扁平化的做法一般是保留省接入层，去掉城域网核心层，把城域网汇聚层和省接入层直接连接起来。

移动通信网络扁平化的一个典型例子就是 3G 网络到 4G 网络的无线接入网扁平化。在 3G 网络中，无线接入网采用"Node-B + RNC"的两层结构，Node-B 负责空中接口的物理层部分，RNC 负责空中接口的数据链路层部分；在 4G 网络中，去掉了 RNC，将"Node-B + RNC"的两层结构演变成只有一个 eNode-B 节点的单层结构，使得数据分配和资源分配等功能更加靠近用户，从而能够快速地了解终端和无线信道的状况，进而及时调整资源调度策略。

9.1.3　网络的 IP 化

随着互联网的普及，各种通信网络不约而同地都转向了 IP 技术，出现了"IP 基于一切（IP over Everything）""一切基于 IP（Everything over IP）"和"全 IP 网络（ALL IP）"的设计理念。

"IP 基于一切"意味着所有通信网络都能传输 IP 数据包。对于电信网而言，一方面需要在现有的 PSTN、ATM、SDH 等网络上提供 IP 传输业务，另一方面则在 3G、4G、OTN 等新建网络上直接支持 IP。这种发展思路造成传统广域网交换技术的迅速淘汰，核心网的传输技术则成为研究和建设的重点。

"一切基于 IP"意味着各种通信网络都将按 TCP/IP 参考模型融合到互联网中。IP 电话（Voice over Internet Protocol，VoIP）、IPTV、IP 多媒体子系统（IP Multimedia Subsystem，IMS）、软交换等使得话音、电视、数据传输共存于一个网络中。

"全 IP 网络"意味着电信业的全面 IP 化。全 IP 网络是"IP 基于一切"和"一切基于 IP"的综合体现，能够实现接入 IP 化、承载 IP 化、业务 IP 化和控制 IP 化，是网络融合的必然趋势。

9.1.4　网络的智能化

对于网络的智能化，不同行业有着不同的解读，主要分歧就是对"智能"的定义。何谓智能？虽然有图灵测试一说，但从技术的发展历史来看，早期只要设备中存在处理器或系统中存在计算机，人们就认为该设备或系统是智能的。

在 PSTN 的智能化阶段，甚至有一种专门的通信网络就叫作智能网（Intelligent Network，IN），这种智能网是在 PSTN 的基础上设置的一种附加网络结构，它利用 7 号共路信令系统，将 PSTN 的交换功能与控制功能分开，从而能够方便地为用户提供新的业务。IN 实际上就是在电路交换网络中引入了计算机系统，把原先集交换与控制为一体的程控交换机分解为两个节点：业务交换节点（SSP）和业务控制节点（SCP）。SSP 其实就是电路交换机，SCP 其实就是运行着数据库管理系统的一台或多台计算机。

物联网是网络智能化的典型例子。物联网与其他通信网络最大的不同就体现在智能化上，智能交通、智能电网、智能物流、智能环保等，不一而足，各种系统纷纷冠以智能。物联网的智能化体现在物联网中的嵌入式系统，嵌入式设备的小型化推进了物联网概念的出现和发展。当传感器节点也具备数据处理能力时，人们所获取的物品信息就不再仅仅是固定的静态信息了，人们可以大规模地获取物品的实时动态信息，这就极大拓展了物-物通信的应用范围，逐步形成了各种物联网产业。

计算机网络的智能化主要体现在语义网上。语义网就是能够理解自然语言中的语句、词汇和概念并做出判断的智能网络，从而实现人与计算机之间的无障碍沟通。语义网是一种未来网络的设想，其具体表现形式是语义 Web；从 Web 1.0、Web 2.0 到 Web 3.0，万维网技术从单向、交互走向了智能；语义 Web 通过使用本体和标准化语言，如 XML、RDF、DAML 等，使计算机能够理解 Web 资源的内容，从而为用户提供智能索引和知识管理等服务。

电信网的智能化主要体现在业务提供、数据传输和资源调度上。智能化网络能够自动适配海量业务的差异化服务要求，满足用户的 QoS 和 QoE 要求；智能化网络能够基于全网视图综合调度网络资源，包括接入能力、计算能力、存储能力和网络连接能力等；智能化网络能够在不改变网络基础设施的情况下，提供网络可编程能力，实现数据的智能交换和传输。

移动网络的智能化主要体现在移动性管理和网络实体的融合上。例如，爱立信的用户数据整合（UDC）解决方案重点关注网络的控制模式和网络的可编程性，对用户和网络信息进行整合，对业务进行自动化配置，对用户和网络行为进行观察和分析。华为的融合用户数据中心（Unified Subscriber Center，USC）解决方案则关注于网络融合的智能化，在继承现有 HLR、HSS、AAA 服务器等网络设备功能的基础上，将移动通信网络、固定话音网络、宽带

IP 网络以及多媒体网络中的用户业务数据融合在一起，进行统一的智能化管理，从而简化网络，缩短新业务的发布时间。

9.1.5 网络的移动化

网络的移动化表现在无线网络的普及上。无线局域网、无线个域网、无线体域网、无线传感器网络、2G～5G 移动通信网等，不一而足。

网络的移动化不仅体现在用户终端的移动性上，也体现在网络节点的移动性上，甚至体现在数据存储的移动性上。例如，移动通信网络关注的是用户终端的移动性；无线传感器网络关注的是网络节点的移动性；机会网络和泛在网既关注用户的移动性，也关注网络节点的移动性；内容分发网络则从数据移动的角度诠释了网络的移动化。

机会网络是一种不需要源节点和目的节点之间存在完整路径，利用节点移动带来的机遇机会完成网络通信的、时延和分裂可容忍的自组织网络。

机会网络源于容迟网（Delay Tolerant Network，DTN）。DTN 是一种基于"存储—转发"机制的无线自组织网络，主要应用于没有通信基础设施、节点密度较为稀疏或节点移动速度较快、无法维护稳定的端到端连接的环境。

机会网络不同于传统的多跳无线网络，机会网络的节点不会被统一部署，从源节点到目的节点之间不一定存在完整通信路径，节点之间的通信机会是通过节点相遇获得的。机会网络是一种异构的无线网络，即网络节点可以包括不同种类的无线通信设备，如蓝牙装置、Wi-Fi 设备和卫星等，网络和链路可能会频繁地断开和重新连接。

机会网络的体系结构比通常的网络体系结构多了一层，自上而下分为 6 层：应用层、束层、传输层、网络层、数据链路层和物理层。机会网络通过在节点的应用层和传输层之间插入一个"束层"来执行"存储—携带—转发"的信息交换机制，束是汇聚在一起传递的消息。节点实现功能体不同，束层实现的功能也不同。当节点作为主机时，束层可以发送和接收束，但不转发束；当节点作为路由器时，束层可以在同一区域的节点之间进行存储、携带和转发整个束（或束片段）；当节点作为网关时，要求网关的束层需要有存储能力并能进行安全检查，以确保消息能够在不同网络区域之间进行传递。

泛在网（Ubiquitous Network，UN）就是无所不在的网络，它是未来网络的一种理想形态。泛在网建立在智能体广泛的移动性上，网络中的任何人无论何时何地都可以和任何物体进行联系。泛在网的最初设想是要开发一套理想的计算机结构和网络，以满足全社会的移动计算需要，随后又提出"泛在计算"的思想，强调把计算机嵌入到环境或日常生活的常用工具中去，智能设备将遍布于周边环境，无所不在。

ITU-T 在 Y.2002 标准中规划了泛在网的蓝图，指出泛在网的关键特征是"5C"和"5A"。5C 强调了泛在网无所不能的功能特性，分别是融合（Convergence）、内容（Contents）、计算（Computing）、通信（Communication）和连接（Connectivity）。5A 强调了泛在网无所不在的覆盖特性，分别是任意时间（Any Time）、任意地点（AnyWhere）、任意服务（AnyService）、任意网络（AnyNetwork）和任意对象（AnyObject）。

内容分发网络（Content Delivery Network，CDN）表面上看与网络的移动化毫无关系，实质上，CDN 从另一个角度诠释了网络移动化的一个方向——内容存储地点的移动化。CDN 的基本原理是广泛采用各种缓存服务器，将这些缓存服务器部署在用户访问相对集中的地区或网络中。当用户访问网站时，利用全局负载技术将用户的访问指向距离最近的缓存服务器上，由缓存服务器直接响应用户请求。在未来的面向内容的网络中，随着用户访问频率的提高，内容会逐渐移动到离用户越来越近的网络节点中进行缓存。

9.1.6　网络的虚拟化

网络虚拟化本质上是一种资源共享技术，它在一个共享的物理网络之上创建多个逻辑的虚拟网络，每个虚拟网络可以独立地部署和管理。

在通信网的发展过程中，虚拟化一直扮演着重要的角色。例如，分组交换网中的虚电路分组交换技术，ATM（异步传输模式）网络中的虚信道和虚通路，SDH 网络中的虚容器，Wi-Fi 网络中的虚拟载波侦听，交换式局域网中的 VLAN（虚拟局域网），P2P 网络中的覆盖网，电信网和互联网中的虚拟专用网（VPN）等。

广义上讲，网络虚拟化泛指任何用于抽象物理网络资源的技术，这些技术使物理网络资源功能池化，达到资源任意的分割或者合并的目的，用以构建满足上层服务需求的虚拟网络。

网络的虚拟化使得传统的 ISP 分为两部分：基础设施提供商（INP）和服务提供商（SP）。INP 部署和管理底层的网络设施资源，SP 从多个 INP 租赁网络资源，构建虚拟网络，为用户提供服务。网络虚拟化的一般结构如图 9-1 所示。

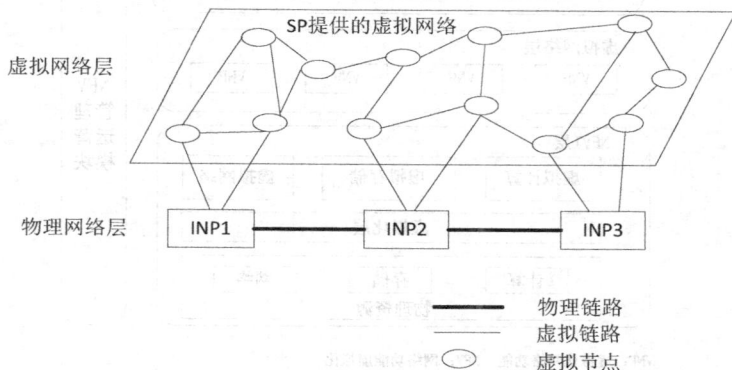

图 9-1　网络虚拟化结构示意图

网络虚拟化可以发生在各种网络上，如计算机网络的虚拟化、电信网的虚拟化、无线网络的虚拟化、光网络的虚拟化等；也可以发生在网络的各个组成部分，如，链路虚拟化、节点虚拟化、网络整体虚拟化等；还可以发生在各层面上，如虚拟路由和转发、基于不同层次协议实现的 VPN、基于虚拟拓扑的覆盖网，基于改善运营商网络运营效率的网络功能虚拟化等。

计算机网络虚拟化基本上是采用封装和隧道技术来创建虚拟网络的，例如，基于点到点隧道协议（Point to Point Tunneling Protocol，PPTP）或安全套接字隧道协议（Secure Socket Tunneling Protocol，SSTP）的 VPN。

无线网络虚拟化的实现主要有 3 种思路：基于数据和流的实现、基于协议的实现、基于频谱的实现。3 种思路对虚拟化实现的粒度越来越细，难度也越来越大。

光网络虚拟化的实现可分为 3 个部分：光交叉连接器（OXC）和单波长级光信号交换设备可重构光分插复用器（Reconfigurable Optical Add-Drop Multiplexer，ROADM）的虚拟化、次波长交换虚拟化、光链路虚拟化等。

电信网的虚拟化传统上都是链路的虚拟化，例如 ATM 和 MPLS 等，目前正转向节点的虚拟化和全网络的虚拟化。

路由器虚拟化是典型的网络节点虚拟化的例子。路由器虚拟化可以在一台物理的路由中构建出多个虚拟路由器分片，每个虚拟路由器分片可实现一个定制的网络协议栈。路由器虚拟化意味着在网元架构中的控制平面和数据平面之间插入了一个虚拟化层，从而在单一物理网元之上支持多个虚拟网元的共存。相比于常规网络架构，这种方法支持运行多个定制的协议栈，而不是单个默认的协议栈，因此，可以极大地改进网络的可编程能力，进而实现整个网络的虚拟化。

在网络节点虚拟化中，网络功能虚拟化（Network Functions Virtualization，NFV）是近年来网络运营商比较感兴趣的一个技术。2012 年由主流网络运营商组成的工作组发布了 NFV 白皮书，2013 年 ETSI 发布了首批 NFV 规范。NFV 的目的是通过标准的 x86 服务器、标准的存储和标准的交换设备，来取代通信网的那些私有专用的昂贵网元设备。

NFV 的体系结构可分为 3 层：NFV 基础设施层（NFV Infrastructure，NFVI）、虚拟网络层和运营支撑层，如图 9-2 所示。

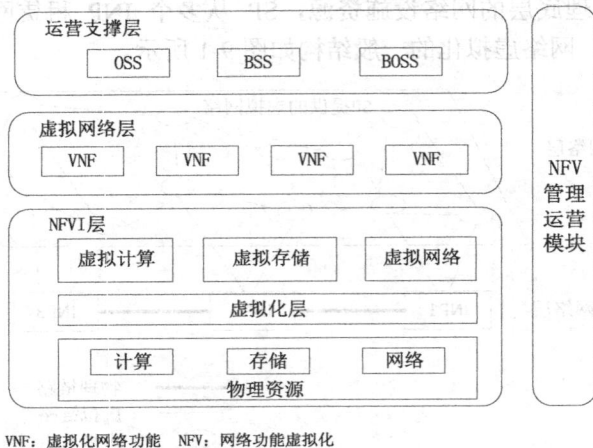

VNF：虚拟化网络功能   NFV：网络功能虚拟化

图 9-2 NFV 架构示意图

NFVI 层包括了相应的物理资源以及如何将这些资源进行虚拟化的策略。映射到物理基础设施上，NFVI 就是多个地理上分散的数据中心，通过高速通信网络连接起来。从云计算的角度看，就是一个资源池。NFVI 将物理计算/存储/交换资源通过虚拟化转换为虚拟的计算/存储/交换资源池。

虚拟网络层包括虚拟化网络功能（VNF），VNF 就是能够运行在 NFVI 中的软件部署的网络功能，对应的是目前各个电信业务网络，VNF 之间的接口依然采用传统网络定义的信令接口（3GPP+ITU-T）。

运营支撑层包括目前的运营支撑系统，如 OSS/BSS 系统等，这些系统需要为虚拟化进行必要的修改和调整。

NFV 的管理运营模块包括了对支持设施虚拟化的物理资源、软件资源和 VNF 的管理以及规划，它的重点是管理和规划整个 NFV 架构中需要进行虚拟化的任务和进程。

NFV 不能只看作是网络节点的虚拟化，NFV 拓展了运营商基础设施范围，将数据中心设备、承载网络设备、虚拟化软件系统均转化为基础设施，业务部署均转化为软件部署。在服务化的思路里，一个虚拟网络就是一个网络功能。NFV 是站在一个全新的高度去指导和管理网络虚拟化所产生的虚拟网络资源。原则上，NFV 可运用到固定和移动网络的任何数据处理层面和控制层面，可利用 NFV 为用户提供自定义的网络功能，进行增值服务的部署，达到 NFVaaS（NFV 即服务）的目标。

网络虚拟化在云计算、平台化实现和 SDN 等相关领域的研究也异常火热，必将对网络结构、服务等领域造成深远的影响。

9.1.7　网络的绿色化

网络的绿色化是采用更节能的网络架构和组网技术，在不降低网络性能的前提下降低网络设备和终端的消耗，达到绿色节能的目的。

网络的绿色化本质上解决的是网络资源高效使用的问题，可以从绿色通信和绿色 IT 两方面入手，目前最重要的手段是虚拟化，如网络虚拟化、数据中心虚拟化等。通过虚拟化技术可以充分地利用物理设备资源，从而提升网络的整体能效。

绿色通信技术包括很多方面，例如，基站动态功率管理、协作通信网络、认知无线电等。协作通信网络包括分布式天线系统和协作中继传输等实现形式。分布式天线系统可通过小区间的基站协作，在不同基站间协调发端信号的波束成形，减小基站的发射功率；协作中继技术则通过减小传输距离减少能量消耗。认知无线电可在不影响用户通信的前提下，通过主动监测来感知无线电环境中的用户行为和链路条件，智能地利用大量空闲频谱以满足用户的可靠通信，实现频谱资源的共享，提高无线频谱的利用率，从而提高能效。

绿色 IT 技术也有很多，例如，服务器整合、虚拟服务器、虚拟存储、利用虚拟资源的灵活测试系统等。服务器整合可以减少物理资源，关闭闲置的设备。IT 设备使用的软件也能为节能提供重要机遇。应用程序需要 CPU 周期去执行数百万条指令，以便完成事务和操作单元。当应用程序运行时，它的源代码、可执行文件以及用过的和产生的数据都会存放在存储设备中，这些存储设备消耗了能源和场地面积，并产生电子垃圾。可以通过各种手段使应用软件更加环保，如充分利用 SOA，在服务器和应用程序之间动态地分配和优化工作负荷，从而减少业务运转所需的能源和资源。

除了技术方面，智能化管理也能达到资源有效共享、降低运营成本的目标，从而在更高层面上实现能效的提升和绿色节能。

9.2　网络融合与网络切片

合久必分，分久必合，网络技术按照这种循环演进的方式进行发展亦毫不意外。当前网络发展的一个主要特征就是融合，融合是把各种计算机技术、网络技术和通信技术集成在一起，为用户提供统一的信息服务，而网络切片作为目前的热点技术，则是在统一的网络中对网络进行逻辑切割，以满足各种用户的不同通信服务要求。

9.2.1　三网融合

电信网是由通信行业建设的，在网络体系、经营理念和技术路线上与计算机行业主导的互联网截然不同。电信网注重可管理、可运营和公共服务，但网络技术复杂，网络体系不开放，限制了新业务和新技术的快速应用。互联网注重灵活、共享和互联互通，网络技术简单、开放，但难以保证服务质量。广播电视网在传输网络方面正全面从 HFC 网络转向光纤网络，传输干线采用电信网技术，用户分配网采用互联网接入技术。

从地理范围的角度来看，计算机网络分为局域网、城域网和广域网，电信网络分为接入网、本地网和长途网。城域网和本地网在地理范围是重叠的，这就说明计算机网络与电信网的融合会在城域网/本地网发生激烈的观念和技术碰撞。除了城域网/本地网的短兵相争外，计算机网络与电信网的融合已体现在各个领域。

（1）技术的融合。目前电信运营商常利用 SDH 技术建设本地网，而计算机行业常利用以太网技术建设城域网。考虑到已铺设的采用各种交换技术的电信交换网络，如何把 TCP/IP 技术应用到这些已有的网络基础设施上，并不是一个"电信级以太网"或"IP 多媒体子系统"就能解决的问题。

（2）业务的融合。从 IP 电话到微信，验证了计算机网络和电信网融合的结果——互联网行业的盛世。互联网把各种计算机网络和电信网络作为承载网络，连接世界各地的用户终端，为用户提供各种通信手段和信息服务。电信网若要进一步发展，就不能仅仅甘做承载网络，提供各种互联网业务势在必行。

（3）终端的融合。从台式 PC 机、笔记本计算机、PDA、平板电脑到智能手机，随着嵌入式设备处理能力的增强，通用计算机的功能将越来越多地体现在手持终端上。

（4）产业的融合。计算机行业不但铺设自己的城域网，也开始铺设自有光纤的长途网络。通信行业中的华为、中兴等以前生产通信设备和网络设备的公司也开始涉足云计算等领域，而智能手机更是两个行业众多公司的竞争产业。

（5）研发的融合。随着物联网的发展，计算机行业和通信行业的研究人员纷纷开始关注体域网、个域网和局域网领域，以 RFID 网络、无线传感器网络等为契机，在短距离无线通信网络中逐步引入互联网技术，试图打造一个无所不在、无所不能的全球通信网络。

9.2.2　下一代网络

下一代网络（Next Generation Network，NGN）无疑是一种基于互联网技术的能够提供综合业务的通信网络。目前，互联网把各种计算机网络、电信网络、电视网络甚至电网作为承载网络，连接世界各地的用户终端，为用户提供通信手段和信息服务。今后，各种通信网络的发展将融合在一起，不分彼此。

互联网、电信网和电视网都提出了各自下一代网络的演进路线，并且都已处于实际部署阶段。下一代互联网的主要特征是从 IPv4 升级到 IPv6，更进一步，也可以把物联网看作是下一代互联网。下一代电信网的核心网以软交换技术为特征，移动通信网以 3G、4G 技术为特征。下一代电视网的主要特征是采用 EoC 技术进行双向改造。

1. NGN 体系结构

NGN 最初的设想是基于传统的 PSTN 和 ATM 网络利用 IP 技术构造一个集话音、数据、视频等多媒体业务于一体的通信网络，并整合固定电话网和移动通信网（Fixed Mobile Convergence，FMC）。随着移动通信网络向全 IP 网的转变和 NGN 技术的成熟，NGN 已进入实际部署阶段。

NGN 的基本特征是对网络的功能进行分离，以便能够快速、灵活地引入新业务，具体来讲就是控制与业务分离、业务提供与网络分离。

NGN 的层次体系结构分为两层三面：业务层和传送层；管理平面、用户平面和控制平面。两层明显指出了业务与网络的分离。

业务层对终端用户业务进行控制和管理，如会话控制、注册、认证、授权和用户信息管理等。业务层对第三方提供开放的应用接口，以便第三方开发基于 NGN 的增值业务和应用。

传送层实现数据承载功能，相当于核心传输网。传送层为通信双方提供信息传输通道，并提供一定的传输控制功能，如 QoS 控制、网络地址转换、防火墙穿越控制、对用户接入核心网时的流量进行分配和聚合等。

管理平面对业务层和传送层的实体进行管理，实现网络管理 5 大功能，使 NGN 成为一种可管理网络。

用户平面提供终端用户接入功能，使接入技术独立于核心网。用户可以使用从电话线、光纤到无线任何一种线路或网络接入到 NGN。

控制平面提供业务层和传送层的控制功能，如呼叫控制、连接控制、媒体网关接入控制、资源分配、协议处理、路由、认证等。

2. 软交换技术

软交换的基本含义是将呼叫控制功能从媒体网关分离出来，通过软件实现基本的呼叫控制功能，为控制、交换和软件可编程功能建立分离的平面。

广义上，软交换是指一种分层、开放的网络体系结构；狭义上，软交换是指 NGN 业务层的物理设备，即软交换机；本质上，软交换是用于控制呼叫过程的软件实体。

交换是传送层的功能，而软交换位于业务层，由此可见，软交换其实并不注重交换本身，而是注重呼叫会话的控制。就像利用 QQ 软件进行语音聊天一样，QQ 服务器端的软件只负责在两个 QQ 用户之间建立一条逻辑上的会话通信通道，而不管两个用户之间的数据传输实际经过哪些交换机和路由器。

软交换是 NGN 的核心技术，传统上把软交换体系结构分为 4 层：业务层、控制层、传输层和接入层；如图 9-3 所示。图中设备间的虚线处标注了两个设备之间所采用的协议。业务层和控制层对应于 NGN 的业务层，传输层和接入层对应于 NGN 的传送层。

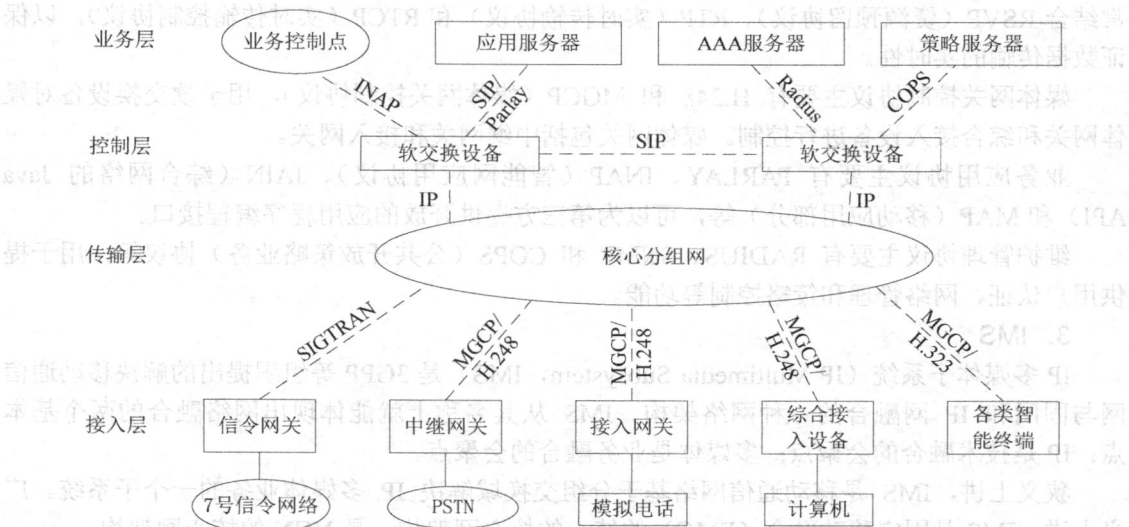

图 9-3　软交换的层次体系结构和系统组成

业务层提供传统电话交换机业务和其他增值业务，并提供开放的第三方业务接口。

控制层完成呼叫控制和连接管理，分配网络资源。控制层提供了软交换系统的核心功能。

传输层采用分组技术，提供可靠的具备端到端 QoS 保证的综合业务传输平台。早期软交换同时考虑了 ATM 和 IP 两种分组交换技术，目前已全面转向 IP 网络。

接入层提供丰富的接入手段，用于将各种信息格式转换为分组格式。

软交换系统的主要设备包括软交换设备、信令网关、中继网关、接入网关、综合接入设备、媒体服务器和应用服务器。

软交换设备也称为媒体网关控制器、软交换机、通信服务器等，提供呼叫控制、路由、认证、计费等功能。软交换设备通常部署在长途通信枢纽局，位于 IP 网络中。

信令网关用于实现 7 号信令在 IP 网络上的传输。部署在 7 号信令网与 IP 网络的连接处，也可能与软交换机或媒体网关（中继网关和接入网关的合称）合设在一起。

中继网关位于电路交换网和分组网之间，与呼叫服务器配合，实现话音业务的汇接或长途中继功能。通常放置在电话网的汇接局或长途局，作为汇接或长途的替代。

接入网关用于连接铜线接入的模拟电话用户，它是大型接入设备，可以和软交换设备配合替代现有的电话端局。

综合接入设备的用户端口数一般不超过 48 个，位于用户侧，通常放置在家庭、办公室、小区或商业楼宇的楼道内。

媒体服务器可以同时向 IP 和电话网端点提供服务，可看作是一种特殊网关，提供音频和视频信号处理功能，如业务音提供、交互式应答（IVR）、混音、语音识别和语音合成等。

应用服务器负责各种增值业务的逻辑产生和管理，为第三方开发业务应用提供 API。

软交换设备都位于 IP 网络中，设备之间都使用 IP 协议进行传输。软交换技术涉及的协议可分为如下几类：呼叫控制协议、传输控制协议、媒体网关控制协议、业务应用协议和维护管理协议。

呼叫控制协议主要有 SIP、H.323 协议和 BICC（承载独立呼叫控制）等，目前基本采用 SIP。

传输控制协议主要有 TCP、UDP 和 SCTP（流控制传输协议）等。在多媒体通信中，经常结合 RSVP（资源预留协议）、RTP（实时传输协议）和 RTCP（实时传输控制协议），以保证数据传输的实时性。

媒体网关控制协议主要有 H.248 和 MGCP（媒体网关控制协议），用于软交换设备对媒体网关和综合接入设备进行控制。媒体网关包括中继网关和接入网关。

业务应用协议主要有 PARLAY、INAP（智能网应用协议）、JAIN（综合网络的 Java API）和 MAP（移动应用部分）等，可以为第三方提供开放的应用程序编程接口。

维护管理协议主要有 RADIUS、SNMP 和 COPS（公共开放策略业务）协议等，用于提供用户认证、网络管理和策略控制等功能。

3. IMS

IP 多媒体子系统（IP Multimedia Subsystem，IMS）是 3GPP 等组织提出的解决移动通信网与固网和 IP 网融合的一种网络架构。IMS 从其名称上就能体现出网络融合的两个基本点：IP 是技术融合的会聚点；多媒体是业务融合的会聚点。

狭义上讲，IMS 是移动通信网络基于分组交换域解决 IP 多媒体业务的一个子系统。广义上讲，IMS 是固定移动融合（FMC）的统一的核心网架构，是 NGN 的核心网架构。

IMS 采用与软交换相同的思路来解决网络融合问题，即"打乱重组"的解决方法。IMS

的主要特征是：接入无关性；业务与控制分离；用户数据和交换控制功能分离。接入无关性是指无论何种用户，都通过 IP 接入到 IMS 系统。

IMS 系统的逻辑区域划分为归属域、访问域和网关域 3 个，如图 9-4 所示。这种划分方法是典型的移动通信网络的区域划分。

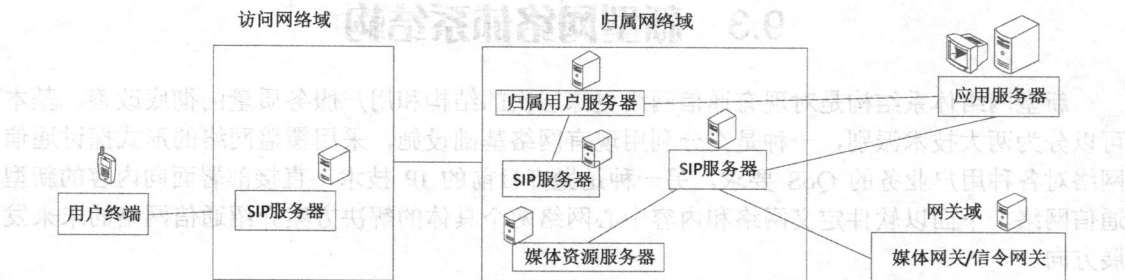

图 9-4　IMS 的逻辑区域

用户之间的通信过程由 SIP 协议进行控制，涉及的 IMS 主要功能实体有归属用户服务器（存储用户信息的数据库）、呼叫会话控制功能（由 SIP 代理服务器实现）、多媒体资源功能（完成多方呼叫与多媒体会议功能）和网关功能（包括 IMS 媒体网关和 IMS 信令网关）。

9.2.3　网络切片

经过多年的网络融合，电信网从传统的专用网络转向了通用网络，并通过开放平台 API，在网络中加载第 3 方业务。然而，让同一个物理网络承载各种各样的用户业务，很难满足用户的不同需求。这种情况下，网络切片技术应运而生，它可以根据用户的需求动态地分配网络资源，从而降低网络运营商的运营成本。

网络切片是一组网络功能的集合，这些网络功能形成一个完整的逻辑网络，这个逻辑网络具有满足特定业务所需的全部网络特征。

网络切片是利用网络虚拟化技术实现的，其架构如图 9-5 所示。每个网络切片就是一个虚拟网络，具有自己的标识号和生命周期，包含构建、激活、运行状态的监控、更新、迁移、共享、扩容、缩容和删除等过程。

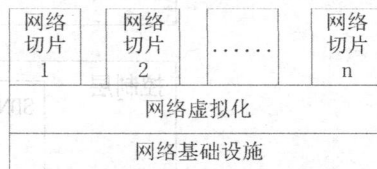

图 9-5　网络切片架构

网络切片可以为运营商在同一套物理设备上提供多个端到端的虚拟网络。网络切片所实现的网络功能可以灵活部署在网络的任何节点上，如接入节点、边缘节点或者核心节点，以便适配运营商期望的任何商业模式。

网络切片是 5G 网络的关键技术，5G 网络能够充分体现网络切片的价值。IMT-2020 推进组定义了 5G 网络的 4 个主要的应用场景：连续广覆盖、热点高容量、低功耗大连接和低时延高可靠。连续广覆盖主要满足用户的移动性和业务连续性；热点高容量主要满足热点地区极高的流量密度需求；低功耗大连接和低时延高可靠主要满足物联网的需求，如传感器网络和车联网。这 4 种应用场景对网络的性能要求是不一样的，采用网络切片技术，可以为每种应用场景构建一个网络切片，在每个网络切片中，根据应用场景的需求分配网络资源。

网络切片可分为两种：独立切片和共享切片。独立切片为特定用户群提供独立的端到端专网服务或者部分特定功能服务；共享切片可供其他各种独立切片共同使用。

网络切片主要依靠 NFV 和软件定义网络技术来实现。通过在同一网络基础设施上创建各种独立逻辑网络的方式，网络切片为不同的应用场景提供相互隔离的网络环境，使得不同应用场景可以按照各自的需求定制网络功能和特性。

9.3　新型网络体系结构

新型网络体系结构是对现有通信网络更深层次的结构和用户服务质量的彻底改善。基本可以分为两大技术派别，一种是充分利用现有网络基础设施，采用覆盖网络的形式探讨通信网络对各种用户业务的 QoS 要求，另一种是抛弃目前的 IP 技术，直接部署面向内容的新型通信网络。下面以软件定义网络和内容中心网络两个具体的解决方案介绍通信网络的未来发展方向。

9.3.1　软件定义网络

软件定义网络（Software Defined Network，SDN）对网络控制和网络转发进行分离，通过对网络设备进行编程，提供对各种业务的不同转发策略。传统网络把控制逻辑和数据转发耦合在网络设备上，导致网络控制平面管理的复杂化，也使得网络控制层面新技术的更新和发展很难直接部署在现有网络上，而 SDN 则能够构建开放可编程的网络体系结构。

SDN 分离了网络的控制平面和数据平面，减少了网络承载的诸多复杂功能，提高了网络新技术和新协议实现及部署灵活性和可操作性。SDN 架构的逻辑视图可分为基础设施层、控制层和应用层，如图 9-6 所示。

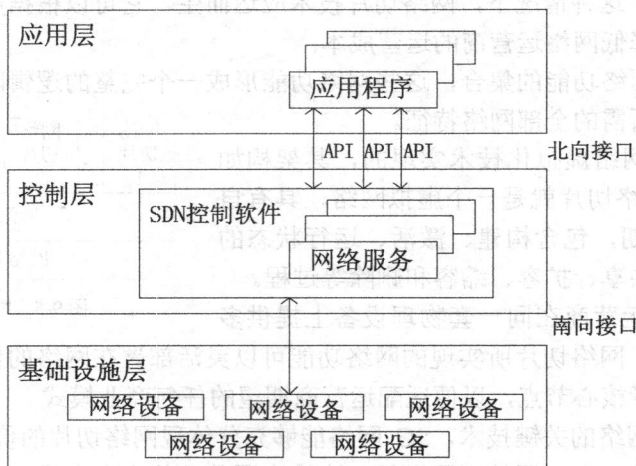

图 9-6　SDN 架构

基础设施层是网络的底层转发设备，包含了特定的转发面抽象。华为的协议无感知转发（Protocol Oblivious Forwarding，POF）就是 SDN 的一种转发面技术。基于 POF 的转发硬件设备对数据报文协议和处理转发流程没有感知，网络行为完全由控制面负责定义。POF 技术是对 OpenFlow 协议的增强，拓展目前 OpenFlow 的应用场景。另外，OpenFlow 交换机中流表的匹配字段设计也属于这一层的内容。

中间的控制层集中维护网络状态，并通过南向接口获取底层基础设施信息，同时为应用层提供可扩展的北向接口。控制平面与数据平面之间的南向接口是实现 SDN 的关键，目前流行的协议是 OpenFlow，可以说 OpenFlow 协议是实现 SDN 的主要技术，体现了 SDN 可编程网络的思想，代表了 SDN 的实现原型和部署实例。

应用层根据网络不同的应用需求，调用控制层的北向接口，实现不同功能的应用程序，通过这种软件模式，网络管理者能够通过动态 SDN 应用程序来配置、管理和优化底层的网络资源，实现灵活、可控的网络。

9.3.2　内容中心网络

内容中心网络（Content Centric Network，CCN）是对目前互联网体系结构改革的重大探索。尽管"All IP"是近几年通信网络的发展现状，但 IP 网络体系结构的各种弊端已激化了网络运营商资源供给质量和用户体验满意度之间的矛盾，对现有 IP 网络体系结构进行改造势在必行。

从通信网络设计技术角度上讲，以 IP 为核心的计算机网络体系结构追求的是网络的互联，以实现硬件资源的共享。鉴于互联网初创时期的硬件资源相对现在十分稀缺，基于 IP 协议的两台实体设备之间的主机到主机通信模式可以通过共享硬件资源来节约成本，提高效率。随着科技的进步，计算机硬件的价格已经大幅度下降，普及率不断提高，硬件共享的必要性已经不大，而信息共享成为了目前互联网发展的潮流。

目前，互联网应用的主题已经转向图片、视频等内容，内容正逐渐成为通信网络服务的主体。据 Cisco 公司 2010～2015 年的可视化网络指标 VNI 报告显示，2010 年，互联网中最大的流量就已经由视频流量取代了 P2P 流量，且视频流量占据了 40%的比例，面向移动设备的视频内容分发将是未来移动网络流量的主要增长点。在这种现状下，用户并不关心图片、视频等信息是由哪台主机提供的，更关心的是所提供内容的速度、质量、安全性等因素。因此，以主机 IP 地址进行信息检索和传送的传统 TCP/IP 网络体系结构面临着一系列问题，在可拓展性、安全性、移动支持性等方面表现出力不从心，不能适应上层应用的发展。

为了改善 TCP/IP 体系结构面临的一系列实际问题，国际上提出了"改良"和"革命"两种思路。P2P、CDN 等改良技术已逐渐被运用到实际的网络部署中，在资源获取或带宽利用有效率等方面得到了一定的改善。目前互联网的现状从一定程度上就是改良结果的体现，这种改良其实已经包含了以内容为中心的网络构架的基本思想，但囿于 TCP/IP 协议的制约而无法根本解决互联网的资源利用率问题。因此，国际上不少研究机构开始积极探索，致力于设计出一种全新的未来网络以适应未来的需求。

美国学术界率先提出了面向内容的网络体系结构，例如，美国国家自然基金 NSF 从 2010 年起就资助了 5 个未来网络体系结构 FIA（Future Internet Architecture）的研究项目，分别是 NDN 项目、MobilityFirst 项目、NEBULA 项目、XIA 项目和 ChoiceNet 项目。NDN 项目以内容为中心、MobilityFirst 项目以移动性为中心、NEBULA 项目以数据中心和云计算为主、XIA 从网络安全可信机制方面、ChoiceNet 项目从经济规模方面重构互联网。

CCN 是施乐公司帕洛阿托研究中心（PARC）首先提出的一个全新的网络架构，其核心设计思想属于信息中心网络（Information Centric Networking，ICN）的范畴，是"革命"思路中最重要的一种未来网络体系架构。CCN 以内容为中心，关注的是内容本身，而不是内容的存储位置；CCN 对内容进行命名，以名称作为该内容的唯一标识；CCN 网络中通过名称进行路由，其每个节点都是平等的，都支持转发和缓存功能。

CCN 通信由内容消费者驱动，用户请求内容时，不再从内容提供者处获取内容，而是直接从存储了该内容的节点缓存处提取，实现了内容与内容源位置的分离。该模式是对传统主机到主机模式的颠覆，不仅可使数据传输更快，内容检索效率更高，同时在内容安全保护上也提供了更多便捷和可能。

CCN 的协议体系结构如图 9-7 所示，图中对比了 TCP/IP 协议体系结构，可以看出，二者都采用"细腰"结构。在 IP 网络中，"IP 基于一切"和"一切基于 IP"；在 CCN 网络中，则是"内容包基于一切"和"一切基于内容包"。CCN 会对网络中的资源内容进行命名，通过内容名字定位网络资源，同样也根据名字路由、转发 CCN 内容包。

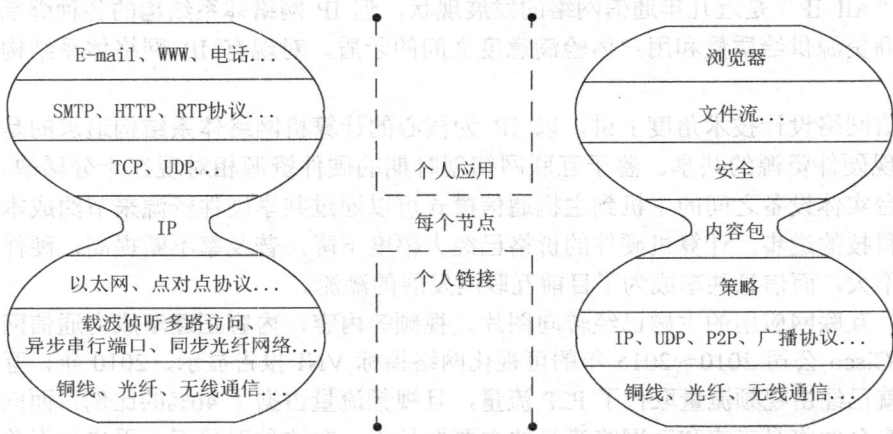

图 9-7　CCN 协议体系结构

CCN 网络有两种包类型：兴趣包和数据包。包格式如图 9-8 所示，包中的各字段是按照二进制 XML 格式封装的。

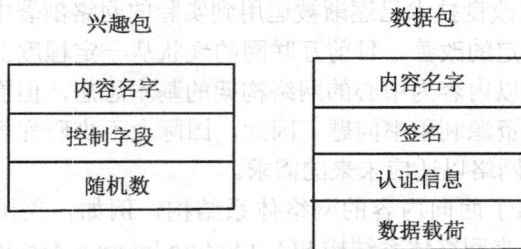

图 9-8　CCN 兴趣包和数据包格式

兴趣包由内容请求者发出，用来请求特定的信息。兴趣包首先包括请求内容的名字，这个名字用来检索内容，它提供了一个检索的前缀，具有此前缀的数据包可以通过路由器。控制字段包含优先顺序、发布者、生存期、过滤和范围等字段。最后的随机数是用来检测重复的兴趣包，以避免产生路由环路。

数据包用来承载内容信息。当兴趣包在某一个节点找到自己所需的数据包，数据包会沿着兴趣包路径的反方向送还到内容请求者。数据包第一个字段是数据的名字，内容名字与兴趣包中的名字项使用相同的命名规则，均采用最长前缀匹配规则。签名字段是内容产生者的签名信息，通过签名信息可以直接确定数据的来源，保证内容请求者对数据安全性的信任。数据包还包括一些可选的信息项，如发布者 ID、密钥和失效时间等。

习　题

1．除了三网融合外，现在人们也常常提到四网融合，"四网"指的是哪四种通信网络？

2．什么是全 IP 网络；"一切基于 IP"和"IP 基于一切"有什么区别；请用具体的例子加以说明。

3．未来网络体系结构分为两派：改良派和革命派；这两派在未来网络的部署上有什么不同之处？

4．CDN、SDN 和 CCN 有什么区别？

5．举例说明通信网络在宽带化、IP 化、智能化、移动化、虚拟化和绿色化发展方向上采用的具体技术。

参 考 文 献

[1] 韩毅刚. 计算机网络技术[M]. 北京：机械工业出版社，2010.

[2] 韩毅刚，王大鹏，李琪等. 物联网概论[M]. 北京：机械工业出版社，2012.

[3] 韩毅刚，李亚娜，王欢. 计算机网络技术实践教程[M]. 北京：机械工业出版社，2012.

[4] 韩毅刚. 计算机通信技术[M]. 北京：北京航空航天大学出版社，2007.1.

[5] 韩毅刚，刘佳黛，翁明俊等. 计算机网络与通信[M]. 北京：机械工业出版社，2013.

[6] 沈庆国，邹仕祥，陈涓编著. 现代通信网络（第 2 版）[M]. 北京：人民邮电出版社，2011.

[7] 杨知行. 地面数字电视传输技术与系统[M]. 北京：人民邮电出版社. 2009.

[8] 温怀疆. 下一代广播电视网（NGB）技术与工程实践[M]. 北京：清华大学出版社，2015.

[9] 张庆海. 有线电视网络工程综合实训[M]. 北京：电子工业出版社，2012.

[10] 黄俊. 现代有线电视网络技术及应用[M]. 北京：机械工业出版社，2010.

[11] 王慧玲. 现代电视网络技术——有线电视使用技术与新技术[M]. 北京：人民邮电出版社，2005.

[12] 张军，张浩，杨晓宏. 广播电视技术基础[M]. 北京：国防工业出版社，2008.

[13] 冯建合，王卫东. 第三代移动网络与移动业务[M]. 北京：人民邮电出版社，2007.

[14] 王汝传，饶元，郑彦等. 卫星通信网路由技术及其模拟[M]. 北京：人民邮电出版社，2010.

[15] 董晓鲁，党梅梅，沈嘉等. WiMAX 技术、标准与应用[M]. 北京：人民邮电出版社，2007.

[16] 中国通信建设集团设计院有限公司. LTE 组网与工程实践[M]. 北京：人民邮电出版社，2014.

[17] 蓝俊峰，殷涛，杨燕玲等. LTE 融合发展之道——TD-LTE 与 TD-FDD 融合组网规划与设计[M]. 北京：人民邮电出版社，2014.

[18] 金纯，郑武，陈林星. 无线网络安全——技术与策略[M]. 北京：电子工业出版社，2004.